普通高等教育“十五”国家级规划教材
教育部高职高专规划教材

建筑装饰材料（第二版）

（建筑装饰技术专业适用）

本系列教材编审委员会组织编写
安素琴　魏鸿汉　编

中国建筑工业出版社

图书在版编目（CIP）数据

建筑装饰材料/本系列教材编审委员会组织编写. —2 版.
—北京：中国建筑工业出版社，2004（2021.10 重印）
（建筑装饰技术专业适用）
普通高等教育“十五”国家级规划教材. 教育部高职高专规划
教材
ISBN 978-7-112-06640-7

Ⅰ. 建... Ⅱ. ①安... ②魏... Ⅲ. 建筑材料：装饰材料-
高等学校：技术学校-教材 Ⅳ. TU56

中国版本图书馆 CIP 数据核字（2004）第 111285 号

普通高等教育“十五”国家级规划教材
教育部高职高专规划教材
建筑装饰材料（第二版）
（建筑装饰技术专业适用）
本系列教材编审委员会组织编写
安素琴　魏鸿汉　编

*

中国建筑工业出版社出版、发行（北京西郊百万庄）
各地新华书店、建筑书店经销
北京建筑工业印刷厂印刷

*

开本：787×1092毫米　1/16　印张：16¾　字数：410千字
2005年2月第二版　2021年10月第三十次印刷
定价：**29.00**元
ISBN 978-7-112-06640-7
(20879)

本书是按照教育部高职高专建筑装饰技术专业的教学基本要求编写的，在介绍建筑装饰材料的性质与应用的同时又介绍了一些与此相关的建筑材料。主要包括天然装饰石材、石膏装饰材料、建筑装饰陶瓷与制品、建筑装饰玻璃及制品、建筑装饰塑料、纤维装饰织物与制品、建筑装饰涂料、建筑装饰及木材装饰制品、金属装饰材料、装饰砂浆、装饰混凝土等材料。同时本书也讲述了材料的组成、规格、性能、特点与应用。

本书将装饰材料与装饰施工紧密联系在一起且全部采用最新标准和规范。

本书可作为建筑装饰专业、建筑专业及工民建等专业教学用书，也可供从事建筑设计、室内设计及建筑装饰工程施工等工程技术人员参考。

责任编辑：朱首明　杨　虹
责任设计：刘向阳
责任校对：李志瑛

第二版前言

本书是根据高职高专建筑装饰技术专业的教学基本要求编写的，并考虑到函授、夜大、电大及自学人员等特点编写而成。

随着建筑装饰业的飞速发展，装饰市场出现了许多新型材料，改变了以前装饰材料靠大量进口的局面。装饰材料品种的日益增多，又促进了建筑装饰业的空前繁荣。为了反映当前建筑装饰材料的发展水平及其在建筑装饰工程中的实际应用，本书着重介绍了建筑装饰材料的性能、特点及应用，在具体内容上较好地处理了与普通建筑材料的衔接与区别，强调了装饰材料在装饰工程中的应用。

本书的特点：一是按材料科学体系编排，又遵循教材体系的规律；二是介绍了一些新型材料，如文化石、板岩、劈离砖、纤维装饰织物、砂壁状涂料、梦幻涂料及复合木地板等；三是全部采用现行最新建筑材料、建筑装饰材料标准与规范，同时在书末还安排了装饰材料部分试验内容。

安素琴编写绪论，第1、3、7、8、9、11、12、13章及第6章第1、3节和试验部分；魏鸿汉编写第2、4、5、10章及第6章第2、4节。

本书承蒙有关兄弟院校的老师提出许多宝贵的意见，在此表示深切的谢意。

特别要感谢哈尔滨建筑大学教授于继授、张宝生和扬州大学吴龙声副教授在百忙之中审阅本书并提出了宝贵的意见。

由于时间仓促，水平有限，不妥与疏漏之处在所难免，诚恳的希望广大读者指正。

第一版前言

本书是按高职高专建筑装饰技术专业的教学基本要求编写的，并考虑到函授、夜大、电大及自学人员等特点编写而成。

随着建筑装饰业的飞速发展，装饰市场出现了许多新型材料，改变了以前装饰材料靠大量进口的局面。装饰材料品种的日益增多，又促进了建筑装饰业的空前繁荣。为了反映当前建筑装饰材料的发展水平及其在建筑装饰工程中的实际应用，本书着重突出介绍了建筑装饰材料的性能、特点及应用，在具体内容上较好地处理了与普通建筑材料的衔接与区别，强调了装饰材料在装饰工程中的应用。

本书的特点：一是按材料科学体系编排，又遵循教材体系的规律；二是介绍了一些新型材料，如文化石、板岩、劈离砖、纤维装饰织物、砂壁状涂料、梦幻涂料及复合木地板等；三是全部采用现行最新建筑材料、建筑装饰材料标准与规范，同时在书末还安排了装饰材料部分实验内容。

本书由安素琴主编。安素琴编写绪论，第1、3、7、8、9、11、12、13章及第6章第1、3、5节和实验部分；魏鸿汉编写第2、4、5、10章及第6章2、4节；

本书承蒙有关兄弟院校的老师提出许多宝贵的意见，在此表示深切的谢意。

特别要感谢哈尔滨建筑大学教授于继授、张宝生和扬州大学吴龙声副教授在百忙中审阅本书并提出了宝贵的意见。

由于时间仓促，水平有限，不妥与疏漏之处在所难免，诚恳的希望广大读者指正。

目　　录

绪　论

一、装饰材料的地位、作用及发展

现代建筑不仅要满足人们物质生活的需要，还应作为艺术品给人们创造舒适的环境。即，不单要求具有良好的使用功能，还要求结构新颖、造型美观、立面丰富、环境清洁、优美等，正因为如此，正确地选择和应用建筑装饰材料，才能最大限度地发挥材料本身的作用和功能，从而满足人们的需求。

建筑装饰是依据一定的方法对建筑物进行美的设计和美的包装。在某种程度上它可以反映某一时代的科技、文化、民族风格及城市的特色。

建筑装饰材料是集材料、工艺、造型设计、美学于一体的材料。艺术家们很久以前就把设计美观、造型独特、色彩适宜的建筑称之为“凝固的音乐”。建筑装饰性的体现，很大程度上仍受到建筑装饰材料的制约，尤其受到材料的光泽、质地、质感、图案、花纹等装饰特性的影响。如：高层建筑外墙面的装饰以玻璃幕墙和铝板幕墙的光亮夺目、绚丽多彩、交相辉映的特有效果向人们展示现代派的建筑风格。因此，建筑装饰材料是建筑的重要物质基础。只有了解或掌握建筑装饰材料的性能、特点，按照建筑物及使用环境条件，合理选用装饰材料，才能更好的发挥每一种材料的长处，做到材尽其能、物尽其用，更好的表达设计意图。

总之，建筑装饰材料在建筑工程中，占有十分重要的地位，建筑装饰工程的造价，在工业发达国家，一般占建筑总造价的 1/3 以上，有的高达 2/3，选用时要注意经济性、实用性、美化性的统一，这对降低建筑装饰工程造价、提高建筑物的艺术性，都是十分必要的。

建筑装饰材料很早就应用在建筑物之中。如，北京的故宫、天坛和颐和园等古建筑以金壁辉煌、色彩瑰丽著称于世，这归功于各种色彩的琉璃瓦、熠熠闪光的金箔、富有玻璃光泽的孔雀石、银朱、青石等古代建筑装饰材料的点缀。

近 20 年来，由于建筑业的快速发展，以及人们对物质和精神需求的不断增长，我国现代装饰材料迅猛发展层出不穷，随着大量高级宾馆、饭店、酒楼、大型商场、体育馆及艺术娱乐建筑的兴建，更加有力地促进了我国建筑装饰材料的发展。随着科学技术的进步和建材工业的发展，我国新型装饰材料将从品种上、规格上、档次上进入新的阶段，将来的发展方向应朝着功能化、复合化、系列化、规范化的方面发展。随着人民生活水平的逐步提高，人们对建筑物的质量要求越来越高。建筑用途的扩展，对其功能方面的要求也越来越高。而这方面，在很大程度上，要靠具有相应功能的材料来完成，因此，将研制轻质高强、耐久、防火、抗震、保温、吸声、防水及多功能复合型等性能好的建筑装饰材料。

二、建筑装饰材料的分类

建筑装饰材料的品种繁多，可从各种角度进行分类，如按建筑装饰材料的使用部位可分为外墙装饰材料、内墙装饰材料、地面装饰材料、吊顶与屋面装饰材料等。此种分类方式便于工程技术人员选用建筑装饰材料，见表 0-2。为了方便学习、记忆和掌握建筑装饰材料的基本知识和基本理论，一般均按建筑装饰材料的化学成分分类见表 0-1。

建筑装饰材料按化学成分分类 **表 0-1**

金属材料	黑色金属材料		普通钢材、不锈钢、彩色不锈钢
	有色金属材料		铝及铝合金、铜及铜合金、金、银
非金属材料	无机材料	天然饰面石材	天然大理石、天然花岗石
		陶瓷装饰制品	釉面砖、彩釉砖、陶瓷锦砖
		玻璃装饰制品	吸热玻璃、中空玻璃、镭射玻璃、压花玻璃、彩色玻璃、空心玻璃砖、玻璃锦砖、镀膜玻璃、镜面玻璃
		石膏装饰制品	装饰石膏板、纸面石膏、嵌装式装饰石膏板、装饰石膏吸声板、石膏艺术制品
			白水泥、彩色水泥
		装饰混凝土	彩色混凝土路面砖、水泥混凝土花砖
			装饰砂浆
			矿棉、珍珠岩装饰制品
	有机材料	木材装饰制品	胶合板、纤维板、细木工板、旋切微薄木、木地板
			竹材、藤材装饰制品
		装饰织物	地毯、墙布、窗帘类材料
		塑料装饰制品	塑料壁纸、塑料地板、塑料装饰板
		装饰涂料	地面涂料、外墙涂料、内墙涂料
复合材料	有机与无机复合材料		钙塑泡沫装饰吸声板、人造大理石、人造花岗石
	金属与非金属复合材料		彩色涂层钢板

建筑装饰材料按装饰部位分类 **表 0-2**

类　别	装 饰 位 置	常 用 装 饰 材 料
外墙装饰材料	包括外墙、阳台、台阶、雨篷等建筑物全部外露部位装饰所用材料	天然花岗石、陶瓷装饰制品、玻璃制品、外墙涂料、金属制品、装饰混凝土、装饰砂浆
内墙装饰材料	包括内墙墙面、墙裙、踢脚线、隔断、花架等内部构造所用的装饰材料	壁纸、墙布、内墙涂料、织物饰品、塑料饰面板、大理石、人造石材、内墙釉面砖、人造板材、玻璃制品、隔热吸声装饰板
地面装饰材料	指地面、楼面、楼梯等结构的全部装饰材料	地毯、地面涂料、天然石材、人造石材、陶瓷地砖、木地板、塑料地板
顶棚装饰材料	指室内及顶棚装饰材料	石膏板、矿棉装饰吸声板、珍珠岩装饰吸声板、玻璃棉装饰吸声板、钙塑泡沫装饰吸声板、聚苯乙烯泡沫塑料装饰吸声板、纤维板、涂料

三、建筑装饰材料的性能

建筑装饰材料是用于建筑物表面、起装饰作用的材料，要求装饰材料具有如下的基本性能。

（一）材料的颜色、光泽、透明性

颜色是材料对光谱选择吸收的结果。不同的颜色给人以不同的感觉，如红色、粉红色给人一种温暖、热烈的感觉，绿色、蓝色给人一种宁静、清凉、寂静的感觉。光泽是材料表面方向性反射光线的性质，用光泽度表示。材料表面越光滑，则光泽度越高。当为定向反射时，材料表面具有镜面特征，又称镜面反射。不同的光泽度，可改变材料表面的明暗程度，并可扩大视野或造成不同的虚实对比。透明性也是与光线有关的一种性质。既能透光又能透视的物体称为透明体，能透光而不能透视的物体称为半透明体，既不能透光又不能透视的物体称为不透明体。利用不同的透明度可隔断或调整光线的明暗，根据需要，造成不同的光学效果，也可使物像清晰或朦胧。

（二）质感

质感是材料的表面组织结构、花纹图案、颜色、光泽、透明性等给人的一种综合感觉，各种材料在人的感官中有软硬、轻重、粗犷、细腻、冷暖等感觉，相同组成的材料表面不同可以有不同的质感，如普通玻璃与压花玻璃，镜面花岗石与剁斧石。相同的表面处理形式往往具有相同或类似的质感，但有时也不尽相同，如人造大理石、仿木纹制品，一般均没有天然的花岗石和木材亲切、真实，虽然仿制的制品不真实，但有时也能达到以假乱真的效果。

（三）形状和尺寸

对于砖块、板材和卷材等装饰材料的形状和尺寸，以及表面的天然花纹、纹理及人造花纹或图案都有特定的要求和规格。利用装饰材料的形状和尺寸，并配合花纹、颜色、光泽等可拼镶出各种线型和图案，从而获得不同的装饰效果，以满足不同建筑形体和线型的需要。

（四）立体造型

预制花饰和雕塑制品，多在纪念性建筑物和大型公共建筑物上采用。这些材料的选用应考虑到造型的美观。

（五）耐沾污性、易洁性与耐擦性

材料表面抵抗污物作用并能保持其原有颜色和光泽的性质称为材料的耐沾污性。材料表面易于清洗洁净的性质称为材料的易洁性，它包括在风、雨等作用下的易洁性及在人工清洗作用下的易洁性。良好的耐沾污性和易洁性是建筑装饰材料经久常新，长期保持其装饰效果的重要保证。用于地面、台面、外墙以及卫生间、厨房等的装饰材料需考虑材料的耐沾污性和易洁性。材料的耐擦性实质是材料的耐磨性，分为干擦（称耐干擦性）和湿擦（称耐洗刷性）。耐擦性越高，则材料的使用寿命越长。

总之，在选用建筑装饰材料时，除具有以上性质外，材料还应具有某些其他性质，如一定的强度、耐水性、耐火性、耐腐蚀性等。除此之外，还应考虑工程的环境、气氛、功能、空间、不同材料的恰当配合以及经济合理等问题。

四、本课程学习目的与方法

建筑装饰材料课程的教学目的，在于配合专业课程的教学，为建筑装饰设计和施工奠定良好的基础。为了掌握和正确的选用装饰材料，在学习时一是要着重了解各类材料的成分（组成）、性能和用途，其中首要的是了解材料的性能和特点，其他方面的内容均应围绕这个中心来进行学习；二是密切联系工程实际，建筑装饰材料是一门实践性很强的课程，学习时应注意理论联系实际，在学习期间应多到现场实习；三是运用对比的方法，通过对比各材料的组成和结构来掌握它们的性质和应用，特别是通过对比来掌握它们的共性和特性。

复习思考题

1. 什么是建筑装饰材料？它是怎样分类的？
2. 建筑装饰材料的作用是什么？
3. 在选择建筑装饰材料时，应考虑哪几个方面的问题？

第1章　建筑装饰材料的基本性质

建筑装饰材料在建筑物中，要承受各种介质（如水、蒸汽、腐蚀性气体和流体等）的作用以及各种物理作用（如温度差、湿度差、摩擦等），而且装饰材料在运输、安装及使用过程中不可避免的受到碰撞或承受一定外力的作用，因此，建筑装饰材料除必须具有良好的装饰效果外，还必须具有抵抗上述各种作用的能力。为保证建筑物的正常使用，对许多建筑装饰材料还要求具有一定的防水、防腐、保温、防火、吸声、隔声等性能。因此，掌握建筑装饰材料的基本性质是掌握装饰材料知识，正确选择与合理使用建筑装饰材料的基础。

建筑装饰材料所具有的各项性质又是由于材料的组成、结构与构造等内部因素所决定的，所以了解其性质和组成是非常必要的。

第1节　建筑装饰材料的物理性质

一、与质量有关的性质

（一）密度

密度是指材料在绝对密实状态下，单位体积的质量。密度（ρ）可用下式表示：

$$\rho = \frac{m}{V}$$

式中　ρ——材料的密度（g/cm^3）；

m——材料的质量（g）；

V——材料在绝对密实状态下的体积（不包括内部任何孔隙的体积，cm^3）。

材料的密度 ρ 大小取决于材料的组成与材料的内部结构。

（二）表观密度

表观密度是指材料在自然状态下，单位体积的质量（旧称容重）。表观密度（ρ_0）可用下式表示：

$$\rho_0 = \frac{m}{V_0}$$

式中　ρ_0——材料的表观密度（g/cm^3 或 kg/m^3）；

m——材料的质量（g 或 kg）；

V_0——材料在自然状态下的体积（包括材料内部孔隙的体积，cm^3 或 m^3）。

测定材料的表观密度时，材料的质量可以是在任意含水状态下的，但需说明含水情况。通常所指的表观密度是材料在气干状态下的，称为气干表观密度，简称表观密度。材料的表观密度除与材料的密度有关外，还与材料内部孔隙的体积有关，材料的孔隙率越大，则材料的表观密度越小。

（三）堆积密度

堆积密度是指粉块状材料在堆积状态下，单位体积的质量。堆积密度（ρ'_0）可用下式表示：

$$\rho'_0 = \frac{m}{V'_0}$$

式中 ρ'_0——堆积密度（g/cm^3 或 kg/m^3）；

m——材料的质量（g 或 kg）；

V'_0——材料的堆积体积（包括了颗粒之间的空隙，cm^3 或 m^3）。

（四）密实度与孔隙率

密实度是指材料体积内被固体物质所充实的程度。密实度（D）可用下式计算：

$$D = \frac{V}{V_0} \times 100\% = \frac{\rho_0}{\rho} \times 100\%$$

式中 D——密实度（%）；

V——材料中固体物质体积（cm^3 或 m^3）；

V_0——材料体积（包括内部孔隙体积 cm^3 或 m^3）；

ρ_0——体积密度（g/cm^3 或 kg/m^3）；

ρ——密度（g/cm^3 或 kg/m^3）。

孔隙率是指材料中，孔隙体积所占整个体积的比例。孔隙率（P）可用下式计算：

$$P = \frac{V_0 - V}{V_0} \times 100\% = \left(1 - \frac{\rho_0}{\rho}\right) \times 100\% = 1 - D$$

对于砂石散粒材料，可用空隙率来表示颗粒之间的紧密程度。空隙率，是指散粒材料在某堆积体积中，颗粒之间的空隙体积所占的比例。空隙率（P'）可用下式表示：

$$P' = \frac{V'_0 - V_0}{V'_0} \times 100\% = \left(1 - \frac{\rho'}{\rho_0}\right) \times 100\%$$

一般情况下，材料内部的孔隙率越大，则材料的体积密度、强度越小，耐磨性、抗冻性、抗渗性、耐腐蚀性、耐水性及其他耐久性越差，而保温性、吸声性、吸水性与吸湿性越强。上述性质不仅与材料的孔隙率大小有关，还与孔隙特征（如开口孔隙、闭口的孔隙、球形孔隙等）有关。几种常用建筑装饰材料的密度、表观密度见表 1-1。

几种常用建筑材料的密度、表观密度 **表 1-1**

材料名称	密度（g/cm^3）	表观密度（kg/m^3）	材料名称	密度（g/cm^3）	表观密度（kg/m^3）
花岗石	2.6~2.9	2500~2800	松 木	1.55	380~700
碎 石	2.6	2000~2600			
普通混凝土	2.6	2200~2500	钢 材	7.85	7850
烧结普通砖	2.5~2.8	1600~1800	石膏板	2.60~2.75	800~1800

二、材料与水有关的性质

（一）亲水性与憎水性

当材料与水接触时，有些材料能被水润湿；有些材料，则不能被水润湿。前者称材料具有亲水性，后者称材料具有憎水性。

材料被水湿润的情况，可用润湿边角 θ 表示。当材料与水接触时，在材料、水、空气三相的交点处，沿水滴表面的切线和水接触成的夹角 θ，称为“润湿边角”，如图 1-1 所示。θ 角越小，表示材料越易被水润湿。一般认为，当润湿边角 $\theta \leqslant 90°$时，如图 1-1（a）所示，水分子之间的内聚力小于水分子与材料分子间的互相吸引力，此种材料称为亲水性材料。当 $\theta > 90°$时候，如图 1-1（b）所示，水分子之间的内聚力大于水分子与材料分子间的吸引力，则材料表面不会被水浸润，此种材料称为憎水性材料。当 $\theta = 0$ 时，表明材料完全被水润湿。

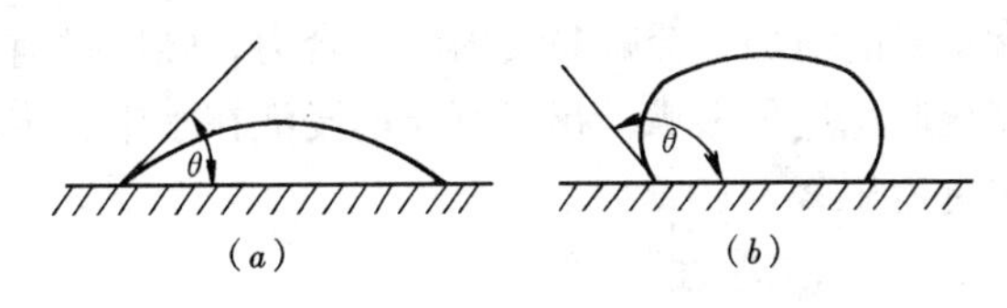

图 1-1　材料润湿示意图

（a）亲水性材料；（b）憎水性材料

（二）吸水性

吸水性是材料在水中吸收水分的性质。吸水性的大小，以吸水率表示。吸水率（W）由下式计算：

$$W = \frac{m_1 - m}{m} \times 100\%$$

式中　W——材料的质量吸水率（%）；

m——材料在干燥状态下的质量（g）；

m_1——材料在吸水饱和状态下的质量（g）。

在多数情况下，吸水率是按质量计算的，即质量吸水率，但是，也有按体积计算的，即体积吸水率（吸入水的体积占材料自然状态下体积的百分数）。多孔材料的吸水率一般用体积吸水率来表示。

表观密度小的材料，吸水性大。如木材的质量吸水率可大于 100%，烧结普通砖的吸水率为 8% ~ 20%。吸水性大小与材料本身的性质，以及孔隙率的大小、孔隙特征等有关。

（三）吸湿性

材料在潮湿空气中吸收水分的性质，称为吸湿性。吸湿性的大小用含水率表示。含水率就是用材料所含水的质量与材料干燥时质量的百分比来表示。材料吸湿或干燥至空气湿度相平衡的含水率称为平衡含水率。材料在正常使用状态下，均处于平衡含水状态。

材料的吸湿性主要与材料的组成，孔隙含量，特别是毛细孔的特征有关，还与周围环境温湿度有关。

（四）耐水性

耐水性是指材料长期在饱和水作用下，保持其原有的功能，抵抗破坏的能力。

对于结构材料，耐水性主要指强度变化，对装饰材料则主要指颜色、光泽、外形等的变化，以及是否起泡、起层等，即材料不同，耐水性的表示方法也不同。如建筑涂料的耐水性常以是否起泡、脱落等来表示，而结构材料的耐水性用软化系数 K_p 来表示（材料在吸水饱和状态下的抗压强度与材料在绝干状态下的抗压强度之比）。

材料的软化系数 $K_p = 0 \sim 1.0$。$K_p \geqslant 0.85$ 的材料称为耐水性材料。经常受到潮湿或水作用的结构，须选用 $K_p \geqslant 0.75$ 的材料，重要结构须选用 $K_p \geqslant 0.85$ 的材料。一般材料随着含水量的增加，会减弱其内部结合力，强度都有不同程度的降低，即使致密的石材也不能完全避免这种影响，花岗石长期浸泡在水中，强度将下降 3%，烧结普通砖和木材所受影响更为显著。

（五）抗冻性

抗冻性是指材料在吸水饱和状态下，在多次冻融循环的作用下，保持其原有的性能，抵抗破坏的能力。

材料在 -15℃以下时毛细孔中的水结冰，体积增大约 9%，对孔壁产生很大的压力，而融化时由外向内逐层进行，方向与冻结时相反，在内外层之间形成压力差和温度差，使材料出现脱屑剥落或裂缝，强度也逐渐降低。材料的抗冻性用抗冻等级 F_n 表示，如 F_{15} 表示能经受 15 次冻融循环而不破坏。

材料孔隙率和开口孔隙越大（特别是开口孔隙率）则材料的抗冻性越差。材料孔隙中的充水程度越高，则材料的抗冻性越差。对于受冻材料，吸水饱和状态是最不利的状态。如，陶瓷材料吸水饱和受冻后最易出现脱落、掉皮等现象。

（六）抗渗性

抗渗性指材料抵抗压力水渗透的性质，称为抗渗性。材料的抗渗性用渗透系数（K_s）表示：

$$K_s = \frac{Qd}{AtH}$$

式中 K_s——材料的渗透系数（cm/h）；

Q——渗水量（cm^3）；

d——试件厚度（cm）；

A——渗水面积（cm^2）；

t——渗水时间（h）；

H——静水压力水头（cm）。

三、材料与热有关的性质

（一）导热性

导热性是指热量由材料的一面传至另外一面多少的性质。导热性用导热系数（λ）表示，计算式如下：

$$\lambda = \frac{Qd}{(T_1 - T_2)At}$$

式中 λ——导热系数［W/（m·K）］；

Q——传热量（J）；

d——材料厚度（m）；

$T_1 - T_2$——材料两侧的温差（K）；

A——材料传热面的面积（m^2）；

t——传热的时间（s）。

一般认为，金属材料、无机材料、晶体材料的导热系数 λ 分别大于有机材料、非晶体材料；孔隙率越大，导热系数越小，细小孔隙、闭口孔隙比粗大孔隙、开口孔隙对降低导热系数更为有利，因为减少或降低了对流传热；材料含水，会使导热系数急剧增加。

导热系数的大小取决于材料的组成、孔隙率、孔隙尺寸和孔隙特征以及含水率等。

（二）耐燃性与耐火性

1. 耐燃性

材料抵抗燃烧的性质称为耐燃性。耐燃性是影响建筑物防火和耐火等级的重要因素，《建筑内部装修设计防火规范》GB 50222—95 给出了常用建筑装饰材料的燃烧等级，见表 1-2。材料在燃烧时放出的烟气和毒气对人体危害极大，远远超过火灾本身。因此，建筑内部装修时，应尽量避免使用燃烧会释放出大量浓烟和有毒气体的装饰材料。GB 50222—95 对用于建筑物内部各部位的建筑装饰材料的燃烧等级做了严格的规定。

表 1-2 为常用建筑内部装饰材料的燃烧性能等级划分 GB 50222—95。

常用建筑内部装饰材料的燃烧性能等级划分 GB 50222—95　　表 1-2

材料类别	级别	材料举例
各部位材料	A	花岗石、大理石、水磨石、水泥制品、混凝土制品、石膏板、石灰制品、黏土制品、玻璃、瓷砖、陶瓷锦砖（马赛克）、钢铁、铝、铝合金等
顶棚材料	B1	纸面石膏板、纤维石膏板、水泥刨花板、矿棉装饰吸声板、玻璃棉装饰吸声板、珍珠岩装饰吸声板、难燃烧胶合板、难燃中密度纤维板、岩棉装饰板、难燃木材、铝箔复合材料、难燃酚醛胶合板、铝箔玻璃钢复合材料等
墙面材料	B1	纸面石膏板、纤维石膏板、水泥刨花板、矿棉板、玻璃棉板、珍珠岩板、难燃胶合板、难燃中密度纤维板、防火塑料装饰板、难燃双面刨花板、多彩涂料、难燃墙纸、难燃墙布、难燃仿花岗岩装饰板、氯氧镁水泥装配式墙板、难燃玻璃钢平板、PVC 塑料护墙板、轻质高强复合墙板、阻燃模压木质复合板材、彩色阻燃人造板、难燃玻璃钢等
	B2	各类天然木材、木制人造板、竹材、纸制装饰板、装饰微薄木贴面板、印刷木纹人造板、塑料贴面装饰板、聚酯装饰板、复塑装饰板、塑纤板、胶合板、塑料壁纸、无纺贴墙布、墙布、复合壁纸、天然材料壁纸、人造革等
地面材料	B1	硬 PVC 塑料地板、水泥刨花板、水泥木丝板、氯丁橡胶地板等
	B2	半硬质 PVC 塑料地板、PVC 卷材地板、木地板、氯纶地毯等
装饰织物	B1	经阻燃处理的各类难燃织物等
	B2	纯毛装饰布、纯麻装饰布、经阻燃处理的其他织物等
其他装饰材料	B1	聚氯乙烯塑料、酚醛塑料、聚碳酸酯塑料、聚四氟氰胺甲醛塑料、脲醛塑料、硅树脂塑料装饰型材、经阻燃处理的各类织物等。另见顶棚材料和墙面材料中的有关材料
	B2	经阻燃处理的聚乙烯、聚丙烯、聚氨酯、聚苯乙烯、玻璃钢、化纤织物、木制品等

注：1. 安装在钢龙骨上的纸面石膏板，可作为 A 级装饰材料使用；

2. 当胶合板表面涂覆一级饰面型防火涂料时，作为 B1 级装饰材料使用；

3. 单位质量小于 300kg/m^3 的纸质、布质壁纸，当直接粘贴在 A 级基材上时，可作为 B1 级装饰材料使用；

4. 施涂于 A 级基材上的无机装饰涂料，可作为 A 级装饰涂料使用。施涂于 A 级基材上，施涂覆比小于 1.5kg/m^{2}的有机装饰涂料，可作为 B1 级装饰材料使用；施涂于 B1、B2 级基材上时，应连同基材一起通过实验确定其燃烧等级；

5. 其他装饰材料系指窗帘、帷幕、床罩、家具包布等。

另外，国家还规定了下列建筑或部位室内装修宜采用非燃烧材料或难燃材料。

（1）高级宾馆的客房及公共活动用房；

（2）演播室、录音室及电化教室；

（3）大型、中型电子计算机房。

2. 耐火性

耐火性是指材料抵抗高热或火的作用，保持其原有性质的能力。金属材料、玻璃等虽属于不燃性材料，但在高温或火的作用下在短时间内就会变形、熔融，因而不属于耐火材料。建筑材料或构件的耐火极限通常用时间来表示，即按规定方法，从材料受到火的作用时间起，直到材料失去支持能力、完整性被破坏或失去隔火作用的时间，以 h 或 min 计。如无保护层的钢柱，其耐火极限仅有 0.25h。

（三）耐急冷急热性

材料抵抗急冷急热的交替作用，并能保持其原有性质的能力，称为材料的耐急冷急热性，又称材料的抗热震性或热稳定性。

许多无机非金属材料在急冷急热交替作用下，易产生巨大的温度应力而使材料开裂或炸裂破坏，如瓷砖、釉面砖等。

四、材料与声学有关的性质

（一）吸声性

吸声性是指材料在空气中能够吸声的能力。当声波传播到材料的表面时，一部分声波被反射，另一部分穿透材料，其余部分则传递给材料。对于含有大量开口孔隙的多孔材料，传递给材料的声能在材料的孔隙中引起空气分子与孔壁的摩擦和黏滞阻力，使相当一部分的声能转化为热能而被吸收或消耗掉；对于含有大量封闭孔隙的柔性多孔材料（如聚氯乙烯泡沫塑料制品）传递给材料的声能在空气振动的作用下孔壁也产生振动，使声能在振动时因克服内部摩擦而被消耗掉。材料吸声性能的优劣以吸声系数来衡量，吸声系数是指吸收的能量与声波原先传递给材料的全部能量的百分比，吸声系数与声音的频率及声音的入射方向有关，因此吸声系数指的是一定频率的声音从各个方面入射的吸收平均值，一般采用的声波频率为 125、250、500、1000、2000、4000Hz。一般对上述 6 个频率的平均吸声系数大于 0.2 的材料称为吸声材料。对于多孔吸声材料，其吸声效果与下列因素有关：①材料的质量密度。对同一种多孔材料，其质量密度增大，低频吸声效果提高，而高频吸声效果降低。②材料的厚度。厚度增加，低频吸声效果提高，而对高频影响不大。③材料的孔隙特征。孔隙越多越细小、吸声效果越好，若孔隙太大，则效果就差。需要指出的是，许多吸声材料与绝热材料材质相同，且都属多孔结构，但对孔隙特征的要求不同，绝热材料要求孔隙封闭，不相连通，这种孔隙越多，其绝热性能越好。而吸声材料则要求气孔开放，互相连通，这种气孔越多，吸声性能越好。

（二）隔声性

声波在建筑结构中的传播主要通过空气和固体来实现，因而隔声分为隔空气声和隔固体声。

1. 隔空气声

透射声功率与入射声功率的比值称为声透射系数 τ，该值越大则材料的隔声性能越差。材料或构件的隔声能力用隔声量 R [$R=10\lg(1/\tau)$] 来表示。与声透射系数 τ 相反，隔声量 R 越大，材料或构件的隔声性能越好。对于均质材料，隔声量符合“质量定律”，即材料单位面积的质量越大或材料的体积密度越大，隔声效果越好，轻质材料的质量较小，隔声性较密实材料差。

2. 隔固体声

固体声是由于振源撞击固体材料，引起固体材料受迫振动而发声，并向四周辐射声能。固体声在传播过程中，声能的衰减极少。弹性材料如木板、地毯、壁布、橡胶片等具有较高的隔固体声能力。

第2节　材料的力学性质

一、材料的强度

材料在外力作用下抵抗破坏的能力，称为材料的强度。建筑装饰材料受外力作用时，内部就产生应力。外力增加，应力相应增大，直至材料内部质点结合力不足以抵抗所作用的外力时，材料即发生破坏，此时的应力值，就是材料的强度，也称极限强度。根据外力作用形式不同，建筑装饰材料的强度有抗压强度、抗拉强度、抗弯强度及抗剪强度（图 1-2），还有断裂强度、剥离强度、抗冲击强度、耐磨性等。

断裂强度是指承受荷载时材料抵抗断裂的能力。剥离强度是指在规定的试验条件下，对标准试样施加荷载，使其承受线应力，且加载的方向与试样粘面保持规定角度，胶粘剂单位宽度上所能承受的平均载荷，常以 N/m 来表示。

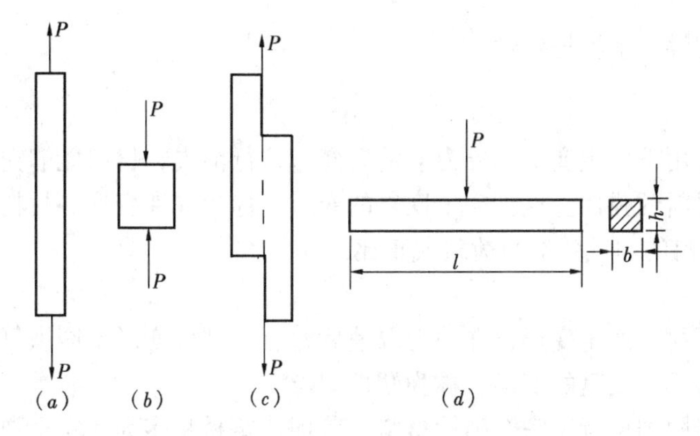

图 1-2　材料受外力作用示意图

(a) 抗拉；(b) 抗压；(c) 抗剪；(d) 抗弯

二、强度等级、标号、比强度

对于以强度为主要指标的材料，通常按材料强度值的高低划分成若干等级，称为强度等级（如混凝土、砂浆等用“强度等级”来表示）。有的材料则用“标号”表示，标号是指材料实用的经济技术指标，标号的大小根据强度值来确定。脆性材料主要以抗压强度来划分，塑性材料和韧性材料主要以抗拉强度来划分。比强度是材料强度与质量密度的比值。比强度是衡量材料轻质高强性能的一项重要指标，比强度越大，则材料的轻质高强性能越好。

三、硬度与耐磨性

硬度是材料抵抗较硬物体压入或刻划的能力。硬度的表示方法有布氏硬度（HBS、HBW）、肖氏硬度（HS）、洛氏硬度（HR）、韦氏硬度（HV）、邵氏硬度（HD、HA）和莫氏硬度，由于测试硬度的方法不同，所以表示材料的硬度就不同，布氏硬度、肖氏硬度、洛氏硬度、韦氏硬度都用钢球压入法测定试样，钢材、木材、混凝土、矿物材料等多采用此法，但石材有时也用刻划法（又称莫氏硬度）测定。莫氏硬度、邵氏硬度通常用压针法测定试样，非金属材料及矿物材料一般用此方法测定。

耐磨性是指材料表面抵抗磨损的能力，耐磨性用磨损率（N）表示。磨损率（N）可用下式计算：

$$N = \frac{m_1 - m_2}{A}$$

式中 N——材料的磨损率（g/cm^2）；

m_1、m_2——材料磨损前、后的质量（g）；

A——试件受磨面积（cm^2）。

材料的耐磨性与硬度、强度及内部构造有关，材料的硬度越大，则材料的耐磨性越高，材料的磨损率有时也用磨损前后的体积损失来表示；材料的耐磨性有时也用耐磨次数来表示。地面、路面、楼梯踏步及其他受较强磨损作用的部位等，需选用具有较高硬度和耐磨性的材料。

四、弹性、塑性、脆性与韧性

（一）弹性

材料在外力作用下产生变形，外力取消后变形即行消失，材料能够完全恢复到原来形状的性质，称为材料的弹性。这种完全恢复的变形，称为弹性变形。材料的弹性变形曲线如图 1-3 所示，材料的弹性变形与荷载成正比。

（二）塑性

在外力作用下材料产生变形，在外力取消后，有一部分变形不能恢复，这种性质称为材料的塑性。这种不能恢复的变形，称为塑性变形。

钢材在弹性极限内接近于完全弹性材料，其他建筑材料多为非完全弹性材料。这种非完全弹性材料在受力时，弹性变形和塑性变形同时产生，如图 1-4 所示，外力取消后，弹性变形 ab 可以消失，而塑性变形 ob 不能消失。

（三）脆性

指材料受力达到一定程度后突然破坏，而破坏时并无明显塑性变形的性质。脆性材料的变形曲线如图 1-5 所示，其特点是材料在接近破坏时，变形仍很小。混凝土、玻璃、砖、石材及陶瓷等属于脆性材料。它们抵抗冲击作用的能力差，但是抵抗压强度较高。

（四）韧性

指材料在冲击、振动荷载的作用下，材料能够吸收较大的能量，同时也能产生一定的变形而不致破坏的性质。对用作桥梁地面、路面及吊车梁等材料，都要求具有较高的抗冲击韧性。

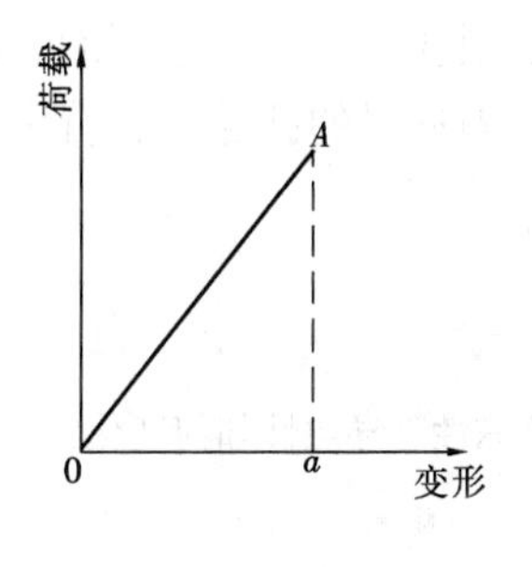

图 1-3　弹性变形曲线

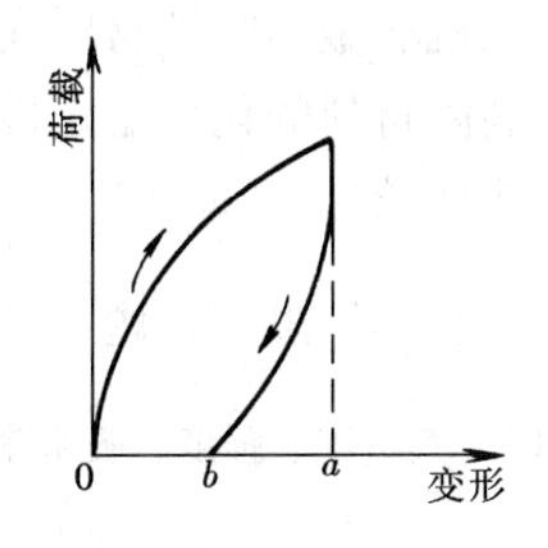

图 1-4　弹塑性变形曲线

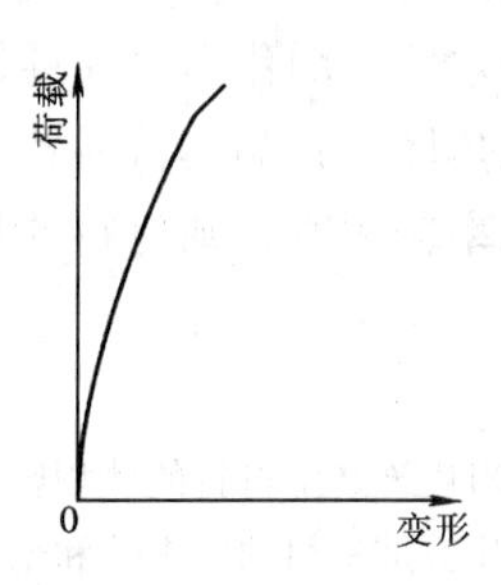

图 1-5　脆性材料的变形曲线

第3节　材料的耐久性

一、耐久性

材料长期抵抗各种内外破坏因素或腐蚀介质的作用，保持其原有性质的能力称为材料的耐久性。材料的耐久性是材料的一项综合性质，一般包括有耐磨性、耐擦性、耐水性、耐热性、耐光性、抗渗性、抗老化性、耐溶蚀性、耐沾污性等。材料的组成和性质不同，工程的重要性及所处的环境不同，则对材料耐久性项目的要求及耐久性年限的要求也不同。如潮湿环境的建筑物则要求装饰材料具有一定的耐水性；北方地区的建筑物外墙用装饰材料须具有一定的抗冻性；地面用装饰材料具有一定的硬度和耐磨性等等。耐久性寿命的长短是相对的，如对花岗石要求其耐久性寿命为数十年至数百年以上，而对质量好的外墙涂料则要求其耐久性寿命为 10～15 年。

二、影响耐久性的主要因素

（一）外部因素

外部因素是影响耐久性的主要因素，外部因素主要有：

(1) 化学作用　包括各种酸、碱、盐及其水溶液，各种腐蚀性气体，对材料具有化学腐蚀作用。

(2) 物理作用　包括光、热、电、温度差、湿度差、干湿循环、冻融循环、溶解等，可使材料的结构发生变化，如内部产生微裂纹或孔隙率增加。

(3) 生物作用　包括菌类、昆虫等，可使材料产生腐蚀、虫蛀等而破坏。

(4) 机械作用　包括冲击、疲劳荷载、各种气体、液体及固体引起的磨损与磨耗等。

实际工程中，材料受到外界破坏因素往往是两种以上因素同时作用。金属材料常由化学和电化学作用引起腐蚀和破坏；无机非金属材料常由化学作用、溶解、冻融、风蚀、温差、湿差、磨擦等因素或综合作用而引起破坏；有机材料常由生物作用、溶解、化学腐蚀、光、热、电等作用而引起破坏。

（二）内部因素

内部因素也是造成装饰材料耐久性下降的根本原因。内部因素主要包括材料的组成、结构与性质。当材料的组成易溶于水或其他液体，或易与其他物质产生化学反应时，则材料的耐水性、耐化学腐蚀性较差；无机非金属脆性材料在温度剧变时，易产生开裂，即耐急冷急热性差；晶体材料较组成非晶体材料的化学稳定性高；当材料的孔隙率，特别是开口孔隙率较大时，则材料的耐久性往往较差。

复习思考题

1. 当建筑装饰材料的体积密度增加时，其密度、强度、吸水率、抗冻性、导热性如何变化？
2. 什么是材料的亲水性和憎水性？
3. 什么是材料的耐水性？什么样的材料为耐水材料？
4. 什么是材料的耐久性？

第2章 装 饰 石 材

装饰石材分为天然石材和人造石材两种。天然装饰石材采用天然岩石经加工而成，其强度高、装饰性好、耐久、来源广泛，是人类自古以来广泛采用的建筑和装饰材料。近代发展起来的人造石材，无论装饰效果还是技术性能都显示了其优越性，成为一种新型饰面材料。

第1节 岩石与石材的基本知识

一、造岩矿物与岩石的结构和构造

（一）造岩矿物

地壳中的化学元素有90多种，矿物是地壳中的化学元素在一定的地质条件下形成的具有一定化学成分和一定结构特征的天然化合物和单质的总称。岩石是矿物的集合体，组成天然岩石的矿物称为造岩矿物。目前，已发现的矿物有3300多种。主要造岩矿物有30多种。由单一矿物组成的岩石叫单矿岩（如以方解石矿物为主的石灰岩）；由两种或更多矿物组成的岩石叫多矿岩（如由长石、石英、云母等矿物组成的花岗岩）。由于岩石形成的地质条件很复杂，因此岩石没有确定的化学组成和物理力学性质。即使是同种岩石，但由于产地不同，其中各种矿物的含量、光泽、质感及强度、硬度和耐久性也呈现差异，这就形成了岩石组成的多变性。但造岩矿物的性质及含量仍对岩石的性质起着决定性作用。

建筑装饰工程中常用岩石的主要造岩矿物有以下几种：

1. 石英

为结晶的二氧化硅（SiO_2）。密度为2.65g/cm^3，莫氏硬度（刻划硬度）为7，无色透明至乳白色，强度高，材质坚硬，耐久，呈现玻璃光泽，具有良好的化学稳定性。但在受热至573℃以上时，因发生晶体转变，会产生开裂现象。

2. 长石

为钾、钠、钙等的铝硅酸盐一类矿物的总称。包括正长石、斜长石等。密度为2.5～2.7g/cm^3，莫氏硬度为6，呈白、灰、红、青等不同颜色。坚硬，强度高，但耐久性不如石英，在大气中长期风化后成为高岭土。长石是火成岩中含量最多的造岩矿物，常含60%以上。

3. 角闪石、辉石、橄榄石

为铁、镁、钙等硅酸盐的晶体。密度为3～4g/cm^3，莫氏硬度5～7，呈深绿、棕或黑色，常称暗色矿物。坚硬，强度高，耐久性好，韧性大，具有良好的开光性。

4. 云母

为含水的钾、铁、镁的铝硅酸盐片状晶体。密度为2.7～3.1g/cm^3，莫氏硬度为2～3，具有无色透明、白、黄、黑各种颜色。解理极完全（指矿物在外力作用下，沿一定的结晶方向易裂解成薄片的性质），呈玻璃光泽，存在于岩石中影响耐久性和开光性，为岩石中的有害矿物。白云母较黑云母耐久，黑云母风化后形成蛭石，为一种轻质保温材料。

5. 方解石

为结晶的碳酸钙（$CaCO_3$）。密度为 $2.7g/cm^3$，莫氏硬度为 3，通常呈白色。强度高，但硬度不大，开光性好，耐久性仅次于石英、长石。易被酸分解，易溶于含二氧化碳的水。

6. 白云石

为碳酸钙和碳酸镁的复盐晶体（$CaCO_3 \cdot MgCO_3$）。密度为 $2.9g/cm^3$，莫氏硬度为 4，呈白色或灰白色，性质与方解石相似，强度稍高，耐酸腐蚀性及耐久性略高于方解石，遇热酸分解。

7. 黄铁矿

为二硫化铁（FeS_2）晶体。密度为 $5g/cm^3$。莫氏硬度为 6～7，呈黄色，但条痕呈黑色，无解理，耐久性差，在空气中易氧化成游离的硫酸及氧化铁，体积膨胀，产生锈迹，污染岩石，是岩石中常见的有害杂质。

岩石的性质与矿物组成有密切关系。由石英、长石组成的岩石，其硬度高、耐磨性好（如花岗岩、石英岩等），由白云石、方解石组成的岩石，其硬度低、耐磨性较差（如石灰岩、白云岩等）。含有碳酸钙和碳酸镁的岩石，其耐火性较差，当温度达到 700～900℃时开始分解，而石英含量较高的石材受热到 573℃时，因体积膨胀会使石材开裂。由石英、长石、辉石组成的石材具有良好的耐酸性（如石英岩、花岗岩、玄武岩等），而以碳酸盐为主要矿物的岩石则不耐酸，易受大气酸雨的侵蚀（如石灰岩、大理岩等）。

（二）岩石的结构和构造

1. 岩石的结构

岩石的结构是指岩石的原子、分子、离子层次的微观构成形式。根据微观粒子在空间分布状态的不同，可分为结晶质结构和玻璃质结构，大多数岩石属于结晶质结构，少数岩石具有玻璃质结构。结晶质结构具有较高的强度、硬度、韧性、耐久性，化学性质较稳定，而玻璃质结构除有较高的强度、硬度外，相对来说，呈现较强的脆性，韧性较差，化学性质较活泼。结晶质结构按晶粒的大小和多少可分为全晶质结构（岩石全部由结晶的矿物颗粒构成，如花岗岩）、微晶质结构、隐晶质结构（矿物晶粒小，宏观不能识别，如玄武岩、安山岩）。

2. 岩石的构造

岩石的构造是指宏观可分辨（用放大镜或肉眼）的岩石构成形式。通常根据岩石的孔隙特征和构成形态可分为：致密状（花岗岩、大理岩）、多孔状（浮石、黏土质砂岩）、片状（板岩、片麻岩）、斑状、砾状（辉长岩、花岗岩）等。岩石的孔隙率大，并夹杂有黏土质矿物时，强度和耐水、耐冻性等耐久性指标都明显下降。具有斑状和砾状构造的岩石，在磨光后往往纹理绚丽、美观，具有优良的装饰性。具有片状构造的岩石，容易成层剥离，各向异性，沿层易于加工，具有特殊的装饰效果。

二、常用岩石的分类及性质

岩石按地质形成条件分为火成岩、沉积岩和变质岩三大类，它们具有显著不同的结构、构造和性质。

（一）火成岩

火成岩由地壳内部熔融岩浆上升冷却而成，又称岩浆岩，是地壳中主要的岩石，约占其总量的89%。根据成岩深度的不同，火成岩又分为深成岩、浅成岩、喷出岩和火山岩。深成岩是岩浆在地表深处缓慢冷却结晶而成的岩石。其结构致密、晶粒粗大、密度大、抗压强度高、吸水性小、耐久性高，属于该类的岩石有花岗岩、辉长岩、闪长岩等。浅成岩为岩浆在地表浅处冷却结晶而成的岩石，其性质与深成岩相似，但由于冷却较快，故晶粒较小，如辉绿岩。喷出岩为岩浆流出地表急速冷却凝固而成的岩石。由于冷却迅速，大部分结晶不完全，形成隐晶质结构和玻璃质结构，如玄武岩、安山岩。该种岩石若形成较厚的岩层，则多为致密构造；当形成的岩层较薄时，常呈多孔构造。喷出岩硬度大，抗压强度高，但韧性较差，性脆。火山岩是岩浆被喷到空中，急速冷却落下而形成的岩石。因喷到空气中急速冷却而成，故岩石内部含有较多的气孔，多数为玻璃质，化学活性较高。火山岩直接用于装饰工程的不多，主要用作轻骨料混凝土和砂浆的骨料，如浮石。

1. 花岗岩

花岗岩属于酸性结晶深成岩。是火成岩中分布最广的岩石，其主要矿物组成为长石、石英和少量云母。主要化学成分为SiO_2，含量在65%以上。为全晶质结构，有粗粒、中粒、细粒（分别称为伟晶、粗晶和细晶）、斑状等多种构造。一般以细粒构造性质为好，但粗、中粒构造具有良好的装饰色纹，有灰、白、黄、蔷薇色、红、黑多种颜色。

花岗岩表观密度为2600～2800kg/m^3，抗压强度为120～300MPa，莫氏硬度为6～7，耐磨性好，孔隙率低，吸水率小（为0.1%～0.7%），抗风化性及耐久性好，使用年限为75～200年，高质量的可达千年以上，耐酸但不耐火，所含石英在高温下会发生晶变，体积膨胀而开裂。

花岗岩主要用于基础、踏步、室内外地面、外墙饰面、艺术雕塑等，属高档建筑和装饰石材。

2. 玄武岩

玄武岩为喷出火成岩。主要矿物为辉石和长石，常为隐晶结构。表观密度为2900～3300kg/m^3，抗压强度为100～500MPa，抗风化能力强，脆性及硬度均较大，加工较困难。主要用于基础、桥梁和路面铺砌及骨料等。

3. 辉长岩、闪长岩、辉绿岩

三种岩石均为岩浆岩。由长石、辉石、角闪石等构成。三者的表观密度均较大，为2800～3000kg/m^3，抗压强度100～280MPa，吸水率小（$<1\%$），耐久性好，具有优良的开光性。常呈深灰、暗绿、黑灰、黑绿等颜色。除用于基础等砌体外还可作为高档的饰面材料。特别是辉绿岩，强度高但硬度低，锯成板材和异型材，经表面磨光，光泽明亮，常用于铺砌地面，镶砌柱面等。

（二）沉积岩

沉积岩是露出地表的各种岩石（火成岩、变质岩或早期形成的沉积岩）在外力地质作用下经风化、搬运、沉积，在地表或距地表不太深处经压固、胶结、重结晶等成岩作用而形成的岩石。沉积岩虽在地壳中只占总重量的3%，但分布却占岩石分布总面积的75%，是地表分布最广的一种岩石。按沉积物颗粒的大小，沉积岩可分为砾岩、砂岩和页岩。沉积岩的主要特征是呈层状构造，各层岩石的成分、构造、颜色均不同，且各向异性。与深成火成岩比较，沉积岩体积密度小，孔隙率和吸水率较大，强度和耐久性较差。

1. 石灰岩

石灰岩为海水或淡水中的化学沉淀物和生物遗体沉积而成，主要成分为方解石，此外尚有石英、白云石、菱镁矿、黏土等矿物。石灰岩有密实、多孔和疏松等构造。密实构造的即为普通石灰岩，疏松的即为白垩（俗称粉刷大白）。颜色有灰白、灰、黄、浅红、浅黑等。

密实石灰岩表观密度为2400～2600kg/m^3，抗压强度20～120MPa，莫氏硬度为3～4。当含有较多SiO_2时，强度、硬度和耐久性都高。石灰岩一般不耐酸，但硅质和镁质石灰岩有一定的耐酸性。

由于石灰岩呈层状解理，没有明显断面，难于开采成规格石材。主要用于基础、墙体等石砌体，也是生产石灰和水泥的原料，直接用于装饰工程的不多。但某些特殊的石灰岩品种也可作为高档装饰饰面，如上海大剧院室内大厅的墙面采用的即为产于美国明尼苏达州的著名的石灰岩——黄砂石。

2. 砂岩

砂岩是由直径为0.1～2mm的石英等砂粒经沉积、胶结、硬化而成的岩石。根据胶结物的不同分为：

硅质砂岩：由SiO_2胶结而成。呈白、浅灰、浅黄色。强度可达300MPa，坚硬耐久，耐酸，性能类似于花岗岩。纯白色的砂岩又称白玉石，是优质的雕刻、装饰石材，北京人民英雄纪念碑周身的浮雕采用的即为白玉石。硅质砂岩可用于各种装饰、浮雕及地面工程。

钙质砂岩：由碳酸钙胶结而成。呈白、灰白色，是砂岩中最常用的品种。强度较大(60～80MPa)，不耐酸，较易加工，应用较广。

铁质砂岩：胶结物为含水氧化铁。呈褐色，性能比钙质砂岩差。

黏土质砂岩：由黏土胶结而成。易风化，遇水易软化，应用较少。

由于砂岩性能相差较大，使用时需加以区别。

（三）变质岩

变质岩是地壳中的原有岩石（火成岩、沉积岩或早期生成的变质岩），由于岩浆的活动及地质构造运动的影响（高温、高压），在固体状态下发生再结晶作用而形成的岩石。在形成的过程中，岩石的矿物成分、结构、构造以至化学成分部分或全部发生了改变。常用的变质岩主要有以下几种。

1. 大理岩

大理岩是石灰岩或白云岩经高温、高压的地质作用重新结晶而成的变质岩，属于副变质岩（指结构、构造及性能优于变质前的变质岩）。主要组成矿物为方解石、白云石等。化学成分主要有CaO、MgO和少量的SiO_2，一般CaO的含量大于50%。表观密度为2600～2800kg/m^3，抗压强度为60～110MPa，吸水率<1%（某些品种略大于1%），莫氏硬度3～

4，耐用年限150年。纯大理岩构造致密，密度大但硬度不大，易于分割、雕琢和磨光。纯大理岩为雪白色，当含有氧化铁、石墨等矿物杂质时，可呈玫瑰红、浅绿、米黄、灰、黑等色调。磨光后，光泽柔润，绚丽多彩。大理岩的颜色、光泽与所含成分间的关系见表2-1和表2-2。大理石常用于高级建筑的装饰饰面工程。如栏杆、踏步、台面、墙柱面、装饰雕刻制品等。

大理岩的颜色与所含成分的关系 表2-1

颜 色	白 色	紫色	黑 色	绿 色	黄 色	红褐色、紫红色、棕黄色	无色透明
所含成分	碳酸钙、碳酸镁	锰	碳或沥青物	钴化物	铬化物	锰及氧化铁的水化物	石 英

大理岩光泽与所含成分的关系 表2-2

光 泽	金黄色	暗 红	蜡 状	石棉	玻 璃	丝 绢	珍珠	脂肪
所含成分	黄铁矿	赤铁矿	蛇纹岩等混合物	石棉	石英、长石、白云石	纤维状矿物质、石膏	云母	滑石

2. 石英岩

石英岩是硅质砂岩受地质动力变化作用而生成的酸性变质岩，也是一种副变质岩。由于砂岩中的石英颗粒及天然胶结物在高压下重新结晶。因此结构致密、均匀，强度可达250～400MPa。硬度大，莫氏硬度为7。耐酸性能好，耐久性优良，使用年限可达千年以上。但由于坚硬，开采加工困难，主要用于纪念性建筑的饰面或以不规则形状应用于建筑物或装饰工程中。

3. 片麻岩

片麻岩是花岗岩经高压地质作用重新结晶而成的变质岩，属于正变质岩（其构造、性能较变质前的原岩石差）。其矿物成分与花岗岩类似。呈片状构造，各向异性，沿解理方向易于开采和加工；垂直于解理方向抗压强度较高，可达120～250MPa。片麻岩的结晶颗粒为粒状或斑状，外观美丽，在工程中用途与花岗石相似，但其抗冻性较差，经冻融循环，会层层剥落，在作为饰面石材时要考虑其使用的部位，以获得良好的应用效果。

三、饰面石材的加工

从矿山开采出的石材荒料（荒料是指符合一定规格要求的正方形或矩形六面体石料块材）运到石材加工厂后，经一系列加工过程才能得到各种饰面石材制品。

（一）饰面石材的加工方法

饰面石材的加工根据加工工具的特性不同可分为两种基本方式：磨切加工和凿切加工。每种加工方式又可划分为两个阶段：锯割加工阶段——使饰面石材具有初步的形状（厚度或幅面满足一定要求）；表面加工阶段——使石材充分显示出自身的装饰、观赏性（质感和色泽）。

磨切加工是最具现代化的石材加工方式，它是根据石材的硬度特点，采用不同的锯、磨、切割的刀具及机械完成饰面石材的加工。这种加工方法自动化、机械化程度高，生产效率高，材料利用率高，是目前最常采用的一种加工方法。磨切加工顺序可先切后磨，亦可先磨后切。先切后磨是把锯割所得的毛板割成预定规格后再进行表面加工；先磨后切是将锯割所得的毛板先进行表面加工，再切割成所要求的规格。这两种加工顺序可根据供货方式、产地远近、仓储条件、市场需求等条件综合考虑后给予选择。

凿切加工也是广泛采用的石材加工方法，它是采用人工或半人工的凿切工具，如凿子、剁斧、钢錾、气锤等对石材进行加工。凿切工具加工石材的特点是可形成凹凸不平、明暗对比强烈的表面，充分突出石材的粗犷质感。但这种加工方法劳动强度较大，往往需要较多的手工参与，虽也可采用气动或电动式机具，但很难实现完全的机械化和自动化。

（二）饰面石材加工的工艺流程

1. 锯割加工

锯割是石材加工的首道工序，该道工序是采用各种型式的锯机将石材荒料锯割成半成品板材，该工序不但耗费大（可占成品成本的20%以上），而且锯割工作完成的好坏直接影响以后的研磨等工作。

由石材荒料锯割出的毛板材数量的多少，直接影响饰面石材加工的经济指标。这一指标可用石材的出材率表示，即 $1m^3$ 石材荒料可获板材的平方米数。如按 20mm 厚的板材计，一般石材的出材率为 $12 \sim 21m^2/m^3$。可见受锯片厚度和荒料质量的影响，饰面板材的出材率是较低的。

锯割加工的设备主要有框架锯（排锯）、盘式锯等，分别用于切割坚硬石材（花岗石等）、较大规格荒料和中等硬度以下的小规格荒料。

2. 饰面石材的表面加工

饰面石材是以石材特有的色泽、质感来美化建筑物的。但当石材还是荒料和毛板阶段，它们的颜色、花纹、光泽并未清楚的显示，特别是有些石材荒料的颜色、光泽与磨光后呈现出的色泽截然两样，因此可以说，石材只有通过其表面加工，才能具有观赏价值，从而满足建筑装饰艺术方面的要求。

饰面石材的表面加工根据对表面的不同要求可分为研磨、刨切、烧毛、凿毛等几种。

（1）研磨加工　研磨一般分为粗磨、细磨、半细磨、精磨、抛光等五道工序。研磨设备有摇臂式手扶研磨机和桥式自动研磨机。分别用于小件加工和 $1m^2$ 以上的板材加工。磨料多用碳化硅加结合剂（树脂和高铝水泥等），也可采用金钢砂，抛光时还需加各种不同的抛光剂。

抛光是石材研磨加工的最后一道工序，它可使石材表面具有最大的反射光线的能力及良好的光滑度，同时使石材固有色泽花纹最大限度地显示出来。

目前，国内采用的抛光石材的方法大致可分为三类：第一类为毛毡-草酸抛光法。适于抛光汉白玉、芝麻白、艾叶青等一类的以白云石和方解石为主要造岩矿物的变质岩。第二类为毛毡-氧化铝抛光法。适用于抛光晚霞、墨玉、东北红等一类以方解石为主要造岩矿物的石灰岩质的沉积岩。第三类为白刚玉磨石抛光法。适于抛光上述两种方法不易抛光的，以长石、辉石、橄榄石、黑云母等多种不同矿物组成的岩石，如济南青等。

抛光工序之所以采用不同的抛光剂，主要是不同材质的石材抛光的机理不同。由于石材表面的抛光过程极其复杂，其机理至今尚未完全探明。一般认为有微粒研磨机理、塑性变形机理、物理化学作用机理三种。当平行光线射到光滑表面上时，由于表面各点的法向一致，根据光的反向定律，反向光亦是平行的，即产生了较高的光泽。如果平行光线射到粗糙不平的表面，由于各点法向不一致，致使反射光线不平行而产生漫射，即光泽较差。微粒研磨机理是认为通过细磨料对石材表面的不断切削而达到平滑。一般磨料越细，表面越平，当研磨深度达到 110μm 左右时，石材表面就会产生镜面光泽，这一抛光机理可解释第三类磨石抛光法。塑性变形机理是认为被抛光表面在研磨过程中产生较高的温度，使材料表面发生塑性流动，改变了表面凹凸不平的状况，提高了平滑程度，最终达到抛光的目的，这一抛光机理解释第二类抛光即毛毡-氧化铝抛光法是较为适宜的。所谓的物理化学作用抛光机理是认为被加工表面在有水存在的情况下出现的微膜状生成物具有很强的吸附力，在研磨过程中将表面突出部分揭下以填平凹下部分（可视为物理作用），同时石材与抛光剂间产生化学反应，产生表面物质的溶解（可视为化学作用），从而加快抛光过程，这一抛光机理理论用来解释第一类抛光作用，即毛毡-草酸抛光法是相当吻合的。

（2）刨切加工　这种表面加工方法是使用刨床形式的刨石机对毛板表面进行往复式的刨切，使表面平整，同时形成有规律的平行沟槽或刨纹，这是一种粗面板材的加工方式。

（3）烧毛加工　是将锯切后的花岗石毛板，用火焰进行表面喷烧，利用某些矿物在高温下开裂的特性进行表面烧毛，使石材恢复天然粗糙表面，以达到特定的色彩和质感。

（4）凿毛加工　这种表面加工方法是利用专门凿切手工工具，如剁斧、钢錾或鳞齿锤（一种带有 25 齿、36 齿或 64 齿的钢锤），在石材表面连续剁切，从而形成凹凸深度不一的表面，主要适用于中等硬度以上各种火成岩和变质岩的表面加工。

经过表面加工的饰面石材可采用细粒金钢石小圆盘锯切割成一定规格的成品。

3. 检验与包装

加工好的产品应先检验尺寸、颜色、花纹及拼花效果等，然后方可包装。必要时要按实际使用状态（铺地或贴墙）检验其拼花效果。当地使用，可用缓冲衬垫和专用钢架包装出厂；运往外地，应用各种缓冲衬垫垫好，外包塑料薄膜，装入木框架箱出厂。

大理石包装时应避免用草绳、木丝、油纸作包装材料，以减少雨淋后对饰面石材的污染，尤其是浅色大理石更要注意。

四、天然石材的选用

天然石材不同的品种，性能变化较大，而且由于其密度大、体重、运输不方便，再加上材质坚硬，加工较困难，因此成本提高，尤其是一些珍贵品种。所以，在建筑装饰工程中选用天然石材，必须要慎重。既要体现设计风格又要经济合理。一般来说，天然石材的选用要考虑以下几个问题：

（一）材性的多变性

这里讲的材性，不但包括石材的物理力学性能（强度、耐水性、耐久性等），也包括石材的装饰性（色调、光泽、质感等）。同一类岩石，品种不同、产地不同，性能上也往往相差很大。故同一工程部位上应尽量选用同一矿山的同一种岩石，不能单凭几块样板武断决定。否则，往往会出现批量产品才会显示出的色差、花纹变化等意想不到的情况，影响装饰效果，造成难以弥补的憾事。

（二）材料的适用性

不同的石材具有不同的特点，对不同的工程部位和装饰效果有不同的适用性：用于地面的石材，主要应考虑其耐磨性，同时还要照顾其防滑性；用于室外的饰面石材，主要应考虑其耐风化性和耐腐蚀性能；用于室内的饰面石材，主要应考虑其光泽、花纹和色调等美观性。

（三）材料的工艺性能

材料的工艺性能是指石材便于开采、加工、施工安装的性质。包括加工性、开光性、可钻性。加工性指石材的割切、凿琢等加工工艺的难易程度。凡强度、硬度、韧性较高的石材都较不易加工；质脆粗糙、有颗粒交错结构或含有层状、片状构造的石材，都难于满足加工的要求。开光性是指岩石能磨成光滑表面的性质。致密、均匀、粒细的岩石一般都有良好的开光性；疏松多孔、有鳞状构造和含有较多云母的岩石，开光性均不好。可钻性是指石材钻孔的难易程度。板材安装时往往需钻安装孔，如可钻性不好，将会对钻孔造成困难，甚至会造成开裂。可钻性一般与强度、硬度、层理构造有关。

（四）材料的经济性

石材因密度大、体重，所以应尽量就地、就近取材，以减少运距，降低成本。不要一味追求高档次的石材，要选择既能体现装饰风格，又与工程投资相适宜的品种。

第2节 天然大理石

一、大理石的概念和特点

大理石是大理岩的俗称。建筑装饰工程上所指的大理石是广义的，除指大理岩外，还泛指具有装饰功能，可以磨平、抛光的各种碳酸盐类的沉积岩和与其有关的变质岩。如石灰岩、白云岩、砂岩、灰岩等。

大理石质地比较密实、抗压强度较高、吸水率低、表面硬度一般不大，属中硬石材。化学成分有CaO、MgO、SiO_2等，其中CaO和MgO的总量占50%以上。纯白色的大理石成分较为单纯，但大多数大理石是两种或两种以上成分混杂在一起，因成分复杂，所以颜色变化较多，深浅不一，有多种光泽，形成大理石独特的天然美。国内部分大理石的物理力学性能、结构特征及化学成分见表2-3。

国内部分大理石结构特征、物理力学性能及主要化学成分　　表2-3

大理石品种名称	外贸代号	颜色	岩石名称	主要矿物成分	结构特征	表观密度（kg/m^3）	抗压强度（MPa）
雪浪	022	白色、灰白色	大理岩	方解石	颗粒变晶，镶嵌结构	2720	92.8
秋景	023	灰色	大理岩	方解石、白水云母	微晶结构	2710	94.8
晶白	028	雪白、白色	大理岩	方解石	中、细粒结构	2740	104.9
虎皮	042	灰黑色	大理岩	方解石	粒状变晶结构	2690	76.7
杭灰	056	灰色、白花纹	灰岩	方解石	隐晶质结构	2730	130.6
红奶油	058	浅粉红色	大理岩	方解石	微粒隐晶结构	2630	67.0
汉白玉	101	乳白色	白云岩	方解石、白云岩	花岗结构	—	156.4
丹东绿	217	浅绿色	蛇纹石化硅卡岩	蛇纹石、方解石、橄榄岩	纤维状网格变晶结构	—	89.2
雪花白	311	乳白色	白云岩	方解石、白云石	中、细粒变晶结构	2770	81.7
苍白玉	704	乳白色	白云岩	白云石	花岗结构	—	136.1

续表

大理石品种名称	外贸代号	抗折强度(MPa)	硬度(Hs)	磨耗量(cm^3)	吸水率(%)	主要化学成分(%)					产　地
						CaO	MgO	SiO_2	Al_2O_3	Fe_2O_3	
雪　浪	022	19.7	38.5	17.5	1.07	54.52	1.75	0.60	0.05	0.03	湖北黄石
秋　景	023	14.3	49.8	21.9	1.2	48.34	3.11	7.22	1.66	0.79	湖北黄石
晶　白	028	19.8			1.31	53.53	2.37	0.73	0.10	0.07	湖北黄石
虎　皮	042	16.6	55	16.3	1.11	53.28	1.57	2.40	0.45	0.33	湖北黄石
杭　灰	056	12.3	63	14.94	0.16	54.33	0.47	1.1	0.48	0.67	浙江杭州
红奶油	058	16.0	59.6	—	0.15	54.92	0.93	—	0.14	0.08	江苏宜兴
汉白玉	101	19.1	42	22.50	—	30.80	21.73	0.17	0.13	0.19	北京房山
丹东绿	217	6.7	47.9	24.5	0.14	0.84	47.54	31.72	0.34	2.20	丹东东沟
雪花白	311	17.3	45	24.38	—	33.35	18.53	3.36	—	0.09	山东掖县
苍白玉	704	12.2	50.9	24.96	—	32.15	20.13	0.19	0.15	0.04	云南大理

大理石一般都含有杂质，尤其是含有较多的碳酸盐类矿物，在大气中受硫化物及水气的作用，容易发生腐蚀。腐蚀的主要原因是城市工业所产生的 SO_2 与空气中的水分接触生成亚硫酸、硫酸等所谓酸雨，与大理石中的方解石反应，生成二水硫酸钙（二水石膏），体积膨胀，从而造成大理石表面强度降低、变色掉粉，很快失去光泽，影响其装饰性能。其反应化学方程式为：

$$CaCO_3 + H_2SO_4 + H_2O = CaSO_4 \cdot 2H_2O + CO_2 \uparrow$$

在各种颜色的大理石中，暗红色、红色的最不稳定，绿色次之。白色大理石成分单纯，杂质少，性能较稳定，不易变色和风化。所以除少数大理石，如汉白玉、艾叶青等质纯、杂质少、比较稳定耐久的品种可用于室外，绝大多数大理石品种只宜用于室内。

二、大理石的主要品种

我国大理石矿产资源极为丰富。储量大，品种也多，其中不乏优质品种。据有关资料统计，山东、安徽、江苏、江西、云南、内蒙、吉林、黑龙江等24个省市中，天然大理石储藏量达17亿 m^3，花色品种达到商业应用价值的有390多个，同时新的品种还在不断地被开发。国产大理石主要品种见表2-4。

国产大理石主要品种　　**表2-4**

品　名	花　色　特　征	产　地
莱阳绿	深绿色，带有黑斑块，花纹斑点较大	山东莱阳
栖霞绿（1号）	浅绿色，带有灰、白、黑斑块及白线	山东栖霞
条灰（1号）	灰白色，黑白直线，线条清晰均匀	山东掖县
铁岭红	玫瑰红、肉红、深红、棕红并带有不同花纹	辽宁铁岭
纹脂奶	底色乳白、淡黄、带有红色条纹	贵州贵阳
晶墨玉	全黑、稍带白筋，以“黑桃皇后”著称	贵州贵阳
紫地满天星	咖啡色，带密集而均匀，白色淡黄色海生物化石星点	重庆市

续表

品　　名	花色特征	产　地
汉白玉	玉白色，微有杂点和脉	北京房山、湖北黄石
晶　白	白色晶体，细致而均匀	湖　北
雪　花	白间淡灰色、有均匀中晶，有较多黄翳杂点	山东掖县
雪　云	白和灰白相间	广东云浮
墨晶白	玉白色、微晶、有黑色纹脉或斑点	河北曲阳
影晶白	乳白色，有微红至深赭的陷纹	江苏高资
风　雪	灰白间有深灰色晕带	云南大理
冰　浪	灰白色均匀粗晶	河北曲阳
黄花玉	淡黄色，有较多稻黄脉络	湖北黄石
凝　脂	猪油色底，稍有深黄细脉，偶带透明杂晶	江苏宜兴
碧　玉	嫩绿或深绿和白色絮状相渗	辽宁连山关
彩　云	浅翠绿色底，深浅绿絮状相渗，有紫斑和脉	河北获鹿
斑　绿	灰白色底，有深草绿点斑状、堆状	山东莱阳
云　灰	白或浅灰底，有烟状或云状黑灰色纹带	北京房山
晶　灰	灰色微赭，均匀细晶，间有灰条纹或赭色斑	河北曲阳
驼　灰	土灰色底，有深黄赭色，浅色疏脉	江苏苏州
裂　玉	浅灰带微红底，有红色脉络和青灰色斑	湖北大冶
海　涛	浅灰底，有深浅间隔的青灰色条状斑带	湖　北
象　灰	象灰底，杂细晶斑，并有红黄色细纹络	浙江潭浅
艾叶青	青底，深灰间白色叶状斑云，间有片状纹缕	北京房山
残　雪	灰白色，有黑色斑带	河北铁山
螺　青	深灰色底，满布青白相间螺纹状花纹	北京房山
晚　霞	石黄间土黄斑底，有深黄叠脉，间有黑晕	北京顺义
蟹　青	黄灰底，遍布深灰或黄色砾斑，间有白灰层	湖　北
虎　纹	赭色底，有流纹状石黄色经络	江苏宜兴
灰黄玉	浅黑灰底，有红色，黄色和浅黄灰脉络	湖北大冶
锦　灰	浅黑灰底，有红色和灰白色脉络	湖北大冶
电　花	黑灰底，满布红色间有白色脉络	浙江杭州
桃　红	桃红色，粗晶，有黑色缕纹或斑点	河北曲阳
银　河	浅灰底，密布粉红和紫红叶脉	湖北下陆
秋　枫	灰红底，有血红晕脉	江苏南京
砾　红	浅红底，满布白色大小碎石块	广东云浮
桔　络	浅灰底，密布粉红和紫红叶脉	浙江长兴
岭　红	紫红碎螺脉，杂以白斑	辽宁铁岭
紫螺纹	灰红底，满布红灰相间的螺纹	安徽灵壁
螺　红	绛红底，夹有红灰相间的螺纹	辽宁金县

续表

品　　名	花色特征	产　　地
红花玉	肝红底，夹有大小浅红石块	湖北大冶
五　花	绛紫底，遍布绿灰色或紫色大小砾石	江苏、河北
墨　壁	黑色、杂有少量浅黑色斑或少量土黄缕纹	河北获鹿
量　夜	黑色、间少量白络或白斑	江苏苏州

“大理石”以云南省大理县的大理城而得名，该地所产的大理石品种繁多、石质细腻、多彩绚丽、享誉中外。在远古时期，大理地区是一片汪洋大海，后由于地壳的运动、升迁，在五亿多年的地质变迁后，形成了山脉。原有的石灰岩、白云岩等岩石在区域动力作用下，变质而成大理岩。岩石中的各种美丽花纹系在变质过程中，一些矿物质的浸染而形成。云南大理所产的大理石主要有云灰、白色和彩花三大类。

云灰大理石的特点是其花色多呈云灰色，或云灰色底面上泛起一些类似自然云朵状的花纹。看起来有的像青云直上，有的像乱云飞渡，有的如乌云滚滚，有的若浮云漫天。其中花纹状如波纹的一类，称为水花石。云灰大理石加工性能优良，易于锯切、抛光，是理想的建筑装饰饰面石材。

白色大理石又称苍山白玉或白玉，其晶莹纯净、洁白如玉，是大理石中的名贵品种，常用作高级的饰面石材。

彩花大理石是大理所产大理石中的精品。该种岩石呈薄层状，经研磨、抛光后，可呈现出色彩斑斓、千姿百态的自然图案，为世界之罕见。精心雕磨、镶拼后常可显现出山水林木、花草虫鱼、云雾雨雪、奇岩怪石等魄丽、逼真的画面。彩花大理石按其花纹、色泽的不同，又分为“绿花”、“秋花”和“水墨花”三个品种，其中“水墨花”因其图案起黑色、淡黑色的花纹，酷似优美的水墨画，是大理石中最美的一种，天然石纹宛如出自丹青妙笔。

汉白玉是大理石中另一名贵品种，虽全国许多地方都有出产，但以产于北京房山的最负盛名。它是古老的碳酸盐类岩石（距今5.7亿年）与后期花岗岩侵入体接触，在高温条件下变质而成。汉白玉的矿物结晶颗粒很细，极为均匀，粒径0.1～0.25mm的居多数。色彩鲜艳洁白（乳白、玉白色），质细腻而坚硬、耐风化，是大理石中可用于室外的不多的品种之一。汉白玉易加工成材，磨光后光泽绚丽，不但是建筑装饰工程的高档饰面材料，也是工艺美术、雕塑等艺术造型的上乘材料。

除以上所介绍的几种大理石，广西的桂林黑、辽宁铁岭的东北红、山东莱阳的莱阳绿、河南淅川的松香黄和米黄等都是闻名的大理石品种。

近年来，由于经济的发展和对外开放的不断扩大，不少国外大理石珍品在国内一些大型重要建筑物中被采用。如北京人民大会堂香港厅采用了光亮度极高的希腊雪花白大理石为墙面，经精心制作，显现出晶莹、剔透、高雅、庄重的风格。

三、天然大理石板材分类、等级和标记

（一）板材分类

天然大理石板材按形状分为普型板（PX）、圆弧板（HM）和异型板（YX）。

国际和国内板材的通用厚度为20mm，亦称为厚板。随着石材加工工艺的不断改进，厚度较小的板材也开始应用于装饰工程，常见的有7、8、10mm等，亦称为薄板。厚板有较大的厚度，可钻孔、锯槽，适用于传统湿作业法和干挂法等施工工艺，但施工较复杂，进度也较慢。薄板可采用水泥砂浆或专用胶粘剂直接粘贴，石材利用率高，便于运输和施工。但幅面不宜过大，以免加工、安装过程中发生碎裂。

（二）等级和标记

根据《天然大理石建筑板材》JC/T 79—2001，天然大理石板材按板材的规格尺寸偏差、平面度公差、角度公差及外观质量分为优等品（A）、一等品（B）、合格品（C）三个等级。

我国天然石材的命名和标记方法，除部颁标准JC 79—92和JC 205—92外，各专业石材进出口公司和中国石材工业协会也对部分出口石材做了编号（如大理石为JM，花岗石为JG）。随着石材新产品的不断开发，各产地对其产品也有不同的命名和标记方法，各生产厂家也往往有企业的编号。因为石材材质及装饰性能变化很大，为统一命名和标记方法，国家标准《天然石材统一编号》GB/T 17670—1999对天然石材编号方法统一规定为由一个英文字母和四位数字两部分组成，第一部分英文字母为大理石（marble）、花岗石（granite）、板石（slate）的英文名称的首位大写字母M、G、S，第二部分头两位数字代表GB/T 2260规定的各省、自治区、直辖市行政区划代码，后两位数字为各省、自治区、直辖市所编的石材品种序号。如M1102是北京市房山艾叶青大理石的编号。

行业标准《天然大理石建筑板材》JC/T 79—2001对大理石板材的命名和标记方法所作的规定如下：

板材命名顺序为：

荒料产地地名，花纹色调特征描述，大理石（M）。

板材的标记顺序为：

编号、类别、规格尺寸（长度×宽度×厚度，单位为“mm”）、等级、标准号。

例如，用北京房山汉白玉大理石荒料生产的普型、规格尺寸为600mm×600mm×20mm的优等品板材表示为：

命名：房山汉白玉大理石

标记：M1101　PX　600×600×20　A　JC/T 79—2001

四、天然大理石板材的技术要求

（一）规格尺寸允许误差

普型板材规格尺寸应量测长、宽两方向相对边缘及中间各三个数值，厚度应量测各边中间厚度的四个数值，分别用偏差最大值和最小值表示长度、宽度、厚度的尺寸偏差。圆弧板规格尺寸应测量圆弧板的弦长、高度及最大与最小壁厚。在圆弧板的两端面处测量弦长；在圆弧板的端面与侧面测量壁厚。

普型板材规格尺寸的允许偏差应符合表2-5的规定。

（二）平面度允许极限公差

天然大理石板材的平面度是指板材表面用钢平尺所测得的平整程度，用与钢平尺偏差的缝隙尺寸（mm）表示。平面度允许极限公差应符合表2-6的规定。

天然大理石普型板材规格尺寸允许偏差

JC/T 79—2001（mm）　　表 2-5

部　位		优等品	一等品	合格品
长、宽度		0 -1.0	0 -1.0	0 -1.5
厚　度	≤12mm	±0.5	±0.8	±1.0
	>12mm	±1.0	±1.5	±2.0

天然大理石板材平面度允许极限公差

JC/T 79—2001

（mm）　表 2-6

板材长度范围	允许极限公差值		
	优等品	一等品	合格品
≤400	0.20	0.30	0.50
>400～≤800	0.50	0.60	0.80
>800	0.70	0.80	1.00

（三）角度允许极限公差

角度偏差是指板材正面各角与直角偏差的大小。用板材角部与标准钢角尺间缝隙的尺寸（mm）表示。

测量时采用内角边长为 450mm×400mm 的 90°钢角尺，将角尺的长短边分别与板材的长短边靠紧，用塞尺测量板材长边与角尺长边间的最大间隙。当板材长边小于或等于 500mm 时，测量板材的任一对对角；当板材的长边大于 500mm 时，测量板材的四个角。以最大间隙的塞尺片读数表示板材的角度极限公差。角度允许极限公差应符合表 2-7 的规定。

天然大理石板材角度允许极限公差

JC/T 79—2001（mm）　　表 2-7

板材长度范围	允许极限公差值		
	优等品	一等品	合格品
≤400	0.30	0.40	0.60
>400	0.50	0.60	0.80

拼缝板材，正面与侧面的夹角不得大于 90°。若大于 90°，板材拼镶时，板缝的宽度不易控制。

（四）外观质量

1. 花纹色调

同一批板材的花纹色调应基本一致。测定时将所选定的协议样板与被检板材并列平放在地面上，距板材 1.5m 处站立目测。

2. 缺陷

板材正面的外观缺陷应符合表 2-8 的规定。测定时将板材平放在地面上，距板材 1.5m 处明显可见的缺陷视为有缺陷；距板材 1.5m 处不明显，但在 1m 处可见的缺陷视为无缺陷。缺棱掉角的缺陷用钢直尺测量其长度和宽度。

天然大理石板外观质量要求 JC/T 79—2001　　表 2-8

名　称	规　定　内　容	优等品	一等品	合　格　品
裂　纹	长度超过 10mm 的不允许条数（条）	0	不明显	有，不影响装饰效果
缺　棱	长度不超过 8mm，宽度不超过 1.5mm（长度≤4mm，宽度≤1mm 不计），每米长允许个数（个）	0	1	2
缺　角	延板材边长顺延方向，长度≤3mm，宽度≤3mm（长度≤2mm，宽度≤2mm 不计），每块板允许个数（个）			
色　斑	面积不超过 $6cm^2$（面积小于 $2cm^2$ 不计），每块板允许个数（个）		不明显	有，不影响装饰效果
砂　眼	直径在 2mm 以下			

3. 粘接和修补

大理石饰面板材在加工和施工过程中有可能由于石材本身或外界原因发生开裂、断裂。在开裂或断裂不严重的情况下，允许粘接或修补，要采用专门的胶粘剂以保证质量。同时，粘接或修补后不能影响板材的装饰效果和物理性能。

（五）物理性能

1. 镜面光泽度

大理石板材大部分需经抛光处理，抛光面应具有镜面光泽，能清晰地反映出景物。光泽度是指在指定的几何条件（距离、角度）下，将试样置于标准光泽度测定仪上，其镜面反射光通量与相同条件下标准黑玻璃镜面反射光通量的比值乘以100。

镜面板材的镜面光泽度值应不低于70光泽单位或由供需双方协商确定。

2. 物理力学指标

天然大理石板材为保证其质量，要求质量密度不小于2.60g/cm^3。吸水率不大于0.75%，干燥状态下的抗压强度不小于20.0MPa，干燥或水饱和状态下的弯曲强度不小于7.0MPa。

五、天然大理石板材的贮存和选用

天然大理石板材，表面光亮、细腻，易受污染和划伤，所以应注意在室内贮存，室外贮存时应加遮盖。存放时应按品种、规格、等级或工程部位分别码放。直立码放时，应光面相对，倾斜度不大于15°，层间加垫隔离，垛高不得超过1.5m；平放时，也应光面相对，地面须平整，垛高不得超过1.2m。若为包装箱，码放高度不得超过2m。

天然大理石板材是高级装饰工程的饰面材料。一般用于宾馆、展览馆、影剧院、商场、图书馆、机场、车站等建筑的室内墙面、柱面、服务台、栏板、电梯间门口等部位。由于其耐磨性相对较差，虽也可用于室内地面，但不宜用于人流较多场所的地面。大理石由于耐酸腐蚀能力较差，除个别品种外，一般只适用于室内。

除整板铺贴外，大理石厂生产光面和镜面大理石时裁割下的大量边角余料，经过适当的分类加工，也可制成碎拼大理石墙面或地面，是一种别具风格、造价较低的高级饰面，可用以点缀高级建筑的庭园、走廊等部位，使建筑物丰富多彩。

第3节　天 然 花 岗 石

一、花岗石的概念和特点

建筑装饰工程上所指的花岗石泛指各种以石英、长石为主要的组成矿物，并含有少量云母和暗色矿物的火成岩和与其有关的变质岩，如花岗岩、辉绿岩、辉长岩、玄武岩、橄榄岩、片麻岩等。

花岗石构造致密、强度高、密度大、吸水率极低、材质坚硬、耐磨，属硬石材。花岗石的化学成分有SiO_2、Al_2O_3、CaO、MgO、Fe_2O_3等，其中SiO_2的含量常为60%以上，因此其耐酸、抗风化、耐久性好，使用年限长。从外观特征看，花岗石常呈整体均粒状结构，称为花岗结构。品质优良的花岗石，石英含量高，云母含量少，结晶颗粒分布均匀，纹理呈斑点状，有深浅层次，构成该类石材的独特效果，这也是从外观上区别花岗石和大理石的主要特征。花岗石的颜色主要由正长石的颜色和云母、暗色矿物的分布情况而定。其颜色有黑白、黄麻、灰色、红黑、红色等。部分花岗石品种的性能和化学成分见表2-9。

国内部分花岗石结构特征、物理力学性能及主要化学成分　　表 2-9

花岗石品种名称	颜色	外贸代号	结构特征	物理力学性能				
				表观密度（kg/m^3）	抗压强度（MPa）	抗折强度（MPa）	肖氏硬度	磨耗量（cm^3）
白虎涧	粉红色	151	花岗结构	2580	137.3	9.2	86.5	2.62
花岗石	浅灰、条纹状	304	花岗结构	2670	202.1	15.7	90.0	8.02
花岗石	红灰色	306	花岗结构	2610	212.4	18.4	99.7	2.36
花岗石	灰白色	359	花岗结构	2670	140.2	14.4	94.6	7.41
花岗石	粉红色	431	花岗结构	2580	119.2	8.9	89.5	6.38
笔山石	浅灰色	601	花岗结构	2730	180.4	21.6	97.3	12.18
日中石	灰白色	602	花岗结构	2620	171.3	17.1	97.8	4.80
峰白石	灰色	603	花岗结构	2620	195.6	23.3	103.0	7.83
厦门白石	灰白色	605	花岗结构	2610	169.8	17.1	91.2	0.31
砻石	浅红色	606	花岗结构	2610	214.2	21.5	94.1	2.93
石山红	暗红色	607	花岗结构	2680	167.0	19.2	101.5	6.57
大黑白点	灰白色	614	花岗结构	2620	103.6	16.2	87.4	7.53

花岗石品种名称	主要化学成分						产地
	外贸代号	SiO_2	Al_2O_3	CaO	MgO	Fe_2O_3	
白虎涧	151	72.44	13.99	0.43	1.14	0.52	北京昌平
花岗石	304	70.54	14.34	1.53	1.14	0.88	山东日照
花岗石	306	71.88	13.46	0.58	0.87	1.57	山东崂山
花岗石	359	66.42	17.24	2.73	1.16	0.19	山东牟头
花岗石	431	75.62	12.92	0.50	0.53	0.30	广东汕头
笔山石	601	73.12	13.69	0.95	1.01	0.62	福建惠安
日中石	602	72.62	14.05	0.20	1.20	0.37	福建惠安
峰白石	603	70.25	15.01	1.63	1.63	0.89	福建惠安
厦门白石	605	74.60	12.75	—	1.49	0.34	福建厦门
砻石	606	76.22	12.43	0.10	0.90	0.06	福建南安
石山红	607	73.68	13.23	1.05	0.58	1.34	福建惠安
大黑白点	614	67.86	15.96	0.93	3.15	0.90	福建同安

二、花岗石的品种

我国花岗石的资源极为丰富，储量大、品种多。山东、江苏、浙江、福建、北京、山西、湖南、黑龙江、河南、广东等十省市都有出产，花色品种有90多个。北京的白虎涧（花岗岩）、济南的济南青（辉长岩）、青岛的黑色花岗石（辉绿岩）、四川石棉的石棉红、湖北的将军红、山西灵邱的贵妃红等都是花岗石的主要品种。国产花岗石的主要品种见表2-10。

国产花岗石的主要品种　　表 2-10

品　名	花　色　特　征	产　地	品　名	花　色　特　征	产　地
白虎涧	肉粉色带黑斑	北京市昌平县	黑花岗石	黑色，分大、中、小花	山东省临沂县
将军红	黑色棕红浅灰间小斑块	湖北省	泰安绿	暗绿色（花岗闪长岩）	山东省泰安市
芝麻青	白底、黑点	湖北省黄石市	莱州白	白色黑点	山东省掖县
济南青	纯黑色（辉长岩）	山东省济南市	莱州青	黑底青白点	山东省掖县
莱州棕黑	黑底棕点	山东省掖县	红花岗石	紫红色或红底起白花点	山东省、湖北省
莱州红	粉红底深灰点	山东省掖县			

在世界石材贸易市场中，花岗石产品所占的比例不断增长，约占世界石材总产量的36%。在国际上，花岗石板材可分为三个档次：高档花岗石抛光板主要品种有巴西黑、非洲黑、印度红等，这一类产品主要特点是色调纯正、颗粒均匀，具有高雅、端庄的深色调。中档花岗石板材主要有粉红色、浅紫罗兰色、淡绿色等，这一类产品多为粗中粒结构，色彩均匀变化少。低档花岗石板材主要为灰色、粉红色等色泽一般的花岗石及灰色片麻岩等，这一类的特点是色调较暗淡、结晶粒欠均匀。

三、天然花岗石板材的分类、规格、等级和标记

（一）分类

天然花岗石板材按形状可分为普型板材（PX）、圆弧板材（HM）和异型板材（YX）。按其表面平整加工程度可分为亚光板材（YG）、镜面板材（PL）、粗面板材（RU）三类。亚光板系饰面平整细腻，能使光线产生漫反射现象的板材。镜面板经粗磨、细磨抛光加工而成，表面平整光亮、色泽明显、晶体裸露。粗面板指饰面粗糙规则有序，端面锯切有序的板材，系经手工或机械加工，在平整的表面处理出不同形式的凹凸纹路，如具有规则条纹的机刨板，由剁斧人工凿切而成的剁斧板，经火焰喷烧处理表面而成的火烧板和用齿锤人工锤击而成的锤击板等。

（二）板材规格

天然花岗石板材的规格很多。细面和镜面板材的定型产品规格见表2-11。非定型产品板材的规格由设计或施工部门与生产厂家商订。

天然花岗石板材定型产品规格（mm）　　表 2-11

长	宽	厚	长	宽	厚
300	300	20	305	305	20
400	400	20	610	305	20
600	300	20	610	610	20
600	600	20	915	610	20
900	600	20	1067	762	20
1070	759	20			

当用于室外装饰时，常选用的规格为：1067mm × 762mm × 20mm；915mm × 610mm ×

20mm；610mm×610mm×20mm。细面和镜面花岗石板材由于其材质的特点，一般都制成厚度为20mm的厚板，厚度小于10mm的薄板很少采用。

（三）等级和标记

1．等级

天然花岗石板材根据国家标准《天然花岗石建筑板材》GB/T 18601—2001，按规格尺寸允许偏差、平面度允许极限公差、角度允许极限公差及外观质量分为优等品（A）、一等品（B）、合格品（C）三个等级。圆弧板按规格尺寸偏差、直线度公差、线轮廓度公差及外观质量等分为优等品（A）、一等品（B）、合格品（C）三个等级。

2．命名与标记

国家标准GB/T 18601—2001对天然花岗石板材的命名和标记方法所作的规定为：

板材的命名顺序：荒料产地地名、花纹色彩特征名称、花岗石。

板材的标记顺序：编号、类别、规格尺寸、等级、标准号。其中编号采用GB/T 17670的规定。

例如，用山东济南黑色花岗石荒料生产的400mm×400mm×20mm、普型、镜面、优等品板材表示为：

命名：济南青花岗石

标记：G3701　PX　JM　600×600×20　A　GB/T 18601

四、天然花岗石板材的技术要求

（一）规格尺寸允许偏差

普型板材规格尺寸偏差应符合表2-12规定。其规格尺寸的量测方法和偏差的取值同大理石板材。异型板材规格尺寸允许偏差由供、需双方商定。

天然花岗石普型板规格尺寸允许偏差 GB/T 18601—2001（mm）　　**表 2-12**

分类		亚光面和镜面板材			粗面板材		
等级		优等品	一等品	合格品	优等品	一等品	合格品
长、宽度		0～－1.0	0～－1.5		0～－1.0	0～－2.0	0～－3.0
厚度	≤15	±0.5	±1.0	+1.0～－1.5	—		
	>15	±1.0	±2.0	+1.0～－3.0	+1.0～－2.0	±3.0	+2.0～－4.0

（二）平面度允许极限公差

普型板材平面度允许公差应符合表2-13规定。

天然花岗石板材平面度允许公差 GB/T 18601—2001（mm）　　**表 2-13**

板材长度范围	亚光面和镜面板材			粗面板材		
	优等品	一等品	合格品	优等品	一等品	合格品
≤400	0.20	0.40	0.50	0.60	0.80	1.00
>400～<1000	0.50	0.70	0.80	1.20	1.50	1.80
≥1000	0.80	1.00	1.00	1.50	1.80	2.00

（三）角度允许极限公差

普型板材的角度允许公差应符合表 2-14 的规定，测定方法同大理石板材。

天然花岗石普型板材角度允许极限公差

GB/T 18601—2001（mm） 表 2-14

板材长度	优等品	一等品	合格品
≤400	0.30	0.50	0.80
>400	0.40	0.60	1.00

普型板材拼缝正面与侧面的夹角不得大于 90°。

（四）外观质量

（1）同一批板材的色调应基本调和，花纹应基本一致。测定方法同大理石板材。

（2）板材正面的外观质量要求应符合表 2-15 规定。测定时用钢尺测量缺陷的长度、宽度。

天然花岗石板的外观质量要求 GB/T 18601—2001 表 2-15

<table>
<tr><th>名 称</th><th>规 定 内 容</th><th>优等品</th><th>一等品</th><th>合格品</th></tr>
<tr><td>缺 棱</td><td>长度不超过 10mm，宽度不超过 1.2mm（长度小于 5mm，宽度小于 1.0mm 不计），周边每米长允许个数（个）</td><td rowspan="5">不允许</td><td rowspan="3">1</td><td rowspan="3">2</td></tr>
<tr><td>缺 角</td><td>延板材边长，长度≤3mm，宽度≤3mm（长度≤2mm，宽度≤2mm不计），每块板允许个数（个）</td></tr>
<tr><td>裂 纹</td><td>长度不超过两端顺延至板边总长度的 1/10（长度小于 20mm 的不计），每块板允许条数（条）</td></tr>
<tr><td>色 斑</td><td>面积不超过 15mm×30mm（面积小于 10mm×10mm 不计），每块板允许个数（个）</td><td rowspan="2">2</td><td rowspan="2">3</td></tr>
<tr><td>色 线</td><td>长度不超过两端顺延至板边总长度的 1/10（长度小于 40mm 不计），每块板允许条数（条）</td></tr>
</table>

注：干挂板材不允许有裂纹存在。

（五）物理性能

1. 镜面光泽度

含云母较少的天然花岗石具有良好的开光性，但含云母（特别是黑云母）较多的天然花岗石，因云母较软，抛光研磨时，云母易脱落，形成凹面，不易得到镜面光泽。GB/T 18601—2001 规定，天然花岗石镜面板材的镜面光泽度指标不应低于 80 光泽单位或按供需双方协商确定。

2. 物理力学性能

天然花岗石板材质量密度应不小于 2.50g/cm^3，吸水率不大于 1.0%，干燥抗压强度不小于 60MPa，干燥或水饱和的弯曲强度不小于 8.0MPa。

3. 天然放射性

天然石材中的放射性是引起人们普遍关注的一问题。但经检验证明，绝大多数的天然石材中所含放射物质极微，不会对人体造成任何危害。但部分花岗石产品放射性指标超标，会在长期使用过程中对环境造成污染，因此有必要加以控制。国家标准《建筑材料放射性核素限量》GB 6566—2001 中规定，装修材料（花岗石、建筑陶瓷、石膏制品等）中以天然放射性核素镭-226、钍-232、钾-40 的放射性比活度及内照射指数和外照射指数的限值分为三类：A 类产品的产销与使用范围不受限制；B 类产品不可用于 I 类民用建筑的内饰面，但可用于 I 类民用建筑的外饰面及其他一切建筑物的内、外饰面；C 类产品只可用于建筑物的外饰面。

放射性水平超过限值的花岗石和大理石产品，其中的镭、钍等放射元素衰变过程中将产生天然放射性气体氡。氡是一种无色、无味、感官不能觉察的气体，特别是易在通风不良的地方聚集，可导致肺、血液、呼吸道发生病变。

目前，国内使用的众多天然石材产品，大部分是符合 A 类产品要求的，但不排除有少量的 B、C 类产品。因此装饰工程中应选用经放射性测试，且发放了放射性产品合格证的产品。此外，在使用过程中，还应经常打开居室门窗，促进室内空气流通，使氡稀释，达到减少污染的目的。关于石材放射性元素的试验见本书实验部分。

五、天然花岗石板材的贮存和应用

天然花岗石板材材质坚硬、耐腐蚀、抗污染，但贮存时仍应注意保护板面，严禁搬运时滚碾、碰撞，并尽可能在室内贮存，室外贮存应加遮盖。堆码要求与天然大理石板材相同。

花岗石自古就是优良的建筑石材，有“千年石烂”之美称，但因其坚硬，开采加工较困难，故造价较高，属于高级装饰材料，主要应用于大型公共建筑或装饰等级要求较高的室内外装饰工程。花岗石因不易风化，外观色泽可保持百年以上，所以粗面和细面板材常用于室外地面、墙面、柱面、勒脚、基座、台阶；镜面板材主要用于室内外地面、墙面、柱面、台面、台阶等，特别适宜做大型公共建筑大厅的地面。

第 4 节　青石板与板岩饰面板

一、青石板

青石板系水成沉积岩，属板石类中的一种，主要矿物成分为 $CaCO_3$，材质软、易风化，其风化程度及耐久性随岩体埋深情况差异很大。如青石板处于地壳表层，埋深较浅，风化较严重、则岩石呈片状，易撬裂成片状青石板，可直接应用于建筑，这样的青石板在我国东北及西南地区较多；如岩石埋藏较深，则板块厚，抗压强度（可达 210MPa）及耐久性均较理想。可加工成所需的板材，这样的板材按表面处理形式可分为毛面（自然劈裂面）青石板和光面（磨光面）青石板两类。

毛面青石板由人工用錾子按自然纹理劈开，表面不经修磨，纹理清晰，再加上本身固有的暗红、灰绿、蓝、紫、黄等不同颜色，搭配混合使用时，可形成色彩丰富、有变化又有一定自然风格的青石板贴面。用于室内墙面可获得天然材料粗犷的质感。如用于地面，不但起到防滑的作用，同时有一种硬中带“软”的效果，效果甚佳。

光面青石板是一处较为珍贵的饰面材料，可用于柱面、墙面，也可采用不规则的板块，组成有一定构成规律的自然图案，有很独特的装饰风格。

近些年，在我国许多新的公共建筑中都采用了青石板。如北京动物园爬行动物馆、深圳博物馆展楼都采用青石板贴面，获得了理想的建筑装饰效果。

二、板岩饰面板

板岩系由黏土页岩（一种沉积岩）变质而成的变质岩，其矿物成分为颗粒很细的长石，石英，云母和黏土。板岩具有片状结构，易于分解成薄片，获得板材。它的解理面与所受的压力方向垂直而与原沉积层无关。板岩质地坚密、硬度较大；耐水性良好，在水中不易软化；耐久，寿命可达数十年至上百年。板岩有黑、蓝黑、灰、蓝灰、紫、红及杂色斑点等不同色调，是一种优良的极富装饰性的饰面石材。其缺点是自重较大，韧性差，受震时易碎裂且不易磨光。

板岩饰面板在欧美大多用于覆盖斜屋面以代替其他屋面材料。近些年也常用作非磨光的外墙饰面，常做成面砖形式，厚度为5～8mm，长度为300～600mm，宽度为150～250mm。以水泥砂浆或专用胶粘剂直接粘贴于墙面，是国外很流行的一种饰面材料，国内已有引进，常被用作外墙饰面，也常用于室内局部墙面装饰，通过其特有的色调和质感，营造一种欧美的乡村情调。

第5节　人造饰面石材

天然石材虽有许多优良的性能，但由于其资源分布不均，加工后成品率低，因此成本较高，尤其一些名贵品种更显价格昂贵。在大型装饰工程中，石材的成本常常对总工程造价起决定作用。为适应现代装饰业的需要，人造饰面石材应运而生。

人造石材发展至今已有近50年的历史。1948年意大利就已成功试制水泥型人造大理石。1958年美国开始人造大理石平板的生产，到20世纪70年代，半数以上的住宅都不同程度采用了人造大理石。1970年至1980年的10年间，日本对人造石材进行了较深入的研究，发表了许多专利。我国从20世纪70年代末开始引进人造石材的生产技术，许多装饰工程中都采用了人造石材，积累了人造石材生产和使用的经验。

人造饰面石材是采用无机或有机胶凝材料作为粘结剂，以天然砂、碎石、石粉或工业渣等为粗、细填充料，经成型、固化、表面处理而成的一种人造材料。它具有以下特点：

（1）质量轻、强度大、厚度薄　某些种类的人造石材表观密度只有天然石材的一半，强度却较高，抗折强度可达30MPa，抗压强度可达110MPa。人造饰面石材厚度一般小于10mm，最薄的可达8mm。通常不需专用锯切设备锯割，可一次成型为板材。

（2）色泽鲜艳、花色繁多、装饰性好　人造石材的色泽可根据设计意图制做，可仿天然花岗石、大理石或玉石，色泽花纹可达到以假乱真的程度。人造石材的表面光泽度高，某些产品的光泽度指标可大于100，甚至超过天然石材。

（3）耐腐蚀、耐污染　天然石材或耐酸或耐碱，而聚酯型人造石材，耐酸也耐碱，同时对各种污染具有较强的耐污力。

（4）便于施工、价格便宜　人造饰面石材可钻、可锯、可粘结，加工性能良好。还可制成弧形、曲面等天然石材难以加工的几何形状。一些仿珍贵天然石材品种的人造石材价格只及天然石材的几分之一。

除以上优点外，人造石材还存着一些缺点，如有的品种表面耐刻划能力较差，某些板材使用中易发生翘曲变形等，随着对人造饰面石材制做工艺、原料配比的不断改进、完善，这些缺点和问题是可以逐步克服的。

按照生产材料和制造工艺的不同，可把人造饰面石材分为下几类：

一、水泥型人造饰面石材

这种人造石材是以各种水泥（硅酸盐水泥、白色或彩色硅酸盐水泥、铝酸盐水泥等）为胶凝材料，天然砂为细骨料，碎大理石、碎花岗石、工业废渣等为粗骨料，经配料、搅拌、成型、加压蒸养、磨光、抛光而制成。这种人造石材成本低，但耐酸腐蚀能力较差，若养护不好，易产生龟裂。

该类人造石材中，以铝酸盐水泥作为胶凝材料的性能最为优良。因为铝酸盐水泥（亦称矾土水泥）的主要矿物组成为 $CaO \cdot Al_2O_3$（简写为 CA），水化后生成的产物中含有氢氧化铝胶体，它与光滑的模板表面相接触，形成氢氧化铝凝胶层。同时氢氧化铝凝胶体在凝结硬化过程中，不断填充粗、细骨料间的空隙，形成致密结构，因而表面光亮，呈半透明状，同时花纹耐久、抗风化，耐火性、耐冻性、防火性等性能优良。缺点是为克服表面泛碱，需加入价格较高的辅助材料；底色较深，颜料需要量加大，使成本增加。

二、聚酯型人造饰面石材

这种人造石材多是以不饱和聚酯为胶凝材料，配以天然大理石、花岗石、石英砂或氢氧化铝等无机粉状、粒状填料，经配料、搅拌、浇筑成型。在固化剂、催化剂作用下发生固化，再经脱模、抛光等工序制成。目前，我国多用此法生产人造石材。使用不饱和聚酯产品光泽好、色浅、颜料省、易于调色。同时这种树脂黏度低、易于成型、固化快。成型方法有浇筑成型法、压缩成型法和大块荒料成型法。

聚酯型人造石材的主要特点是光泽度高、质地高雅、强度硬度较高、耐水、耐污染、花色可设计性强。缺点是填料级配若不合理，产品易出现翘曲变形。

三、复合型人造饰面石材

这种人造石材具备了上述两类的特点，系采用无机和有机两类胶凝材料。先用无机胶凝材料（各类水泥或石膏）将填料粘结成型，再将所成的坯体浸渍于有机单体中（苯乙烯、甲基丙烯酸甲酯、醋酸乙烯、丙烯腈等），使其在一定的条件下聚合而成。

四、烧结型人造饰面石材

该种人造石材的制造与陶瓷等烧土制品的生产工艺类似。是将斜长石、石英、辉石、方解石粉和赤铁矿粉及部分高岭土按比例混合（一般配比为黏土 40%、石粉 60%），制备坯料，用半干压法成形，经窑炉 1000℃左右的高温焙烧而成。该种人造石材因采用高温焙烧，所以能耗大，造价较高，实际应用得较少。

人造饰面石材可用于室内外墙面、地面、柱面、楼梯面板、服务台面等部位。

复习思考题

1. 岩石按地质形成条件可分成几类？列出常用岩石品种的名称。

2. 简述花岗岩、大理岩、石灰岩、砂岩的矿物组成、性能特点及应用。

3. 饰面石材的表面加工方法主要有哪几种？各自适用范围是什么？

4. 天然石材选用时要考虑哪几个方面的问题？

5. 什么是装饰工程所指的大理石和花岗石？其主要性能特点是什么？指出各自常用品种的名称。

6. 天然大理石板材和花岗石板材的分类、等级、标记和主要技术要求是什么？

7. 为什么大理石饰面板材不宜用于室外？

8. 人造饰面石材按生产材料和制造工艺的不同可分为哪几类？

第3章　建筑装饰石膏及制品

石膏及其制品具有造型美观、表面光滑、细腻，且又有轻质、吸声、保温、防火等特点。近年来随着建筑业的飞速发展，石膏及制品用作建筑装饰材料发展很快。

第1节　石膏的基本知识

石膏是一种气硬性胶凝材料，只能在空气中凝结硬化，并在空气中保持和发展其强度，不能在水中凝结硬化。建筑装饰工程用石膏，主要有建筑石膏、模型石膏、高强石膏、粉刷石膏等。我们这里着重介绍建筑石膏。

一、建筑石膏

（一）建筑石膏的生产

生产石膏的原料主要为含硫酸钙的天然石膏（又称生石膏）或含硫酸钙的化工副产品和废渣，化学式为 $CaSO_4 \cdot 2H_2O$，也称二水石膏。常用天然二水石膏制备建筑石膏。将天然二水石膏在干燥条件下加热至107～170℃，脱去部分水分即得熟石膏（也称半水石膏），这就是建筑石膏。其反应式如下：

$$CaSO_4 \cdot 2H_2O \xrightarrow{107\sim170℃} CaSO_4 \cdot \frac{1}{2}H_2O + 1\frac{1}{2}H_2O$$

建筑石膏是将熟石膏磨细而成的白色粉末，密度为2.60～2.70g/cm^3，堆积密度为800～1000kg/m^3。

（二）建筑石膏的水化与硬化

建筑石膏加水拌合后，与水发生化学反应（简称水化）：

$$CaSO_4 \cdot \frac{1}{2}H_2O + 1\frac{1}{2}H_2O \longrightarrow CaSO_4 \cdot 2H_2O$$

建筑石膏加水后，很快发生水化反应，生成水化产物 $CaSO_4 \cdot 2H_2O$，随着水化的不断进行，二水石膏胶体微粒凝聚并转变为晶体。晶体颗粒逐渐长大，且晶体颗粒间相互搭接、交错、共生（两个以上晶粒生长在一起），产生强度，即浆体产生了硬化。这一过程不断进行，直至浆体完全干燥，强度不再增加，此时浆体已硬化成为石膏制品。

（三）建筑石膏的技术要求

建筑石膏的技术要求主要有强度、细度和凝结时间，并按强度、细度和凝结时间划分为优等品、一等品和合格品，各等级的强度与细度应满足表3-1中的要求；各等级建筑石膏的初凝时间不得小于6min，终凝时间不得大于30min。

（四）建筑石膏的性质

1. 凝结硬化快、强度较低

建筑石膏各等级的强度和细度数值 GB 9776—88 **表 3-1**

项　　目	优等品	一等品	合格品	备　注
抗折强度（MPa），≮	2.5	2.1	1.8	表中强度值为 2h 的强度值
抗压强度（MPa），≮	4.9	3.9	2.9	
细　度 0.2mm 方孔筛筛余（%），≮	5.0	10.0	15.0	

半水石膏水化转变为二水石膏时，理论需水量仅为石膏质量的 18.6%，为使石膏浆体具有必要的可塑性，通常需加水 60%～80%，硬化后这些多余的水分蒸发，在石膏硬化体内留下很多孔隙，从而导致强度较低，α 型半水石膏制品生产过程中实际加水量较少，只加 35%～40%的水，则其硬化体较密实，强度就较高，故称高强石膏。

2. 体积略有膨胀

石膏浆体在凝结硬化初期略有膨胀，膨胀率为 0.5%～1.0%。正因为这一特性使石膏制品在硬化过程中不会产生裂缝，而使其造型棱角清晰、饱满，且表面光滑、装饰效果好，加之石膏制品色白、细腻，适宜制作建筑装饰制品。

3. 孔隙率大、保温、吸声性能较好

建筑石膏硬化后体积内孔隙率大，因此就决定了石膏制品导热系数小，而保温隔热性能较好，且吸声性强的特点。

4. 耐水性差、抗冻性差

由于建筑石膏硬化后呈多孔状态，且二水石膏微溶于水，具有很强的吸湿性和吸水性，所以，石膏制品的耐水性和抗冻性较差。石膏的软化系数只有 0.2～0.3。

5. 调温、调湿性较好

建筑石膏具有热容量较大，吸湿性较好的特点，故能调节室内温度和湿度，保持室内小气候的均衡状态。

6. 具有良好的防火性

建筑石膏与水作用转变为 $CaSO_4 \cdot 2H_2O$，硬化后的石膏制品中含有占其质量 20.93%的结晶水，这些水在常温下是稳定的，但当遇到火灾时，结晶水将变为水蒸气而蒸发，这时需要吸收大量热能，从而可延缓石膏制品本身的温度升高，同时在面向火源的表面上形成一层水蒸气幕，可有效地阻止火势蔓延。

（五）建筑石膏的应用

(1) 由于石膏硬化后体积具有膨胀性和吸湿性，故适宜做室内的装饰材料。

(2) 适宜做绝热、保温、吸声和防火材料。

(3) 还可以做成石膏抹面灰浆、装饰制品和石膏板、装饰花、装饰配件、石膏线角等。

建筑石膏在运输及贮存时应防止受潮，一般贮存 3 个月后，强度下降 30%左右。

二、其他石膏

（一）模型石膏

模型石膏也称 β 型半水石膏，其杂质少、色白。主要用于陶瓷的制坯工艺，少量用于装饰浮雕。

(二)高强石膏

将二水石膏放在压蒸锅内，在1.3大气压（124℃）下蒸炼，则由β型生成α型的半水石膏，将此石膏磨细得到的白色粉末称为高强石膏。由于调成可塑性浆体时，需水量（35%～45%）只是建筑石膏的一半左右，所以这种石膏硬化后具有较高的密度，故强度较高，7d强度可达15～40MPa。高强石膏主要用于室内高级抹灰、各种石膏板、嵌条、大型石膏浮雕画等。

第2节 石膏装饰制品

石膏装饰制品主要有装饰板、装饰吸声板、装饰线角、花饰、装饰浮雕壁画、画框、挂饰及建筑艺术造型等。

一、装饰石膏板

装饰石膏板是以建筑石膏为主要原料，掺入适量纤维增强材料和外加剂，与水一起搅拌成均匀的料浆，经浇注成型，干燥而成的不带护面纸的板材。所用的纤维材料有玻璃纤维，为了增加板的强度，也可附加长纤维或用玻璃长纤维捻成绳，在石膏板成型过程中，呈网格方式布置在板内。装饰石膏板是一种具有良好防火性能和隔声性能的吊顶板材。这种板材密度适中，强度较高，施工简便、快捷。板面可制成平面形的，也可制成有浮雕图案的，以及带有小孔洞的装饰石膏板。

1. 分类与规格

装饰石膏板按其正面形状和防潮性能的不同分类，见表3-2。

装饰石膏板的分类与代号 GB 9777—88 **表3-2**

分类	普通板			防潮板		
	平板	孔板	浮雕板	平板	孔板	浮雕板
代号	P	K	D	FP	FK	FD

装饰石膏板为正方形，其棱角断面形式有直角形和倒角形两种。板材的规格为500mm×500mm×9mm，600mm×600mm×11mm。板材的厚度指不包括棱边倒角、孔洞和浮雕图案在内的板材正面和背面间的垂直距离；直角偏离度是指板材相邻两棱边偏离直角的程度，以两对角线的差值来表示。

2. 产品标记

装饰石膏板标记顺序为：产品名称、板材分类代号、板的边长以及国家标准号。如板材尺寸为500mm×500mm×9mm的防潮孔板其产品标记号为：装饰石膏板 FK500 GB 9777—88。

3. 技术要求

装饰石膏板正面不应有影响装饰效果的气孔、污痕、裂纹、缺角、色彩不均和图案不完整等缺陷。板材的含水率、吸水率、受潮挠度应满足表3-3的要求。

装饰石膏板含水率、吸水率及受潮挠度要求　GB 9777—88　　表 3-3

项　　目	优　等　品		一　等　品		合　格　品	
	平均值	最大值	平均值	最大值	平均值	最大值
含水率（%），≯	2.0	2.5	2.5	3.0	3.0	3.5
吸水率（%），≯	5.0	6.0	8.0	9.0	10.0	11.0
受潮挠度（mm），≯	5	7	10	12	15	17

板的断裂荷载及单位面积质量应满足表 3-4 的要求。

装饰石膏板的断裂荷载及单位面积质量要求　GB 9777—88　　表 3-4

板材代号	断裂荷载（N），≮						单位面积质量（kg/m^2），≯						
	优等品		一等品		合格品		厚度（mm）	优等品		一等品		合格品	
	平均值	最小值	平均值	最小值	平均值	最小值		平均值	最大值	平均值	最大值	平均值	最大值
P，K FP，FK	176	159	147	132	118	106	9	8.0	9.0	10.0	11.0	12.0	13.0
							11	10.0	11.0	12.0	13.0	14.0	15.0
D，FD	186	168	167	150	147	132	9	11.0	12.0	13.0	14.0	15.0	16.0

注：D，FD 的厚度系指棱边厚度。

4．性质与应用

装饰石膏板表面洁白，花纹图案丰富，孔板和浮雕还具有较强的立体感。质地细腻，给人以清新柔和之感，并兼有轻质、保温、吸声、防火、防燃，还能调节室内温度等特点。

装饰石膏板可用于宾馆、商场、餐厅、礼堂、音乐厅、练歌房、影剧院、会议室、医院、候机室、幼儿园、住宅等建筑的墙面和吊顶装饰。对湿度较大的环境应使用防潮板。

二、嵌装式装饰石膏板

以建筑石膏为主要原料，掺入适量的纤维增强材料和外加剂，与水一起搅拌成均匀的料浆，经浇注成型、干燥而成的不带护面纸的、板材背面四周加厚并带有嵌装企口的石膏板称为嵌装式装饰石膏板。它的正面可为平面、带孔或带浮雕图案，代号为 QZ。GB 9778—88 既适用于嵌装式装饰石膏板，也适用于穿孔吸声石膏板。嵌装式吸声石膏板是以带有一定数量穿透孔洞的嵌装式装饰石膏板为面板，在背面复合吸声材料，使其具有一定吸声特性的板材，代号 QS。这两种石膏板常与 T 形铝合金龙骨配套用于吊顶工程。

1. 形状与规格

嵌装式石膏板为正方形，其棱边断面形式有直角形和倒角形。其规格为：边长 600mm × 600mm，边厚大于 28mm；边长 500mm × 500mm，边厚大于 25mm。其他形状和规格的板材，由供需双方商定，但其质量指标应符合本标准规定。板材的边长（L）、铺设高度（H）、厚度（S）及其构造如图 3-1 所示。

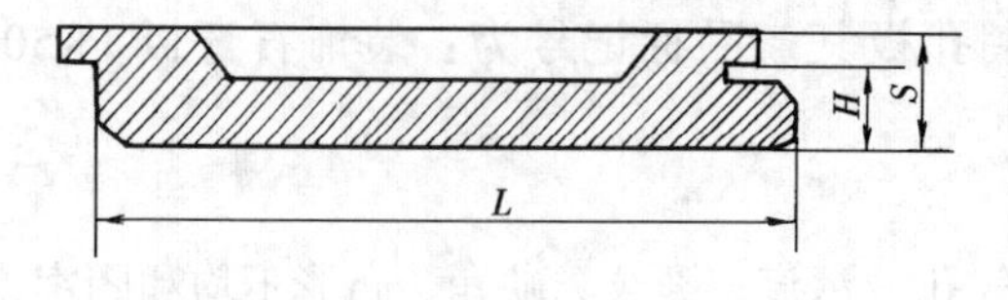

图 3-1　嵌装式装饰石膏板的构造示意图

2．产品标记

嵌装式装饰板的标记顺序为：产品名称、代号、边长和标准号。如边长尺寸为600mm×600mm的嵌装式装饰石膏板，标记为：嵌装式装饰石膏板 QZ600 GB 9778—88。

3．技术要求

嵌装式装饰石膏板单位面积质量的平均值应不大于16.0kg/m²，单个最大值应不大于18.0kg/m²。正面不得有影响装饰效果的气孔、污痕、裂纹、缺角、色彩不均和图案不完整等缺陷。板材的含水率、断裂荷载、吸声板的吸声系数应满足表3-5的要求。

嵌装式装饰石膏板的物理力学要求 GB 9778—88 **表3-5**

含水率（%），≯						断裂荷载（N），≮						平均吸声系数（混响室法），≥
优等品		一等品		合格品		优等品		一等品		合格品		
平均值	最大值	平均值	最大值	平均值	最大值	平均值	最小值	平均值	最小值	平均值	最小值	
2.0	3.0	3.0	4.0	4.0	5.0	196	176	176	157	157	127	0.3

注：吸声系数仅对吸声板要求。

4．性质与应用

嵌装式装饰石膏板的性能与装饰石膏板的性能相同。此外，它还具有各种色彩、浮雕图案、不同孔洞形式（圆、椭圆、三角形等）及其不同的排列形式。它与装饰石膏板的区别在于嵌装式装饰石膏板在安装时只需嵌固在龙骨上，不再需要另行固定。此外，板材的企口相互咬合，故龙骨不外露。整个施工全部为装配化，并且任意部位的板材均可随意拆卸或更换，极大地方便了施工。嵌装式装饰吸声石膏板主要用于吸声要求高的建筑物装饰，如音乐厅、礼堂、影剧院、播演室、录音室等。使用嵌装式装饰石膏板最好选用与之配套的龙骨。

三、普通纸面石膏板

普通纸面石膏板是以建筑石膏为主要原料，掺入纤维和外加剂构成芯材，并与护面纸牢固地结合在一起的建筑板材。护面纸板主要起到提高板材抗弯、抗冲击的作用。有纸覆盖的纵向边称为棱边，垂直棱边的切割边称为端头，护面纸边部无搭接的板面称为正面，护面纸边部有搭接的板面称为背面，平行于棱边的板的尺寸为长度，垂直于棱边的板的尺寸称为宽度，板材正面和背面间的垂直距离称为厚度。

1．形状与规格

普通纸面石膏板根据棱边的形状分为矩形（代号PJ）、45℃倒角形（代号PD）、楔形（代号PC）、半圆形（代号PB）和圆形（代号PY）五种，如图3-2所示。

普通纸面石膏板的规格尺寸：长度为1800、2100、2400、2700、3000、3300和3600mm，宽度为900和1200mm，厚度为9、12、15和18mm，生产厂家也可按需生产其他规格的板材。

2．产品标记

标记的顺序为：产品名称、板材棱边形状的代号、板宽、板厚及标准号。如板材棱边为楔形、宽为900mm、厚为12mm的普通纸面石膏板，标记为：普通纸面石膏板 PC900×12GB 9775—88。

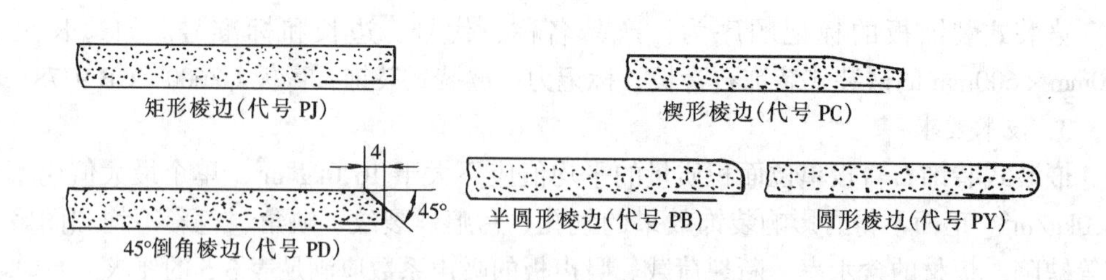

图 3-2 普通纸面石膏板的棱边

3. 技术要求

普通纸面石膏板的板面应平整、外观质量应符合表 3-6 的要求。

普通纸面石膏板的外观质量要求 GB 9775—88 **表 3-6**

对于波纹、沟槽、污痕和划痕等		
优等品	一等品	合格品
不允许有	允许有，但不明显	允许有，但不影响使用

普通纸面石膏板的物理性质：力学性能应满足表 3-7 和表 3-8 的规定。

普通纸面石膏板的单位面积质量、含水率、护面纸与石膏芯的粘接 GB 9775—88 **表 3-7**

板材厚度(mm)	单位面积质量 (kg/m²)，≯						含水率（%），≯				护面纸与石膏芯的粘接（以裸露面积计，cm²），≯	
	优等品		一等品		合格品		优等品、一等品		合格品			
	平均值	最大值	平均值	最大值	平均值	最大值	平均值	最大值	平均值	最大值	优等品、一等品	合格品
9	8.5	9.5	9.0	10.0	9.5	10.5	2.0	2.5	3.0	3.5	0	3.0
12	11.5	12.5	12.0	13.0	12.5	13.5						
15	14.5	15.5	15.0	16.0	15.5	16.5						
18	17.5	18.5	18.0	19.0	18.5	19.0						

普通纸面石膏板、耐水纸面石膏板的断裂荷载 GB 9775—88、GB 11978—89 **表 3-8**

板材厚度(mm)	纵向裂痕荷载（N），≮				横向断裂荷载（N），≮			
	优等品		一等品、合格品		优等品		一等品、合格品	
	平均值	最小值	平均值	最小值	平均值	最小值	平均值	最小值
9	392	353	353	318	167	150	137	123
12	539	485	490	441	206	185	176	150
15	686	617	637	573	255	229	216	194
18	833	750	784	706	294	265	255	229

注：耐水纸面石膏板只有 9、12、15mm 的规格。

4. 特点与应用

普通纸面石膏板具有质轻、抗弯和抗冲击性强、保温、防火、吸声、收缩率小的性能，可锯、可钉、可钻，并可用钉子、螺栓和以石膏为基材的胶粘剂或其他胶粘剂粘结，施工简便。当与钢龙骨配合使用时，可作为A级不燃性装饰材料使用；普通纸面石膏板耐水性差，受潮后强度明显下降，并会产生较大变形或较大的挠度，板材的耐火极限一般为5～15min；普通纸面石膏板的表观密度为800～950kg/m^3；导热系数为0.193W/（m·K）；双层隔声性能较好，可减少35.5dB；它的强度比石膏装饰板高；强度与板厚有关，以12mm纸面石膏板为例，抗拉强度为11×10^5～12×10^5Pa。纸面石膏尺寸规范、表面平整，还可以调节室内温度。

普通纸面石膏板主要适用于室内隔断和吊顶。普通纸面石膏板仅适用于干燥环境，不适用于厨房、卫生间，以及空气相对湿度大于70%的潮湿环境。

普通纸面石膏板做装饰材料时须进行饰面处理，才能获得理想的装饰效果，如喷涂、辊涂或刷涂装饰涂料，裱糊壁纸；镶贴各种类型的玻璃片、金属抛光板、复合塑料镜片等。

普通纸面石膏板与轻钢龙骨构成的墙体体系为轻钢龙骨石膏板体系（简称QST）。其构造主要有两层板墙和四层板墙；前者适用于分室墙，后者适用于分户墙。该体系的自重仅为30～50kg/cm^2，墙体内的空腔还可方便管道、电线等的埋设。此外，该体系还具有普通纸面石膏板的各种优点。

四、吸声用穿孔石膏板

吸声用穿孔石膏板，是指以穿孔的装饰石膏板或纸面石膏板为基础板材，与吸声材料或背覆透气性材料组合而成的石膏板。

1. 形状与规格

吸声用穿孔石膏板为正方形，边长为500mm和600mm，厚度为9mm和12mm，孔径、孔距及穿孔率，见表3-9，棱边形状分直角形和倒角形两种。

孔径、孔距与穿孔率　　表3-9

孔径（mm）	孔距（mm）	穿孔率（%）	
		孔眼正方形排列	孔眼三角形排列
$\phi6$	18	8.7	10.1
	22	5.8	6.7
	24	4.9	5.7
$\phi8$	22	10.4	12.0
	24	8.7	10.1
$\phi10$	24	13.6	15.7

根据板材的基本不同和有无背覆材料，吸声用穿孔石膏板分类和代号，见表3-10。

2. 产品标记

吸声用穿孔石膏板的产品标记顺序为：产品名称、背覆材料、基板类型、边长、厚度、孔径、孔距及标准号。如吸声用穿孔石膏板YC600×12-6-18GB 1198。

吸声用穿孔石膏板代号　GB 11979—89　　　表 3-10

基板与代号	背覆材料代号	板类代号
装饰石膏板 K	W（无），Y（有）	WK，YK
纸面石膏板 C		WC，YC

3．技术要求

吸声用穿孔石膏板不应有影响使用和装饰效果的缺陷，对以纸面石膏板为基板的板材不应有破损、划伤、污痕、纸面剥落；对以装饰石膏板为基板的板材不应有裂纹、污痕、气孔、缺角、色彩不均匀等缺陷。板材的物理力学性能应满足表 3-11 的要求，尺寸偏差等也应满足 GB 11979—89 的规定。

吸声用穿孔石膏板的物理力学性能要求　GB 11979—89　　　表 3-11

孔径～孔距（mm）	板厚（mm）	含水率（%），≯						断裂荷载（N），≮						护面纸与石膏芯的粘接
		优等品		一等品		合格品		优等品		一等品		合格品		
		平均值	最大值	平均值	最大值	平均值	最大值	平均值	最小值	平均值	最小值	平均值	最小值	
ϕ6～18 ϕ6～22 ϕ6～24	9	2.0	2.5	2.5	3.0	3.0	3.5	140	126	130	117	120	108	不允许石膏芯裸露
	12							160	144	150	135	140	126	
ϕ8～22 ϕ8～24	9							100	90	90	81	80	72	
	12							110	99	100	90	90	81	
ϕ10～24	9							90	81	80	72	70	63	
	12							100	90	90	81	80	72	

注：以纸面石膏板为基板的板材，断裂荷载系指横向断裂荷载。

《吸声用穿孔石膏板》GB 979—89 给出了板材的吸声系数参考值，见表 3-12。

吸声用穿孔石膏板吸声结构的吸声系数参考值　GB 11979—89　　　表 3-12

吸声结构	吸声系数平均值 板后空气层厚度（mm）			备　注
	75	150	300	
ϕ16～18，穿孔率为 8.7%，12mm 厚穿孔石膏板，板后无背覆材料和吸声材料	0.16	0.15	0.11	①板后为刚性墙；②吸声系数平均值是指 125，160，200，250，315，400，500，630，800，1000，1250，1600，2000，2500，3150，4000Hz 这 16 个频率吸声系数的平均值
ϕ6～18，穿孔率为 8.7%，12mm 厚穿孔石膏板，以桑皮纸为背覆材料，板后无吸声材料	0.49	0.50	0.45	
ϕ6～18，穿孔率为 8.7%，12mm 厚穿孔石膏板，以桑皮纸为背覆材料，板后贴有 50mm 厚的岩棉（表观密度为 80kg/m^3）	0.65	0.64	0.57	

4. 特点与应用

吸声用穿孔石膏板具有较高吸声性能，由它构成的吸声结构按板后有背覆材料、吸声材料及空气间层的厚度，其平均吸声系数可达0.11～0.65。以装饰石膏板为基板的还具有装饰石膏板的各种优良性能。以防潮、耐水和耐火石膏板为基材的还具有较好的防潮性、耐水性和遇火稳定性。吸声用穿孔板的抗弯、抗冲击性能及抗断裂荷载较基板低，使用时应予以注意。

吸声用穿孔石膏板主要用于音乐厅、影剧院、演播室、会议室以及其他对音质要求高的或对噪声限制较严的场所，作为吊顶、墙面等的吸声装饰材料。使用时可根据建筑物的用途或功能及室内湿度的大小，来选择不同的基板，如干燥环境可选用普通基板，相对湿度大于70%的潮湿环境应选用防潮基板或耐水基板，重要建筑或防火等级要求高的建筑应选用耐火基板。表面不再进行装饰处理的，其基板应为装饰石膏板；需进一步进行饰面处理的，其基板可选用纸面石膏板。

五、其他石膏制品

（一）特种耐火石膏板

特种耐火石膏板是以建筑石膏为芯材，内掺多种添加剂，板面上复合专用玻璃纤维毡，生产工艺与纸面石膏板相似。

特种耐火石膏板按燃烧属于A级建筑材料。板的自重略小于普通纸面石膏板。板面可丝网印刷、压滚印花。板面上有直径1.5～2.0mm的透孔，吸声系数为0.34。因石膏与毡纤维相互牢固地黏合在一起，遇火时胶粘剂可燃烧炭化，但玻纤与石膏牢固连接，支撑板材整体结构抗火而不被破坏。其遇火稳定时间可达1h，导热系数为0.16～0.18W/(m·K)。

适用于防火等级要求高的建筑物或重要建筑物的吊顶、墙面、隔断等的装饰材料。

（二）艺术石膏浮雕装饰制品

石膏浮雕装饰制品是目前国内十分流行的一种室内装饰材料。它具有造型生动、高雅、豪华、立体感强、可随意改变色彩及不变形、不老化、不褪色、无毒、防潮、阻燃等特点。以其成套产品装饰时，可从中心的浮雕灯圈、浮雕角花到四周的浮雕角线形成三个层次。不同层次浮雕装饰制品的图案自成体系，但又可以相互呼应与衬托，使整个室内顶面呈现出完美的造型。若再喷涂上相应的色彩，则装饰效果更佳，具有特殊的风格和情调。这种石膏浮雕装饰制品不仅适宜会议室、餐厅、酒吧等公共建筑用，也十分适宜民用住宅室内顶棚的装饰。

1. 装饰石膏线角

断面形状似为一字形或L形的长条状装饰部件，多用高强石膏或加筋建筑石膏制作，用浇注法成型。其表面呈现弧形和雕花形。规格尺寸很多，线角的宽度为45～300mm，长度一般为1800～2300mm。它主要在室内装修中组合使用，如采取多层线角贴合，形成吊顶局部变高的造型处理；线角与贴墙板、踢脚线合用可构成代替木材的石膏墙裙，即上部用线角封顶，中部为带花饰的防水石膏板，底部用条板作踢脚线，贴好后再刷涂料；在墙上用线角镶裹壁画、彩饰后形成画框等，如图3-3所示。

线角的安装固定多用石膏胶粘剂直接粘贴。粘贴后用铲刀将线角压出的多余胶粘剂清理干净，用石膏腻子封平挤缝处，砂纸打磨光，最后刷涂料。

2. 石膏造型

单独用或配合廊柱用，人体或动物造型也有应用。

3. 石膏壁画

石膏壁画是集雕刻艺术与石膏制品于一体的饰品。整幅画面可大到 1.8m×4m。画面有山水、松竹、飞鹤、腾龙等。它是由多块小尺寸预制件拼合而成的。

4. 艺术顶棚、灯圈、角花

一般在灯座处及顶棚四角粘贴，顶棚和角花多为雕花形或弧形石膏饰件，灯圈多为圆形花饰，直径 0.9~2.5m，美观、雅致，如图 3-4~图 3-5 所示。

图 3-3 浮雕艺术石膏线角　　　　图 3-4 浮雕艺术石膏花角

图 3-5 浮雕艺术石膏灯圈

5. 石膏花台

石膏花台的形体为 1/2 球体，可悬置空中，上插花束而呈半球花篮状，又可为 1/4 球体贴墙面而挂，或 1/8 球体置于墙壁阴角。

6. 艺术廊柱

仿欧洲建筑流派风格造型，分上、中、下三部分。上为柱头，有盆状、漏斗状或花篮状等，中为方柱体或空心圆，下为基座。多用于营业门面、厅堂及门窗洞口处，如图 3-6 所示。

（三）印花装饰石膏板

印花装饰石膏板一般以纸面石膏板为基础板材，板两面均有护面纸或保护膜，面层又经印花等工艺而成。这种板材不仅具有纸面石膏板材的特点，板面上还印有单色或多色的图案，具有独特的装饰效果。

1. 种类与规格

印花装饰石膏板的图案，花色品种非常多。规格同装饰石膏板。

2. 质量要求

印花装饰石膏板外观质量的技术尺寸、含水率、断裂荷载等要求，可参照普通纸面石膏板或吸声用穿孔石膏板的要求。对涂层的质量要求为：一定的耐湿性，即在相对湿度80%～90%、温度25℃条件下涂层不变色；一定的耐磨性，即100次洗刷不露纸，花纹图案不脱落。

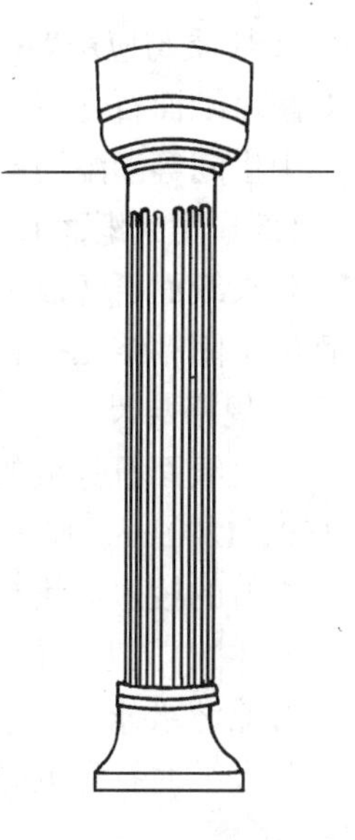

图3-6 装饰石膏罗马柱

（四）耐水纸面石膏板

耐水纸面石膏板是以建筑石膏为主要原料，掺入适量耐水外加剂构成耐水芯材，并与耐水的护面纸牢固粘结在一起的轻质建筑板材。

1. 规格与尺寸

耐水纸面石膏板的长度为1800、2100、2400、2700、3000、3300和3600mm，宽度为900、1200mm，厚度分为9、12、15mm。

板材形状参见图3-2。

2. 技术要求

耐水纸面石膏板的板面应平整，外观质量应满足表3-13的要求。

耐水纸面石膏板的外观质量要求 GB 11978—89 **表3-13**

波纹、沟槽、污痕和划伤等缺陷		
优等品	一等品	合格品
不允许	不明显	不影响使用

耐水纸面石膏板的含水率、吸水率、表面吸水率应满足表3-14的要求，单位面积质量、受潮挠度、护面纸与石膏芯的湿粘接应满足表3-15的要求，纵向及横向断裂荷载应满足表3-8的要求。此外，尺寸偏差等也应满足GB 11978—89的要求。

耐水纸面石膏的含水率、吸水率、表面吸水率要求 GB 11978—89 **表3-14**

含水率（%），≯				吸水率（%），≯						表面吸水率（%），≯		
优等品、一等品		合格品		优等品		一等品		合格品		优等品	一等品	合格品
平均值	最大值	平均值	最大值	平均值	最大值	平均值	最大值	平均值	最大值	平均值		
2.0	2.5	3.0	3.5	5.0	6.0	8.0	9.0	10.0	11.0	1.6	2.0	2.4

耐水纸面石膏板的单位面积质量、受潮挠度、湿粘接要求 GB 11978—89 **表3-15**

板　厚（mm）	单位面积质量（kg/m^2），≯			受潮挠度（mm），≯			护面纸与石膏芯的湿粘接
	优等品	一等品	合格品	优等品	一等品	合格品	
9	9.0	9.5	10.0	48	52	56	板材浸水2h，护面纸与石膏芯不得剥离
12	12.0	12.5	13.0	32	36	40	
15	15.0	15.5	16.0	16	20	24	

3. 性质与应用

耐水纸面石膏板具有较高的耐水性，其他性能与普通纸面石膏板相同。它主要用于厨房、卫生间等潮湿场合的装饰。其表面也需进行饰面处理，以提高装饰效果。

（五）耐火纸面石膏板

耐火纸面石膏板是以建筑石膏为主，掺入适量无机耐火纤维增强材料构成芯材，并与护面纸牢固粘结在一起的耐火轻质建筑板材。

1. 规格与尺寸

耐火纸面石膏板的长度分为 1800、2100、2400、2700、3000、3300、3600mm；宽度分为 900、1200mm；厚度分为 9、12、15、18、21、25mm。

板材的棱边形状有矩形（代号 HJ）、45°倒角形（代号 HD）、楔形（代号 HC）、半圆形（代号 HB）、圆形（代号 HY）5 种，其形状参见图 3-2。

2. 技术要求

耐火纸面石膏板的外观质量应满足表 3-16 的要求。

耐火纸面石膏板的外观质量要求　GB 11979—89　　表 3-16

<table>
<tr><th colspan="3">波纹、沟槽、污痕和划伤等缺陷</th></tr>
<tr><td>优 等 品</td><td>一 等 品</td><td>合 格 品</td></tr>
<tr><td>不 允 许</td><td>不 明 显</td><td>不影响使用</td></tr>
</table>

板材的燃烧性质应满足 B1 级要求。不带纸面的石膏芯材则应满足 A 级要求。板材的遇火稳定性（即在高温明火下焚烧不断裂的性质）用遇火稳定时间来表示，并不得小于表 3-17 的要求，板材的其他物理力学性能应满足表 3-18 的要求。

耐火纸面石膏板的遇火稳定时间　GB 11979—89　　表 3-17

等 级	优等品	一等品	合格品
遇火稳定时间（min），≮	30	25	20

耐火纸面石膏板的物理力学性能要求　GB 11979—89　　表 3-18

<table>
<tr><th rowspan="3">板材厚度（mm）</th><th colspan="4">含水率（%）</th><th rowspan="3">单位面积质量（kg/m²）</th><th colspan="4">纵向断裂荷载（N），≮</th><th colspan="4">横向断裂荷载（N），≮</th><th colspan="2" rowspan="2">护面纸与石膏芯的粘接（以裸露面积计，cm²），≯</th></tr>
<tr><th colspan="2">优等品、一等品</th><th colspan="2">合格品</th><th colspan="2">优等品</th><th colspan="2">一等品、合格品</th><th colspan="2">优等品</th><th colspan="2">一等品、合格品</th></tr>
<tr><th>平均值</th><th>最大值</th><th>平均值</th><th>最大值</th><th>平均值</th><th>最小值</th><th>平均值</th><th>最小值</th><th>平均值</th><th>最小值</th><th>平均值</th><th>最小值</th><th>优等品、一等品</th><th>合格品</th></tr>
<tr><td>9</td><td rowspan="6">2.0</td><td rowspan="6">2.5</td><td rowspan="6">3.0</td><td rowspan="6">3.5</td><td>8.0～10.0</td><td>400</td><td>360</td><td>360</td><td>320</td><td>170</td><td>150</td><td>140</td><td>130</td><td rowspan="6">0</td><td rowspan="6">3.0</td></tr>
<tr><td>12</td><td>10.0～13.0</td><td>550</td><td>500</td><td>500</td><td>450</td><td>210</td><td>190</td><td>180</td><td>170</td></tr>
<tr><td>15</td><td>13.0～16.0</td><td>700</td><td>630</td><td>650</td><td>590</td><td>260</td><td>240</td><td>220</td><td>210</td></tr>
<tr><td>18</td><td>15.0～19.0</td><td>850</td><td>770</td><td>800</td><td>730</td><td>320</td><td>290</td><td>270</td><td>250</td></tr>
<tr><td>21</td><td>17.0～22.0</td><td>1000</td><td>900</td><td>950</td><td>860</td><td>380</td><td>340</td><td>320</td><td>290</td></tr>
<tr><td>25</td><td>20.0～26.0</td><td>1150</td><td>1040</td><td>1100</td><td>1000</td><td>440</td><td>390</td><td>370</td><td>330</td></tr>
</table>

此外，板材的尺寸偏差等也应符合 GB 11979—89 的要求。

3. 性质与应用

耐火纸面石膏板属于难燃性建筑材料 B1 级，具有较高的遇火稳定性，其遇火稳定时间大于 20～30min。GB 50222—95 规定，当耐火纸面石膏板安装在钢龙骨上时，可作为 A 级装饰材料使用，见表 3-17。其他性能与普通纸面石膏板相同。

耐火纸面石膏板主要用作防火等级要求高的建筑物的装饰材料，如影剧院、体育馆、展览馆、博物馆、幼儿园、商场、售票厅、娱乐场所及其通道、楼梯间、电梯间等的吊顶、墙面、隔断等。

复习思考题

1. 石膏的主要化学成分有哪些？
2. 什么是石膏的水化与硬化？
3. 简述石膏的性能及特点。
4. 简述石膏的用途。

第4章 建筑装饰陶瓷

建筑装饰陶瓷是指用于建筑装饰工程的陶瓷制品，包括各类的内墙釉面砖、墙地砖、琉璃制品和陶瓷壁画等。其中应用最为广泛的是釉面砖和墙地砖。

陶瓷自古以来就是建筑物的重要材料。我国远在新石器时代就出现了许多美丽的彩陶器，“秦砖汉瓦”也说明了陶瓷在我国应用的悠久历史，特别是各类瓷器的制作工艺更是中国对世界文明史的重要贡献。近代建筑物上应用的墙地砖的生产技术大部分从西方各国传入我国。近20年来，在继承和发扬我国陶瓷生产传统技术的同时，不断吸取国外建筑装饰陶瓷的制作工艺和技术精华，使我国的建筑陶瓷生产得到迅速发展，产品的质量、品种、性能不断提高和增加，不但基本满足了我国迅速发展的建筑装饰业的需求，而且还大量出口到世界上几十个国家和地区。

建筑装饰陶瓷坚固耐用，又具有色彩鲜艳的装饰效果，加之耐火、耐水、耐磨、耐腐蚀、易清洗、易于施工，因此得到日益广泛的应用。不但被广泛用于众多的民用住宅中，更以其色彩瑰丽，富丽堂皇为大剧院、宾馆、商场、会议中心等大型公用建筑物锦上添花。当前，建筑装饰陶瓷产品的主要发展趋势为：

1. 向大尺寸、高精度和减少厚度的方向发展

为加强建筑物装饰的整体效果，陶瓷墙地砖的规格趋于大尺寸，400mm×400mm以上的大幅面陶瓷墙地砖已属常见。面砖的尺寸精度也越来越高，以满足铺贴的精度和“无接缝”工艺的发展。高档次的产品幅面尺寸的精度已达±0.2%，充分显示了近代陶瓷工艺的技术水平。为充分发挥面砖的饰面作用而尽可能减少自重，面砖的厚度趋于减小，即使是长、宽达到800mm的面砖，厚度也仅为几毫米。

2. 品种向多样化发展

建筑装饰陶瓷制品的品种从单色向多彩釉面发展，由平面向浮雕型表面发展，由单一功能向多功能发展，由简单的几何图案向仿石材、仿木材的高仿真的饰面发展。近年来国内市场上新品种不断涌现，渗花砖、全瓷抛光砖、浮雕面砖、花釉面砖、结晶釉面砖、吸声面砖都是新品种的代表。

3. 生产工艺的不断创新

随着近代材料工业的不断发展，建筑陶瓷的生产工艺不断改进创新。低温快烧一次烧成技术、套色丝网印花技术、金属光泽釉热喷涂技术、劈离砖生产技术等被广泛采用，提高了产品的质量和生产效率，增加了花色品种，从而推动了建筑装饰陶瓷的不断发展。

第1节 陶瓷的基本知识

一、陶瓷的概念和分类

陶瓷通常是指以黏土为主要原料，经原料处理、成型、焙烧而成的无机非金属材料。

从产品的种类来说，陶瓷可分为陶和瓷两大部分。陶的烧结程度较低，有一定的吸水率（大于10%），断面粗糙无光，不透明，敲之声音粗哑，可施釉也可不施釉。瓷的坯体致密、烧结程度很高，基本不吸水（吸水率小于1%），有一定的半透明性，敲击时声音清脆，通常都施釉。介于陶和瓷之间的一类产品，称为炻，也称为半瓷或石胎瓷。炻与陶的区别在于陶的坯体多孔，而炻的坯体孔隙率却很低，吸水率较小（小于10%），其坯体致密，基本达到了烧结程度。炻与瓷的区别主要是炻的坯体较致密但仍有一定的吸水率，同时多数坯体带有灰、红等颜色，且不透明，其热稳定性优于瓷，可采用质量较差的黏土烧成，成本较瓷低。

瓷、陶和炻通常又按其细密性、均匀性各分为精、粗两类。

粗陶的主要原料为含杂质较多的陶土，烧成后带有颜色，建筑上常用的砖、瓦、陶管及日用缸器均属于这一类，其中大部分为一次烧成。精陶是以可塑性好、杂质少的陶土、高岭土、长石、石英为原料，经素烧（最终温度为1250~1280℃）、釉烧（温度为1050~1150℃）两次烧成。其坯体呈白色或象牙色，多孔，吸水率常为10%~12%，最大可达22%。精陶按用途不同可分为建筑精陶（釉面砖）、美术精陶和日用精陶。

粗炻是炻中均匀性较差、较粗糙的一类，建筑装饰上所用的外墙面砖、地砖、锦砖都属于粗炻类，系用品质较好的黏土和部分瓷土烧制而成，通常带色，烧结程度较高，吸水率较小（4%~8%）。细炻主要是指日用炻器和陈设品，由陶土和部分瓷土烧制而成，白色或带有颜色。驰名中外的宜兴紫砂陶即是一种不施釉的有色细炻器，系用当地特产紫泥制坯，经能工巧匠精雕细琢，再经熔烧制成成品，是享誉中外的日用器皿。近些年，一些建筑陶瓷砖也属于细炻，细炻砖吸水率更小（3%~6%），性能更加优良。

细瓷主要用于日用器皿和电工或工业用瓷。建筑陶瓷中的玻化砖和陶瓷锦砖的一些品种则属于粗瓷，吸水率极低（0.5%以下），可认为不透水，其坯体系由优质瓷土高度烧结而成，表面可施釉也可不施釉，表面不施釉的玻化砖经抛光仍可达极高的光亮度。

二、陶瓷的组成材料

陶瓷使用的原料品种很多，从来源说，一类是天然矿物原料，一类是经化学方法处理而得到的化工原料。使用天然矿物类原料制作的陶瓷较多，其又可分为可塑性原料、瘠性原料、助熔剂和有机原料四类。

（一）可塑性原料——黏土

可塑性原料主要是指可用于烧制陶瓷的各类黏土。黏土主要是由铝硅酸盐类岩石，如长石、伟晶花岗岩、片麻岩等经长期风化而成。例如，高岭土即是由火成岩或变质岩中的长石和其他铝硅酸盐类矿物在湿热气候和酸性介质中经风化或侵蚀的作用形成。黏土是陶瓷生产中的主要原料，有的只采用一两种塑性黏土便能生产出品质较高的地砖；釉面砖中也常采用较多的黏土（如硬质高岭土）；陶瓷锦砖中黏土用量通常可达40%以上。

黏土是多种微细矿物的混合体。其主要的组成颗粒称作黏土质颗粒，直径在0.01~0.005mm以下，其余为砂（粒径0.15~5mm）和杂质。从外观上看，黏土呈白、灰、黄、红、黑等各种颜色。从硬度上说有的黏土柔软，可在水中分散开；有的黏土则呈石块坚硬状。从含砂量来说，有的黏土含砂较多；有的很少或基本不含砂。各种黏土的情况千差万别，但良好的可塑性和可烧结性是其基本特征。

1．黏土的化学组成

黏土的化学组成主要是 SiO_2、Al_2O_3（两者总含量超过 80%）和结晶水，同时含有少量的 K_2O、Na_2O 和着色矿物 Fe_2O_3 和 TiO_2 等。黏土的化学组成对其工艺性能和烧成后的物理性能有着不同的影响。其中 SiO_2 的含量高，会使黏土的可塑性降低，但收缩性会小些；K_2O、Na_2O 会使黏土的烧结温度降低；Al_2O_3 的含量高会使黏土难于烧结；Fe_2O_3 和 TiO_2 的含量影响黏土烧结后的颜色；若 Fe_2O_3 含量小于 1%，而 TiO_2 含量小于 0.5%，则黏土烧后仍呈白色；若 Fe_2O_3 达 1%～2.5%、TiO_2 达 0.5%～1%，则坯体烧后成为浅黄、浅灰色；CaO 和 MgO 会降低黏土的耐火度，缩小烧结范围，过量时会引起坯体起泡。

2．黏土的矿物组成和焙烧过程

（1）矿物组成　黏土的主要矿物组成为含水铝硅酸盐类矿物，分为高岭石类、蒙脱石类和单热水云母类。高岭石类的结构式为 $Al_2O_3 \cdot 2SiO_2 \cdot nH_2O$，当 n 为 2 和 4 时分别称为高岭石和多水高岭石。蒙脱石类矿物的结构式为 $Al_2O_3 \cdot 4SiO_2 \cdot nH_2O$，当 n 为 12 和 1 时，分别称为蒙脱石和叶蜡石，膨润土也属于该类矿物。单热水白云母的结构式为 $0.2K_2O \cdot Al_2O_3 \cdot 3SiO_2 \cdot 1.5H_2O$。除以上主要矿物外，黏土中通常还含有云母、铁化合物等有害杂质，可使制品产生气泡、熔洞、结核等缺陷。

（2）黏土矿物的焙烧过程　黏土矿物在焙烧时，随着水分的不断蒸发，不断发生物理化学变化，产品的性能也不断发生变化。虽然不同的黏土矿物焙烧时产生的变化有所不同，但从总的过程看大致可分为以下五个阶段：

第一阶段：自由水和吸附水蒸发阶段。当温度在 400℃以下时，自由水和吸附水大量蒸发，坯体变干，孔隙率增大，逐渐失去可塑性。

第二阶段：化合水蒸发阶段。当焙烧温度升至 450～800℃时，化合水逐渐失尽，此时黏土中的有机物燃尽，孔隙率最大，成为强度较低的多孔坯体。

第三阶段：矿物分解阶段。继续加热至 800～950℃，此时密度减小，体积收缩，无水矿物分解为无定型的游离 Al_2O_3 和 SiO_2。

第四阶段：烧结阶段（重新结晶阶段）。当温度继续升高至 1100～1200℃时，游离的 Al_2O_3 和 SiO_2 重新烧结，生成莫来石（$3Al_2O_3 \cdot 2SiO_2$），此时密度增加，体积收缩最大，孔隙率下降，生成的液相把其他固相粘结起来（称为烧结）。焙烧时生成的莫来石晶体越多、越大，则制品的强度越高，质量越好。

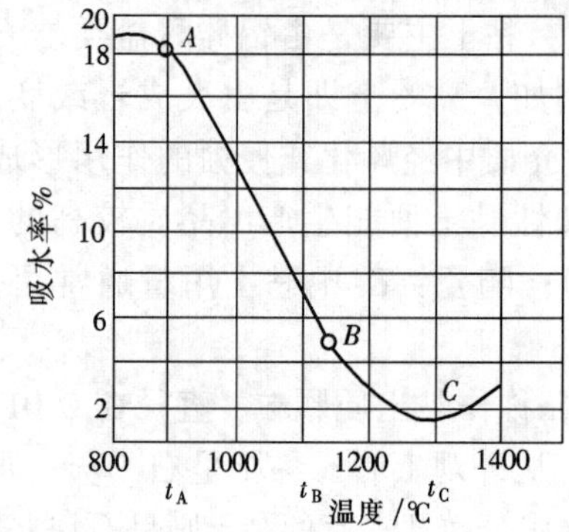

图 4-1　黏土焙烧过程中吸水率变化示意图

第五阶段：烧融阶段。温度继续升高至一定程度时，黏土开始熔融、软化。

在黏土焙烧的整个过程中，最终坯体烧成是在第四阶段，即烧结阶段。

3．黏土的烧结范围和黏土的耐火度

黏土在焙烧过程中，产品的吸水率与焙烧温度有直接关系，如图 4-1 所示。一般吸水率小于 5% 的坯体可认为是烧结的。在图线中 A 点是烧结的开始点，在这一温度下，坯体开始出现熔融物、变得密实，达 C 点时熔融物填满全部空隙、开始软化，t_C 称为黏土的耐火度。$t_C \sim t_A$ 的温度间隔称为烧土的烧结范围。从生产控制角度讲，希望黏土的烧结范围要宽些，这主要决定于黏土所含熔剂矿物的种类和数量。优质高岭土的烧结范围可达200℃，不纯的黏土约为150℃，水云母类黏土仅50～80℃。

黏土有不同的分类方法，如按生成条件、按可塑性、按颗粒粗细、按耐火度、按矿物组成等进行分类。其中按耐火度分类不仅可以说明黏土在高温下的性质，并能反映出黏土的纯净程度。

（1）耐火黏土　耐火度在1500℃以上，是比较纯净的黏土，杂质含量低于10%，是制造内墙面砖（釉面砖）的原料。含杂质少，焙烧后坯体色白。耐火度高达1730～1770℃的黏土，多用于生产瓷器。

（2）难熔黏土　耐火度介于1350～1500℃之间，杂质含量约占10%～15%，烧后带色，是外墙面砖和地砖的生产原料。

（3）易熔黏土　耐火度在1350℃以下，含有较多杂质，是生产普通砖或瓦的主要原料。某些易熔黏土也被用来单独制作成墙地砖制品。

4. 黏土在陶瓷中的作用

在陶瓷制作过程中，黏土的作用是赋予原料以可塑性、对瘠性原料给予结合力，从而使坯料具有良好的成型性，同时使坯体干燥过程中避免了变形开裂，并具有一定的干燥强度。黏土加热分解并于1100℃以上形成的莫来石结晶，使陶瓷具有高的耐急冷急热性、机械强度和其他优良性能。

（二）瘠性原料

瘠性原料是为防止坯体收缩所产生的缺陷，而掺入的本身无塑性，而在焙烧过程中不与可塑性原料起化学作用，并在坯体和制品中起到骨架作用的原料。最常用的瘠性原料是石英和熟料（黏土在一定温度下焙烧至烧结或未完全烧结状态下经粉碎而成的材料）等。

瘠性原料的作用是调整坯体成型阶段的可塑性；减少坯体干燥收缩及变形；利用石英在加热过程中由于晶型转变而引起的体积膨胀部分抵消坯体烧成过程中产生的收缩，从而改造制品的性能；石英在焙烧过程中一部分溶于长石（助熔物料），而使成品更密实，同时，还可与黏土中的 Al_2O_3 形成莫来石，残余的石英构成坯体骨架；在釉料中提高釉的耐磨性、硬度、透明度和化学稳定性。

（三）助熔原料

助熔剂亦称熔剂。在陶瓷坯体焙烧过程中可降低原料的烧结温度，增加密实度和强度，但同时可降低制品的耐火度、体积稳定性和高温抗变形能力。

常用的熔剂为长石（钾长石或钠长石）、铁化合物（不能用于白色或浅色制品中）、碳酸钙或碳酸镁等。

（四）有机原料

有机原料主要包括天然腐殖质或锯末、糠皮、煤粉等。其作用是提高原料的可塑性；在焙烧过程中本身碳化成强还原剂，使原料中的氧化铁还原成氧化亚铁，并与二氧化硅生成硅酸亚铁，起到助熔剂作用。但掺量过多，会使成品产生黑色熔洞。

三、陶瓷面砖的成型方法和生产工艺

（一）成型方法

陶瓷面砖在焙烧前需按一定比例拌合好原料，按一定的规格成型。成型后的坯料要求几何形状准确、平整，有一定的强度并且具有抵抗一定变形和干裂的能力。

常用的成型方法有两种：

1．半干压法

将含水5%～8%的半干坯料加压（10～25MPa）成型。此法所用的坯料可以是干法（磨细、配料，混合后再润湿），也可是用湿法（原料加湿粉碎，然后压滤、干燥）来制备。湿法粉尘散布少，工作环境较干法优良。目前，我国多采用湿法制作面砖坯料。

2．浇注法

该种方法是将含水率高达40%呈泥浆状的原料在位于传送带上的耐火质多孔垫板上浇注，继而干燥、焙烧。成型、干燥、焙烧可连续进行，节省多道工序。制成的面砖表面平整、不变形，可自由控制其厚度。浇注法生产的坯料成本低，可完全自动化、机械化。

（二）生产工艺

焙烧面砖所用的窑炉可采用隧道窑、多通道窑及电热隧道窑等。彩色面砖最好采用隔焰式隧道窑，以保证色泽的均匀鲜艳。用半干压法成型的陶瓷面砖的典型生产工艺，如图4-2所示。

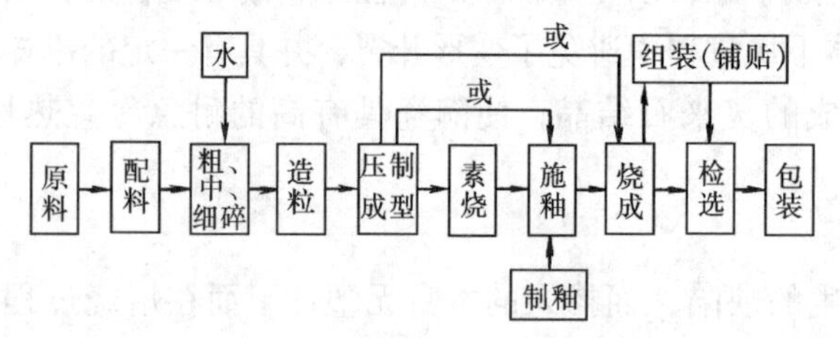

图4-2　半干压法成型陶瓷面砖生产工艺流程

四、釉

釉是覆盖在陶瓷坯体表面的玻璃质薄层（平均厚度为120～140μm）。它使陶瓷制品表面密实、光亮、不吸水、抗腐蚀、耐风化、易清洗，彩釉和艺术釉还具有多变的装饰作用。

（一）釉的特点、性质及制釉原料

1．釉的特点

釉是一种玻璃质的材料，具有玻璃的通性：无确定的熔点，只有熔融范围、硬、脆、各向同性、透明、具有光泽，而且这些性质随温度的变化规律也与玻璃相似。但釉毕竟又不是玻璃，与玻璃有很大差别。首先，釉在熔融软化时必须保持黏稠而且不流坠，以满足烧制过程中不在坯体表面流走，特别是在坯体直立情况下不致形成流坠纹（某些特意要形成流纹的艺术釉除外）。其次，在焙烧过程的高温作用下，釉中的一些成分挥发，且与坯体中的某些组成物质发生反应，以致使釉的微观结构和化学成分的均匀性都比玻璃要差。

2．釉的性质

为满足陶瓷制品对釉的要求，釉必须具有以下性质：

（1）釉料必须在坯体烧结温度下成熟，一般要求釉的成熟温度略低于坯体烧成温度。为适应一次烧成技术，釉应具有较高的始熔温度和较宽的熔融温度范围。

（2）釉料要与坯体牢固的绕合，其热胀系数接近或略小于坯体的热胀系数（某些特殊的装饰釉除外），以保持在使用过程中，遇到温度变化情况，不致发生开裂或釉面脱离现象。

(3) 釉料在高温熔融软化后，要有适当的黏度和表面张力以保证冷却后形成平滑的釉面层。

(4) 釉面应质地坚硬、耐磕碰、不易磨损。

一般釉的主要性能见表 4-1。

釉的主要性能 **表 4-1**

始熔温度（℃）	≯1150～1200	釉面显微硬度（MPa）	6000～9000
成熟温度（℃）	1300～1450	热稳定性（℃）	220 不裂
高温流动度（斜槽法，mm）	30～66	光泽度（%）	大于 90
平均膨胀系数（1×10^{-6}宽$^{-1}$，20～100℃）	2.9～5.3	白　度（%）	大于 80

3. 制釉原料

釉所使用的原料有天然原料和化工原料助剂两类。天然原料基本与坯体所使用的原料相同。只是釉料要求其化学成分更纯、杂质更少。除天然原料外，釉的原料还包括一些化工原料作为助剂，如助熔剂、乳浊剂和着色剂等。

天然原料经常采用的是高岭土、长石、石英、石灰石、滑石、含锂矿物、含锆矿物等。

助剂常采用的化工原料为：作为助熔剂的工业硼砂、硝酸钾、碳酸钙、氧化锌、铅丹、氟硅酸钠等；作为乳浊剂的工业纯氧化钛、氧化锑、氧化锡、氧化锆、氧化铈等；作为着色剂的钴、铜、锰、铁、镍、铬等元素的化合物。

(二) 釉的分类

釉的成分极为复杂，各品种的烧制工艺不同，适宜使用的陶瓷种类也不一样，釉常见的分类见表 4-2。

釉的分类 **表 4-2**

分类方法	种　　类
按坯体种类	瓷器釉、炻器釉、陶器釉
按化学组成	长石釉、石灰釉、滑石釉、混合釉、铅釉、硼釉、铅硼釉、食盐釉、土釉
按烧成温度	低温釉（1100℃以下）、中温釉（1100～1300℃）、高温釉（1300℃以上）
按制备方法	生料釉、熔块釉
按外表特征	透明釉、乳浊釉、有色釉、光亮釉、无光釉、结晶釉、砂金釉、碎纹釉、珠光釉、花釉、裂纹釉、电光釉、流动釉

1. 常用釉的品种

(1) 长石釉和石灰釉　长石釉和石灰釉是瓷、炻和精陶采用最多的两种釉料，一般都是由长石、石灰石、石英，高岭土、黏土、废瓷粉等组成。成熟温度大于 1250℃，属高温釉，也是透明釉的一种。长石釉的釉料中 SiO_2 含量多，而碱性氧化物（Na_2O、K_2O）含量少。这种釉的特点是硬度大、光泽度高、透明略呈白色、色泽柔和、烧结温度范围较宽、与含 SiO_2 高的坯体结合良好。

石灰釉是我国传统陶瓷制品中应用历史最长的一种釉料，直接由石灰石和其他原料配制。这种釉弹性好、有刚硬感、透明，利于釉下彩的显色。可制成透明釉、无光釉和乳浊釉。与 Al_2O_3 含量高的坯体结合良好。石灰釉的缺点是烧成温度较窄、白度差，在以煤为烧成燃料时，控制不好易产生气泡或烟熏等缺陷。近年来，石灰釉已逐渐被其他新釉种所替代。

（2）滑石釉和混合釉　滑石釉是在长石釉、石灰釉的基础上发展起来的，即在釉料中加入了滑石。其特点是烧成温度范围较宽，白度高，透明度好，对坯体适应性强，不易产生开裂、烟熏等缺陷。但存在着与坯体结合力欠佳，釉面不及石灰釉光亮、有油脂光泽等缺点。

为改善单一釉用原料的特性，近代釉料逐渐向多原料、多种助剂组成发展。混合釉即是一种以长石、石英、高岭土等天然原料和多种助熔剂（滑石、白云石、方解石、氧化锌等）组成的一种釉料。这种釉的特点主要是可根据坯体的特性和制品的使用特点，进行多种配比选择，以获得最满意的使用效果。

（3）透明釉和乳浊釉　透明釉是指釉料涂于坯体表面，经高温焙烧后形成的玻璃体层透明度高，可呈现坯体本身的颜色。白色釉面砖就是由透明釉透视坯体的白颜色而形成洁白光滑的表面效果。有时还可由透明釉显示和保护釉下的彩色图案。

乳浊釉是一种作用与透明釉正相反的釉种，它主要是为了掩盖不够洁白的坯体、坯体表面的缺陷或显示特殊的效果而人为在釉料中加入乳浊剂，产生细微晶粒或极细微气泡而生成乳浊效果。常掺加的乳浊剂为 SiO_2、ZrO_2、TiO_2 等。

（4）生料釉和熔块釉　生料釉是指全部釉料都不经熔制，直接加水搅拌成料浆后施于坯体，在高温焙烧时，相互熔融而成为釉层整体。长石釉、石灰釉、滑石釉、混合釉均为生料釉。

熔块釉是先将部分釉料混合、磨细，熔融成块料，水淬成小块（称为熔块），再与其他原料混合、磨细而成熔块釉，使用时与水拌合，施于坯体之上，再次焙烧而成釉面层。熔块釉多用于低温釉料。为降低熟化温度，往往要掺低熔点的助剂，有些助剂（如铅的化合物）有毒性，使用时要引起注意。

（5）色釉　色釉在釉料中加入着色的金属氧化物或它们的盐类，在熔烧后可使釉层呈现出各种艳丽的色彩。如以铜、铁、钴、铬、锰的化合物为主的着色剂可分别制成红、青、蓝、绿、棕等色釉。色釉制作简便、价格低而得到广泛应用，但通常不单独使用，而与陶瓷的其他装饰方法配合使用。色釉的缺点是容易在面砖棱边发生“露白”现象和出现流釉、深浅不均等弊病。

（6）土釉　土釉是采用天然有色黏土（内含各种着色氧化物）与长石、方解石等配合，经加工制备而成的釉料，由于黏土本身即含有着色氧化物，所以熟化后自然呈现赤黄、铁红、黑等不同色调。该种釉料有熟化温度低、光泽好、价格低等特点。

（7）食盐釉　食盐釉是一种在形成和施釉方法上都很独特的釉种。这种釉不是将釉料预先涂于坯体表面再烧成，而是在坯体烧成即将结束时，在窑炉内投入食盐（或同时加少量的煤粉），食盐在窑炉内的高温和水汽的共同作用下分解成 Na_2O 和 HCl，Na_2O 直接作用于坯体表面，与坯体中的 $Al_2O_3 \cdot 2SiO_2$ 或游离的 SiO_2 反应生成玻璃质的釉层（$Na_2O \cdot Al_2O_3 \cdot 3SiO_2$）。该种釉具有釉层薄（仅 0.025mm）、与坯体结合牢固、耐久、不开裂、不脱落、耐酸性强等特点。如坯体中含有铁或碱金属氧化物，还可形成灰、黄至棕红色的彩色釉层。

2．装饰釉

装饰釉是指以产生不同的装饰效果为主要目的的釉。不同的装饰釉通过色彩的组合、结晶形式的变化、釉面立体效果、不同程度的光泽，形成各自独有的特色，在近代建筑陶瓷中得到广泛的应用。

（1）彩绘　彩绘是在坯体上用人工或印刷、贴花转移等方法制成各种图案形成轴层部分的陶瓷装饰方法。根据彩绘的形成在釉层下还是在釉层上分为釉下彩绘和釉上彩绘两种。

釉下彩绘是在生坯或素烧后的坯体上进行彩绘，然后在其上施一层透明釉或半透明釉，再釉烧而成（釉烧在后）。由于受后施釉面层烧成温度的影响，一般釉下彩绘所用的颜料为高温颜料，种类较少，生成的颜色不够丰富。常选用的矿物颜料有氧化钴（青色）、铜红（红色）、锑锡黄（黄色）、氧化锰（红色）等。釉下彩绘的特点是彩绘有釉层作保护，所以图案耐磨损，釉面清洁光亮，使用过程中颜料不溶散，使用较安全（因有些矿物颜料有毒性）。但釉下彩绘色彩不够丰富，难以机械化生产。我国历史上有名的青花瓷即为釉下彩绘，釉里红、釉下五彩是近代有名的釉下彩绘品种。

釉上彩绘采用釉烧过的坯体，在釉层上用低温颜料（600～900℃烧成）进行彩绘，而后进行彩烧而成（釉烧在前）。釉上彩绘采用的是低温颜料，所以几乎可以采用全部的陶瓷颜料，颜色丰富多变。由于是在已釉烧过的较硬的釉面上彩绘，所以可用各种装饰法进行图案的制作，生产效率高，成本低，价格便宜，是应用广泛的一种陶瓷装饰工艺。釉上彩绘由于彩绘颜料上没有釉层保护，所以图案易磨损，且在使用中颜料中所加的含铅助熔剂可能溶出，对人体产生有害影响。釉上彩绘图案的制作有人工绘制、贴花、喷花、刷花种种。贴花是在纸或塑料薄膜上印制各种图案，然后将其贴于制品上，使图案彩料转移到釉面上。喷花和刷花是预先制作各种图案的镂空板，然后用压缩空气喷枪或涂刷工具将彩料透过镂空处施于釉面上得到图案。

（2）贵金属装饰　所谓贵金属装饰是指将金、银、铂等贵金属，用各种方法置于陶瓷表面而形成富有贵金属色泽的图案，具有华丽、高贵的效果，是高级陶瓷制品的一种艺术处理方法。贵金属装饰中最常采用的是饰金装饰。它是采用纯金溶于溶剂中，然后绘于釉面之上，经彩烧（不大于900℃）直接或再经抛光形成闪光的金膜。所形成的金膜膜层很薄，最薄的只有0.05μm，即每平方米只含金一克，最厚的也不过0.5μm左右。高档釉面砖常采用饰金装饰来进行图案的描边处理，具有良好的装饰效果，但由于纯金较软，易于磨损，所以该种釉面砖使用部位要慎重选择。

（3）结晶釉和砂金釉　这两种装饰釉共同的特点是在烧成后的釉层中形成各种结晶形式，宏观上呈现晶体光泽，构成晶莹闪亮的装饰效果。

结晶釉是指釉面分布着针状、星形或花叶形粗大聚晶体的一种装饰釉，其釉层较厚约1.5～2mm。该种装饰釉主要是采用 ZnO、MnO_2、TiO_2 等作为成晶物质以形成晶核，在其析晶温度范围内进行必要的保温，以促进晶核的发育成长。通过选择不同的保温时间和保温温度，可获得不同大小和形状的晶花。

砂金釉因在釉面中可形成类似于天然砂金石一般的细结晶而得名，可呈现金子般的光泽，这些光泽是由氧化铁结晶体或氧化铬晶体产生的，根据结晶粒度的大小可显现黄色或红色，结晶越多，透明性越差。

(4) 光泽彩　光泽彩又名电光釉，是在釉烧过的釉面层上施涂一层金属或金属氧化物，经600～900℃的熔烧，形成使入射光和反射光能产生衍射的薄膜，可映现出彩虹般衍射光泽的装饰釉。光泽彩与釉上彩相似，彩料可用刷涂或喷涂的方法施于釉烧过的坯体上。常用的有色泽特点各异的钻石光泽彩、黄色光泽彩、铁红光泽彩、驼色光泽彩、灰色光泽彩等。

(5) 裂纹釉　裂纹釉是根据所需的装饰效果而特意在釉层形成大小不一、形状各异的裂纹的一种装饰釉。裂纹釉的线胀系数大于坯体的线胀系数，在焙烧后迅速冷却的过程中，釉面处于受拉应力状态，由于釉属于脆性材料，所以在足够的拉应力状态下产生裂纹。

根据裂纹颜色呈现方法的不同可分为夹层裂纹釉和镶嵌裂纹釉两种。前者系将一层色釉施于另一层不同色调的色釉之上，烧成后表面一层釉产生裂纹，而裂纹颜色则是底层色釉的颜色。后者是用糖液或低温彩料嵌于裂纹中，再经一次彩烧，则裂纹呈现不同的颜色。

(6) 无光釉　无光釉的特点是没有一般釉层对光的强烈反射，在平滑表面上显现丝状、绒状细纹，对光产生漫反射，从而降低其光泽，产生特殊的艺术效果。无光釉工艺的关键是釉烧后要缓慢冷却，如冷却速度过快，则会失去其无光特点。无光釉属于一种珍贵的艺术釉种。

(7) 流动釉　流动釉又称流纹釉，是在釉烧过程中，提高其焙烧温度，使釉料处于过烧状态，黏度下降，具有一定的流动性，在重力作用下，釉沿坯体的倾斜或直立表面形成自然流纹，也是一种艺术釉。要注意的是流动釉的成熟温度与坯体的烧成温度间要有足够的间距，以使釉在过烧的流动状态下，坯体仍不会发生软化。流动釉通常都着色，以获得多种色调。

第2节　釉面内墙砖

陶质砖可分为有釉陶质砖和无釉陶质砖两种。其中以有釉陶质砖即釉面内墙砖应用最为普遍。有釉陶质砖过去亦习称“瓷片”，属于薄型陶质制品，在国家标准《干压陶瓷砖》GB/T 4100.5—1999 中将吸水率 $E>10\%$ 的干压陶瓷砖称为陶质砖。陶质砖采用瓷土或耐火黏土低温烧成，坯体呈白色或浅褐色，表面施透明釉、乳浊釉或各种色彩釉及装饰釉，也可不施釉。

一、有釉陶质砖的品种及特点

釉面陶质砖过去以白色的为多，近年来花色品种发展很快。目前，市场上常见的品种及特点见表4-3。

有釉陶质砖具有许多优良性能，它强度高、表面光亮、防潮、易清洗、耐腐蚀、变形小、抗急冷急热。陶质表面细腻，色彩和图案丰富，风格典雅，极富装饰性。

由于有釉陶质砖是多孔精陶坯体，在长期与空气接触的过程中，特别是在潮湿的环境中使用，坯体会吸收水分产生吸湿膨胀现象，但其表面釉层的吸湿膨胀性很小，与坯体结合得又很牢固，所以当坯体吸湿膨胀时会使釉面处于张拉应力状态，超过其抗拉强度时，釉面就会发生开裂。尤其是用于室外，经长期冻融，会出现表面分层脱落、掉皮现象。所以有釉陶质砖只能用于室内，不能用于室外。在建筑装饰工程中，将有釉陶质砖用于外墙饰面而引起工程质量事故的时有发生，应引起特别注意。

釉面陶质砖的主要品种及特点 **表 4-3**

种类		特点说明
白色釉面砖		色纯白，釉面光亮，粘贴于墙面清洁大方
彩色釉面砖	有光彩色釉面砖	釉面光亮晶莹，色彩丰富雅致
	无光彩色釉面砖	釉面半无光，不晃眼，色泽一致，柔和
装饰釉面砖	花釉砖	系在同一砖上施以多种彩釉，经高温烧成，色釉互相渗透，花纹千姿百态，有良好的装饰效果
	结晶釉砖	晶花辉映，纹理多姿
	斑纹釉砖	斑纹釉面，丰富多彩
	大理石釉砖	具有天然大理石花纹，颜色丰富，美观大方
图案砖	白地图案砖	系在白色釉面砖上装饰各种图案，经高温烧成，纹样清晰，色彩明朗，清洁优美
	色地图案砖	系在有光或无光彩色釉面砖上，装饰各种图案，经高温烧成，产生浮雕、缎光、绒毛、彩漆等效果，做内墙饰面
瓷砖画及色釉陶瓷字砖	瓷砖画	以各种釉面砖拼成各种瓷砖画，或根据已有画稿烧制成釉面砖，拼装成各种瓷砖画，清洁优美，永不褪色
	色釉陶瓷字砖	以各种色釉、瓷土烧制而成，色彩丰富，光亮美观，永不褪色

二、有釉陶质砖的技术性能

（一）形状和规格

有釉陶质砖按正面形状可分为正方形、长方形和异形配件砖，侧面形状如图 4-3 所示，选择不同的侧面可组成各种边缘形状的釉面砖，如平边砖、平边两面圆砖、圆边砖等。图中 R、r、H 值由生产厂自定，E 值不大于 0.5mm，背纹深度不小于 0.5mm。

有釉陶质砖的异形配件砖如图 4-4 所示。在室内墙用陶质砖作饰面时，各类角部（如阴角、阳角等）应尽量采用配件砖以避免平面砖直接交汇，这样不但可以产生圆滑的过渡效果，也可以提高角部的抗碰撞能力。

在各种配件砖中，阳三角用于三阳角交汇部位；阴三角用于三阴角交汇部位；阳角座

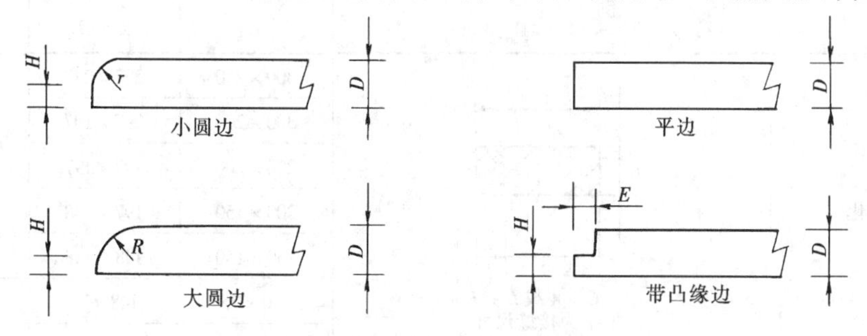

图 4-3　釉面陶质砖的侧面形状

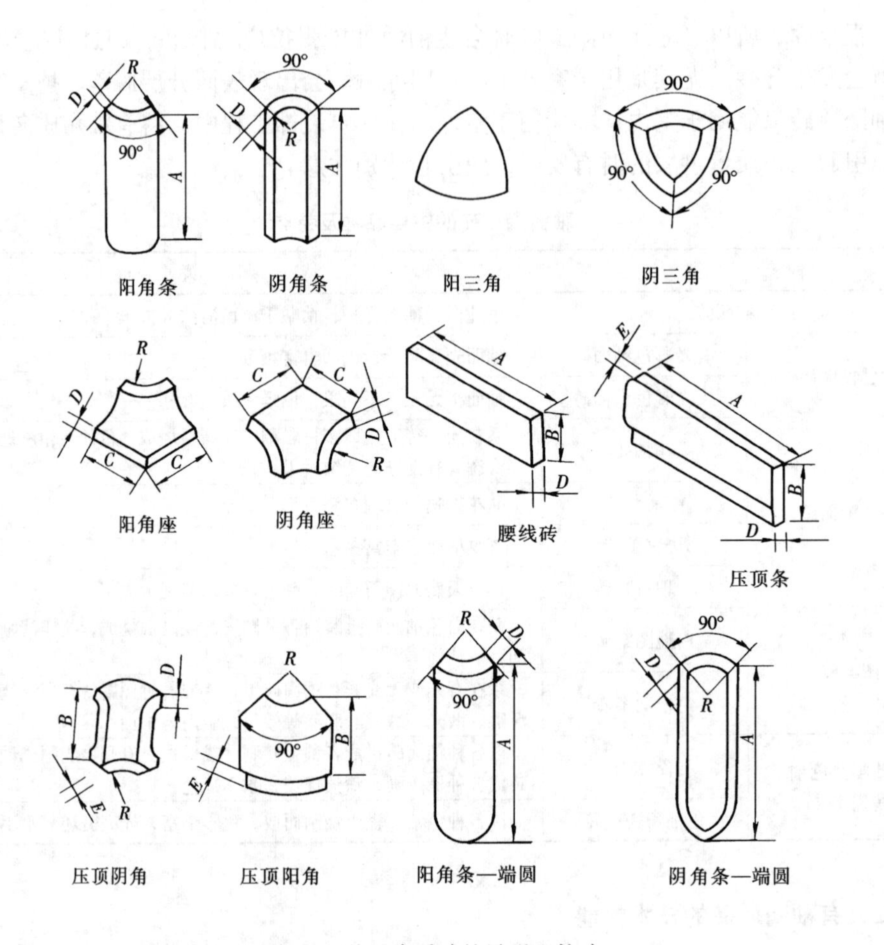

图 4-4 釉面陶质砖的异形配件砖

用于两阴（角）一阳（角）交汇部位；阴角座用于两阳（角）一阴（角）交汇部位。

有釉陶质砖和异形配件砖的规格见表 4-4 和表 4-5。有釉陶质砖的主要规格尺寸分为模数化和非模数化两类。模数化规格的特点是考虑了灰缝间隔后的装配尺寸符合模数化，便于与建筑模数相匹配，因此产品实际尺寸小于装配尺寸；而非模数化规格的特点是砖的实际尺寸即为产品尺寸，两者是一致的。

有釉陶质砖的主要规格尺寸 **表 4-4**

图 例		装配尺寸（mm） C	产品尺寸（mm） $A \times B$	厚度（mm） D
模数化	C D $A \times B$ J $C = A$ 或 $B + J$ J 为接缝尺寸	300×250	297×247	生产厂自定
		300×200	297×197	
		200×200	197×197	
		200×150	197×148	
		150×150	148×148	5
		150×75	148×73	5
		100×100	98×98	5

续表

图例		装配尺寸（mm） C	产品尺寸（mm） $A \times B$	厚度（mm） D
非模数化	$A \times B$ D	产品尺寸（mm）$A \times B$		厚度 D
		300×200		生产厂自定
		200×200		
		200×150		
		152×152		5
		152×75		5
		108×108		5

有釉陶质砖异形配件砖的规格尺寸　　表 4-5

B（mm）	C（mm）	E（mm）	R，SR（mm）
1/4A	1/3A	3	22

（二）技术要求

1．尺寸偏差

陶质砖的尺寸偏差应符合表 4-6 的规定。异型配件砖的尺寸允许偏差在保证匹配的前提下由生产厂家自定。长、宽度测量要测量砖的四边，取每种类型的 10 块整砖测量，正方形砖的平均尺寸取四边测量结果的平均值，试样的平均值是 40 次测量的平均值。长方形砖以对边二次测量的平均尺寸作为相应的平均尺寸，试样的长度和宽度的平均值各为 20 个测量值的平均值。厚度是采用测头直径为 5～10mm 的螺旋测微卡，每种类型的砖取 10 块进行测量。对于表面平整的砖，在表面上划两条对角线，测量 4 条线段每段上最厚的点，每块试样测量 4 点，对于表面不平整的砖在垂直于挤出方向划四条线，线的位置分别为从砖的末端起测量砖的长度的 0.125、0.375、0.625、0.875，在每条直线上最厚点测量厚度，所有砖以 4 次测量值的平均值作为单块砖的平均厚度，试样的平均厚度是 40 次测量值的平均值。

平整度、边直度和直角度应按 GB 3810.2—1999 的规定检验。其中平整度的检验尤为重要，一旦面砖平面发生整体凹凸，不仅影响平面尺寸，而且大面积铺贴后，在侧光下，墙面会显起伏状，影响装饰效果。陶质砖的边直度、直角度和表面平整度允许偏差见表 4-7。

2．表面质量

根据陶质砖的表面质量，陶质砖分为优等品和合格品两个等级。

检验陶质砖的表面缺陷时，釉裂、裂纹、缺釉等，应在距试样 1m 处抽至少 30 块以上组成不小于 1m^2 的试样，在照度为 300Lx 的照明下，目测检验。表面质量以表面无缺陷砖的百分数表示。优等品应至少有 95%的砖距 0.8m 远处垂直观察表面无缺陷；合格品应至少有 95%的砖距 1m 远处垂直观察表面无缺陷。

色差是决定釉面陶质砖质量的重要技术指标，因釉色配料、烧成温度等生产要素的控制水平，很难使面砖颜色完全一致。同一色调不同色号的釉面砖色调存在差异，即使是同一色调、同一色号也往往会产生色差，而且这种色差往往是大面积铺贴后才会显示出来的。色差的测定以 GB/T 3810.16—1999 的规定为准。

有釉陶质砖尺寸允许偏差　GB/T4100.5—1999　　　　**表 4-6**

尺寸允许偏差,%（类别）			无间隔凸缘	有间隔凸缘
长宽度	(1)	每块砖（2 或 4 条边）的平均尺寸相对于工作尺寸的允许偏差*	$L\leqslant12$cm，±0.75 $L>12$cm，±0.75	+0.60 -0.30
	(2)	每块砖（2 或 4 条边）的平均尺寸相对于 10 块试样（20 或 40 条边）平均尺寸的允许偏差*	$L\leqslant12$cm，±0.50 $L>12$cm，±0.30	±0.25
厚度	每块砖厚度的平均值相对于工作尺寸厚度最大允许偏差		±10.0	±10.0

注：*砖可以有 1 条或几条上釉边。

有釉陶质砖的边直度、直角度和表面平整度允许偏差　GB/T4100.5—1999　　**表 4-7**

允许偏差,%（类别）	无间隔凸缘		有间隔凸缘	
	优等品	合格品	优等品	合格品
边直度*（正面） 相对于工作尺寸的最大允许偏差	±0.20	±0.30	±0.20	±0.30
直角度*（正面） 相对于工作尺寸的最大允许偏差	±0.30	±0.50	±0.20	±0.30
表面平整度 相对于工作尺寸的最大允许偏差 *a*）对于由工作尺寸计算的对角线的中心弯曲度 *b*）对于由工作尺寸计算的边的弯曲度	+0.40 -0.20	+0.50 -0.30	+0.70mm -0.10mm	+0.80mm -0.20mm
c）对于由工作尺寸计算的对角线的翘曲度	±0.30	±0.50	$s\leqslant250\text{cm}^2$ 0.30mm $s>250\text{cm}^2$ 0.50mm	$s\leqslant250\text{cm}^2$ 0.50mm $s>250\text{cm}^2$ 0.75mm

注：*不适用于有弯曲形状的砖。

3. 物理性能

有釉陶质砖的主要物理性能要求 GB/T 4100.5—1999 为：吸水率大于 10%。单个值不小于 9 %。当平均值大于 20%时，生产厂家应说明。耐热震性应合格，即经 130℃温差（由热空气中进入冷水）后釉面无破损、裂纹或剥离现象。抗釉裂性应合格，即在压力为 500±20kPa，温度为 159±1℃的蒸压釜中保持 2h 后，釉面无裂纹或剥落。陶质砖的破坏强度，厚度≥7.5mm 时破坏强度平均值不小于 600N；厚度<7.5mm 时破坏强度平均值不小于 200N。陶质砖的断裂模数平均值不小于 15MPa，单个值不小于 12MPa。破坏强度和断裂模数的测定方法详见 GB/T 3810.4—1999。陶质砖的釉面抗化学腐蚀性一般不作要求，特殊需要时，由供需双方商定应达到的抗腐蚀等级。

三、有釉陶质砖的应用

有釉陶质砖常用于医院、实验室、游泳池、浴池、厕所等要求耐污、耐腐蚀、耐清洗性强的场所，既有明亮清洁之感又可保护基体，延长使用年限。在民用住宅和高级宾馆的浴室、厕所、盥洗室内，各种色调、图案的有釉陶质砖与彩釉陶瓷卫生洁具，如浴缸、便器、洗面器及镜台相匹配，可创造一个雅洁华贵的环境。用于厨房的墙面装饰，不但清洗方便，还可兼有防火功能。无釉陶质地砖用于铺地风格要求质朴的环境。

第3节　陶瓷墙地砖（炻质砖和细炻砖）

陶瓷墙地砖为陶瓷外墙面砖和室内外陶瓷铺地砖的统称。外墙面砖和地砖在使用要求上不尽相同，如地砖应注重抗冲击性和耐磨性，而外墙面砖，除应注重其装饰性能外，更要满足一定的抗冻融性能和耐污染性能。但由于目前陶瓷生产原料和工艺的不断改进，这类砖趋于墙地两用，故统称为陶瓷墙地砖。

墙地砖大部分属于粗炻类建筑陶瓷制品，多采用陶土质黏土为原料，经压制成型在1100℃左右焙烧而成，坯体带色。根据表面施釉与否分为彩色釉面陶瓷墙地砖、无釉陶瓷墙地砖和无釉陶瓷地砖，其中前两类的技术要求是相同的。

墙地砖的品种创新很快，劈离砖、麻面砖、渗花砖、玻化砖等都是近年来市场上常见的陶瓷墙地砖的新品种。

陶瓷墙地砖具有强度高、致密坚实、耐磨、吸水率小、抗冻、耐污染、易清洗，耐腐蚀、经久耐用等特点。

一、炻质砖（彩色釉面陶瓷墙地砖）

炻质砖是指适用于建筑物墙面、地面装饰用的吸水率大于6%而小于10%的陶瓷面砖，亦称彩色釉面陶瓷墙地砖。

（一）等级和规格尺寸

炻质砖按产品的尺寸偏差分为优等品和合格品。

炻质砖的主要规格尺寸见表4-8。平面形状分正方形和长方形两种，其中长宽比大于3的通常称为条砖。炻质砖的厚度一般为8～12mm。非定型和异形产品的规格由供需双方商定。目前，市场上非定型产品中幅面最大可达800mm×800mm。

炻质砖的主要规格（mm）　　**表4-8**

100×100	150×150	200×200	300×300	500×500	600×600
150×75	200×100	200×150	250×150	300×150	300×200
115×60	240×65	130×65	260×65	其他规格和异形产品由供需双方自定	

（二）技术要求

1. 尺寸偏差

炻质砖的长度、宽度和厚度允许偏差应符合表4-9的规定，用最小读数为0.5mm的钢板尺检测。

炻质砖的尺寸允许偏差　GB/T 4100.4—1999（mm）　　表 4-9

允许偏差，% ＼ 产品表面面积 S，cm^2			$S\leqslant 90$	$90<S\leqslant 190$	$190<S\leqslant 410$	$S>410$
长度和宽度	（1）	每块砖（2或4条边）的平均尺寸相对于工作尺寸的允许偏差	±1.2	±1.0	±0.75	±0.6
	（2）	每块砖（2或4条边）的平均尺寸相对于10块砖（20或40条边）平均尺寸的允许偏差	±0.75	±0.5	±0.5	±0.4
厚度	每块砖厚度的平均值相对于工作尺寸厚度的最大允许偏差		±10.0	±10.0	±5.0	±5.0

2. 边直度、直角度和表面平整度

边直度、直角度和表面平整度应符合表 4-10 的规定。

炻质砖的边直度、直角度和表面平整度 GB/T 4100.4—1999（mm）　　表 4-10

允许偏差，% ＼ 产品表面面积 S，cm^2	$S\leqslant 90$		$90<S\leqslant 190$		$190<S\leqslant 410$		$S>410$	
	优等品	合格品	优等品	合格品	优等品	合格品	优等品	合格品
边直度*（正面）相对于工作尺寸的最大允许偏差	±0.50	±0.75	±0.4	±0.5	±0.4	±0.5	±0.4	±0.5
直角度*（正面）相对于工作尺寸的最大允许偏差	±0.70	±1.0	±0.4	±0.6	±0.4	±0.6	±0.4	±0.6
表面平整度 相对于工作尺寸的最大允许偏差 *a*）对于由工作尺寸计算的对角线的中心弯曲度	±0.7	±1.0	±0.4	±0.5	±0.4	±0.5	±0.4	±0.5
b）对于由工作尺寸计算的对角线的翘曲度	±0.7	±1.0	±0.4	±0.5	±0.4	±0.5	±0.4	±0.5
c）对于由工作尺寸计算的边的弯曲度	±0.7	±1.0	±0.4	±0.5	±0.4	±0.5	±0.4	±0.5

注：* 不适用于有弯曲形状的砖。

3. 表面质量

优等品应至少有 95% 的砖距 0.8m 远处垂直观察表面无缺陷；合格品应至少有 95% 的砖距 1m 远处垂直观察表面无缺陷。

4. 物理力学与化学性能

炻质砖的吸水率应不大于 10%。耐热震性应满足经 3 次热震性试验不出现炸裂或裂纹。抗冻性能应经抗冻性试验后不出现剥落或裂纹。炻质砖的破坏强度，厚度≥7.5mm 时破坏强度平均值不小于 800N；厚度<7.5mm 时破坏强度平均值不小于 500N。细炻砖的断裂模数（不适于破坏强度≥3000N 的砖）平均值不小于 18MPa，单个值不小于 16MPa。铺地用的炻质砖应进行耐磨性试验，根据耐磨性试验结果分为 0、1、2、3、4、5 级，分别用于不同使用环境。耐化学腐蚀性能应根据面砖的耐酸、耐碱性能各分为 AA、A、B、C、D 五个等级（从 AA 到 D，耐酸碱腐蚀能力顺次变差）。耐化学腐蚀性能的级别是根据面砖

的釉面在酸、碱溶液作用下受到腐蚀后的铅笔划痕耐擦程度和光反射图像的清晰度来确定的。

（三）炻质砖的应用

炻质砖的表面有平面和立体浮雕面的；有镜面和防滑亚光面的；有纹点和仿大理石、花岗岩图案的；有使用各种装饰釉作釉面的，色彩瑰丽，丰富多变，具有极强的装饰性和耐久性。炻质砖广泛应用于各类建筑物的外墙和柱的饰面和地面装饰，一般用于装饰等级要求较高的工程。用于不同部位的墙地砖应考虑其特殊的要求，如用于铺地时应考虑彩色釉面墙地砖的耐磨类别；用于寒冷地区的应选用吸水率尽可能小，抗冻性能好的墙地砖。

二、细炻砖（无釉陶瓷地砖）

细炻砖可为分为有釉细炻砖和无釉细炻砖。其中以无釉细炻砖应用最为普遍。无釉细炻砖即无釉陶瓷地砖简称无釉砖，是专用于铺地用的耐磨炻质无釉面砖。系采用难熔黏土，半干压法成型再经焙烧而成的。由于烧制的黏土中含有杂质或人为掺入着色剂，可呈红、绿、蓝、黄等各种颜色。无釉陶瓷地砖在早期只有红色的一种，俗称缸砖，形状有正方形和六角形两种。现在发展的品种多种多样，基本分成无光和抛光两种。无釉细炻砖具有质坚、耐磨、硬度大、强度高、耐冲击、耐久、吸水率小等特点。

（一）等级和规格尺寸

无釉细炻砖按产品的尺寸偏差分为优等品和合格品两个等级。

常见产品的规格尺寸见表4-11。除表中所列正方形、长方形两种规格外，无釉细炻砖通常还采用六角形、八角形及叶片状等异形产品。

细炻砖（无釉陶瓷地砖）的主要规格（mm） **表4-11**

50×50	100×100	150×150	152×152	200×50	300×200
100×50	108×108	150×75	200×100	200×200	300×300

（二）技术要求

1. 尺寸偏差

尺寸偏差要求同炻质砖的规定。

2. 表面质量

细炻砖表面质量要求同炻质砖的规定。

3. 主要物理力学性能

细炻砖的吸水率平均值为3%～6%，单个值不大于6.5%。抗热震性试验经20次不出现炸裂或裂纹。抗冻性能应满足经抗冻性试验后不出现裂纹或剥落。细炻砖的破坏强度，厚度≥7.5mm时破坏强度平均值不小于1000N；厚度<7.5mm时破坏强度平均值不小于600N。细炻砖的断裂模数（不适于破坏强度≥3000N的砖）平均值不小于22MPa，单个值不小于20MPa。耐磨性指标为耐深度磨损体积不大于345mm^3，试验按GB/T 3810.6的规定方法进行。

（三）无釉细炻砖的应用

无釉细炻砖颜色以素色和色斑点为主，表面为平面、浮雕面和防滑面等多种形式，适用于商场、宾馆、饭店、游乐场、会议厅、展览馆的室内外地面。特别是近年来小规格的无釉细炻砖常用于公共建筑的大厅和室外广场的地面铺贴，经不同颜色和图案的组合，形成质朴、大方、高雅的风格，同时兼有分区、引导、指向的作用。各种防滑无釉细炻地砖也广泛用于民用住宅的室外平台、浴厕等地面装饰。

三、新型墙地砖

（一）劈离砖

劈离砖又常称为“背面对分面砖”或“劈裂砖”，其名称来源于制造方法。劈离砖的生产工艺过程为：原料混合→破碎、搅拌→湿化、困泥（将混合料置于阴、湿、凉的环境中保持一段时间，以提高其可塑性、抗干裂性。为节约困泥时间，也可采用多次真空练泥来代替）→挤出成型→干燥→施釉（也可不施釉）→焙烧（1000～1100℃）→劈裂（一块双连砖劈分为二块）→分选→包装入库。该种面砖由于烧成后“一劈为二”，所以烧成阶段的坯体总表面积仅为成品坯体总表面积的一半，大大节约了窑内放置坯体的面积，提高了生产效率。劈离砖材质的特点主要在于其配料，不是由单一种类的黏土，而是由黏土、页岩、耐火土和熟料（生产过程中产生的废砖和筋条）组成。其生料中黏土、页岩、耐火土的比例为4:3:3，生料与熟料的比为11:3（重量计）。如施釉，则釉用原料与一般彩釉砖釉料相似。

20世纪60年代，劈离砖首先在原联邦德国兴起、发展。由于其制造工艺简单、能耗低、效率高、使用效果好，逐渐在欧洲各国引起重视，继而世界各地竞相仿效。我国于20世纪80年代初首先在北京和厦门等地引进了劈离砖的生产线。

劈离砖按用途分为地砖、墙砖、踏步砖、角砖（异形砖）等各种。按国际市场要求的规格，墙砖：240mm×115mm，240mm×52mm，240mm×71mm，200mm×100mm，劈离后单块厚度为11mm。地砖：200mm×200mm，240mm×240mm，300mm×300mm，200mm（270mm）×75mm，劈离后单块厚度为14mm。踏步砖：115mm×240mm，240mm×52mm，劈离后单块劈度为11mm或12mm。

劈离砖是一种新发展起来的墙地砖，可用于建筑的内墙、外墙、地面、台阶、地坪及游泳池等建筑部位，厚度较大的劈离砖（国外最大厚度为40mm×2mm）特别适用于公园、广场、停车场、人行道等露天地面的铺设。近年来我国一些大型公共建筑，如北京亚运村国际会议中心和国际文化交流中心均采用了劈离砖作外墙饰面及地坪，取得了良好的装饰效果。

（二）仿花岗岩墙地砖

仿花岗岩墙地砖是一种全玻化、瓷质无釉墙地砖，是国际上流行的新型高档建筑饰面材料。20世纪80年代中期意大利首先推出，它具有天然花岗岩的质感和色调，可替代日益昂贵的天然花岗石。

仿花岗岩墙地砖以高塑性黏土、石英、长石和一些添加剂为原料，经配料、粉碎、造粒（在喷雾干燥塔内完成）、成型（高吨位压机压制）、干燥，最后在辊道窑内快速一次烧成（烧成温度1260℃，烧成周期1小时）。

该种墙地砖玻化程度高、坚硬（莫氏硬度大于6）、吸水率低（小于1%）、抗折强度高（大于27MPa）、耐磨、抗冻、耐污染、耐久。可制成麻面、无光面或抛光面，有红、绿、黄、蓝、棕多种基色。

仿花岗岩墙地砖的规格有200mm×200mm，300mm×300mm，400mm×400mm，500mm×500mm等。厚度为8mm和9mm两种。可用于会议中心、宾馆、饭店、展览馆、图书馆、商场、舞厅、酒吧、车站、飞机场的墙地面装饰。

（三）钒钛饰面板

钒钛饰面板是一种仿黑色花岗岩的陶瓷饰面板材。该种饰面板比天然黑色花岗岩更黑、更硬、更薄、更亮。弥补了天然花岗岩抛光过程中，由于黑云母的脱落造成的表面凹坑的缺憾，是我国利用稀土矿物为原料研制成功的一种高档墙地饰面板材。其莫氏硬度、抗压强度、抗弯强度、密度、吸水率均好于天然花岗岩。规格有400mm×400mm、500mm×500mm等，厚度为8mm。适用于宾馆、饭店、办公楼等大型建筑的内外墙面、地面的装饰。也可用作台面、铭牌等，令人耳目一新。北京华侨大厦、国家教委电教中心大楼都采用了这种新型饰面板材。

（四）金属光泽釉面砖

金属光泽釉面砖是一种表面呈现金、银等金属光泽的釉面墙地砖。它突破了陶瓷传统的施釉工艺，采用了一种新的彩饰方法——釉面砖表面热喷涂着色工艺。这种工艺是在炽热的釉层表面，喷涂有机或无机金属盐溶液，通过高温热解，在釉表面形成一层金属氧化物薄膜，这层薄膜随所用金属盐离子本身的颜色不同而产生不同的金属光泽。该种面砖可利用现有的窑炉和生产线，只要在窑内加装专用热喷涂设备（应用压缩空气），即可使面砖的釉烧和喷涂着色同时完成，可大大节约投资、降低成本。该种面砖的规格同普通的陶瓷墙地砖，特别是条形砖的应用较为广泛。

金属光泽釉面砖是一种高级墙体饰面材料，可给人以清新绚丽，金碧辉煌的特殊效果。适用于高级宾馆、饭店以及酒吧、咖啡厅等娱乐场所的内墙饰面，其特有的金属光泽和镜面效果，使人在雍容华贵中享受到浓郁的现代气息。

（五）渗花砖

渗花砖不同于在坯体表面施釉的墙地砖，它是采用焙烧时可渗入到坯体表面下1～3mm的着色颜料，使砖面呈现各种色彩或图案，然后经磨光或抛光表面而成。渗花砖属于烧结程度较高的瓷质制品，因而其强度高、吸水率低。特别是已渗入到坯体的色彩图案具有良好的耐磨性，用于铺地经长期磨损而不脱落、不褪色。

渗花砖常用的规格有300mm×300mm、400mm×400mm、450mm×450mm、500mm×500mm等，厚度为7～8mm。渗花砖适用于商业建筑、写字楼、饭店、娱乐场所、车站等室内外地面及墙面的装饰。

（六）玻化墙地砖

玻化墙地砖亦称全瓷玻化砖或全玻化砖，在国标《干压陶瓷砖》GB/4100.1中称为瓷质砖。是以优质瓷土为原料，高温焙烧而成的一种不上釉瓷质饰面砖。玻化砖烧结程度很高，坯体致密。虽表面不上釉，但吸水率很低（小于0.5%），可认为是不吸水。该种墙地砖强度高（厚度≥7.5mm时破坏强度平均值不小于1300N；厚度<7.5mm时破坏强度平均值不小于700N）。断裂模数（不适于破坏强度≥3000N的砖）平均值不小于35MPa，单个值不小于32MPa、耐磨、耐酸碱、不褪色、耐清洗、耐污染。玻化砖有银灰、斑点绿、浅蓝、珍珠白、黄、纯黑等多种色调。调整其着色颜料的比例和制作工艺，可使砖面呈现不同的纹理、斑点，使其酷似天然石材。

玻化砖有抛光和不抛光两种。主要规格有 300mm × 300mm、400mm × 400mm、450mm × 450mm、500mm × 500mm 等。适用于各类大中型商业建筑、旅游建筑、观演建筑的室内外墙面和地面的装饰，也适用于民用住宅的室内地面装饰，是一种中高档的饰面材料。

第 4 节　陶　瓷　锦　砖

陶瓷锦砖俗称陶瓷马赛克（系外来语 Masaic 的译音）。我国 1975 年在统一建筑陶瓷产品的名称时改用现名。陶瓷锦砖采用优质瓷土烧制而成，可上釉或不上釉，我国使用的产品一般不上釉。陶瓷锦砖的规格较小，直接粘贴很困难，故需预先反贴于牛皮纸上（正面与纸相粘），故又俗称“纸皮砖”，所形成的一张张的产品，称为“联”。联的边长有 284.0、295.0、305.0、325.0mm 四种。按常见的联长为 305mm 计算，每联约 0.093m^2，重约 0.65kg，每 40 张为一箱，每箱约 3.7m^2。

一、基本形状和拼花图案

陶瓷锦砖的基本形状见表 4-12。

陶瓷锦砖基本形状尺寸　　　　**表 4-12**

基本形状		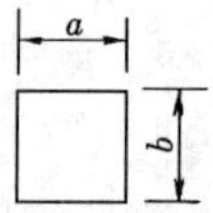				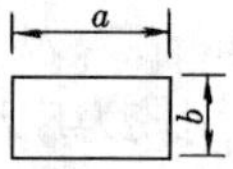	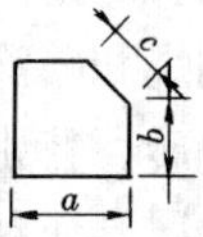	
名称		正方				长方（长条）	对角	
		大方	中大方	中方	小方		大对角	小对角
规格（mm）	*a*	39.0	23.6	18.5	15.2	39.0	39.0	32.1
	b	39.0	23.6	18.5	15.2	18.5	19.2	15.9
	c	—	—	—	—	—	27.9	22.8
	d	—	—	—	—	—	—	—
	厚度	5.0	5.0	5.0	5.0	5.0	5.0	5.0

基本形状		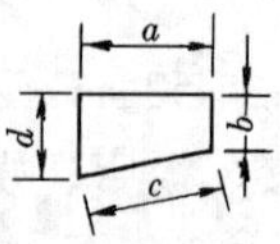	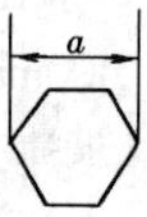	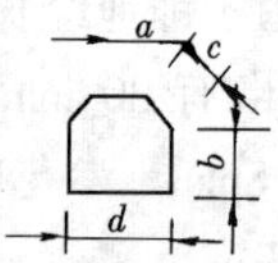	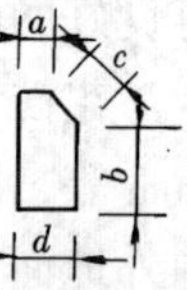
名称		斜长条（斜条）	六角	半八角	长条对角
规格（mm）	*a*	36.4	25	15	7.5
	b	11.9	—	15	15
	c	37.9	—	18	18
	d	22.7	—	40	20
	（厚度）	5.0	5.0	5.0	5.0

注：1. 本表只列了陶瓷锦砖的几种基本形状，其他形状均未列入；

2. 表列规格主要系辽宁省海城陶瓷厂陶瓷锦砖的产品规格，其他生产单位的产品规格大致相同，但具体尺寸略有出入。

应用基本形状的锦砖小块，每联可拼贴成变化多端的拼花图案，具体使用时，联与联可连续铺贴形成连续图案饰面。表 4-13 为陶瓷锦砖的几种基本拼花图案。

陶瓷锦砖的几种基本拼花图案　　　　表 4-13

拼花编号	拼 花 说 明	拼　花　图　案
拼-1	各种正方形与正方形相拼	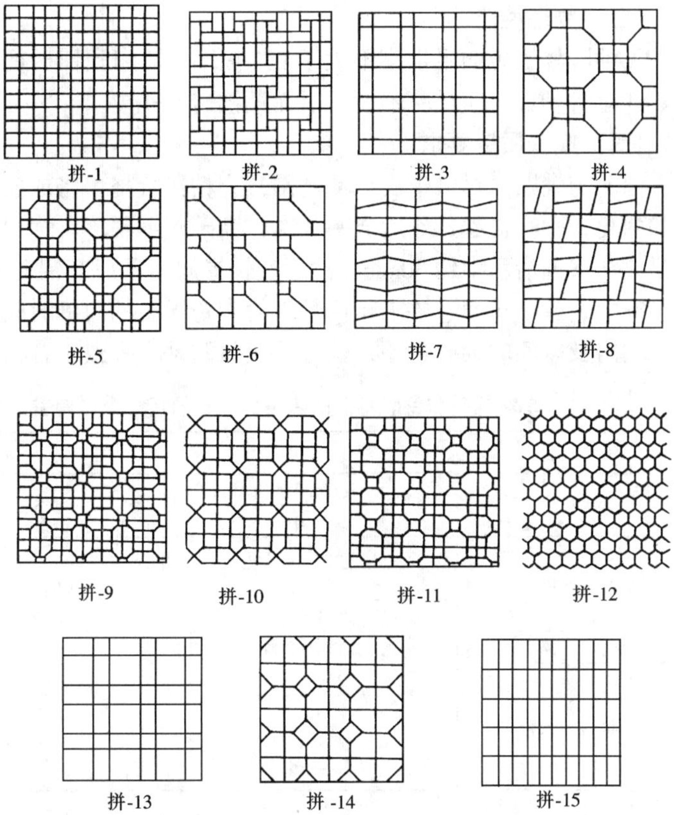 拼-1
拼-2	正方与长条相拼	拼-2
拼-3	大方、中方及长条相拼	拼-3
拼-4	中方及大对角相拼	拼-4
拼-5	小方及小对角相拼	拼-5
拼-6	中方及大对角相拼 小方及小对角相拼	拼-6
拼-7	斜长条与斜长条相拼	拼-7
拼-8	斜长条与斜长条相拼	拼-8
拼-9	长条对角与小方相拼	拼-9
拼-10	正方与五角相拼	拼-10
拼-11	半八角与正方相拼	拼-11
拼-12	各种六角相拼	拼-12
拼-13	大方、中方、长条相拼	拼-13
拼-14	小对角、中大方相拼	拼 -14
拼-15	各种长条相拼	拼-15

二、性质特点及应用

陶瓷锦砖质地坚实、吸水率极小（小于 0.2%）、耐酸、耐碱、耐火、耐磨、不渗水、易清洗、抗急冷急热。陶瓷锦砖色彩鲜艳、色泽稳定、可拼出风景、动物、花草及各种抽象图案。陶瓷锦砖施工方便，施工时反贴于砂浆基层上，把皮纸润湿，在水泥初凝前把纸撕下，经调整、嵌缝，即可得连续美观的饰面。因陶瓷锦砖块小，不易踩碎，故极宜用于地面的装饰。

陶瓷锦砖适用于洁净车间、门厅、餐厅、厕所、盥洗室、浴室、化验室等处的地面和墙面的饰面。并可应用于建筑物的外墙饰面，与外墙面砖相比具有面层薄、自重轻、造价低、坚固耐用、色泽稳定，可拼图案丰富等特点。

三、技术性能

陶瓷锦砖按尺寸允许偏差和外观质量可分优等品和合格品两个等级。

（一）尺寸允许偏差

陶瓷锦的尺寸允许偏差包括单块锦砖的尺寸允许偏差和每联锦砖的线路（单块锦砖间的间隙）、联长的尺寸允许偏差。基本要求见表4-14。

（二）外观质量

外观质量要求见表4-15。

（三）物理性能

无釉陶瓷锦砖的吸水率不大于0.2%，有釉陶瓷锦砖的吸水率不大于1.0%。耐急冷急热性对有釉锦砖应试验不裂，对无釉锦砖不作要求。

（四）成联质量要求

锦砖与铺贴衬材（牛皮纸或丝网）应粘接合格，将成联锦砖正面朝上两手捏住联的一边的两角，垂直提起，然后放平3次，锦砖应不脱落。背面粘贴丝网的砖联，应将成联锦砖吊放在室温清水中约30min，然后轻轻提起，不应有锦砖脱落。为保证在水泥初凝前将衬材撕掉，露出正面，要求正面贴纸的陶瓷锦砖的脱纸时间不大于40min。

联内及联间的锦砖色差，优等品应目测基本一致，合格品目测可有稍许色差。

单块锦砖和每联锦砖的线路、联长的尺寸允许偏差　JC 456—1992（mm）　表4-14

项　目	尺　寸	优等品	合格品
单块长度	≤25.0	±0.5	±1.0
	>25.0		
单块厚度	4.0	±0.2	±0.4
	4.5		
	>4.5		
线　路	2.0~5.0	±0.6	±1.0
联　长	284.0	+2.5 −0.5	+3.5 −1.0
	295.0		
	305.0		
	325.0		

陶瓷锦砖的外观质量要求　JC 456—1992　表4-15

缺陷名称		单块锦砖最大边长（mm）								备　注
		≤25				>25				
		优等品		合格品		优等品		合格品		
		正面	背面	正面	背面	正面	背面	正面	背面	
夹层、釉裂、开裂		不允许								—
斑点、粘疤、起泡、坯粉、麻面、波纹、缺釉、桔釉、棕眼、落脏、熔洞		不明显		不严重		不明显		不严重		—
缺角	斜边长（mm）	1.5~2.3	3.5~4.3	2.3~3.5	4.3~5.6	1.5~2.8	3.5~4.9	2.8~4.3	4.9~6.4	斜边长度小于1.5mm的缺角允许存在,正背面缺角不允许在同一角,正面只允许缺角1处
	深度（mm）	≯砖厚的2/3								

续表

缺陷名称		单块锦砖最大边长（mm）								备　注
		≤25				>25				
		优等品		合格品		优等品		合格品		
		正面	背面	正面	背面	正面	背面	正面	背面	
缺边	长度（mm）	2.0~3.0	5.0~6.0	3.0~5.0	6.0~8.0	3.0~5.0	6.0~9.0	5.0~8.0	9.0~13.0	正背面缺边不允许出现在同一侧面，同一侧面不允许有2处缺边，正面允许有2处缺边
	宽度（mm）	1.5	2.5	2.0	3.0	1.5	3.0	2.0	3.5	
	深度（mm）	1.5	2.5	2.0	3.0	1.5	2.5	2.0	3.5	
变形	翘曲	不明显				≤0.3		≤0.5		—
	大小头（mm）	≤0.2		≤0.4		≤0.6		≤1.0		

第5节　建 筑 琉 璃 制 品

建筑琉璃制品是我国传统的极富民族特色的建筑陶瓷材料。早在北魏年间（公元380~543年）就已有琉璃瓦的生产。到唐代，琉璃制品无论在品质和艺术效果方面都达到了很高的成就，特别是在山西各地非常盛行，以晋南的三彩法花尤称著于世。在近代，由于它具有独特的装饰性能，不但用于古典式建筑物，也广泛用于具有民族风格的现代建筑物。

琉璃制品用难熔黏土制成坯泥，制坯成型后经干燥、素烧、施色釉、釉烧而成。随着釉料的不同，有的也可一次烧成。中国古代建筑的琉璃制品分瓦制品和园林制品两大类。琉璃瓦制品主要用于各种形式的屋顶，有的是专供屋面排水防漏的；有的是构成各种屋脊的屋脊材料；有的则纯属装饰性的物件，其品种很多，难以准确分类。一般习惯上可分为瓦类（筒瓦、板瓦、勾头、滴水等），脊类（正脊筒瓦、垂脊筒瓦、三连砖、当勾等），饰件类（正吻、吞脊兽、垂兽、仙人等）。园林琉璃制品有窗、栏杆等。

一、建筑琉璃制品的特点和应用

琉璃制品的特点是质细致密、表面光滑、不易沾污、坚实耐久、色彩绚丽、造型古朴，富有民族特点。常见的颜色有金黄、翠绿、宝蓝等。

琉璃瓦造型复杂，制作工艺较繁，因而造价高。故主要用于体现我国传统建筑风格的宫殿式建筑以及纪念性建筑上，还常用以制造园林建筑中的亭、台、楼、阁，构建古代园林的风格。琉璃制品还常用作近代建筑的高级屋面材料，用于各类坡屋顶，可体现了现代与传统的完美结合，富有东方民族精神，富丽堂皇、雄伟壮观。

二、建筑琉璃制品的技术性能

（一）规格和尺寸允许偏差

用于古建筑的各类琉璃制品的品种规格很繁杂，中国古代各个时期对琉璃制品的尺寸规定也不尽相同。当前，国内用于屋面的建筑琉璃制品的规格尺寸可分为标定尺寸和产品尺寸两种。前者是《清代营造则例》中提出的琉璃瓦件的规格尺寸，有几十种数百个规格。后者是我国各地的琉璃瓦生产单位生产的产品尺寸。由于我国幅员辽阔，因此各地产品在尺寸上为了适应当地的气候特点和习惯需要，也不完全相同。因此在《建筑琉璃制品》GB 9197—88 中对建筑琉璃制品的规格未做规定。但对不同外形尺寸的屋面用琉璃制品规定了尺寸允许偏差，见表 4-16。

（二）外观质量

建筑琉璃制品按外观质量分为优等品、一等品、合格品。各等级外观质量应符合《建筑琉璃制品》GB 9197—85 的规定。

（三）物理性能

建筑琉璃制品由于其使用功能和使用环境的特点，应满足表 4-17 的物理性能指标的要求。

建筑琉璃制品的尺寸允许偏差 GB 9197—1988（mm）　　表 4-16

<table>
<tr><th rowspan="2">外形尺寸范围</th><th rowspan="2">类 别</th><th rowspan="2">产品名称</th><th colspan="4">允 许 偏 差</th></tr>
<tr><th>长</th><th>宽</th><th>厚（高）</th><th>弧 度</th></tr>
<tr><td rowspan="4">$A \geq 350$</td><td rowspan="12">瓦类</td><td>板 瓦</td><td rowspan="4">±10</td><td>±7</td><td rowspan="12">+2
−1</td><td rowspan="14">±3</td></tr>
<tr><td>筒 瓦</td><td>±5</td></tr>
<tr><td>滴水瓦</td><td>±7</td></tr>
<tr><td>勾 头</td><td>±5</td></tr>
<tr><td rowspan="4">$350 > A > 250$</td><td>板 瓦</td><td rowspan="4">±8</td><td>±6</td></tr>
<tr><td>筒 瓦</td><td>±4</td></tr>
<tr><td>滴水瓦</td><td>±6</td></tr>
<tr><td>勾 头</td><td>±4</td></tr>
<tr><td rowspan="4">$A \leq 250$</td><td>板 瓦</td><td rowspan="4">±6</td><td>±5</td></tr>
<tr><td>筒 瓦</td><td>±3</td></tr>
<tr><td>滴水瓦</td><td>±5</td></tr>
<tr><td>勾 头</td><td>±3</td></tr>
<tr><td>单块最大尺寸 > 400</td><td rowspan="2" colspan="2">脊、吻、博古</td><td>±15</td><td>±8</td><td>±12</td></tr>
<tr><td>单块最大尺寸 ≤ 400</td><td>±11</td><td>±6</td><td>±8</td></tr>
</table>

建筑琉璃制品的物理性能要求 GB 9197—1988　　表 4-17

<table>
<tr><th>项 目</th><th>优 等 品</th><th>一 等 品</th><th>合 格 品</th></tr>
<tr><td>吸水率（%）</td><td colspan="3">≤12</td></tr>
<tr><td rowspan="2">抗冻性</td><td colspan="2">冻融循环 15 次</td><td>冻融循环 10 次</td></tr>
<tr><td colspan="3">无开裂、剥落、掉角、掉棱、起鼓现象。因特殊要求，冷冻最低温度、循环次数可由供需双方商定</td></tr>
<tr><td>弯曲破坏荷重（N）</td><td colspan="3">≥1177</td></tr>
<tr><td>耐急冷急热性</td><td colspan="3">3 次循环，无开裂、剥落、掉角、掉棱、起鼓现象</td></tr>
<tr><td>光泽度（度）</td><td colspan="3">平均值≥50°。根据需要，可由供需双方商定</td></tr>
</table>

复 习 思 考 题

1. 什么是建筑陶瓷？陶瓷如何分类？各类的性能特点是什么？
2. 陶瓷的主要原料组成是什么？各种原料的作用是什么？
3. 画出黏土的吸水率与焙烧温度间的关系曲线，指出烧结范围和耐火度并给予简单解释。
4. 什么是釉？其作用是什么？釉与玻璃有什么异同点？陶瓷制品对釉有什么基本要求？
5. 什么是装饰工程所指的大理石和花岗石？其主要性能特点是什么？指出各自常用品种的名称。
6. 釉面内砖墙为什么不能用于室外？

第5章　建　筑　玻　璃

玻璃是现代建筑上广泛采用的材料之一，其制品有平板玻璃、装饰玻璃、安全玻璃、玻璃锦砖等。普通玻璃具有良好的透光性能，主要用于建筑的采光。现代建筑玻璃正向着节能并赋于装饰性方向发展，在建筑物的饰面、隔断等方面也大量的使用玻璃制品。近年来，各种新品种装饰玻璃层出不穷，为建筑装饰工程提供了更多的选择。

第1节　玻璃的基本知识

一、玻璃的概念和组成

建筑玻璃是以石英砂、纯碱、石灰石、长石等为主要原料，经1550~1600℃高温熔融、成型，并经快速冷却而制成的固体材料。其主要成分是SiO_2（含量72%左右）、Na_2O（含量15%左右）和CaO（含量9%左右），另外还有少量的Al_2O_3、MgO等。如在玻璃中加入某些金属氧化物、化合物或采用特殊工艺，还可以制得各种不同特殊性能的玻璃。

二、玻璃的基本性质

（一）玻璃的密度

玻璃的密度与其化学组成有关，普通玻璃的密度为2.5~2.6g/cm^3。玻璃内几乎无孔隙，属于致密材料。

（二）玻璃的光学性质

当光线入射玻璃时，可分为透射、吸收和反射三部分。透光能力的大小，以可见光透射比表示。对光的反射能力，以反射比表示。对光线的吸收能力，用吸收比表示。它们的值分别为透射、反射和吸收的光能占入射光总能量的百分比，其和为100%。用于采光、照明的玻璃，要求透射比更高，如一般门窗用3mm玻璃可见光透射比为87%，5mm玻璃的可见光透射比为84%；用于遮光和隔热的热反射玻璃，要求反射比高；用于隔热、防眩作用的吸热玻璃，要求既能吸收大量的红外线辐射能，同时又保持良好的透光性。

（三）玻璃的热工性质

玻璃是热的不良导体，玻璃的导热性能与玻璃的化学组成有关，导热系数一般为0.75~0.92W/（m·K），大约为铜的1/400。当玻璃温度急变时，沿玻璃的厚度温度不同，故膨胀量不同而产生内应力，当内应力超过玻璃极限强度时，就会造成碎裂。玻璃抵抗温度变化而不破坏的性质称为热稳定性，玻璃抗急热破坏的能力比抗急冷破坏的能力强，这是因为受急热时玻璃表面产生压应力，而受急冷时玻璃表面产生的是拉应力，玻璃的抗压强度远高于抗拉强度。

表 5-1 给出了一些玻璃及其制品的导热系数。

玻璃的导热系数　　表 5-1

名　称	表观密度 (kg/m^3)	导热系数 [W/(m·K)]	名　称	导热系数 [W/(m·K)]
平板玻璃	2500	0.75	充氮夹层玻璃（$D=12.03$mm，一个氮气层）	0.097
化学玻璃	2450	0.93	充氮夹层玻璃（$D=21.42$mm，两个氮气层）	0.0916
石英玻璃	2210	0.71	充氮夹层玻璃（$D=30.16$mm，三个氮气层）	0.0893
石英玻璃	2210	1.35	干空气夹层玻璃（$D=12.06$mm，一个空气层）	0.0963
石英玻璃	2250	2.71	干空气夹层玻璃（$D=21.04$mm，两个空气层）	0.0893
玻 璃 砖	2500	0.81	干空气夹层玻璃（$D=29.83$mm，三个空气层）	0.0893
泡沫玻璃	140	0.052	夹层玻璃（$D=8.6$mm，中间空气 3mm，四周玻璃条）	0.103
泡沫玻璃	166	0.087	夹层玻璃（$D=15.92$mm，中间空气 10mm，四周玻璃条）	0.094
泡沫玻璃	300	0.116	夹层玻璃（$D=15.92$mm，中间空气 6mm，四周橡皮条）	0.128

注：D 为夹层玻璃总厚度。

（四）玻璃的力学性质

玻璃的抗压强度高，一般可达 600～1200MPa。而抗拉强度很小，为 40～80MPa。故玻璃在冲击力作用下易破碎，是典型的脆性材料。玻璃在常温下具有弹性，普通玻璃的弹性模量为 $6\times10\sim7\times10$MPa。

（五）玻璃的化学稳定性

一般的建筑玻璃具有较高的化学稳定性，在通常情况下，对酸、碱、盐以及化学试剂或气体等具有较强的抵抗能力，能抵抗氢氟酸以外的各种酸类的侵蚀。但是长期遭受侵蚀介质的腐蚀，也能导致变质和破坏，如玻璃的风化、发霉都会导致玻璃外观的破坏和透光能力的降低。

三、建筑玻璃的用途

玻璃过去在建筑上主要是作为采光材料，随着建筑装饰要求的提高和玻璃工业生产技术的不断发展，新品种玻璃不断出现，建筑玻璃由过去单纯的采光材料，向着控制光线、调节热量、节约能源、控制噪声以及降低建筑结构自重、改善环境等方向发展，同时用着色、磨光、刻花等方法获得各种装饰效果。

四、建筑玻璃的分类

建筑玻璃按生产方法和功能特性可分为以下几类：

（一）平板玻璃

平板玻璃是建筑工程中应用量较大的建筑材料之一，它主要包括：

(1) 透明窗玻璃　指的是一般平板玻璃，大量用于建筑采光。

(2) 不透明玻璃　采用压花、磨砂等方法制成的透光不透视的玻璃。

(3) 装饰类玻璃　采用蚀花、压花、着色等方法制成具有较强装饰性的玻璃。

(4) 安全玻璃　将玻璃经过钢化或在玻璃夹金属丝（网）夹层而成的玻璃。

(5) 镜面玻璃　即镜子，用于室内。

(6) 装饰——节能型玻璃　能透射大部分的可见光，但具有吸热、热反射或隔热等性能的玻璃。

（二）建筑艺术玻璃

建筑艺术玻璃是指用玻璃制成的具有建筑艺术性的屏风、花饰、扶栏雕塑以及玻璃锦砖等。

（三）玻璃建筑构件

玻璃建筑构件主要有空气玻璃砖、波形瓦、门、壁板等。

（四）玻璃质绝热、隔声材料

玻璃质绝热、隔声材料主要有泡沫玻璃、玻璃棉毡、玻璃纤维等。

在以上各类玻璃中，以平板玻璃最为重要，不仅其用量最大，而且是制造许多装饰玻璃制品的原料。

第2节　平　板　玻　璃

平板玻璃是指未经其他加工的平板状玻璃制品，也称为白片玻璃或净片玻璃。按生产方法不同，可分为普通平板玻璃和浮法玻璃。平板玻璃是建筑玻璃中生产量最大、使用最多的一种，主要用于门窗，起采光（可见光透射比85%～90%）、围护、保温、隔声等作用，也是进一步加工成其他技术玻璃的原片。

一、平板玻璃生产方法与工艺

普通平板玻璃的制造方法有许多种，过去常用的方法有垂直引上法、平拉法、对辊法等，现在比较先进的方法是浮法。

（一）垂直引上法

垂直引上法是生产平板玻璃的传统方法，它又分为有槽引上、无槽引上和对辊等方法，在我国现在仍有很多厂家用此法生产。其特点为：成型容易控制，可同时生产不同宽度和厚度的玻璃，但宽度和厚度也受到成型设备的限制，产品质量也不是很高，易产生很多的缺陷。

1. 有槽引上法

有槽引上法是由一个带槽口的耐火砖，称“槽子砖”，将它安装在玻璃熔液的表面上，玻璃液从熔窑经这个槽子砖的槽口引出，垂直向上拉制成一连续的玻璃带，再通过引上室经冷却变成平板玻璃，如图5-1所示。有槽引上法的主要缺点是容易产生波筋、线道，玻璃的平整度不好。

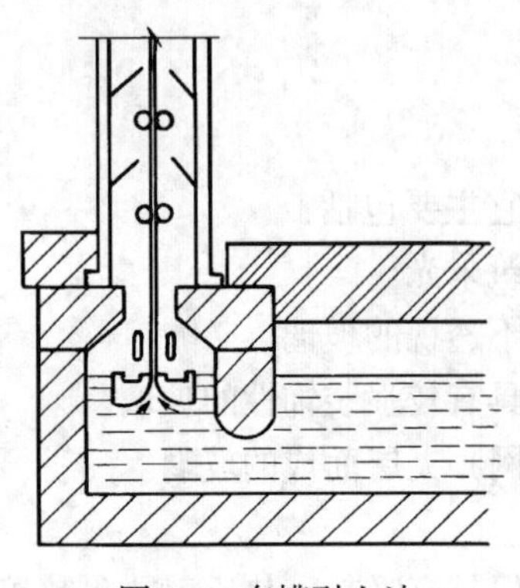

图5-1　有槽引上法

2. 无槽引上法

无槽引上法和有槽引上法的不同之处，是以浸没在玻璃熔液中的耐火“引砖”代替槽子砖。引砖一般设置在玻璃熔液表面下70～150mm处，其作用是使冷却器能集中冷却在引砖之上的玻璃液层，使之迅速达到玻璃带的成型温度，并避免槽子砖对玻璃表面的影响。无槽引上法如图5-2所示。采用无槽引上法生产平板玻璃，工艺比较简单，玻璃质量比有槽引上法有较大改进，其缺点是玻璃厚度不易控制。

（二）浮法

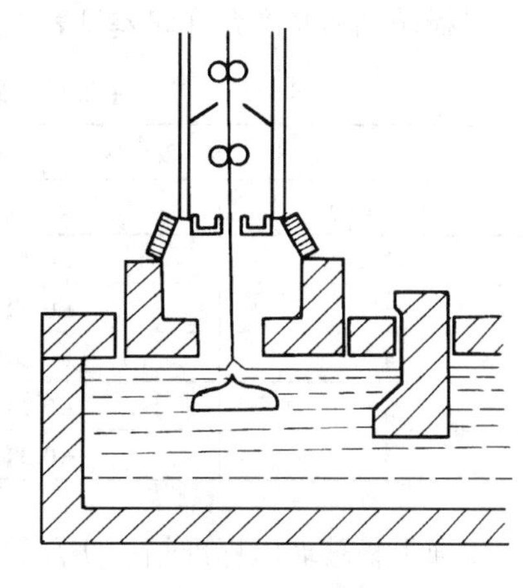

图 5-2　无槽引上法

浮法工艺是现代最先进的平板玻璃生产办法，它具有产量高、质量好、品种多、规模大、生产效率高和经济效益好等优点，所以浮法玻璃生产技术发展的非常迅速，浮法已成为当今社会衡量一个国家生产平板玻璃技术水平高低的重要标志。发达国家的平板玻璃生产几乎全部采用浮法技术。我国是世界上掌握浮法玻璃全部生产技术的少数国家之一，近十几年来，我国的浮法玻璃生产有了长足的发展，浮法玻璃的产量已远远超过用其他方法生产玻璃的产量，在不久的将来完全可能取代其他方法。

浮法玻璃的生产过程是将熔融的玻璃熔液，经过流槽砖进入盛有熔融锡液的锡槽中，由于玻璃液的密度较锡液小，玻璃熔液便浮在锡液表面上，在其本身的重力及表面张力的作用下，能均匀地摊平在锡液表面上，同时玻璃的上表面受到高温区的抛光作用，从而使玻璃的两个表面均很平整。然后经过定型、冷却后，进入退火窑退火、冷却，最后经切割成为原片。浮法玻璃工艺示意如图 5-3 所示。

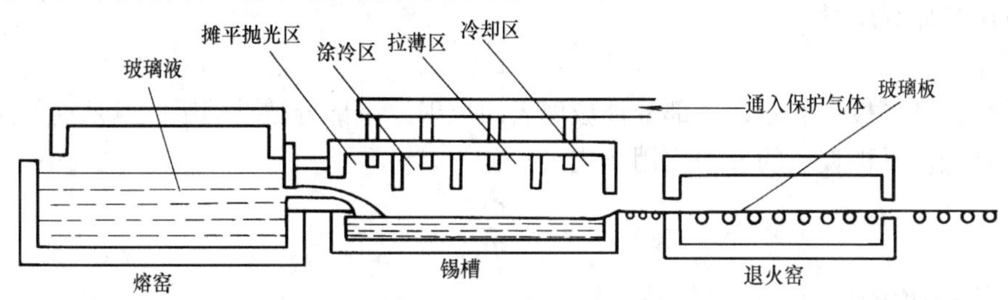

图 5-3　浮法玻璃生产示意图

浮法玻璃的最大特点是玻璃表面光滑平整、厚度均匀、不变形，目前已全部代替了机械磨光玻璃，占世界平板玻璃总产量的 75%以上，可直接用于建筑、交通车辆、制镜，也可作为各种深加工玻璃的原片。浮法生产的玻璃宽度可达 2.4～4.6m，能满足各种使用要求。

二、平板玻璃的技术质量要求

（一）平板玻璃的分类及规格

平板玻璃按生产方法不同，可分为普通平板玻璃和浮法玻璃两类；按其用途可分为窗玻璃和装饰玻璃。根据国家标准《普通平板玻璃》GB 4871—1995 和《浮法玻璃》GB 11614—1999 的规定，玻璃按其厚度，可分为以下几种规格：

引拉法生产的普通平板玻璃：2、3、4、5mm 四类。

浮法玻璃：2、3、4、5、6、8、10、12、15、19mm 十类。

引拉法生产的玻璃其长宽比不得大于 2.5，其中 2、3mm 厚玻璃尺寸不得小于 400mm × 300mm，4、5、6mm 厚玻璃不得小于 600mm × 400mm。浮法玻璃尺寸一般不小于

1000mm × 1200mm，5、6mm 最大可达 3000mm × 4000mm。

平板玻璃的厚度允许偏差见表 5-2，同时，要求一片玻璃的厚薄差不得大于 0.3mm。

平板玻璃厚度允许偏差 GB 4871—1995 **表 5-2**

引 拉 法 玻 璃		浮 法 玻 璃	
厚度（mm）	允许偏差（mm）	厚度（mm）	允许偏差（mm）
2	±0.15	2、3、4、5、6	±0.2
3	±0.20	8，10	±0.3
4	±0.20	12	±0.4
5	±0.25	15	±0.6
6	±0.30	19	±1.0

普通平板玻璃以标准箱、实际箱和重量箱计量，厚度 2mm 的平板玻璃，每 10m 为 1 标准箱；对于其他厚度规格的平板玻璃，均需进行标准箱换算。实际箱是用于运输计件数的单位。玻璃的厚度不同每实际箱的包装量也不一样。实际箱按同厚度累计平方数乘以厚度系数即可得出标准箱数。重量箱是指 2mm 厚度的平板玻璃每一标准箱的重量，其他厚度的玻璃可按一定的系数进行换算。

（二）平板玻璃的性能要求

平板玻璃主要用于建筑物的采光并能起到一定的装饰作用，平板玻璃最重要的技术性质是透射比和外观质量。

1. 透射比

光线在透过平板玻璃时，一部分被玻璃表面反射，一部分被玻璃吸收，从而使透过光线的强度降低。平板玻璃的透射比用下式表示：

$$\tau = \frac{\Phi_2}{\Phi_1}$$

式中 τ——玻璃的透射比；

Φ_1——光线透过玻璃前的光通量；

Φ_2——光线透过玻璃后的光通量。

普通平板玻璃的可见光透射比见表 5-3；浮法玻璃的可见光透射比见表 5-4。

普通平板玻璃的可见光透射比 GB 4871—1995 **表 5-3**

玻璃厚度（mm）	2	3	4	5
可见光透射比（%），≮	88	87	86	84

浮法玻璃的可见光透射比 GB 11614—1999 **表 5-4**

玻璃厚度（mm）	2	3	4	5	6	8	10	12	15	19
可见光透射比（%），≮	89	88	87	86	84	82	81	78	76	72

影响平板玻璃透射比的主要因素为原料成分及熔制工艺。其中原料中氧化物 Fe_2O_3 的含量对平板玻璃的影响最为直接，它可使玻璃呈黄绿色。

2. 外观质量

平板玻璃在生产过程中，由于受到各种因素的影响，可能产生各种不同的外观缺陷，直接影响产品的质量和使用效果。影响平板玻璃外观质量的缺陷有以下几种：

（1）波筋

波筋是有槽法生产普通平板玻璃最易产生的外观缺陷，其对使用的影响是产生光学畸变现象，即当光线通过玻璃板时，会产生不同的折射。人们用肉眼与玻璃呈一定的角度观察时会看到玻璃板面上有一条条波浪似的条纹，如图 5-4 所示。通过带有这种缺陷的玻璃观察物像时，所看到的物像会发生变形、扭曲，动态的被观察物会产生跳动感。当这种玻璃用在橱窗、运输车辆或居室时，易使观察者产生视觉疲劳。

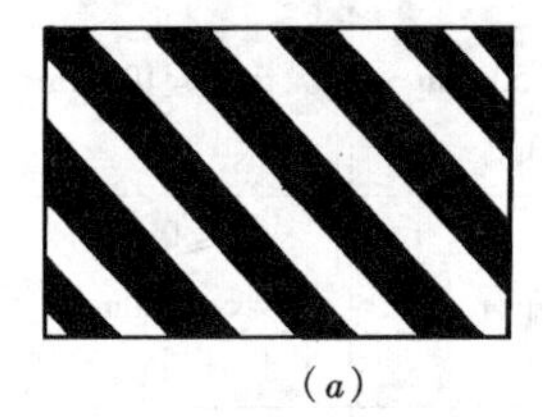

（*a*）

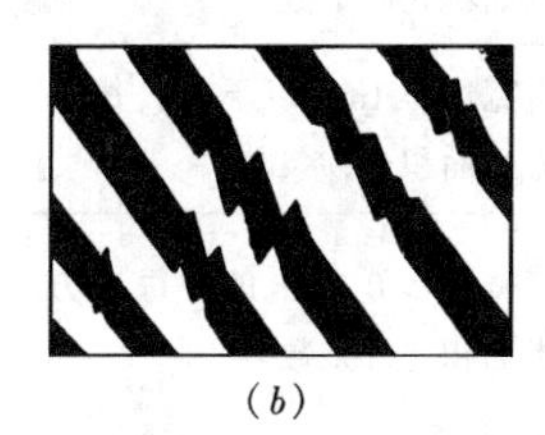

（*b*）

图 5-4　平板玻璃面上看到的光学畸变现象

（*a*）浮法玻璃；（*b*）垂直引上法玻璃

产生波筋有两方面的原因，一是由于控制平板玻璃时不同部位冷却不均匀或是由于槽子砖及引上辊的影响造成玻璃表面不平所致；二是由于熔化、澄清等过程的工艺不当，造成玻璃液局部范围内化学成分和物质密度不同，从而引起玻璃内部的不均匀所致。

国家标准规定用目测方法鉴定平板玻璃波筋是否严重。让观察者的视线与玻璃的平面成一定的角度观察玻璃表面，如果观察者视线与玻璃平面形成的角度较大时就能看到波筋，则这种玻璃波筋严重；如果角度很小的情况下才能看到波筋，则说明这种玻璃的波筋缺陷很轻。普通平板玻璃质量标准规定，采用目测法优等品允许看出波筋的最大角度为 30°，一等品为 45°，二等品为 60°。

（2）气泡

生产玻璃的原料（如纯碱、石灰石等）在高温时分解出的气体，如不能很好地从熔融的玻璃液体中排出，在玻璃成型时就会形成气泡。平板玻璃中存在的气泡形状有圆的、长的、单个的、聚集的，大的有几毫米，小的则刚能看见。一般多为无色泡，也有乳白色的气泡。气泡过多会影响玻璃的透光度，大的气泡能降低玻璃的机械强度，也会影响人们的视觉，产生物像变形。

（3）线道

线道是玻璃原片上出现的很细很亮的连续不断的条纹，像线一样，所以称线道。线道降低了玻璃的外观质量。

（4）疙瘩与砂粒

平板玻璃表面上异状突出的颗粒物，大的叫疙瘩或结石，小的叫砂粒。疙瘩和砂粒的存在不但影响玻璃的光学性能，还会使玻璃裁切时产生困难。

（三）平板玻璃的等级

按照国家标准，平板玻璃根据其外观质量进行分等定级，普通平板玻璃分为优等品、一等品和二等品三个等级，见表 5-5。浮法玻璃分为优等品、一等品和合格品三个等级，见表 5-6。同时规定，玻璃的弯曲度不得超过 0.3%。

普通平板玻璃的等级　GB 4871—1995　　表 5-5

缺陷种类	说　明	优 等 品	一 等 品	二 等 品
波筋（包括波纹辊子花）	不产生变形的最大入射角	60°	45° 50mm 边部，30°	30° 100mm 边部，0°
气　泡	长度 1mm 以下的	集中的不允许	集中的不允许	不限
	长度大于 1mm 的，每平方米面积允许个数	≤6mm，6	≤8mm，8 >8～10mm，2	≤10mm，10 10～20mm，2
划　伤	宽度 0.1mm 以下的，每平方米面积允许条数	长度≤50mnm 3	长度≤100mm 5	不限
	宽度>0.1mm 的，每平方米面积允许条数	不许有	宽≤0.4mm 长<100mm 1	宽≤0.8mm 长<100mm 3
砂　粒	非破坏性的，直径 0.5～2mm，每平方米面积允许个数	不许有	3	8
疙　瘩	非破坏性的疙瘩及范围直径不超过 3mm，每平方米面积允许个数	不许有	1	3
线　道	正面可以看到的每片玻璃允许条数	不许有	30mm 边部 宽<0.5mm 1	宽<0.5mm 2
麻　点	表面呈现的集中麻点	不许有	不许有	每平方米不超过 3 处
	稀疏的麻点，每平方米允许个数	10	15	30

建筑浮法玻璃的外观质量　GB 11614—1999　　表 5-6

缺陷种类	质　量　要　求			
光学变形	光入射角：厚 2mm，40°；厚 3mm，45°；厚 4mm 以上，50°			
气　泡	长度及个数允许范围			
	长度，L 0.5 mm≤L≤1.5mm	长度，L 1.5 mm<L≤3.0mm	长度，L 3.0 mm<L≤5.0mm	长度，L L>5.0mm
	5.5 × S，个	1.1 × S，个	0.44 × S，个	0，个
夹杂物	长度及个数允许范围			
	长度，L 0.5 mm≤L≤1.0mm	长度，L 1.0mm≤L≤2.0mm	长度，L 2.0 mm≤L≤3.0mm	长度，L L>3.0mm
	2.2 × S，个	0.44 × S，个	0.22 × S，个	0，个

续表

缺陷种类	质　量　要　求
点装缺陷密集物	长度大于1.5mm的气泡和长度大于1.0mm的夹杂物：气泡与气泡，夹杂物夹杂物，气泡与夹杂物的间距应大于300mm
划　伤	长度及个数允许范围及条数
	宽0.5mm，长60mm，3 × S，条
线　道	按标准检验肉眼不应看见
表面裂纹	按标准检验肉眼不应看见
断面缺陷	爆边，凹凸，缺角不应超过玻璃板的厚度

注：S为以平方米为单位的玻璃板面积，保留小数点后两位，气泡与夹杂物的个数及划伤条数允许范围为各系数与S相乘所得的数值。应按GB/T 8170修约至整数。

三、平板玻璃的应用

平板玻璃的用途有两个方面：3～5mm的平板玻璃一般直接用于门窗的采光，8～12mm的平板玻璃可用于隔断。另外的一个重要用途是作为钢化、夹层、镀膜、中空等玻璃的原片。

第3节　装　饰　玻　璃

随着建筑发展的需要，玻璃生产技术的发展进步，玻璃由过去的单一采光功能向着装饰等多功能方向发展，其装饰效果不断提高，现已成为一种重要的门窗、外墙和室内用装饰材料。

一、彩色平板玻璃

彩色平板玻璃又称为有色玻璃或饰面玻璃。彩色玻璃分为透明和不透明两种。透明的彩色玻璃是在平板玻璃中加入一定量的着色金属氧化物，按一般的平板玻璃生产工艺生产而成；彩色平板玻璃通常采用的着色金属氧化物见表5-7。

彩色平板玻璃常用的金属氧化物着色剂　　表5-7

颜　色	黑　色	深蓝色	浅蓝色	绿　色	红　色	乳白色	桃红色	黄　色
氧化物	过量的锰、铁或铬	三氧化二钴	氧化铜	氧化铬或氧化铁	硒或镉	氟化钙或氟化钠	二氧化锰	硫化镉

不透明的彩色玻璃又称为饰面玻璃，经过退火的饰面玻璃可以切割，但经过钢化处理的不能再进行切割加工。

彩色平板玻璃也可以采用在无色玻璃表面上喷涂高分子涂料或粘贴有机膜制得。这种方法在装饰上更具有随意性。

彩色平板玻璃的颜色有茶色、海洋蓝色、宝石蓝色、翡翠绿等。

彩色玻璃可以拼成各种图案，并有耐腐蚀、抗冲刷、易清洗等特点，主要用于建筑物的内外墙、门窗装饰及对光线有特殊要求的部位。

二、釉面玻璃

釉面玻璃是指在按一定尺寸切裁好的玻璃表面上涂敷一层彩色易熔的釉料，经过烧结、退火或钢化等热处理，使釉层与玻璃牢固结合，制成的具有美丽的色彩或图案的玻璃。

釉面玻璃一般以平板玻璃为基材。特点为：图案精美，不褪色，不掉色，易于清洗，可按用户的要求或艺术设计图案制作。

釉面玻璃的性能指标见表 5-8。

釉面玻璃的规格范围见表 5-9。

釉面玻璃的性能 **表 5-8**

分类	密度 (kg/m^3)	抗弯强度 (MPa)	抗拉强度 (MPa)	热膨胀系数 (1/℃)	备注
退火型釉面玻璃	2500	45.5	45.0	$(8.4-9.0)\times10^{-6}$	可以切裁加工
钢化型釉面玻璃	2500	250.0	230.0	$(8.4-9.0)\times10^{-6}$	不能切裁加工

釉面玻璃的规格范围 **表 5-9**

型号	规格（mm）			颜色
	长	宽	厚	
普通型 异型 特异型	150～1000	150～800	5～6	红、绿、黄、 蓝、灰、黑等

釉面玻璃具有良好的化学稳定性和装饰性，广泛用于室内饰面层，一般建筑物门厅和楼梯间的饰面层及建筑物外饰面层。

三、压花玻璃

压花玻璃又称为花纹玻璃或滚花玻璃。压花玻璃有一般压花玻璃、真空镀膜压花玻璃、彩色膜压花玻璃等。一般压花玻璃是在玻璃成型过程中，使塑性状态的玻璃带通过一对刻有图案花纹的辊子，对玻璃的表面连续压延而成。如果一个辊子带花纹，则生产出单面压花玻璃；如果两个辊子都带有花纹，则生产出双面压花玻璃。在压花玻璃有花纹的一面，用气溶胶对玻璃表面进行喷涂处理，玻璃可呈浅黄色、浅蓝色、橄榄色等。经过喷涂处理的压花玻璃立体感强，而且强度可提高 50%～70%。

由于一般压花玻璃的一个或两个表面压有深浅不同的各种花纹图案，其表面凹凸不平，当光线通过玻璃时产生无规则的折射，因而压花玻璃具有透光而不透视的特点，并且呈低透光度，透光率为 60%～70%。从压花玻璃的一面看另一面的物体时，物像显得模糊不清。压花玻璃的表面有各种花纹图案，还可以制成一定的色彩，因此具有良好的装饰性。

真空镀膜压花玻璃是经真空镀膜加工制成，给人以一种素雅、美观、清新的感觉，花纹的立体感强，并具有一定的反光性能，是一种良好的室内装饰材料。

彩色膜压花玻璃是采用有机金属化合物或无机金属化合物进行热喷涂而成。彩色膜的色泽、坚固性、稳定性均较好。这种玻璃具有良好的热反射能力，而且花纹图案的立体感比一般的压花玻璃和彩色玻璃更强，给人们一种富丽堂皇和华贵的艺术感觉。适用于宾馆、饭店、餐厅、酒吧、浴室、游泳池、卫生间以及办公室、会议室的门窗和隔断等。也可用来加工屏风、灯具等工艺品和日用品。

一般场所使用压花玻璃时可将其花纹面朝向室内；作为浴室、卫生间门窗玻璃时应注意将其花纹面朝外。

压花玻璃的性能指标和规格可参见表5-10和表5-11。

压花玻璃的物理性能　　表5-10

项　　目	指　　标
抗拉强度（MPa）	60.0
抗压强度（MPa）	700.0
抗弯强度（MPa）	40.0
透光率（%）	60～70

压花玻璃的主要规格及国内生产厂家　　表5-11

产品名称	产品规格（mm）	厚度（mm）	生产厂家
压花玻璃	700×400、600×400、900×300、600×600	3	中国耀华玻璃公司工业技术玻璃厂
	900×500、900×600	3	
	900×700、900×800	3	
	900×900、900×1000、900×1100	3	
压花玻璃	400×600、900×750	3	株州玻璃厂
	800×600、800×700	3	
	1600×900	3	
	1600×900	5	
压花玻璃	900×600、800×600	3	宁夏玻璃厂
	900×600	5	
真空镀铝压花玻璃	900×600	3	
立体感压花玻璃	1200×600	5	
彩色压花玻璃	900×600	3	

四、喷花玻璃

喷花玻璃又称为胶花玻璃，是在平板玻璃表面贴以图案，抹以保护面层，经喷砂处理形成透明与不透明相间的图案而成。喷花玻璃给人以高雅、美观的感觉，适用于室内门窗、隔断和采光。

喷花玻璃的厚度一般为6mm，最大加工尺寸为2200mm×1000mm。

五、乳花玻璃

乳花玻璃是新近出现的装饰玻璃，它的外观与胶花玻璃相近。乳花玻璃是在平板玻璃的一面贴上图案，抹以保护层，经化学蚀刻而成。它的花纹柔和、清晰、美丽，富有装饰性。乳花玻璃一般厚度为3～5mm，最大加工尺寸为2000mm×1500mm。

乳花玻璃的用途与胶花玻璃相同。

六、刻花玻璃

刻花玻璃是由平板玻璃经涂漆、雕刻、围蜡与酸蚀、研磨而成。图案的立体感非常强，似浮雕一般，在室内灯光的照耀下，更是熠熠生辉。刻花玻璃主要用于高档场所的室内隔断或屏风。

七、冰花玻璃

冰花玻璃是一种利用平板玻璃经特殊处理形成具有自然冰花纹理的玻璃。冰花玻璃对通过的光线有漫射作用，如做门窗玻璃，犹如蒙上了一层纱帘，看不清室内的景物，却有着良好的透光性能，具有良好的艺术装饰效果。它具有花纹自然、质感柔和、透光不透明、视感舒适等特点。

冰花玻璃可用无色平板玻璃制造，也可用茶色、蓝色、绿色等彩色玻璃制造。其装饰效果优于压花玻璃，给人以典雅清新之感，是一种新型的室内装饰玻璃。可用于宾馆、酒楼、饭店、酒吧等场所的门窗、隔断、屏风和家庭装饰。目前，最大规格尺寸为2400mm×1800mm。

八、磨（喷）砂玻璃

磨（喷）砂玻璃又称为毛玻璃，是经研磨、喷砂加工，使表面成为均匀粗糙的平板玻璃。用硅砂、金刚砂、刚玉粉等作研磨材料，加水研磨制成的称为磨砂玻璃；用压缩空气将细砂喷射到玻璃表面而成的，称为喷砂玻璃。

由于这种玻璃表面粗糙，使透过的光线产生漫射，只有透光而不透视，作为门窗玻璃可使室内光线柔和，没有刺目之感。这种玻璃一般用于建筑物的卫生间、浴室、办公室等需要隐秘和不受干扰的房间；也可用于室内隔断和作为灯箱透光片使用。

作为办公室门窗玻璃使用时，应注意将毛面朝向室内。作为浴室、卫生间门窗玻璃使用时应使其毛面朝外，以避免淋湿或沾水后透明。

磨（喷）砂玻璃一般为工厂产品，也可在现场加工。

九、镜面玻璃

镜面玻璃即镜子，指玻璃表面通过化学（银镜反应）或物理（真空镀铝）等方法形成反射率极强的镜面反射的玻璃制品。为提高装饰效果，在镀镜之前可对原片玻璃进行彩绘、磨刻、喷砂、化学蚀刻等加工，形成具有各种花纹图案或精美字画的镜面玻璃。

一般的镜面玻璃具有三层或四层结构，三层结构的面层为玻璃，中间层为镀铝膜或镀银膜，底层为镜背漆，四层结构为：玻璃/Ag/Cu/镜背漆。高级镜子在镜背漆之上加一防水层，能增强对潮湿环境的抵抗能力，提高耐久性。

在装饰工程中，常利用镜子的反射、折射来增加空间感和距离感，或改变光照效果。常用的镜子有以下几种：

1. 明镜

为全反射镜，用作化妆台、壁面镜屏。一般厚度为：2、3、5、6、8mm，前四种厚度用得最多。顶棚及柜门要用轻质玻璃，2、3mm厚的镜子，如用5mm厚的镜子要多加贴布以防滑落，并用金属栓或压条补强。大片质轻而薄的镜子较易变形，故化妆台或墙壁面用5、6mm厚的镜子。

2. 墨镜

也称黑镜，呈黑灰色。其颜色可分为深黑灰、中黑灰、浅黑灰。黑镜是在玻璃表面镀一层PbS膜而制成的。特点是反射率低，即使是在灯光照射下也不致太刺眼，有神秘气氛感。一般用于餐厅、咖啡厅、商店、旅馆等的顶棚、墙壁或隔屏等。

墨镜于施工前应擦拭干净，才可检查镜面是否有瑕疵，若有小瑕疵可用报纸擦拭，用黑色油性签字笔涂刷刮痕处即可。

3. 彩绘镜、雕刻镜

制镜时，于镀膜前在玻璃表面上绘出要求的彩色花纹图案，镀膜后即成为彩绘镜。如果镀膜前对玻璃原片进行雕刻，则可制得雕刻镜。

第4节　安　全　玻　璃

安全玻璃是指与普通玻璃相比，具有力学强度高、抗冲击能力好的玻璃。其主要品种有钢化玻璃、夹丝玻璃、夹层玻璃和钛化玻璃。安全玻璃被击碎时，其碎块不会伤人，并兼具有防盗、防火的功能。根据生产时所用的玻璃原片不同，安全玻璃也可具有一定的装饰效果。

一、钢化玻璃

（一）钢化玻璃的概念

钢化玻璃又称为强化玻璃。普通玻璃强度低的原因是，当其受到外力作用时，在表面上形成一拉应力层，使抗拉强度较低的玻璃发生碎裂破坏。钢化玻璃是用物理的或化学的方法，在玻璃的表面上形成一个压应力层，玻璃本身具有较高的抗压强度，不会造成破坏。当玻璃受到外力作用时，这个压应力层可将部分拉应力抵消，避免玻璃的碎裂，虽然钢化玻璃内部处于较大的拉应力状态，但玻璃的内部无缺陷存在，不会造成破坏，从而达到了提高玻璃强度的目的。普通玻璃与钢化玻璃受弯时应力分布状态比较如图5-5所示。

钢化玻璃是平板玻璃的二次加工产品，钢化玻璃的加工可分为物理钢化法和化学钢化法。

1. 物理钢化玻璃

物理钢化玻璃又称为淬火钢化玻璃。它是将普通平板玻璃在加热炉中加热到接近玻璃的软化温度（600℃）时，通过自身的形变消除内部应力，然后将玻璃移出加热炉，再用多头喷嘴将高压冷空气吹向玻璃的两面，使其迅速且均匀地冷却至室温，即可制得钢化玻璃。由于在冷却过程中玻璃的两个表面首先冷却硬化，待内部逐渐冷却并伴随着体积收缩时，外表已硬化，势必阻止内部的收缩，使玻璃处于内部受拉，外部受压的应力状态，即玻璃已被钢化。

处于这种应力状态的玻璃，一旦局部发生破损，便会发生应力释放，玻璃被破碎成无数小块，这些小的碎块没有尖锐棱角，不易伤人。因此，物理钢化玻璃是一种安全玻璃。

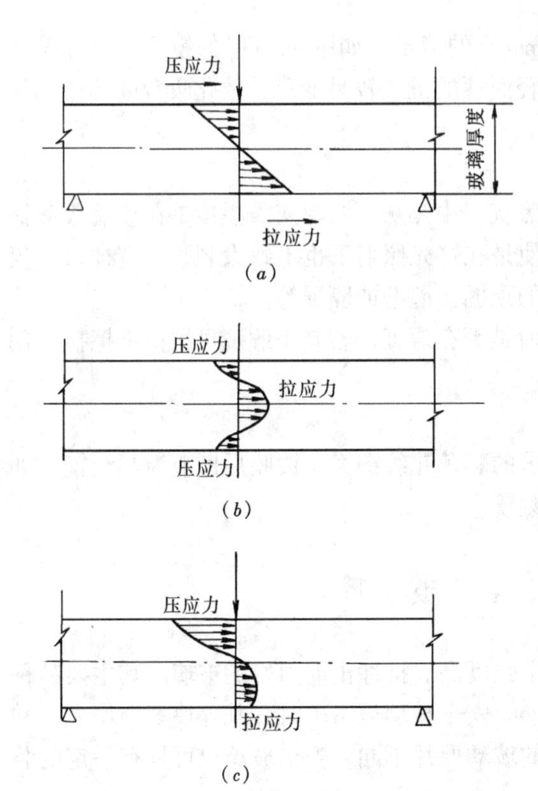

图 5-5 普通玻璃与钢化玻璃的应力分布状态比较
(a) 普通玻璃受弯作用时的截面应力分布;(b) 钢化玻璃截面上的内力分布;(c) 钢化玻璃受弯作用时的截面应力分布

2. 化学钢化玻璃

化学钢化玻璃是通过改变玻璃表面的化学组成来提高玻璃的强度,一般是应用离子交换法进行钢化。其方法是将含碱金属离子钠(Na^+)或钾(K^+)的硅酸盐玻璃,浸入到熔融状态的锂(Li^+)盐中,使玻璃表层的 Na^+ 或 K^+ 离子与 Li^+ 发生交换,表面形成 Li^+ 离子交换层,由于 Li^+ 离子的膨胀系数小于 Na^+ 和 K^+ 离子,从而在冷却过程中造成外层收缩小而内层收缩较大,当冷却到常温后,玻璃便处于内层受拉应力外层受压应力的状态,其效果类似于物理钢化玻璃,因此也就提高了强度。

(二)钢化玻璃的性能特点

1. 机械强度高

钢化玻璃抗折强度可达 125MPa 以上,比普通玻璃大 4~5 倍;抗冲击强度也很高,用钢球法测定时,0.8kg 的钢球从 1.2m 高度落下,玻璃可保持完好。

2. 弹性好

钢化玻璃的弹性比普通玻璃大得多,比如,一块 1200mm×350mm×6mm 的钢化玻璃,受力后可发生达 100mm 的弯曲挠度,当外力撤除后,仍能恢复原状,而普通玻璃弯曲变形只能有几毫米,否则,将发生折断破坏。

3. 热稳定性好

钢化玻璃强度高,热稳定性也较好,在受急冷急热作用时,不易发生炸裂。这是因为钢化玻璃表层的压应力可抵消一部分因急冷急热产生的拉应力之故。钢化玻璃耐热冲击,最大安全工作温度为 288℃,能承受 204℃的温度变化。

钢化玻璃主要技术要求见表 5-12,外观要求见表 5-13。

(三)钢化玻璃的应用

由于钢化玻璃具有较好的机械性能和热稳定性,所以在建筑工程、交通工具及其他领域内得到了广泛的应用。

平钢化玻璃常用作建筑物的门窗、隔墙、幕墙及橱窗、家具等,曲面玻璃常用于汽车、火车、船舶、飞机等方面。

使用时应注意的是钢化玻璃不能切割、磨削,边角亦不能碰击挤压,需按现成的尺寸规格选用或提出具体设计图纸进行加工定制。用于大面积的玻璃幕墙的玻璃在钢化程度上要予以控制,选择半钢化玻璃,即其应力不能过大,以避免受风荷载引起震动而自爆。

根据所用的玻璃原片不同,可制成普通钢化玻璃、吸热钢化玻璃、彩色钢化玻璃、钢化中空玻璃等。

建筑用钢化玻璃的主要技术要求　GB/T 9963—1998　表 5-12

技术要求		性能指标
弯曲度	试验方法	弓形时应不超过0.5%，波形时应不超过0.3%
抗冲击性	610mm × 610mm 的试样，直径63.5mm，表面光滑，钢球自1000mm高度自由落下	取6块钢化玻璃试样进行试验，试样破坏数不超过1块为合格，多于或等于6块为不合格。破坏数为2块时，再另取6块进行试验，6块必须全部不被破坏为合格
碎片状态	小锤冲击试样	取4块钢化玻璃试样进行试验，每块在50mm ×55mm区域内碎片数必须超过40个，且允许有少量长条碎片，其长度不超过75mm，其端部都不是刀刃状，延伸至边缘的长条形碎片与边缘形成的角不大于45°
霰弹袋冲击性能	质量为45kg±0.1kg的装填有霰弹的皮革袋冲击体摇摆冲击钢化玻璃试样，详见GB/T 9963	取4块钢化玻璃试样进行试验，必须符合(1)或(2)中任意1条规定： (1) 玻璃破碎时每块试样的最大10块碎片质量总和不得超过相当于试样 $65cm^2$ 面积的质量 (2) 霰弹袋下落高度为1200mm时，试样不破坏
透射比	详见 GB/T 5137.2	由供需双方商定
抗风压性能	详见 JC/T 677	由供需双方商定

钢化玻璃的外观质量　GB/T 9963—1998　表 5-13

缺陷名称	说明	允许缺陷数	
		优等品	合格品
爆边	每片玻璃每米边长上允许有长度不超过20mm、自玻璃边部向玻璃板表面延伸深度不超过6mm、自板面向玻璃板厚度延伸深度不超过厚度一半的爆边	1个	3个
	宽度在0.1mm以下的轻微划伤	距离玻璃表面60mm处观察不到的不限	
划伤	宽度在0.1mm以下的轻微划伤，每平方米面积内允许存在的条数	长≤50mm 1	长≤100mm 4
	宽度大于0.1mm的轻微划伤，每 $0.1m^2$ 面积内允许存在的条数	宽0.1～0.5mm 长≤50mm 1	宽0.1～1mm 长≤100mm 4
结石、裂纹、缺角	均不允许有		
夹钳印	夹钳印中心与玻璃边缘的距离	玻璃厚度≤9.5mm时≤13mm；玻璃厚度>9.5mm时≤19mm	
波筋、气泡	优等品不得低于《浮法玻璃》GB 11614—1989一等品的规定 合格品不得低于《普通平板玻璃》GB 487—1995一等品的规定		

二、夹丝玻璃

夹丝玻璃也称防碎玻璃或钢丝玻璃。它是由压延法生产的，即在玻璃熔融状态时将经预热处理的钢丝或钢丝网压入玻璃中间，经退火、切割而成。夹丝玻璃表面可以是压花的或磨光的，颜色可以制成无色透明或彩色的。

（一）夹丝玻璃的性能特点

1. 安全性

夹丝玻璃由于钢丝网的骨架作用，不仅提高了玻璃的强度，而且遭受冲击或温度骤变而破坏时，碎片也不会飞散，避免了碎片对人的伤害作用。

2. 防火性

当火焰蔓延，夹丝玻璃受热炸裂时，由于金属丝网的作用，玻璃仍能保持固定，隔绝火焰，故又称防火玻璃。

根据国家行业标准 JC/T 433—1991 规定，夹丝玻璃的厚度分为：6、7、10mm，规格尺寸一般不小于 600mm × 400mm，不大于 2000mm × 1200mm。

夹丝玻璃的外观质量要求，见表 5-14。

夹丝玻璃的尺寸允许偏差，见表 5-15。

夹丝玻璃的外观质量 JC/T 433—1991 **表 5-14**

项　目	说　明	优等品	一等品	合格品
气　泡	直径 3～6mm 的圆泡，每平方米面积内允许个数	5	数量不限	
	长泡，每平方米面积内允许个数	长 6～8mm 2	长 6～10mm 10	长 6～10mm，10 长 10～20mm，4
花纹变形	花纹变形程度	不许有明显的花纹变形		不规定
异　物	破坏性的	不允许		
	直径 0.5～0.2mm 非破坏性的，每平方米面积内允许个数	3	5	10
裂　纹		目测不识别		不影响使用
磨　伤		轻微	不影响使用	
金属丝	金属丝夹入玻璃内的状态	应完全进入玻璃内，不得露出表面		
	脱　焊	不允许	距边部 30mm 内不限	距边部 100mm 内不限
	断　线	不允许		
	接　头	不允许	目测看不见	

夹丝玻璃的尺寸允许偏差 JC/T 433—1991 **表 5-15**

项　目			允许偏差范围
厚度（mm）	优等品	6	±0.5
		7	±0.6
		10	±0.9
	一等品	6	±0.6
		7	±0.7
		10	±1.0
弯曲度（%）		夹丝压花玻璃应在	1.0 以内
		夹丝磨光玻璃应在	0.5 以内
边部凸出、缺口的尺寸不超过（mm）			6
偏斜的尺寸不得超过（mm）			4
一片玻璃只允许有一个缺角，缺角的深度不得超过（mm）			6

（二）夹丝玻璃的应用

我国生产的夹丝玻璃分为夹丝压花玻璃和夹丝磨光玻璃两类。夹丝玻璃可用于建筑的防火门窗、天窗、采光屋顶、阳台等部位。

夹丝玻璃可以切割，但当切割时玻璃已断，而金属丝却仍相互连接，需要反复折挠多次才能掰断。此时要特别小心，防止两块玻璃互相在边缘挤压，造成微小缺口或裂口引起使用时破损。也可以采用双刀切法，即用玻璃刀相距 5 ~ 10mm 平行切两刀，将两个刀痕之间的玻璃用锐器小心敲碎，然后用剪刀剪断金属丝，将玻璃分开。断口处裸露的金属丝要做防锈处理，以防锈造成体积膨胀引起玻璃“锈裂”。

夹丝玻璃在国内主要由株州玻璃厂生产。

三、夹层玻璃

夹层玻璃是在两片或多片玻璃原片之间，用 PVB（聚乙烯醇缩丁醛）树脂胶片，经过加热、加压粘合而成的平面或曲面的复合玻璃制品。夹层玻璃属于安全玻璃的一种。用于生产夹层玻璃的原片可以是普通平板玻璃、浮法玻璃、钢化玻璃、彩色玻璃、吸热玻璃或热反射玻璃等。夹层玻璃的层数有 2、3、5、7 层，最多可达 9 层，对于两层的夹层玻璃，原片的厚度一般常用的 mm：2 + 3、3 + 3、3 + 5 等。夹层玻璃的结构，如图 5-6 所示。国标《夹层玻璃》GB 9962—1999 根据夹层玻璃的霰弹袋冲击性能的不同要求将夹层玻璃分为Ⅰ类、Ⅱ-1 类、Ⅱ-2 类和Ⅲ类。其中 I 类不作霰弹袋冲击试验要求，Ⅱ-1 类霰弹袋冲击高度 1200mm，Ⅱ-2 类霰弹袋冲击高度 750mm，Ⅲ类总厚度不超过 16mm，还应符合霰弹袋冲击试验的其他要求。

（一）夹层玻璃的性能特点

夹层玻璃的透明度好，抗冲击性能要比一般平板玻璃高好几倍，用多层普通玻璃或钢化玻璃复合起来，可制成防弹玻璃。由于 PVB 胶片的粘合作用，玻璃即使破碎时，碎片也不会飞扬伤人。通过采用不同的原片玻璃，夹层玻璃还可具有耐久、耐热、耐湿、耐寒等性能。

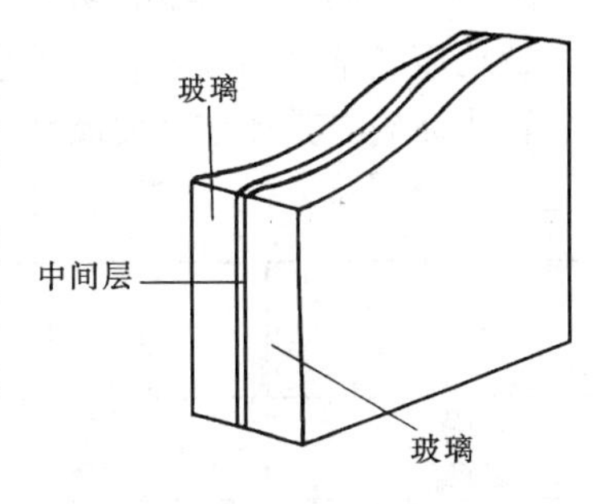

图 5-6　夹层玻璃构造

夹层玻璃的主要技术性能见表 5-16。

夹层玻璃的外观质量见表 5-17。

夹层玻璃的主要技术性能 GB 9962—1999　　**表 5-16**

试验项目	技术要求
耐热性	试验后允许试样存在裂口，但超出边部或裂口 13mm 部分不能产生气泡或其他缺陷
耐湿性	试验后超出原始边 15mm、新切边 25mm、裂口 10mm 部分不能产生气泡或其他缺陷
落球冲击剥离性能	用 1040g 的钢球自 1200mm 处自由落下，试样中间层不得断裂或不得因碎片的剥落而暴露
可见光透射比	由供需双方商定
霰弹袋冲击性能	Ⅱ-1 类、Ⅱ-2 类试样不破坏，如试样破坏，破坏部分不应存在断裂或使 ϕ75 球自由通过的孔。Ⅲ类依冲击高度（mm）300→450→600→750→900→1200 依次变化，产生的裂缝和碎裂物应满足要求（详见 GB 9962—1999）

（二）夹层玻璃的应用

夹层玻璃有着较高的安全性，一般用于高层建筑的门窗、天窗和商店、银行、珠宝店的橱窗、隔断等。

夹层玻璃不能切割，需要选用定型产品或按尺寸定制。

夹层玻璃的外观质量 GB 9962—1999 **表 5-17**

缺陷名称	技术要求
气泡、胶合层杂质及其他可观察到的不透明物	点缺陷个数须符合要求（详见 GB 9962—1999）
裂纹	不允许存在
爆边	长度或宽度不得超过玻璃的厚度
划伤和磨伤	不得影响使用
脱胶	不允许存在

四、钛化玻璃

钛化玻璃，亦称永不碎裂铁甲箔膜玻璃。是将钛金箔膜紧贴在任意一种玻璃基材之上，使之结合成一体的新型玻璃。钛化玻璃具有高抗碎能力，高防热及防紫外线等功能。不同的基材玻璃与不同的钛金箔膜，可组合成不同色泽、不同性能、不同规格的钛化玻璃。

钛金箔膜又称铁甲箔膜，是一种由 PET（季戊四醇）与钛复合而成的复合箔膜，经由特殊的粘合剂，可与玻璃结合成一体，从而使玻璃变成具有抗冲击、抗贯穿、不破裂成碎片、无碎屑，同时防高温、防紫外线及防太阳能的最安全玻璃。

钛化玻璃常见的颜色有：无色透明、茶色、茶色反光、铜色反光等。

钛化玻璃与其他安全玻璃性能的比较，见表 5-18。

钛化玻璃与其他安全玻璃性能的比较 **表 5-18**

玻璃种类 / 性能	钢化玻璃	夹层玻璃	夹丝玻璃	一般玻璃贴钛金箔膜
防碎性	无	无	无	有
热破裂性	无	有	有	无
强度与一般玻璃比较	4 倍	1/2 倍	1 倍	4 倍
6mm 原片玻璃耐荷（kg）	1320	250	440	1320
阳光透过率	90%以上	90%以上	90%以上	97%以上
交期加工或施工		定货后需几个月加工	需大量定货不易切割	随时可交货任何形状均可粘贴
防紫外线	无	无	无	有（99%）
碎片伤害	视情况	碎屑伤人	碎屑伤人	无
防热防火	差	差	差	佳
防漏	无	无	无	有
自行爆破	会	会	会	不会

第 5 节　节能装饰型玻璃

传统的玻璃应用在建筑上主要是采光，随着建筑物门窗尺寸的加大，人们对门窗的保温隔热要求也相应的提高了，节能装饰型玻璃就是能够满足这种要求，集节能性和装饰性于一身的玻璃。节能装饰型玻璃通常具有令人赏心悦目的外观色彩，而且还具有特殊的对光和热的吸收、透射和反射能力，用作建筑物的外墙窗玻璃或制作玻璃幕墙，可以起到显著的节能效果，现已被广泛地应用于各种高级建筑物之上。建筑上常用的节能装饰型玻璃有吸热玻璃、热反射玻璃和中空玻璃等。

一、吸热玻璃

吸热玻璃是一种能控制阳光中热能透过的玻璃，它可以显著地吸收阳光中热作用较强的红外线、近红外线，而又保持良好的透明度。吸热玻璃通常都带有一定的颜色，所以也称为着色吸热玻璃。着色吸热玻璃的制造一般有两种方法：一种方法是在普通玻璃中加入一定量的着色剂，着色剂通常为过渡金属氧化物（如氧化亚铁、氧化镍等），它们具有强烈吸收阳光中红外辐射的能力，即吸热的能力；另一种方法是在玻璃的表面喷涂具有吸热和着色能力的氧化物薄膜（如氧化锡、氧化锑等）。

吸热玻璃：有蓝色、茶色、灰色、绿色、古铜色等色泽。

（一）吸热玻璃的性能特点

1. 吸收太阳的辐射热

吸热玻璃主要是遮蔽辐射热，其颜色和厚度不同，对太阳的辐射热吸收程度也不同，一般来说，吸热玻璃只能通过大约60%的太阳辐射热。

2. 吸收太阳的可见光

吸热玻璃比普通玻璃吸收的可见光要多得多。6mm厚的古铜色吸热玻璃吸收太阳的可见光是同样厚度的普通玻璃的3倍。这一特点能使透过的阳光变得柔和，能有效地改善室内色泽。

3. 能吸收太阳的紫外线

吸热玻璃能有效地防止紫外线对室内家具、日用器具、商品、档案资料与书籍等褪色和变质。

4. 具有一定的透明度

能清晰地观察室外景物。

5. 色泽经久不变

能增加建筑物的外形美观。

图5-7为6mm浮法玻璃与6mm厚吸热玻璃分光透过率。

图5-8为吸热玻璃与同厚度的浮法玻璃吸收太阳辐射热性能比较。

从图5-8中可以看出：当太阳光照射到浮法玻璃上时，相当于太阳光全部辐射能83.9%的热量进入室内，这些热量会在室内聚集，引起室内温度的升高，造成所谓的“暖房效应”；而同样厚度的蓝色吸热玻璃合计接受的热量，仅为太阳光全部辐射能的68.9%。即在房间造成所谓的“冷房效应”，避免温度的升高，减少空调

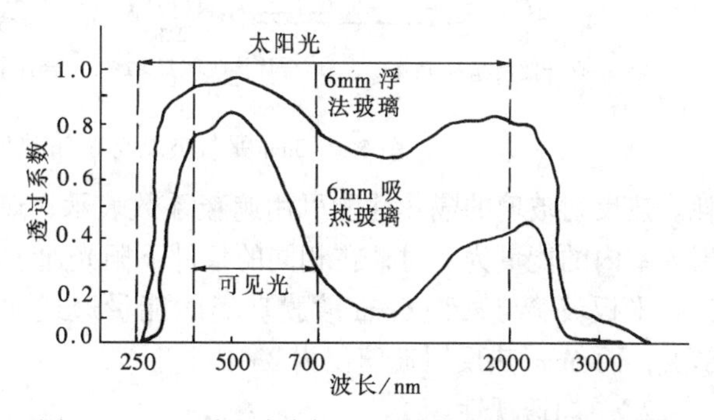

图5-7　6mm浮法玻璃与6mm厚吸热玻璃分光透过率

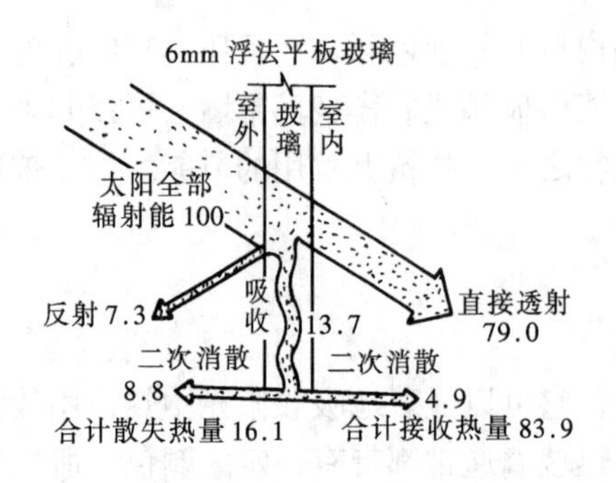

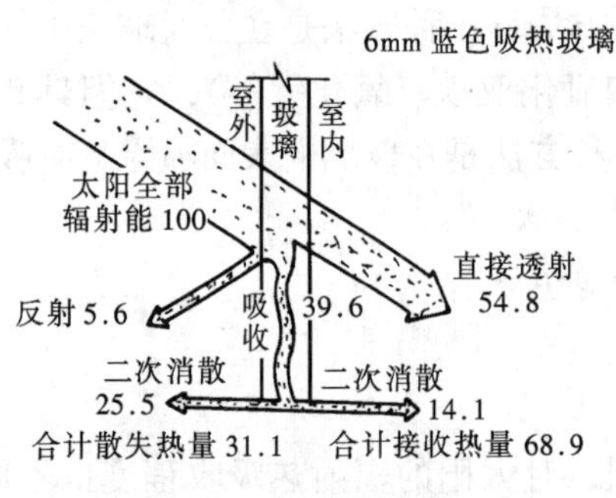

图 5-8 吸热玻璃与同厚度浮法玻璃吸收太阳辐射热性能比较

的能源消耗。此外，对紫外线的吸收，也起到了对室内物品的防晒作用。

（二）吸热玻璃的用途

吸热玻璃在建筑装修工程中应用的比较广泛。凡既需采光又须隔热之处均可采用。采用不同颜色的吸热玻璃能合理利用太阳光，调节室内温度，节省空调费用。而且对建筑物的外形有很好的装饰效果。一般多用作高档建筑物的门窗或玻璃幕墙。

二、热反射玻璃

热反射玻璃是由无色透明的平板玻璃镀覆金属膜或金属氧化物膜而制得，又称为镀膜玻璃或阳光控制膜玻璃。生产这种镀膜玻璃的方法有热分解法、喷涂法、浸涂法、金属离子迁移法、真空镀膜、真空磁控溅射法、化学浸渍法等。

（一）热反射玻璃的特点

热反射玻璃与普通平板玻璃相比，具有如下特点：

1. 具有良好的隔热性能，亦称为阳光控制能力

镀膜玻璃对可见光的透过率在 20%～65% 的范围内，它对阳光中热作用强的红外线和近红外线的反射率高达 30% 以上，而普通玻璃只有 7%～8%。这种玻璃可在保证室内采光柔和的条件下，有效地屏蔽进入室内的太阳辐射能。在温、热带地区的建筑物上，以热反射玻璃作窗玻璃，可以克服普通玻璃窗形成的暖房效应，节约室内降温空调的能源消

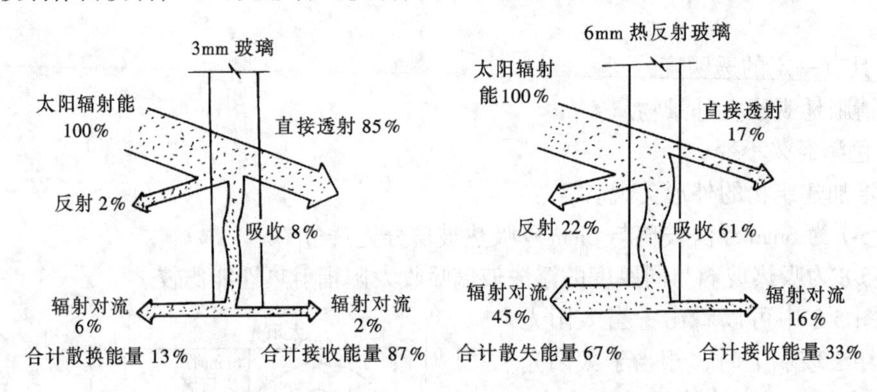

图 5-9 3mm 平板玻璃与 6mm 热反射玻璃的性能比较

耗。热反射玻璃的隔热性能可用遮蔽系数表示，遮蔽系数是指阳光通过 3mm 厚透明玻璃射入室内的能量为 1 时，在相同的条件下阳光通过各种玻璃射入室内的相对量。图 5-9 为 3mm 平板玻璃与某种 6mm 镀膜玻璃的能量透过比较。3mm 平板玻璃合计透过能量可达 87%，而 6mm 热反射玻璃仅为 33%。

2. 单向透视性

热反射玻璃的镀膜层具有单向透视。在装有热反射玻璃幕墙的建筑里，白天，人们从室外（光线强烈的一面）向室内（光线较暗弱的一面）看去，由于热反射玻璃的镜面反射特性，看到的是街道上流动着的车辆和行人组成的街景，而看不到室内的人和物，但从室内可以清晰地看到室外的景色。晚间正好相反，室内有灯光照明，就看不到玻璃幕墙外的事物，给人以不受干扰的舒适感。但从外面看室内，里面的情况则一清二楚，如果房间需要隐蔽，可借助窗帘或活动百叶等加以遮蔽。

3. 镜面效应

热反射玻璃具有强烈的镜面效应。因此也称为镜面玻璃。用这种玻璃作玻璃幕墙，可将周围的景观及天空的云彩映射在幕墙之上，构成一幅绚丽的图画，使建筑物与自然环境达到完美和谐。

热反射玻璃有灰色、青铜色、茶色、金色、浅蓝色和古铜色等。它的常用厚度为 6mm，尺寸规格有 1600mm × 2100mm、1800mm × 2000mm、2100mm × 3600mm 等。它的主要性能见表 5-19。热反射玻璃按外观质量、光学性能差值、颜色均匀性分为优等品和合格品。

镀膜玻璃的主要技术性能 GB/T 18915—2002 表 5-19

项　目	指　　标
耐酸耐碱性	在（23 ± 2）、1mol/L 浓度的盐酸或氢氧化钠溶液中浸渍 24h 后，试验前后可见光透射比平均值的差值的绝对值不应大于 4%，且膜层不能有明显变化
耐磨性	耐磨性试验前后可见光透射比平均值的差值的绝对值不应大于 4%
颜色均匀性	反射色色差优等品不得大于 2.5CIELAB，合格品不得大于 3.0CIELAB

（二）热反射玻璃的应用

热反射玻璃可用作建筑门窗玻璃、幕墙玻璃，还可以用于制作高性能中空玻璃。热反射玻璃是一种较新的材料，具有良好的节能和装饰效果。20 世纪 80 年代中期开始在我国出现并使用，而且发展非常迅速，很多现代的高档建筑都选用镀膜玻璃做幕墙，如北京的长城饭店、西安的金花饭店等。但在使用时应注意，如果镀膜玻璃幕墙使用不恰当或使用面积过大也会造成光污染，影响环境的和谐。

三、低辐射膜玻璃

低辐射膜玻璃是镀膜玻璃的一种，它有较高的透过率，可以使 70% 以上的太阳可见光和近红外光透过，有利于自然采光，节省照明费用；但这种玻璃的镀膜具有很低的热辐射性，室内被阳光加热的物体所辐射的远红外光很难通过这种玻璃辐射出去，可以保持 90% 的室内热量，因而具有良好的保温效果。此外，低辐射膜玻璃还具有较强的阻止紫外线透射的功能，可以有效地防止室内陈设物品、家具等受紫外线照射产生老化、褪色等现象。

低辐射膜玻璃一般不单独使用，往往与普通平板玻璃、浮法玻璃、钢化玻璃等配合，制成高性能的中空玻璃。

低辐射玻璃的主要规格有：

1500mm × 900mm，1500mm × 1200mm，1800mm × 750mm，1800mm × 1200mm，1800mm × 1600mm，2200mm × 1250mm。

四、中空玻璃

随着社会经济的发展，建筑标准不断提高，用于建筑物采光的窗户也向大面积发展，窗子的保温隔热性能对建筑物的节能具有重要的意义，中空玻璃即是一种能更好地满足建筑物保温节能要求的玻璃制品。中空玻璃在一些发达国家使用得非常广泛，如美国不仅在新建筑上使用双层中空玻璃，而且在旧建筑物上也用中空玻璃替换单层玻璃。欧洲的一些国家（比如德国）为了节约能源保护环境，在建筑法规上规定了在一定环境下的建筑上必须安装中空玻璃。日本从 1975 年开始将中空玻璃用于住宅建筑，并规定“北海道等寒冷地区一律采用中空玻璃”。目前，中空玻璃在我国的使用日益广泛，一些大型建筑物相继采用了中空玻璃。

（一）中空玻璃的结构

中空玻璃是由两片或多片玻璃以有效支撑均匀隔开并周边粘接密封，使玻璃层间形成有干燥气体空间的制品。中空玻璃四周边缘部分用胶结、焊接方法密封而成，其中以胶结方法应用最为普遍。中空玻璃按玻璃层数，有双层和多层之分，一般是双层结构，构造如图 5-10 所示。

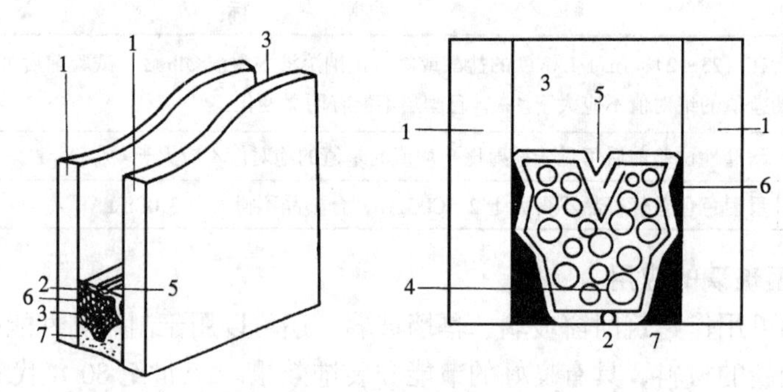

图 5-10　中空玻璃的构造

1—玻璃原片；2—空心铝隔框；3—干燥空气；4—干燥剂；
5—缝隙；6—胶粘剂 I；7—胶粘剂

制作中空玻璃的原片可以是普通玻璃、浮法玻璃、钢化玻璃、夹丝玻璃、着色玻璃和热反射玻璃、低辐射膜玻璃等，厚度通常是 3、4、5、6mm。高性能中空玻璃的外侧玻璃原片应为低辐射玻璃。中空玻璃的中间空气层厚度为 6、9 ~ 10、12 ~ 20mm 三种尺寸。颜色有无色、绿色、茶色、蓝色、灰色、金色、棕色等。

（二）中空玻璃的性能特点

1. 光学性能

中空玻璃的光学性能取决于所用的玻璃原片，由于中空玻璃所选用的玻璃原片可具有不同的光学性能，因此制成的中空玻璃其可见光透过率、太阳能反射率、吸收率及色彩可在很大范围内变化，从而满足建筑设计和装饰工程的不同要求。

中空玻璃的可见光透视范围 10% ~ 80%，光反射率 25% ~ 80%，总透过率 25% ~ 50%。

2. 热工性能

中空玻璃比单层玻璃具有更好的隔热性能。厚度 3～12mm 的无色透明玻璃，其传热系数为 6.5～9.5W/（m^2·K），而以 6mm 厚玻璃为原片，玻璃间隔（即空气层厚度）为 6mm 和 9mm 的普通中空玻璃，其传热系数分别为 3.4～3.1W/（m^2·K），大体相当于 100mm 厚普通混凝土的保温效果。

由双层热反射玻璃或低辐射玻璃制成的高性能中空玻璃，隔热保温性能更好，尤其适用于寒冷地区和需要保温隔热、降低采暖能耗的建筑物。

3. 露点

在室内一定的相对湿度下，当玻璃表面达到某一温度时，出现结露，直至结霜（0℃以下）。这一结露的温度叫做露点。玻璃结露后将严重地影响透视和采光，并引起其他不良效果。中空玻璃的露点很低，在通常情况下，中空玻璃接触室内高湿度空气的时候，玻璃表面温度较高，而外层玻璃虽然温度低，但接触的空气湿度也低，所以不会结露。

4. 隔声性能

中空玻璃具有良好的隔声性能，一般可使噪声下降 30～40dB，即能将街道汽车噪声降低到学校教室的安静程度。

5. 装饰性能

中空玻璃的装饰主要取决于所采用的原片，不同的原片玻璃使制得的中空玻璃具有不同的装饰效果。

（三）中空玻璃的技术要求

中空玻璃的密封性、结露性、耐紫外线照射、耐气候循环和高温、湿循环等性能及尺寸允许偏差必须符合国家标准《中空玻璃》GB 11944—2002 的规定。

中空玻璃尺寸允许偏差，见表 5-20。

中空玻璃的性能要求，见表 5-21。

中空玻璃尺寸允许偏差 GB/T 11944—2002（mm） **表 5-20**

长（宽）度（L）	允许偏差	公称厚度（t）	允许偏差
$L<1000$	±2	$t<17$	±1.0
$1000\leqslant L<2000$	+2、-3	$17\leqslant t<22$	±1.5
$L\geqslant 2000$	±3	$t\geqslant 22$	±2.0

中空玻璃的性能要求 GB/T 11944—2002 **表 5-21**

项目		试验条件	指标
密封	20 块 4mm+12mm+4mm 试样	试验压力低于环境气压 10±0.5MPa	厚度偏差必须≥0.8mm
		该气压下保持 2.5h 后	厚度偏差的减少应不超过初始偏差的 15%
	20 块 5mm+9mm+5mm 试样	试验压力低于环境气压 10±0.5MPa	厚度偏差必须≥0.5mm
		该气压下保持 2.5h 后	厚度偏差的减少应不超过初始偏差的 15%

续表

项　　目	试验条件	指　　标
露　　点	将露点温度降到≤-40℃，使露点仪与试样表面接触3min	20块试样露点均≤-40℃为合格
耐紫外线照射	2块试样紫外线照射168h	试样内表面上不得有结雾或污染的痕迹，原片无明显的错位和胶条蠕变
耐气候循环耐久性能	气候试验经320次循环，试验后进行露点测试	4块试样露点≤-40℃为合格
高温、高湿耐久性能	高温、高湿试验经224次循环，试验后进行露点测试	8块试样露点≤-40℃为合格

（四）中空玻璃的使用

1. 中空玻璃的选择

中空玻璃性能优异，价格也较高，正确地选用可以充分地发挥其性能。在选用中空玻璃时须注意这样几个方面的因素：场所的使用要求、造价、露点和风荷载等。

场所的使用要求是指场所对玻璃性能的规定，如光学要求、隔声隔热要求等。

中空玻璃的价格较高，使用时应考虑一次性投资与长期使用回报率（如空调采暖费用）的关系。

露点的确定可根据已知的中空玻璃传热系数（图5-11）进行计算确定。例如，单片玻璃和普通双层中空玻璃的传热系数分别为5.9W/（m^2·K）和3.0W/（m^2·K）。当室内相对湿度为60%时，从图5-11中可查得：单片玻璃的露点温度8℃，即室外温度为8℃时，窗玻璃表面会再现结露现象，而中空玻璃的露点为-8℃。

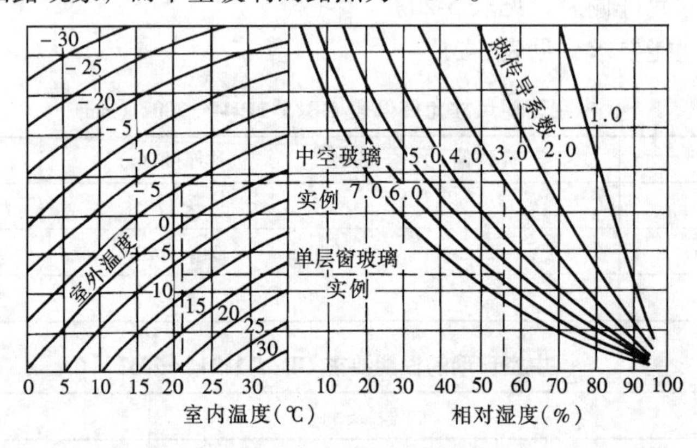

图5-11　中空玻璃露点图表

中空玻璃所能承受的风荷载可在已知面积和玻璃原片厚度的条件下，根据图5-12进行计算。例如，可查得面积1200mm×1500mm原片厚度为5mm+5mm的中空玻璃能承受的风压为3400N/m^2。

中空玻璃是在工厂按尺寸生产的，现场不能切割加工。

2. 中空玻璃的使用范围

中空玻璃主要用于需要保温、空调、隔声的建筑物上，或要求较高的建筑场所，如宾馆、住宅、医院、商场、写字楼等，也可广泛用于车船等交通工具。

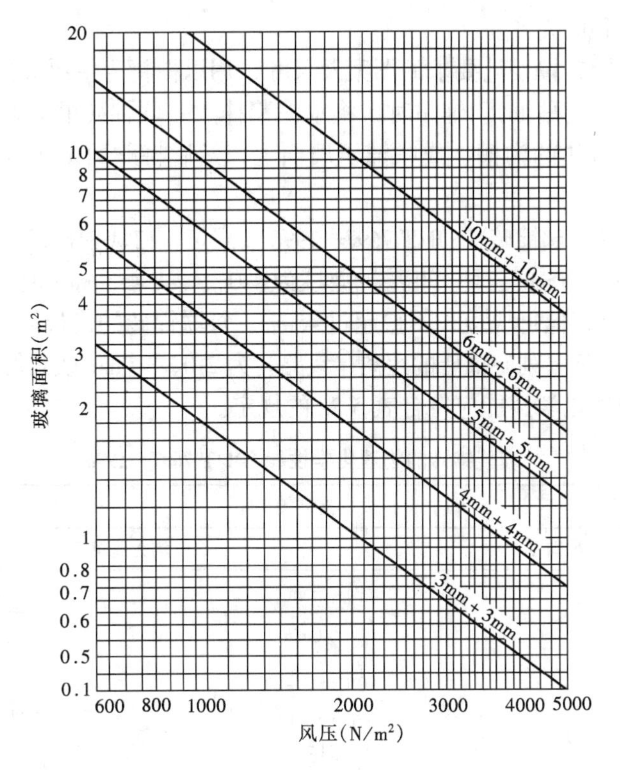

图 5-12　中空玻璃耐风压图

第 6 节　其他玻璃装饰制品

一、玻璃锦砖

玻璃锦砖又称玻璃马赛克，是一种小规格的方形彩色饰面玻璃。单块的玻璃锦砖断面略呈倒梯形，正面为光滑面，背面略带凹状沟槽，以利于铺贴时有较大的吃灰深度和粘结面积，粘结牢固而不易脱落，如图 5-13 所示。

玻璃锦砖的生产工艺简单，生产方法有熔融压延法和烧结法两种。熔融压延法是将石英砂和纯碱组成的生料与玻璃粉按一定的比例混合，加入辅助材料和适当的颜料，经 1300～1500℃高温熔融，送入压延机压延而成。烧结法是将原料颜料粘结剂（常用淀粉或糊精）与适量的水拌合均匀，压制成型为坯料，然后在 650～800℃的温度下快速烧结而成。

玻璃锦砖是以玻璃为基料并含有未熔化的微小晶体（主要是石英砂）的乳浊制品，其内部为含有大量的玻璃相，少量的结晶相和部分气泡的非均匀质结构。因熔融或烧结温度较低、时间较短，存有未完全熔融的石英颗粒，其表面与玻璃相熔结在一起，使玻璃锦砖具有较高的强度和优良的热稳定性、化学稳定性；微小气泡的存在，使其表观密度低于普通玻璃；非均匀质各部分对光的折射率不同，造成了光

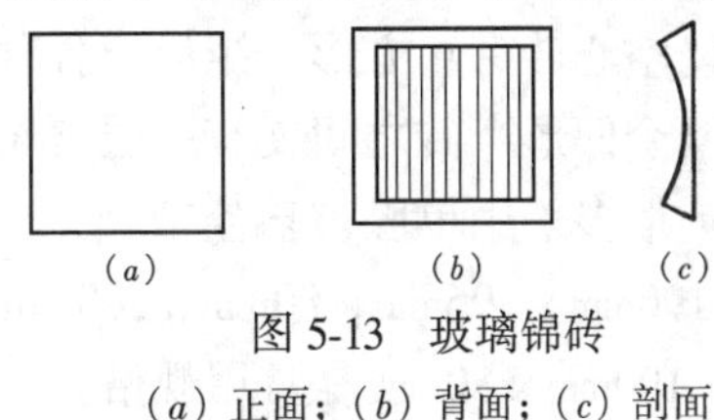

图 5-13　玻璃锦砖
(a) 正面；(b) 背面；(c) 剖面

散射，使其具有柔和的光泽。

将单块的玻璃锦砖按设计要求的图案及尺寸，用以糊精为主要成分的胶粘剂粘贴到牛皮纸上成为一联（正面贴纸）。铺贴时，将水泥浆抹入一联锦砖的非贴纸面，使之填满块与块之间的缝隙及每块的沟槽，成联铺于墙面上，然后将贴面纸洒水润湿，将牛皮纸揭去。

根据国家标准《玻璃锦砖》GB/T 7697—1996 的规定，单块锦砖的边长有 20mm×20mm、25mm×25mm、30mm×30mm 三种，相应的厚度为 4.0、4.2、4.3mm，允许用户和生产厂协商生产其他尺寸的产品，但每块边长不得超过 45mm。每联锦砖的边长为 327mm，允许有其他尺寸的联长。联上每行（列）锦砖的距离（线路）为 2.0、3.0mm 或其他尺寸。

玻璃锦砖的物理化学性能应符合表 5-22 的规定。

玻璃锦砖的物理化学性能 GB/T 7697—1996 表 5-22

项　　目	试 验 条 件	指　　标
玻璃锦砖与铺贴纸粘贴牢固度	均无脱落	
脱纸时间	5min	无单块脱落
	40min	≥70%
热稳定性	90℃→18～25℃ 30min、10min 循环 3 次	全部试样均无裂纹、破损
化学稳定性	1mol/L 盐酸溶液，100℃，4h 1mol/L 硫酸溶液，100℃，4h 1mol/L 氢氧化钠，100℃，4h 蒸馏水，100℃，4h	K≥99.90，且外观无变化 K≥99.93，且外观无变化 K≥99.88，且外观无变化 K≥99.96，且外观无变化

玻璃锦砖表面光滑、不吸水，所以抗污性好，具有雨水自涤、历久常新的特点；玻璃锦砖的颜色有乳白、姜黄、红、黄、蓝、白、黑及各种过渡色，有的还带有金色、银色斑点或条纹，可拼装成各种图案，或者绚丽豪华，或者庄重典雅，是一种很好的饰面材料，较多应用于建筑物的外墙贴面装饰工程。

二、玻璃空心砖

玻璃空心砖是由两块压铸成凹形的玻璃，经熔接或胶结而成的正方形或矩形玻璃砖块。生产玻璃空心砖的原料与普通玻璃的相同，经熔融成玻璃后，在玻璃处于塑性状态时，先用模具压成两个中间凹形的玻璃半砖，经高温熔合成一个整体，退火冷却后，再用乙基涂料涂饰侧面形成玻璃空心砖。由于经高温加热熔接后退火冷却，玻璃空心砖的内部有 2/3 个大气压。

玻璃空心砖有正方形、矩形及各种异形产品，它分为单腔和双腔两种。双腔玻璃空心砖是在两个凹形半砖之间夹有一层玻璃纤维网，从而形成两个空气腔，具有很高的热绝缘性，但一般多采用单腔玻璃空心砖。尺寸有：115mm×115mm×80mm、145mm×145mm×80mm、190mm×196mm×80mm、240mm×150mm×80mm、240mm×240mm×80mm 等，其中 190mm×190mm×80mm 是常用规格。

玻璃空心砖可以是平光的，也可以在里面或外面压有各种花纹，颜色可以是无色的，也可以是彩色的，以提高装饰性。

玻璃空心砖具有非常优良的性能，强度高、隔声、绝热、耐水、防火。

玻璃空心砖常被用来砌筑透光的墙壁、建筑物的非承重内外隔墙、淋浴隔断、门厅通道。

玻璃空心砖不能切割。施工时可用固定隔框或用6mm拉结筋结合固定框的方法进行加固。

复习思考题

1. 试述平板玻璃的性能、分类和作用。
2. 安全玻璃的安全性能指的是哪几个方面？在建筑的什么部位上应选用安全玻璃？
3. 安全玻璃主要有哪几种？各有何特点？
4. 吸热玻璃和热反射玻璃在性能和用途上有什么区别？
5. 中空玻璃的最大特点是什么？适合于在什么环境下使用？
6. 玻璃锦砖的特点和用途是什么？

第6章 建筑装饰塑料

塑料是由高分子聚合物加入一些辅助材料，经过加工形成的塑性材料或固化交联形成的刚性材料。这类材料在一定的温度和压力下具有较大的塑性，容易做成所需要的各种形状、尺寸的制品，而成型后，在常温下又能保持既得的形状和必需的强度。塑料是一种新颖的材料，一般具有质轻、绝缘、耐腐、耐磨、绝热、隔声等优良性能。并且其原料来源丰富、生产工艺简单、加工成型方便，宜于工业生产。但塑料也有其不足之处，如某些机械强度还不及金属，一般耐热性较低，热膨胀系数较大，易变形，长期受日光、大气作用会发生老化等。这些缺点或多或少地影响和限制了它的使用。目前，正在对塑料性能进行深入科学地研究，以寻找克服或弥补其缺点的方法，发展改性品种，使之更趋于完善。

第1节 塑料的基本知识

一、塑料的组成

塑料是以合成树脂为基本材料，再按一定比例加入填料、增塑剂、固化剂、着色剂及其他助剂等经加工而成的材料。

(一) 合成树脂

合成树脂主要由碳、氢和少量的氧、氮、硫等原子以某种化学键结合而成的有机化合物。合成树脂是塑料中主要的组成材料，起到胶粘剂的作用，不仅能自身胶结，还能将其他材料牢固的胶结在一起。虽然塑料是在树脂的基础上加入填充料和助剂制成的，填充料和助剂对塑料具有明显的改性作用，但树脂仍是决定塑料特性和主要用途的最基本的因素。合成树脂在塑料中的含量约为30%～60%，合成树脂按生成时化学反应的不同，可分为聚合（加聚）树脂（如聚氯乙烯、聚苯乙烯）和缩聚（缩合）树脂（如酚醛、环氧、聚酯等）；按受热时性能变化的不同，又可分为热塑性树脂和热固性树脂。由热塑性树脂制成的塑料为热塑性塑料。热塑性树脂受热软化，温度升高逐渐熔融，冷却时重新硬化，这一过程可以反复进行，对其性能及外观均无重大影响，聚合树脂属于热塑性树脂，其耐热性较低，刚度较小，抗冲击韧性较好。由热固性树脂制成的塑料为热固性塑料。热固性树脂在加工时受热变软，但固化成型后，即使再加热也不能软化或改变其形状，只能塑制一次，缩聚树脂属于热固性树脂，其耐热性较高，刚度较大，质地硬而脆。

(二) 填料

填料又称填充剂，它是绝大多数塑料中不可缺少的原料，通常占塑料组成材料的40%～70%。其作用是为了提高塑料的强度、韧性、耐热性、耐老化性、抗冲击性等，同时也为了降低塑料的成本，常用的填料有滑石粉、硅藻土、石灰石粉、云母、石墨、石棉、玻璃纤维等，还可用木粉、纸屑、废棉、废布等。

总之，填料在塑料工业中占有重要的地位，随着对填料的研究与进展，特别是用于改善填料与树脂之间界面结合力的偶联剂的出现，对填料在塑料组成中的作用，又赋予了新的概念。

（三）增塑剂

掺入增塑剂的目的是增加塑料的可塑性、柔软性、弹性、抗震性、耐寒性及延伸率等，但会降低塑料的强度与耐热性。对增塑剂的要求是要与树脂的混溶性好，无色、无毒、挥发性小。增塑剂一般用一些不易挥发的高沸点的液体有机化合物或低熔点的固体。常用的增塑剂有邻苯二甲酸二甲酯、邻苯二甲酸二丁酯、邻苯二甲酸二辛酯、磷酸三苯酯等。

（四）固化剂

固化剂又称硬化剂，其主要作用是使线型高聚物交联成体型高聚物，使树脂具有热固性。如环氧树脂常用的胺类（乙二胺、二乙烯三胺、间苯二胺），某些酚醛树脂常用的六亚甲基四胺（乌洛托品）、酸酐类（邻苯二甲酸酐、顺丁烯二酸酐）及高分子类（聚酰胺树脂）。

（五）着色剂

又叫色料。加入的目的是将塑料染制成所需要的颜色。着色剂的种类按其在着色介质中或水中的溶解性分为染料和颜料两大类。

1. 染料

染料是溶解在溶液中，靠离子或化学反应作用产生着色的化学物质，实际上染料都是有机物，其色泽鲜艳，着色性好，但其耐碱、耐热性差，受紫外线作用后易分解褪色。

2. 颜料

颜料是基本不溶的微细粉末状物质。靠自身的光谱性吸收并反射特定的光谱而显色。塑料中所用的颜料，除具有优良的着色作用外，还可作为稳定剂和填充料，来提高塑料的性能，起到一剂多能的作用，在塑料制品中，常用的是无机颜料，如灰黑、镉黄等。

（六）其他助剂

为了改善或调节塑料的某些性能，以适应使用和加工的特殊要求，可在塑料中掺加各种不同的助剂，如稳定剂、阻燃剂、发泡剂、润滑剂、抗老化剂等。

在种类繁多的塑料助剂中，由于各种助剂的化学组成、物质结构的不同，对塑料的作用机理及作用效果各异，因而由同种型号树脂制成的塑料，其性能会因助剂的不同而不同。

二、塑料的特性

塑料之所以能在建筑中得到广泛的应用，是由于它具有比其他建筑材料更为优越的性能。

（一）优良的加工性能

塑料可以采用比较简单的方法加工成多种形状的产品，并可采用机械化大规模生产。

（二）比强度高

即材料强度与表观密度的比值，塑料的比强度远超过水泥、混凝土，并接近或超过钢材，是一种优良的轻质高强材料。

（三）质轻

塑料的密度在 0.9~2.2g/cm^3 之间，平均为 1.45g/cm^3，约为铝的 1/2、钢的 1/5、混凝土的 1/3，与木材相近。

（四）导热系数小

塑料制品的传导能力较金属或岩石小，即热传导、电传导的能力较小，其导热能力约为金属的 1/500~1/600、混凝土的 1/40、砖的 1/20，是理想的绝热、绝缘材料。

（五）装饰可用性高

塑料制品色彩绚丽，表面富有光泽，印制图案清晰，可以模仿天然材料的纹理达到以假乱真的程度；还可电镀、热压、烫金制成各种图案和花型，使其表面具有立体感和金属的质感，通过电镀技术处理，还可使塑料具有导电、耐磨和对电磁波的屏障作用等功能。

（六）具有经济性

塑料建材无论是从生产时所消耗的能量或是在使用过程中的效果来看都有节能的效果。塑料生产的能耗低于传统材料，其范围为 63~188kJ/m^3，而钢材为 316kJ/m^3，铝材为 617kJ/m^3。

这足以说明塑料是消耗能源低、使用价值高的材料。在使用过程中某些塑料产品具有节能效果。例如塑料窗隔热性好，代替钢铝窗可节省空调费用；塑料管内壁光滑，输水能力比白铁管高 30%，由此节省的能源也是可观的，因此广泛使用塑料建筑材料有明显的经济效益和社会效益。

塑料虽具有以上优点，但也有一些缺点：

1. 易老化

塑料产生老化是因其在热、空气、阳光及使用环境介质中的酸、碱、盐等作用下，分子结构产生递变，增塑剂等组分被挥发，化合键产生断裂，使机械性能变化，以至发生硬脆、破坏等现象。

2. 耐热性差

塑料一般都具有受热变形的问题，甚至产生分解，因此在使用中要注意它的限制温度。

3. 易燃

塑料不仅可燃，而且燃烧时挥发出的烟气往往有毒、有味，对人体有害，所以在生产过程中一般都掺入一定量的阻燃剂。

4. 刚度小

塑料是一种粘弹性材料、弹性模量低，只有钢材的 1/10~1/20，且在荷载长期作用下会产生蠕变，所以用作承重结构时应慎重。

总之，塑料及其制品的优点大于缺点，且其缺点是可以采取措施改进的。随着石油化工的发展，塑料在建筑业，特别是在建筑装饰方面的应用将来越来广泛，必将成为今后建筑材料发展的趋势之一，并将在诸多方面取代木材、水泥及钢材，成为建筑工程的四大建筑材料之一。

第 2 节　塑料装饰板材

塑料装饰板材是指以树脂为浸渍材料或以树脂为基材，采用一定的生产工艺制成的具有装饰功能的普通或异形断面的板材。塑料装饰板材以其重量轻、装饰性强、生产工艺简单、施工简便、易于保养、适于与其他材料复合等特点在装饰工程中得到愈来愈广泛的应用。

塑料装饰板材按原材料的不同可分为塑料金属复合板、硬质 PVC 板、三聚氰胺层压板、玻璃钢板、聚碳酸酯采光板、有机玻璃装饰板等类型。按结构和断面形式可分为平板、波形板、实体异形断面板、中空异形断面板、格子板、夹芯板等类型。

一、三聚氰胺层压板

三聚氰胺层压板亦称纸质装饰层压板或塑料贴面板，是以厚纸为骨架，浸渍酚醛树脂或三聚氰胺甲醛等热固性树脂，多层叠合经热压固化而成的薄型贴面材料。

酚醛树脂的成本低于三聚氰胺甲醛树脂，但由于为棕黄色不透明，不宜在表面层使用。三聚氰胺甲醛树脂清澈透明、耐磨性优良，常用作表面层的浸渍材料，故通常以此作为该种板材的命名。

三聚氰胺层压板的结构为多层结构，即表层纸、装饰纸和底层纸。表层纸的主要作用是保护装饰纸的花纹图案，增加表面的光亮度，提高表面的坚硬性、耐磨性和抗腐蚀性。要求该层吸收性能好、洁白干净，浸树脂后透明、有一定的湿强度。一般耐磨性层压板通常采用 25～30kg/m^2、厚度 0.04～0.06mm 的纸。第二层装饰纸主要起提供图案花纹的装饰作用和防止底层树脂渗透的覆盖作用，要求具有良好的覆盖性、吸收性、湿强度和适于印刷性。通常采用 100～200kg/m^2，由精制化学木浆和棉木混合浆制成。第三层底层纸是层压板的基层，其主要作用是增加板材的刚性和强度，要求具有较高的吸收性和湿强度。一般采用 80～250kg/m^2 的单层或多层厚纸。对于有防火要求的层压板还需对底层纸进行阻燃处理，可在纸浆中加入 5%～15%的阻燃剂，如磷酸盐、硼砂或水玻璃等。除以上的三层外，根据板材的性能要求，有时还在装饰纸下加一层覆盖纸，在底层下加一层隔离纸。

通常表层纸、装饰纸和覆盖纸采用三聚氰胺甲醛树脂或改性三聚氰胺甲醛树脂的稀释液浸渍，而底层纸或隔离层纸用稀释的水溶性酚醛树脂液浸渍，然后经干燥，再将各层纸按顺序铺装叠加在一起，经高温高压（140～150℃，>4.9MPa）作用，制成成品。在热固过程中，三聚氰胺甲醛树脂或酚醛树脂发生交联反应，由分子数较低的结构交联成支链结构而达到固化。

三聚氰胺层压板由于采用的是热固性塑料，所以耐热性优良，经 100℃以上的温度不软化、开裂和起泡，具有良好的耐烫、耐燃性。由于骨架是纤维材料厚纸，所以有较高的机械强度，其抗拉强度可达 90MPa，且表面耐磨。三聚氰胺层压板表面光滑致密，具有较强的耐污性，耐湿，耐擦洗，耐酸、碱、油脂及酒精等溶剂的侵蚀，经久耐用。

三聚氰胺层压板按其表面的外观特性分为有光型（代号 Y）、柔光型（代号 R）、双面型（S）、滞燃型（Z）四种型号。其中有光型为单色、光泽度很高（反射率 80%以上）。柔光型不产生定向反射光线，视觉舒适，光泽柔和（反射率≯50%）。双面型具有正反两个装饰面。滞燃型具有一定的滞燃性能。按用途的不同，三聚氰胺压层板又可分为三类，分别为用于平面装饰的平面板（代号 P）、具有高的耐磨性；立面板（代号 L），用于立面装饰，耐磨性一般；平衡面板（代号 H），只用于防止单面粘贴层压板引起的不平衡弯曲而作平衡材料使用，故仅具有一定的物理力学性能，而不强调装饰性。

三聚氰胺层压板的产品标记方法为产品代号（ZC）、类代号（P、L、H）、型代号（Y、R、S、Z）。如平面柔光滞燃层压板记为ZCPRZ，立面有光双面层压板记为ZCLYS。

三聚氰胺层压板的常用规格为：915mm×915mm、915mm×1830mm、1220mm×2440mm等。厚度有0.5、0.8、1.0、1.2、1.5、2.0mm以上等。厚度在0.8~1.5mm的常用作贴面板，粘贴在基材（纤维板、刨花板、胶合板）上。而厚度在2mm以上的层压板可单独使用。

国家标准《热固性树脂装饰层压板技术条件》GB 7911.1—87规定了对三聚氰胺层压板技术条件的要求，主要有几何尺寸、翘曲度、外观质量等，对平面和立面类层压板按外观质量规定分一、二两个等级。同时也规定了物理力学性能指标（耐沸水煮、耐干热、耐冲击、滞燃性等）。

三聚氰胺层压板常用于墙面、柱面、台面、家具、吊顶等饰面工程。

二、硬质PVC板

硬质PVC板有透明和不透明两种。透明板是以PVC为基料，掺入增塑剂、抗老化剂经挤压而成型。不透明板是以PVC为基材，掺入填料、稳定剂、颜料等，经捏和、混炼、拉片、切粒、挤出或压延而成型。硬质PVC板按其断面形式可分为平板、波形和异型板等。

（一）平板

硬质PVC平板表面光滑、色泽鲜艳、不变形、易清洗、防水、耐腐蚀，同时具有良好的施工性能，可锯、可刨、可钻、可钉。常用于室内饰面、家具台面的装饰。常用的规格为2000mm×1000mm、1600mm×700mm、700mm×700mm等，厚度为1、2、3mm。

（二）波形板

硬质PVC波形板是以PVC为基材，用挤出成型法制成各种波形断面的板材。这种波形断面既可以增加其抗弯刚度同时也可通过其断面波形的变形来吸收PVC较大的伸缩。其波形尺寸与一般石棉水泥波形瓦、彩色钢板波形板等相同，以便必要时与其配合使用。

硬质PVC波形板有纵向波、横向波两种基本结构。纵向波形板的波形沿板材的纵向延伸，其板材宽度为900~1300mm，长度没有限制，但为了便于运输，一般长度为5m。横向波形板的波形沿板材横向延伸，其宽度为800~1500mm，长度为10~30m，因其横向尺寸较小，可成卷供应和存放，板材的厚度为1.2~1.5mm。

硬质PVC波形板可任意着色，常用的有白色、绿色等。透明的波形板透光率可达75%~85%。

彩色硬质PVC波形板可用作墙面装饰和简单建筑的屋面防水。透明PVC横波板可用作发光平顶，其放置在L形龙骨的翼缘上，上面安放照明灯。透明PVC纵波板，由于长度没有限制，适宜做成拱形采光屋面，中间没有接缝，水密性好。

（三）异型板

硬质PVC异型板，亦称PVC扣板，有两种基本结构，如图6-1所示。一种为单层异型板，另一种为中空异型板。单层异型板的断面形式多样，一般为方形波，以使立面线条明显。与铝合金扣板相似，两边分别做成钩槽和插入边，既可达到接缝防水的目的又可遮盖固定螺钉。每条型材一边固定，另一边插入柔性连接，可允许有一定的横向变形，以适应横向的热伸缩。单层异型板一般的宽度为100~200mm，长度为4000~6000mm，厚度为

1.0～1.5mm。中空异型板为栅格状薄壁异型断面，该种板材由于内部有封闭的空气腔，所以有良好的隔热、隔声性能。同时其薄壁空间结构也大大增加了刚度，使其比平板或单层板材具有更好的抗弯强度和表面抗凹陷性，而且材料也较节约，单位面积重量轻。该种异型板材的联接方式有企口式和钩槽式两种，目前较流行的为企口式。

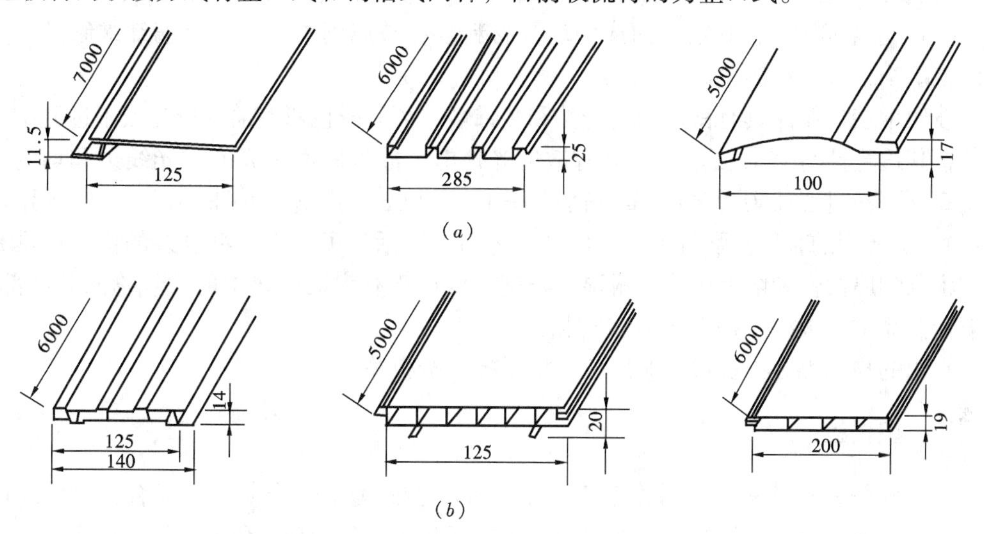

图 6-1 硬质 PVC 异型板结构

(a) 单层异型板板；(b) 多孔中空异型板

硬质 PVC 异型板表面可印刷或复合各种仿木纹、仿石纹装饰几何图案，有良好的装饰性，而且防潮、表面光滑、易于清洁、安装简单。常用作墙板和潮湿环境（盥洗室、卫生间）的吊顶板。

（四）格子板

硬质 PVC 格子板是将硬质 PVC 平板在烘箱内加热至软化，放在真空吸塑模上，利用板上下的空气压力差使硬板吸入模具成型，然后喷水冷却定型，再经脱模、修整而成的方形立体板材，如图 6-2 所示。

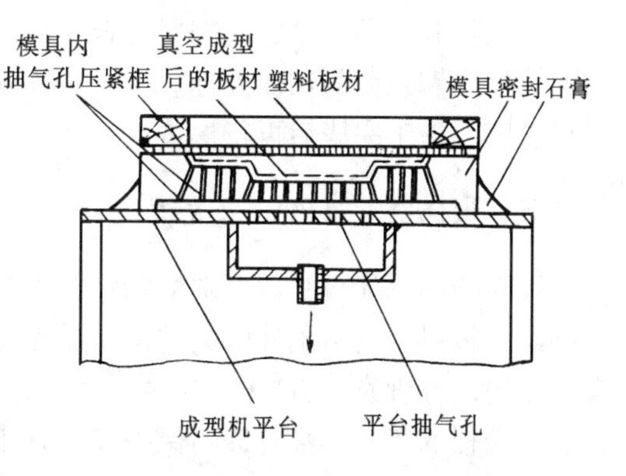

图 6-2 格子板的真空吸塑成型

格子板具有空间体形结构，可大大提高其刚度，不但可减少板面的翘曲变形而且可吸收 PVC 塑料板面在纵横两方向的热伸缩。格子板的立体板面可形成迎光面和背光面的强烈反差，使整个墙面或顶棚具有极富特点的光影装饰效果。格子板常用的规格为 500mm×500mm,厚度为 2～3mm。

格子板常用作体育馆、图书馆、展览馆或医院等公共建筑的墙面或吊顶。

三、玻璃钢（GRP）板

玻璃钢（简称 GRP）是以合成树脂为基体，以玻璃纤维或其制品为增强材料，经成型、固化而成的固体材料。

玻璃钢采用的合成树脂有不饱合聚酯、酚醛树脂或环氧树脂。不饱合聚酯工艺性能好，可制成透光制品，可在室温常压下固化。目前，制作玻璃钢装饰材料大多采用不饱合聚酯。

玻璃纤维是熔融的玻璃液拉制成的细丝，是一种光滑柔软的高强无机纤维，直径9~18μm，可与合成树脂良好结合而成为增强材料。在玻璃钢中常应用玻璃纤维制品，如玻璃纤维织物或玻璃纤维毡。

玻璃钢装饰制品具有良好的透光性和装饰性，可制成色彩艳丽的透光或不透光构件或饰件，其透光性与PVC接近，但具有散射光性能，故作屋面采光时，光线柔和均匀；其强度高（可超过普通碳素钢）、重量轻（$\rho = 1.4 \sim 2.2 g/cm^3$，仅为钢的1/4~1/5，铝的1/3左右），是典型的轻质高强材料；其成型工艺简单灵活，可制作造型复杂的构件；具有良好的耐化学腐蚀性和电绝缘性；耐湿、防潮，可用于有耐潮湿要求的建筑物的某些部位。玻璃钢制品的最大缺点是表面不够光滑。

常用的玻璃钢装饰板材有波形板、格子板、折板等。

四、塑铝板

塑铝板是一种以PVC塑料作芯板，正、背两表面为铝合金薄板的复合板材。厚度为3、4、6mm或8mm。该种板材表面铝板经阳极氧化和着色处理，色泽鲜艳。由于采用了复合结构，所以兼有金属材料和塑料的优点，主要特点为重量轻，坚固耐久，比铝合金薄板有强得多的抗冲击性和抗凹陷性；可自由弯曲，弯曲后不反弹，因此成型方便，沿弧面基体弯曲时，不需特殊固定，即可与基体良好的贴紧，便于粘贴固定；由于经过阳极氧化和着色、涂装等表面处理，所以不但装饰性好而且有较强的耐候性；可锯、可铆、可刨（侧边）、可钻、可冷弯、冷折，易加工、易组装、易维修、易保养。

塑铝板是一种新型金属塑料复合板材，愈来愈广泛地应用于建筑物的外幕墙和室内外墙面、柱面和顶面的饰面处理。为保护其表面在运输和施工时不被擦伤，塑铝板表面都贴有保护膜，施工完毕后再行揭去。

五、聚碳酸酯（PC）采光板

聚碳酸酯采光板是以聚碳酸酯塑料为基材，采用挤出成型工艺制成的栅格状中空结构异型断面板材，是由国外引进的优质透光装饰板材，其结构如图6-3所示。断面为双层直栅格结构，脊骨宽（D）6、7、11、18.5、27mm，厚度（A）有6、8、10、16mm不同规格。采光板的两面都覆有透明保护膜，有印刷图案的一面经紫外线防护处理，安装时应朝外，另一面无印刷图案的安装时应朝内。常用的板面规格为5800mm×1210mm。

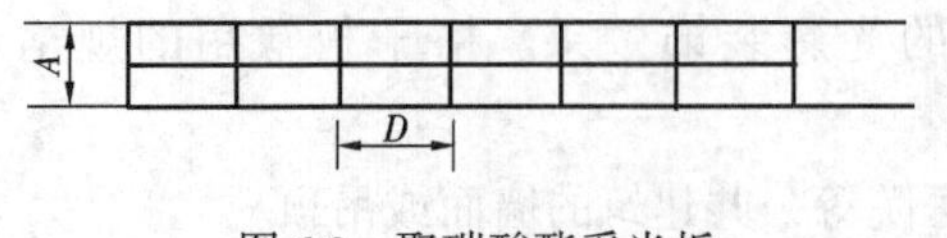

图6-3 聚碳酸酯采光板

聚碳酸酯采光板的特点为：轻、薄、刚性大。其单位面积质量为1.70~2.94kg/m²，厚度虽不超过16mm，但由于采用了多层空间栅格结构，所以刚性大、不易变形，能抵抗暴风雨、冰雹、大雪引起的破坏性冲击；色调多、外观美丽，有透明、蓝色、绿色、茶色、乳白等多种色调，极富装饰性；基本不吸水，有良好的耐水性和耐湿性；透光性好，6mm厚的无色透明板透光率可达80%；隔热、保温，由于采用中空结构，充分发挥了干燥空气导热系数极小的特点；阻燃性好，该种板材有良好的阻燃性，被火燃烤不产生有毒气体，符合环保标准；耐候性好，板材表面经特殊的耐老化处理，长时间使用不老化，不变形，不褪色，长期使用的允许温度范围为 -40~120℃；有足够的变形性，作为拱形屋面最小弯曲半径可达 1050mm（6mm 厚的材板）。

聚碳酸酯采光板适用于遮阳棚、大厅采光天幕、游泳池和体育场馆的顶棚、大型建筑和庭院的采光通道、温室花房或蔬菜大棚的顶罩等。

第3节 塑料壁纸

塑料壁纸是以纸为基材，以聚氯乙烯塑料为面层，经压延、或涂布以及印刷、轧花、发泡等工艺而制成的，通过胶粘剂贴于墙面或顶棚上的饰面材料。因为塑料壁纸所用的树脂为聚氯乙烯，所以也称聚氯乙烯壁纸。该壁纸的特点为：

(1) 具有一定的伸缩性和耐裂强度。因此允许底层结构（如墙面、顶棚面等）有一定的裂缝。

(2) 装饰效果好。由于塑料壁纸表面可以进行印花、压花发泡处理，能仿天然石材、木纹及锦缎，可印制适合各种环境的花纹图案，色彩也可任意调配，做到自然流畅，清淡高雅。

(3) 性能优越。根据需要可加工成具有难燃、隔热、吸声、防霉性且不易结露、不怕水洗、不易受机械损伤的产品。

(4) 粘贴方便。塑料壁纸的湿纸状态强度仍较好，耐拉耐拽，易于粘贴，可用 108 胶粘剂或乳白胶粘剂粘贴，且透气性能好，可在尚未完全干燥的墙面粘贴，而不致造成起鼓、剥落，施工简单，陈旧后易于更换。

(5) 使用寿命长，易维修保养。表面可清洗，对酸碱有较强的抵抗能力，易于保持墙面的清洁。

总之，塑料壁纸是目前国内外使用广泛的一种室内墙面装饰材料，也可用于顶棚、梁柱等处的贴面装饰。

一、塑料壁纸的规格与技术要求

（一）规格

塑料壁纸的宽度为 530mm 和 900~1000mm，前者每卷长度为 10m，后者每卷长度为 50m。

（二）技术要求

塑料壁纸的外观质量及物理性能应分别满足表 6-1 和表 6-2 的表示。

壁纸的外观质量 GB 8945—1988　　表 6-1

名　称	优等品	一等品	合格品
色　差	不允许有	不允许有明显差异	允许有差异，但不影响使用
伤痕和皱折	不允许有	不允许有	允许纸基有明显折印，但壁纸表面不允许有死折

续表

名　称	优等品	一等品	合格品
气泡	不允许有	不允许有	不允许有影响外观的气泡
套印精度	偏差≯0.7mm	偏差≯1mm	偏差≯2mm
露　底	不允许有	不允许有	允许有 2mm 的露底，但不允许密集
漏　印	不允许有	不允许有	不允许有影响使用的漏印
污染点	不允许有	不允许有目视明显的污染点	允许有目视明显的污染点，但不允许密集

聚氯乙烯壁纸的物理性质 GB 8945—1988　　表 6-2

项　　目			指　　标		
			优等品	一等品	合格品
褪色性（级）			＞4	≥4	≥3
耐摩擦色牢度（级）	干摩擦 湿摩擦	纵横 纵横	＞4	≥4	≥3
遮蔽性（级）			4	≥3	≥3
湿润拉伸负荷（N/15mm）		纵向 横向	＞2.0	≥2.0	≥2.0
胶粘剂可擦性（横向）			20 次无变化	20 次无变化	20 次无变化
可洗性		可洗	摩擦 30 次无外观上的损伤和变化		
		特别可洗	摩擦 100 次无外观上的损伤和变化		
		可刷洗	摩擦 40 次无外观上的损伤和变化		

注：1. 表中可擦性是指粘贴壁纸的胶粘剂附在壁纸的正面，在胶粘剂未干时，应有用湿布或海绵拭去而不留明显痕迹的性能；

2. 表中可洗性是指可洗壁纸在粘贴后的使用期内可洗干净而不损坏的性能，是对壁纸用在有污染和高温度房间时的使用要求。

塑料壁纸中的有害物质含量应符合表 6-3 的规定，各指标的测定方法见 GB 18585—2001。

壁纸中的有害物质含量

GB 18585—2002（mg/kg）　表 6-3

有害物质含量		限量值
重金属（或其他）元素	钡	≤1000
	镉	≤25
	铬	≤60
	铅	≤90
	砷	≤8
	硒	≤20
	硒	≤165
	锑	≤20
氯乙烯单体		≤1.0
甲　醛		≤120

二、常用的塑料壁纸

（一）纸基塑料壁纸

又称普通壁纸，是以 80g/cm^2 的纸作基材，涂以 100g/cm^2 左右的聚氯乙烯糊状树脂，经印花、压花等工序制成。分为单色压花、印花压花、平光、有光印花等，花色品种多，生产量大，经济便宜，是使用最为广泛的一种壁纸。

（二）发泡壁纸

又可分低发泡壁纸、发泡压花印花壁纸

和高发泡壁纸。发泡壁纸以100g/cm^2纸作为基材，上涂PVC糊状树脂300～400g/cm^2，经印花、发泡处理制得。与压花壁纸相比，这种发泡壁纸更富有弹性的凹凸花纹或图案，色彩多样，立体感更强，浮雕艺术效果及柔光效果良好，并且还有吸声作用。但发泡的PVC图案易落灰而显得脏污陈旧，不宜用在烟尘较大的候车室等场所。

（三）特种壁纸

也称专用壁纸，是指特种功能的壁纸。

1.耐水壁纸

它是用玻璃纤维毡作为基材，（其他工艺与塑料壁纸相同）配以具备耐水性的胶粘剂，以适应卫生间、浴室等墙面的装饰要求，它能进行洒水清洗，但使用时若接缝处渗水，则水会将胶粘剂溶解，而导致耐水壁纸脱落。

2.防火壁纸

它是用100～200g/cm^2的石棉纸作为基材，同时面层的PVC中掺有阻燃剂，使该种壁纸具有很好的阻燃防火功能，适用于防火要求很高的建筑室内装饰。另外，防火壁纸燃烧时，也不会放出浓烟或毒气。

3.特殊装饰效果壁纸

面层采用金属彩砂、丝绸、麻毛棉纤维等制成的特种壁纸。可使墙面产生光泽、散射、珠光等艺术效果，使被装饰墙面四壁生辉，可用于门厅、柱头、走廊、顶棚等局部装饰。

4.风景壁画型壁纸

壁纸的面层印刷风景名胜画、艺术壁画，常由若干幅拼接而成，适用于装饰厅堂墙面。

三、常见塑料壁纸的品种、规格和性能

几种塑料壁纸的品种、规格、性能及产地见表6-4。

塑料壁纸品种、规格和性能 **表6-4**

<table>
<tr><th rowspan="2">名称</th><th rowspan="2">品种</th><th rowspan="2">规格（mm）</th><th colspan="2">技术性能</th><th rowspan="2">生产厂家</th></tr>
<tr><th>项目</th><th>指标</th></tr>
<tr><td>中、高档壁纸（郁金香牌）</td><td>印花、压花、印花发泡壁纸、仿瓷砖、仿织物壁纸</td><td>幅度：530
长度：10000
每卷：5.3m^2</td><td colspan="2" rowspan="2">产品达到欧洲壁纸标准（PREN233）和国际壁纸协会（IGI1987）以及国际草案优级品要求</td><td>江苏泰兴壁纸厂</td></tr>
<tr><td>高级浮雕壁纸（西湖牌）</td><td>密突压花、印花壁纸，低、中、高发泡印花壁纸</td><td>幅度：530
长度：10000
每卷：5.3m^2</td><td>杭州装饰材料总厂</td></tr>
<tr><td>PVC塑料壁纸（金狮牌）</td><td>印刷壁纸、压花壁纸、发泡压花、印刷发泡、印花压花壁纸，布基壁纸及阻燃等功能型壁纸</td><td>幅度：920、1000、2000
长度：15000、30000、50000</td><td>耐磨性（干擦25次，湿擦2次）纵向湿强度（N/1.5cm）
褪色性（光老化）
施工性</td><td>无明显掉色
2以上
不变色褪色
良好，无浮起剥落</td><td>北京市建筑塑料制品厂</td></tr>
</table>

续表

名 称	品 种	规格（mm）	技术性能		生产厂家
			项 目	指 标	
PVC壁纸（苏威牌）	全封闭、高发泡壁纸	幅宽：500 正负公差≤1% 厚：1.0±0.1	耐磨性（干湿级） 湿强度（N/1.5cm） 褪色性（级） 遮盖性（级） 施工性	≥3.6 ≥2 ≥3.6 ≥3 无浮起剥落	江苏南京苏威有限公司
塑料壁纸（朱雀牌）	有轧花、发泡轧花、印花轧花、沟底印花轧花、发泡印花轧花等	幅宽：970 1000≥1 长：50m/卷			西安塑料制品一厂

与其他各种装饰材料相比，壁纸的艺术性、经济性和功能性综合指标最佳。壁纸的图案色彩千变万化，适应不同用户所要求的丰富多彩的个性。选用时应以色调和图案为主要指标，综合考虑其价格和技术性质，以保证其装饰效果。

墙面装饰塑料与传统墙面装饰材料相比有以下特性：

1. 艺术性

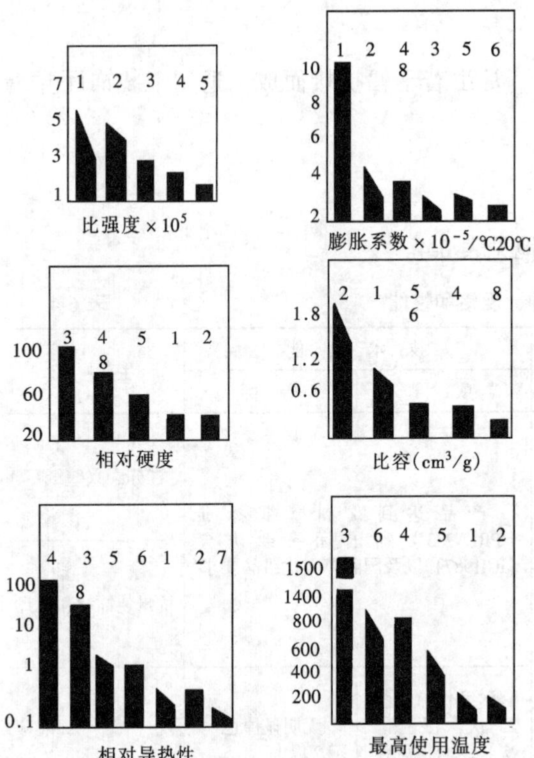

图6-4 塑料的某些性能与传统材料的比较

1—塑料；2—松木；3—结构钢；4—铝；5—混凝土；6—玻璃；7—泡沫塑料；8—铸铁

室内墙面面积占被装饰面积的60%～80%，是反映装饰效果的重要空间部位，在某种程度上，决定了该房间的艺术性和文化性。选用塑料装饰材料对墙面进行装饰，可使墙面在花纹、颜色、光泽及触感上都优于涂料、木材的装饰效果，并可获得浮雕、珠光等艺术效果，同时也可获得仿瓷、仿木、仿大理石、仿黏土红砖及仿合金型材等工艺艺术效果。采用板类材料，线条清晰，尺寸规整；采用壁纸墙面，色彩艳丽高雅，艺术图案丰富，所以墙面装饰塑料与涂料及一些材料相比最适宜作墙体装饰材料。塑料与某些传统材料的比较如图6-4所示。

2. 使用性

多数塑料护墙面板类塑料装饰板和部分壁纸，都可擦洗，耐污染、耐摩擦，并且塑料装饰材料与石材、陶瓷、金属相比，导热系数小，隔热保温性能好，触感较佳，使用性能良好。

3. 应用时需注意的几个问题

该种装饰材料的燃烧性等级应予以重视，同时应注意其老化特性，防止其老化褪色或老化开裂的现象，使用塑料类材料作墙面装饰时，还应注意其封闭性，即这种材料的水密性及气密性，有时常出现由于塑料墙体材料的封闭性，破坏了砖墙体及混凝土墙面的呼吸效应，使室内空气干燥，空气新鲜程度下降，令人产生不适感等现象。

第4节　塑　料　地　板

塑料地板是以高分子合成树脂为主要材料，加入其他辅助材料，经一定的制作工艺制成的预制块状、卷材状或现场铺涂整体状的地面材料。

塑料地板有许多优良性能：

(1) 种类花色繁多，具有良好的装饰性能：塑料地板通过印花、压花等制作工艺，表面可呈现丰富绚丽的图案。不但可仿木材、石材等天然材料，而且可任意拼装组合成变化多端的几何图案，使室内空间活泼、富于变化，有现代气息。

(2) 功能多变、适应面广：通过调整材料的配方和采用不同的制作工艺，可得到适应不同需要、满足各种功能要求的产品。

(3) 质轻、耐磨、脚感舒适：塑料地板单位面积的质量在所有铺地材料中是最轻的(每平方米仅3kg左右)，可大大减小楼面荷载。其坚韧耐磨，耐磨性完全能满足室内铺地材料的要求。PVC地面卷材地板经12万人次的通行，磨损深度不超过0.2mm，好于普通水泥砂浆地面。塑料地板还可做成加厚型或发泡型，弹性好，且导热系数适宜，令脚感舒适不感生冷。

(4) 施工、维修、保养方便：塑料地板施工为干作业，在平整的基层上可直接粘贴，特别是卷材地板直接铺设即可，极为简单。块材塑料地板局部损坏可及时更换，不影响大局。使用过程中，塑料地板可用温水擦洗，不需特殊养护。

一、塑料地板的分类和性能指标

塑料地板按其外形可分为块材地板和卷材地板。按其组成的结构特点可分为单色地板、透底花纹地板、印花压花地板。按其材质的软硬程度可分为硬质地板、半硬质地板和软质地板，目前采用的多为半硬质地板和硬质地板。按所采用的树脂类型可分为聚氯乙烯（PVC）地板、聚丙烯地板和聚乙烯—醋酸乙烯酯地板等，国内普遍采用的是PVC塑料地板。

为使塑料地板更好地满足其使用功能，国际和国内惯用的主要性能指标有尺寸稳定性、翘曲性、耐凹陷性、耐磨性、自熄性和耐烟头烫性能等。

尺寸稳定性主要是考虑PVC等塑料具有较大的胀缩性，当温度变化时，其平面尺寸胀缩会使接缝宽度变大或接缝处顶起，影响整体铺设质量。尺寸稳定性的测定是将塑料地板试样置于较高温度（80℃）的烘箱内经一定时间后测其尺寸相对变化率，一般不大于0.2%～0.4%。

翘曲性主要是指塑料地板铺设后边缘是否易发生翘曲变形。引起翘曲的主要原因是地板不同层的尺寸稳定性不同，故单层均质塑料地板比多层非均质地板翘曲性要好得多。翘曲性的测定是将试样放入较高温度的烘箱或水中处理一段时间，观察其四角翘曲的高度，带基材的 PVC 卷材地板的翘曲度不大于 12～18mm。

耐凹陷性是指塑料地板抵抗家具等重物的静荷载作用引起的凹陷的能力和对已造成的凹陷的恢复能力。测试方法是采用 ϕ3.5mm 的钢球，加 136N 负荷作用 1min，用千分尺测其压入深度，即凹陷度。其凹陷恢复能力的测定是采用平顶压头加 360N 荷载作用 10min 卸荷后 1h 测其残余凹陷度。半硬质 PVC 块材地板 23℃凹陷度不大于 0.3mm，其残余凹陷度不大于 0.15mm。

耐磨性是衡量塑料地板表面耐磨程度的一项主要指标，用 Taber 耐磨仪测定，以加规定荷载的砂轮在试样表面旋转规定转数后的磨耗体积表示其耐磨度。一般塑料地板中填料越多，其耐磨性越差。半硬质 PVC 块材地板磨耗量不大于 0.015～0.02g/cm^2，而带基材的 PVC 卷材地板磨耗量仅 0.0025～0.004g/cm^2。

自熄性和耐烟头烫性是塑料地板表面耐燃烧自熄和局部耐高温的能力。PVC 塑料一般具有良好的自熄性，但其中所加的增塑剂往往是可燃的，因此某些塑料地板特别是软质的塑料地板（含增塑剂较多），不一定具有自熄性。自熄性通常用氧指数表示，即指材料能自熄时的空气中（主要考虑 O_2 和 N_2）氧气含量的体积百分数。氧指数越高，说明其自熄性越好。空气中氧气的含量为 21%，而 PVC 的氧指数为 35，而聚乙烯（PE）的氧指数为 18，因此 PVC 具有较好的自熄性。耐烟头烫性主要是指烟头踩灭后，地板上是否产生焦斑或凹陷，软质发泡地板的此项指标稍差。

除以上各主要指标外，塑料地板还有耐刻划性、耐化学腐蚀性和耐久性等性能要求。

二、PVC 块材地板

（一）单色 PVC 块材地板

PVC 单色块材地板是以 PVC 为主要材料，掺增塑剂、稳定剂、填充料等经压延法、热压法或挤出法制成的硬质或半硬质塑料地板。其中常用的填充料为碳酸钙、硅灰石。近年来国内也有厂家用石膏为填料生产此类地板。

PVC 单色块材地板按其结构可分为三个品种：

(1) 单层均质型　为均一材质单层结构，一般采用新料生产。若采用回收再生料生产，受回收废料的限制，一般仅有铁黄色和铁红色等有限几种色调。

(2) 复合多层型　该种单色块材地板由 2～3 层复合而成。虽各层材质基本相同，但仅面层采用新料，其他各层常采用回收再生料，而且各层填充料含量也不同，通常面层填充料少而底层含填充料多，以增加面层的耐磨性和底层的刚性。

(3) 石英加强型　它以石英砂为填充料，为均质单层型结构。由于有石英砂增强，所以有效地提高了地板的耐磨性和耐久性。

单色块材地板一般为单色，有红、白、绿、黑、棕等多种颜色，可单色或多色搭配使用。除单色外，还在表面拉有杂色以形成大理石纹。其方法是在制作过程中，在二辊开炼机压片过程中撒上色粒。所形成的花纹图案不但可增加表面的装饰性，而且可遮盖基层的表面缺陷。单色块材地板通常为半硬质和硬质。采用回收再生 PVC 生产的单色块材地板由于回收料大部分为软质 PVC，所以质地较软，而石英型的质地最硬。

PVC 单色块材地板一般规格为 300mm×300mm，厚度为 1.5mm，也可根据供需双方议定其他规格。如市场可见 240mm×240mm，480mm×480mm，厚度为 2～3mm 的多种规格。

PVC 单色块材地板的特点为：硬度较大、脚感略有弹性、行走无噪声；单层型的不翘曲，长期使用仍平状，但多层型翘曲性稍大；耐凹陷、耐沾污，但耐刻划性较差，机械强度较低，不耐折；色彩丰富，图案可组性强；价格较低，保养方便。国家标准《半硬质聚氯乙烯块状塑料地板》GB 4085—83 对该类地板的规格、尺寸偏差、外观和物理性能均作出了规定。

（二）印花 PVC 块材地板

印花 PVC 块材地板是表面印刷有彩色图案的 PVC 地板。常见的有两种类型，其结构如图 6-5 所示。

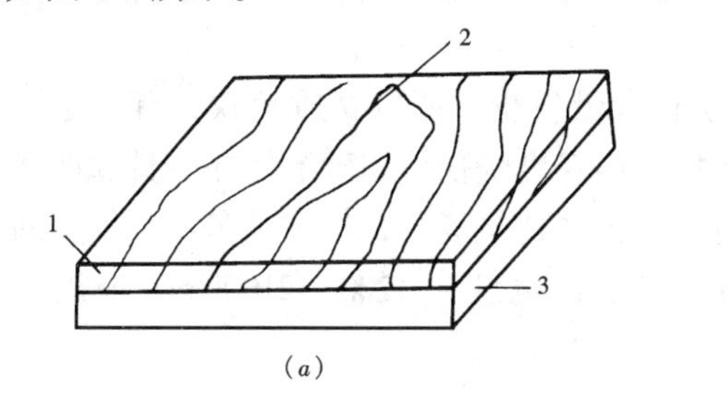

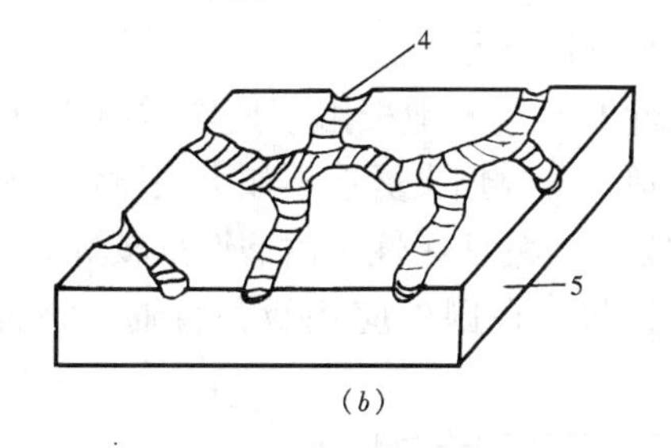

图 6-5　印花 PVC 块材地板结构

（*a*）印花贴膜型；（*b*）印花压花型

1—透明 PVC 面层；2—印刷油墨层；3—PVC 底层；4—油墨压花；5—PVC 基材

1. 印花贴膜型

该种印花块材地板由面层、印刷油墨层和底层构成。底层为加有填料的 PVC 或回收再生塑料制成。可为单层或二三层贴合而成，主要提供地板的刚性、强度等机械性能。面层为透明的 PVC，厚度为 0.2mm 左右，主要作用是增加表面的耐磨度并显示和保护印刷油墨层的印刷图案，如表面压纹还可起消光和形成某种质感的作用。印刷油墨层为压延法生产的 PVC 薄膜上印刷图案制成，也可采用市场商品供应的专用印花薄膜。各层之间采用热压机或热辊机热合复贴成整体。

该种地板装饰效果好，有木纹、石纹和几何造型多种花色图案；有半硬质、软质等多种硬度可供选择；耐刻划性和耐磨性比单色地板好；由于为多层结构，各层胀缩性能不同，可能产生翘曲；表面透明 PVC 层易被烟头烧烫产生焦斑；面层含增塑剂较多，易沾灰留下脚印，耐沾污性不如单色地板。

2. 印花压花型

该种地板表面没有透明的 PVC 膜层，印刷图案是采用凸出较高的印刷辊，印花的同时压出立体花纹。由于油墨图案是随压花印在凹纹底部，所以又称沟底压花，图案常为线条、粗点状、仿水磨石、天然石材等较粗线条的图案，这种结构即使没有面层，油墨印刷图也不易磨损。

印花贴膜型块材地板适用于图书馆、学校、医院、剧院等烟头危害较轻的公共建筑，也适用于民用住宅。印花压花型块材地板性能及适用范围同单色块材地板。

印花 PVC 块材地板目前还没有制定统一的国家标准。各生产厂家自行制订企业标准，其主要物理性能与半硬质 PVC 块材地板国家标准相似。

三、PVC 卷材地板

PVC 卷材地板亦称地板革，属于软质塑料卷材地板。

PVC 卷材地板按其结构和性能分均质软性卷材地板、印花不发泡卷材地板和印花发泡卷材地板。

（一）均质软性卷材地板

该种卷材地板如采用挤出法生产可一次得到单层均质结构的卷材，但如采用压延法生产，由于一次成型 1mm 以上的片材较困难，故可采用 3 ~ 4 层 0.5mm 左右的片材贴合，形成多层结构的卷材。但无论是单层还是多层结构，整片材料仍是均质的。该种卷材地板一般为单色，也可拉有花纹。

均质软性 PVC 卷材地板由于是均质结构且填料含量较少，所以材质较软，有一定弹性，脚感舒适。虽耐烟头烫性不如半硬质块材地板，但轻度烧伤可用砂纸擦除，且翘曲性较小，耐刻划性、耐沾污性、耐磨性都较好。适用于公共建筑场合，特别是车、船等交通工具的地面铺设，在国外应用较为普通。该种卷材地板宽度为 1200 ~ 2100mm，厚度为 1.5 ~ 3.0mm。

（二）印花不发泡卷材地板

该种卷材地板为三层结构，即透明 PVC 面层、印刷层和厚度为 0.6 ~ 0.8mm 的基层。面层有一定的光泽，为降低表面的反光，通常压有桔皮纹或圆点纹。印刷图案有仿瓷砖、仿大理石、仿拼花木地板等。

印花不发泡卷材地板属低档地面卷材，价格比较便宜，适用于办公室、会议室和一般民用住宅的地面装饰。

（三）印花发泡卷材地板

该种卷材地板为有底层的多层复合塑料地板，通常为四层结构，即底层、发泡 PVC 层、印刷层和透明 PVC 面层，如图 6-6（*a*）所示。

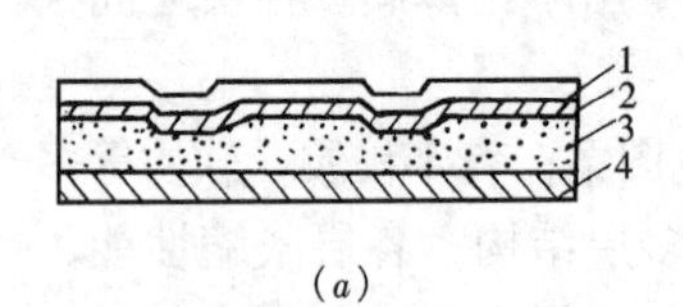

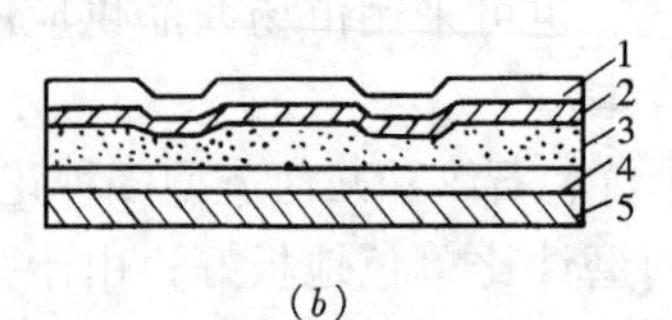

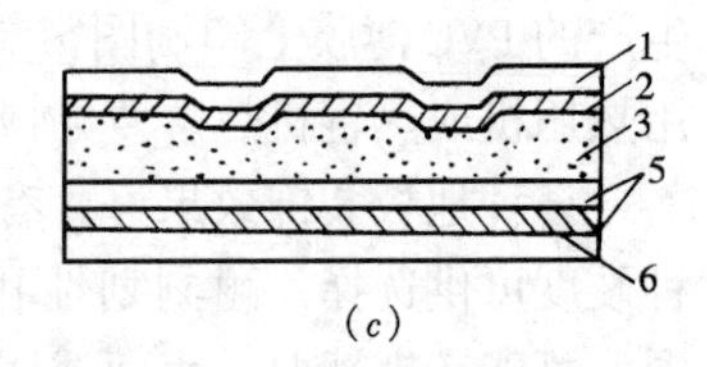

图 6-6 印花发泡卷材地板结构

1—PVC 透明面层；2—印刷油墨；3—发泡 PVC 层；

4—底层；5—PVC 打底层；6—玻璃纤维毡

底层主要作用是增强和提供一定的刚性，同时在生产时作为载体，在粘贴施工时有利于与基层的结合。底层可用涤纶无纺布、玻璃纤维毡、玻璃纤维布等制作，一般为 $80g/cm^2$。对于厚型地面卷材地板，底层可夹在两层发泡之间，如图 6-6（*b*）所示。

发泡 PVC 层主要作用是赋予卷材地板弹性，吸声性，同时兼作印刷时的基层。

印刷层是印在发泡 PVC 层上，采用的印刷方法是化学压花法，即在图案的某些部分采用掺有发泡抑制剂（如反丁烯二酸、苯并三氮唑等）的油墨，使发泡层的发泡受到抑制，从而形成凹下的花纹，类似于机械压花一样，但不会出现压花与图案错位的现象。

PVC 面层主要起保护印刷图案的作用，同时是表面的磨耗层，有优良的耐磨性，通常采用较高分子量的 PVC。

印花发泡卷材通常采用涂塑法生产，即采用按一定配方制好的 PVC 涂料，依次涂布在基层载体上，经涂布生产线的塑化、冷却、多色套印、发泡等工艺过程一次成型得到产品。

该种卷材地板是目前应用最为广泛的一种中档地面卷材，其弹性好、脚感舒适、噪声小、耐磨性优良、图案花色多、富于立体感。但表面耐烟头烫性差，同时由于是多层结构，使用中可能发生翘曲。

国家标准《聚氯乙烯卷材地板带基材的聚氯乙烯卷材地板》GB 11982.1—89 对带有基材的 PVC 卷材地板提出了外观质量、尺寸允许偏差、段长和每卷段数及物理性能的要求，并据此将卷材分为优等品、一等品、合格品三个等级。

PVC 卷材地板的规格一般为：宽度 1800、2000mm，长度 20、30m/卷，厚度 1.5mm（家用）、2.00mm（公共建筑用）。优等品每卷段数为一段，一等品和合格品每卷不大于 2 段，且一等品每段不小于 6m，合格品每段不小于 4.5m。

国家标准《聚氯乙烯卷材地板中有害物质限量》GB 18586—2001 对聚氯乙烯卷材地板中有害物质限量作出了表 6-5 中的规定。

聚氯乙烯卷材地板挥发物的限量 GB 18586—2001 **表 6-5**

发泡类卷材地板中挥发物的限量		非发泡类卷材地板中挥发物的限量	
玻璃纤维基材	其他基材	玻璃纤维基材	其他基材
≤75	≤35	≤40	≤10

第 5 节　塑　钢　门　窗

塑钢门窗是上 20 世纪 50 年代末由前西德开发而成的新型建筑产品，问世三十多年来经过不断的研究和发展，解决了原料配方、窗型设计、挤出、组装工艺、设备及五金配件的一系列技术问题，在各类建筑中得到成功的应用。它具备的优点为：外形美观、尺寸稳定、抗老化、不褪色、耐腐蚀、耐冲击、气密、水密性能优良、使用寿命长等，深受许多国家政府的重视。据国外有关资料介绍，德国的使用量占门窗市场的 52%，奥地利为 48%，瑞士、英、法等发达国家也在 20%～30%以上，20 世纪 70 年代末开始起步的美国年使用量增长率在 35%以上，除此之外，加拿大、澳大利亚、香港、韩国、日本、新加坡、泰国也开始大量使用。目前，发达国家塑钢门窗已形成规模巨大、技术成熟、标准完善、社会协作周密、高度发展的生产领域，被誉为继木、钢、铝之后崛起的新一代建筑门窗。在我国，近年来塑钢门窗也逐渐取代铝合金门窗。

一、塑钢门窗的概念

塑钢门窗是以聚氯乙烯（PVC）树脂为主要原料，加上一定比例的稳定剂、改性剂、填充剂、紫外线吸收剂等助剂，经挤出加工成型材，然后通过切割、焊接的方式制成门窗框扇，配装上橡塑密封条、五金配件等附件而成。为增加型材的钢性，在型材空腔内填加钢衬，所以称之为塑钢门窗。种类有平开门窗、推拉门窗，特殊规格可根据用户需要加工订制。构造分类为单框单玻、单框双玻。

二、塑钢门窗的性能、特点

1. 保温、节能性能

塑料型材为多腔式结合具有良好的隔热性能。其传热系数小，仅为钢材的1/357、铝材的1/1250。

2. 物理性能

(1) 空气渗透性（气密性）是在10Pa压力下，单位缝长渗透小于0.5m^3/（m·h），符合GB 7107第一级。

(2) 雨水渗透性（水密性）是保持未发生渗漏的最高压力为100Pa。符合GB 7107第五级。

(3) 抗风压性能是受力杆件相对挠度为1/300时抗风压强度值，安全检测结果为2500Pa，符合GB 7107第三级。

(4) 隔声性：隔声PW = 32dB，符合GB 7107第二级。

(5) 传热系数：2.45W/（m^2·K），符合GB 7107第二级。

(6) 耐候性：塑料型材采用特殊配方，有关部门通过人工加速老化试验表明，塑钢窗可长期使用于温差较大的环境中（-50～70℃），经烈日暴晒、潮湿都不会使塑钢门窗出现变质、老化、脆化等现象。

(7) 防火性能：塑钢门窗不自燃、不助燃、能自熄、安全可靠，这一性能更扩大了塑钢窗的使用范围。

三、塑钢门窗的应用及在节能方面所产生的经济效益和社会效益

我国生产塑钢门窗有平开门窗、推拉门窗及地弹簧门五大类，二十多个尺寸系列的产品，还可生产满足特殊需要的工业建筑用的防腐蚀门窗、中悬窗。经过多年使用，塑钢门窗在越来越多的用户心目中树立起了良好的形象。在严寒的东北三省安装的塑钢门窗，使用了多年，用户对产品的保温效果和质量反映良好。在南极中国长城考察站使用的塑钢门窗，多年使用未出现任何质量问题。

塑钢门窗行业迅速发展的原因，除其本身的优良性能外，也与世界性能源危机有着密切的关系。塑钢门窗无论是在节约制造能耗和使用能耗方面，还是在保护环境方面，都比木、钢、铝窗都有明显的优越性。

根据中国建筑科学研究院物理所提供的数据，双玻塑钢窗的平均传热系数为2.3 W/（m^2·K),每平方米每年节能21.5kg/m^2标准煤。在“八五”期间东北三省住宅每年平均竣工量大约在4434.2万m^2。如果有15%住宅采用双玻塑钢窗，每个采暖期可节约能量6.6万吨标准煤，节约材料的生产能耗3.7万吨标准煤，节约铝材、钢材3.3万吨。从生产能耗看，生产单体体积的PVC的能耗为钢的1/4.5、铝的1/8.8，在使用方面，采暖地区使用塑钢门窗与普通钢、铝窗相比节约采暖能耗30%～50%。塑钢门窗的社会经济效益显著。我国许多地区都作出规定，新建住宅必须是节能建筑，否则不准验收。国家也规定了北方采暖地区的节能住宅减免5%的固定资产投资方向调节税。

复习思考题

1. 塑料的组成是什么？
2. 塑料装饰材料有哪些？其用途各是什么？
3. 常用的塑料装饰板材有哪些品种？简述其构造、性能特点及应用范围。
4. 塑料地板有哪些优良性能？塑料地板如何分类？其主要性能指标是什么？
5. 塑钢窗有哪些特点？

第7章　建筑装饰纤维织物与制品

纤维装饰织物与制品在室内起着很重要的装饰作用，其具有色彩鲜艳、图案丰富、质地柔软、富有弹性等特点，如能合理的选用装饰织物，不仅给人们生活带来舒适感，又能使建筑的室内锦上添花。它主要包括地毯、挂毯、墙布、浮挂、壁纸、窗帘、岩棉、矿渣棉、玻璃棉等制品。近几年来，这些装饰织物无论在品种、花样、材质及性能等方面都有很大的发展，为现代室内装饰提供了良好的材料。

第1节　纤维的基本知识

装饰织物用纤维有天然纤维、化学纤维和无机纤维等。这些纤维材料各具特点，均会直接影响到织物的质地、性能等。

一、天然纤维

天然纤维包括羊毛、棉、麻、丝等。

(一) 羊毛纤维

羊毛纤维弹性好，不易变形、不易污染、不易燃、易于清洗，而且能染成各种颜色，色泽鲜艳，制品美丽豪华，经久耐用，并且毛纺品是热的不良导体，给人一种温暖的感觉，但最大的缺点是易虫蛀，所以对羊毛及其制品的使用应采取相应的防腐、防虫蛀的措施。

(二) 棉、麻纤维

棉、麻均为植物纤维，棉纺品有印花和素面等品种，可以做窗帘、墙布、垫罩等，棉纺品易洗、易熨烫。灯心绒布和斜纹布可做垫套装饰之用。棉布性柔，不能保持摺线，易污、易皱，而麻纤维性刚、强度高、制品挺括、耐磨，但价格较高。由于植物棉麻纤维的资源不足，所以常掺入化学纤维混合纺制而成混纺制品，不仅降低了价格，同时也改善了性能。

(三) 丝纤维

自古以来，丝绸就一直被用作装饰材料。它滑润、柔韧、半透明、易上色，而且色泽光亮柔和，可直接用作室内墙面裱糊或浮挂，是一种高级的装饰材料。

(四) 其他纤维

我国地域广阔，植物纤维资源丰富，品种也较多，如木质纤维、苇纤维、椰壳纤维及竹纤维等均可被用于制作不同类型的装饰制品。

二、化学纤维

石油化学工业的发展，为各种化学纤维的生产创造了良好的条件。在纺织品市场上，化学纤维占有十分重要的地位。

（一）化学纤维的分类

化学纤维的分类，见表 7-1。

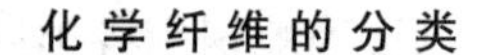

表 7-1

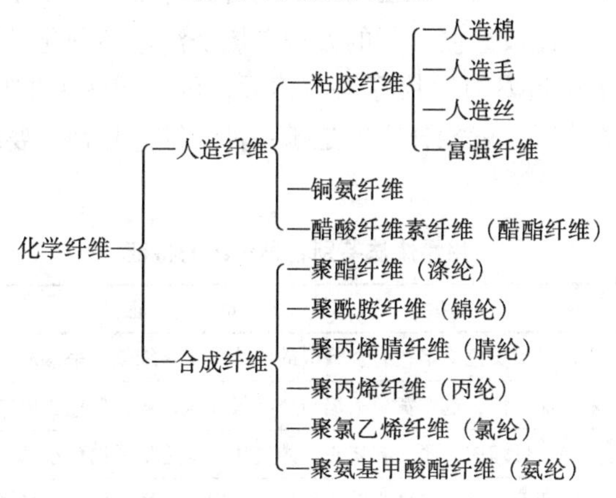

（二）常用的合成纤维

1. 聚酯纤维（涤纶）

涤纶耐磨性能好，略比锦纶差，但却是棉花的 2 倍，羊毛的 3 倍，尤其可贵的是它在湿润状态同干燥时一样耐磨，它耐热、耐晒、不发霉、不怕虫蛀，但涤纶染色较困难。清洁制品时，使用清洁剂要小心，以免颜色褪浅。

2. 聚酰胺纤维（锦纶）

锦纶旧称尼龙，耐磨性能好，在所有天然纤维和化学纤维中，它的耐磨性最好，比羊毛高 20 倍，比粘胶纤维高 50 倍。如果用 15% 的锦纶和 85% 的羊毛混纺，其织物的耐磨性能比羊毛织物高 3 倍多，它不怕虫蛀，不怕腐蚀，不发霉，吸湿性能低，易于清洗。但锦纶也存在一些缺点，如弹性差，易吸尘，易变形，遇火易局部熔融，在干热环境下易产生静电，在与 80% 的羊毛混合后其性能可获得较为明显的改善。

3. 聚丙烯纤维（丙纶）

丙纶具有强力高、质地轻、弹性好、不霉不蛀、易于清洗、耐磨性好等优点而且原料来源丰富，生产过程也较其他合成纤维简单，生产成本较低。

4. 聚丙烯腈纤维（腈纶）

腈纶纤维轻于羊毛（羊毛的密度为 $1.32g/cm^3$，而腈纶的密度为 $1.07g/cm^3$），蓬松卷曲，柔软保暖，弹性好，在低伸长范围内弹性回复能力接近羊毛，强度相当于羊毛的 2～3 倍，且不受湿度影响，腈纶不霉、不蛀，耐酸碱腐蚀，最突出的特点为非常耐晒，这是天然纤维和大多数合成纤维所不能比的。如果把各种纤维放在室外暴晒 1 年，腈纶的强力只降低 20%，棉花则降低 90%，其他纤维（如蚕丝、羊毛、锦纶、粘胶）强力完全丧失干净，但腈纶的耐磨性在合成纤维中是较差的。

三、玻璃纤维

玻璃纤维是由熔融玻璃制成的一种纤维材料，直径数微米至数十微米。玻璃纤维性脆，较易折断，不耐磨，但抗拉强度高，伸长率小，吸湿性小，不燃，耐高温，耐腐蚀，吸声性能好，可纺织加工成各种布料、带料等，或织成印花墙布。

四、纤维的鉴别方法

市场上销售的纤维品种比较多，正确地识别各类纤维，对于使用及铺设都是有指导作用的，鉴别方法很多，但比较简便可行的方法是燃烧法。各种化学纤维与天然纤维燃烧速度的快慢，产生的气味和灰烬的形状等均不相同。可从织物上取出几根纱线，用火柴点燃，观察它们燃烧时的情况，就能分辨出是哪一种纤维。几种主要纤维燃烧时的特性见表7-2。

用燃烧法鉴别各种纤维的特征　　表7-2

纤　维	燃　烧　特　征
棉	燃烧很快，发出黄色火焰，有烧纸般的气味，灰末细软，呈深灰色
麻	燃烧起来比棉花慢，也发黄色火焰与烧纸般气味，灰烬颜色比棉花深些
丝	燃烧比较慢，且缩成一团，有烧头发的气味，烧后呈黑褐色小球，用指一压即碎
羊　毛	不燃烧，冒烟而起泡，有烧头发的气味，灰烬多，烧后成为有光泽的黑色脆块，用指一压即碎
粘胶、富强纤维	燃烧很快，发出黄色火焰，有烧纸的气味，灰烬极少，细软，呈深灰或浅灰色
醋酯纤维	燃烧时有火花，燃烧很慢，发出扑鼻的醋酸气味，而且迅速熔化，滴下深褐色胶状液体。这种胶体液体不燃烧，很快凝结成黑色、有光泽块状，可以用手指压碎
锦　纶	燃烧时没有火焰，稍有芹菜气味，纤维迅速卷缩，熔融成胶状物，趁热可以把它拉成丝，一冷就成为坚韧的褐色硬球，不易研碎
涤　纶	点燃时纤维先卷缩，熔融，然后再燃烧。燃时火焰呈黄白色，很亮、无烟，但不延燃，灰烬成黑色硬块，但能用手压碎
腈　纶	点燃后能燃烧，但比较慢。火焰旁边的纤维先软化、熔融，然后燃烧，有辛酸气味，然后成脆性小黑硬球
维　纶	燃烧时纤维发生很大收缩，同时发生熔融，但不延燃。开始时，纤维端有一点火焰，待纤维都熔化成胶状物之后，就燃成熊熊火焰，有浓色黑烟。燃烧后剩下黑色小块，可用手指压碎
丙　纶	燃烧时可发出黄色火焰，并迅速卷缩，熔融，燃烧后呈熔融状胶体，几乎无灰烬，如不待其烧尽，趁热时也可拉成丝，冷却后也成为不易研碎的硬块
氯　纶	燃烧时发生收缩，点燃中几乎不能起燃，冒黑烟，并发出氯气的刺鼻臭味

第2节　墙面装饰织物

在现代建筑装饰中，室内墙面装饰改变了过去“一灰、二白、三涂料”单调、刻板的传统式装修方法，取而代之的是木质板材、壁纸、乳胶漆及织物装饰制品。采用织物装饰墙面，将以其独特的柔软质地和特殊效果的色彩来柔化空间、美化空间，能起到把温暖与祥和带到室内的作用，从而深受人们的喜爱。墙面装饰织物是指以纺织物和编织物为面料制成的壁纸（或墙布），其原料可以是丝、羊毛、棉、麻、化纤等，也可以是草、树叶等天然材料。目前，我国生产的主要品种有织物壁纸、玻璃纤维印花贴墙布、无纺贴墙布、化纤装饰墙布、棉纺装饰墙布、织锦缎等。

织物壁纸

织物壁纸现有纸基织物壁纸和麻草壁纸两种。

（一）纸基织物壁纸

纸基织物壁纸是由棉、毛、麻、丝等天然纤维及化纤制成的各种色泽、花色的粗细纱或织物再与纸基层粘合而成。这种壁纸是用各色纺线的排列达到艺术装饰效果，有的品种为绒面，可以排成各种花纹，有的带有荧光，有的线中编进金、银丝，使壁面呈现金光点点，还可制成浮雕图案，别具一格。纸基织物壁纸的规格、品种、技术性能、生产厂见表7-3。

织物壁纸主要产品、规格、技术性能及生产厂 表7-3

产品名称	规格（mm）	技术性能	生产厂
纺织艺术壁纸（虹牌）	幅宽：914.4，530 长度：914.4 宽：15000，530 宽：10050	耐光色牢度：>4级 耐磨色牢度：4级 粘接性：良好 收缩性：稳定 阻燃性：氧指数30左右 防霉性（回潮20%封闭定温）：无霉斑	上海第二十一棉纺织厂
花色线壁纸（大厦牌）	幅宽：914 长度：7300，50000	抗拉强力纵178N，横34N 吸湿膨胀性：纵－0.5%，横＋2.5% 风干伸缩性：纵－0.5%～＋2% 横0.25%～1% 耐干磨擦：2000次 吸声系数（250～2000Hz）：平均0.19 阻燃性：氧指数20～22 抗静电性：4.5×107Ω	上海第五制线厂
麻草壁纸	厚度：1 宽度：910 长度：按用户要求	—	浙江省东阳县墙纸厂
草编壁纸	厚度：0.8～1.3 宽度：914 长度：7315，5486	耐光色牢度：日晒半年内不褪色	上海彩虹墙纸厂

纸基织物壁纸的特点为：色彩柔和幽雅、质朴、自然，墙面立体感强，吸声效果好，耐日晒，不褪色，无毒无害，无静电，不反光，而且又具有调湿性和透气性。适用于宾馆、饭店、办公楼、接待室、会议室、计算机房、疗养院、广播室及家庭卧室等室内的墙面装饰。

（二）麻草壁纸

麻草壁纸是以纸为基底，以编织的麻草为面层，经复合加工而制成的墙面装饰材料。麻草壁纸具有吸声、阻燃、散潮气、不吸尘、不变形等特点，并且具有古朴、自然、粗犷的大自然之美，给人以置身于原野之中，回归自然的感觉。适用于会议室、影剧院、接待室、酒吧、舞厅以及饭店、宾馆的客房等室内墙面装饰，也可用于商店的橱窗设计，麻草织物壁纸的主要规格、品种、技术性能及生产厂家见表7-3。

（三）棉纺装饰墙布

棉纺装饰墙布是用纯棉平布经过处理、印花、涂以耐磨树脂制作而成的，其特点是墙布强度大、静电小、蠕变形小、无光、无味、无毒、吸声、花型色泽美观大方，可用于宾馆、饭店及其他公共建筑和较高级的民用建筑中的室内墙面装饰，适合于水泥砂浆墙面、混凝土墙面、白灰墙面、石膏板、胶合板、纤维板、石棉水泥板等墙面基层的粘贴或浮挂。棉纺装饰墙布还常用作窗帘，夏季采用这种薄型的淡色窗帘，无论是自然下垂或双开平拉成半弧形式，均会给室内营造出清新和舒适的氛围。棉纺墙布的主要规格、技术性能见表 7-4。

棉纺装饰墙布主要规格、性能及生产厂 **表 7-4**

产品名称	规　格	技 术 性 能	生产厂
棉纺装饰墙布	厚度 0.35mm	拉断强度（纵向）：770N/（5cm×20cm） 断裂伸长率：纵向 3%，横向 8% 耐磨性：500 次 静电效应：静电值 184V，半衰期 1s 日晒牢度：7 级 刷洗牢度：3～4 级 湿摩擦：4 级	北京印染厂

（四）高级墙面装饰织物

高级墙面装饰织物是指丝绒、锦缎、呢料等织物。这些织物由于纤维材料、织造方法及处理工艺的不同，所产生的质感和装饰效果也不相同，它们均能给人以美的感受。

丝绒色彩华丽，质感厚实温暖，格调高雅，适用于做高级建筑室内窗帘、软隔断或浮挂。可营造出富贵、豪华的氛围。

锦缎也称织锦缎，是我国的一种传统丝织装饰品，其面上织有绚丽多彩，古雅精致的各种图案，加上丝织品本身的质感与丝光效果，使其显得高雅华贵、富丽堂皇，具有很好的装饰作用。常被用于高档室内墙面的裱糊，但因其价格高、柔软易变形、施工难度大、不能擦洗、不耐光、易脏、易留下水渍的痕迹、易发霉，所以在应用方面受到一定的限制。

粗毛呢料或仿毛化纤织物和麻类织物，质感粗实厚重，具有温暖感，吸声性能好，还能从质地上、纹理上显示出古朴、厚实等特色，适用于高级宾馆等公共建筑的厅堂柱面的裱糊装饰。

（五）窗帘

随着现代建筑的发展，窗帘已成为室内装饰不可缺少的一项内容。其原料也已从棉、麻等天然纤维纺织品发展为人造纤维纺织品或混纺织品。窗帘除了装饰室内之外，还有遮挡外来光线，防止灰尘进入，保持室内清静，同时还能起到消声隔声等作用。若窗帘采用厚质织物，尺寸宽大，折皱较多，其隔声效果最佳，同时还可以起调节室内温度的作用，给室内创造出温馨舒适的环境。随着季节的变化，冬天宜选用深色和质地厚实的窗帘为最佳，夏季宜选用淡色薄质的窗帘为宜。同时，合理选用窗帘的颜色及图案也是达到室内装饰目的较为重要的一个环节。

窗帘一般按材质分四大类：

（1）粗料　包括毛料、仿毛化纤织物和麻料编织物等。

（2）薄料　包括花布、府绸、丝绸、的确良、乔其纱和尼龙纱等。

（3）绒料　包括平绒、条绒、毛巾布等。

（4）网扣及抽纱。

窗帘的悬挂方式很多，从层次上分单层和双层；从开闭方式上分为单幅平拉、双幅平拉、整幅竖拉和上下两段竖拉等；从配件上分设置窗帘盒，有暴露和不暴露窗帘杆；从拉开后的形状分有自然下垂和半弧形等等。

现代建筑装饰的飞速发展，使得织物已成为一种十分重要的装饰材料。用织物作室内装饰，可以通过与窗帘、挂毯、台布、靠垫等室内织物的衬托，提高室内的装饰效果，改善室内的气氛、格调、意境、使用功能等。因此，各种织物在建筑装饰中将得到广泛的应用。

第3节　地　　毯

地毯的使用在世界上已经有悠久的历史了。最早是以动物毛为原料编织而成，可铺地、御寒湿及坐卧之用，随着社会的发展和进步，逐渐采用棉麻、丝和合成纤维为制造地毯的原料。地毯现已成为现代建筑室内地面的重要装饰材料之一，它不仅具有实用价值而且具有欣赏价值。并且能起到很好的隔热、保温及吸声作用，还能防止滑倒，减轻碰撞，使人脚感舒适，并能以其特有的质感和艺术风格，创造出其他材料难以达到的装饰效果，使室内环境气氛显得高贵华丽、美观悦目。

我国是世界上制造地毯最早的国家之一。中国地毯做工精细，图案配色优雅大方，具有独特的风格。

一、地毯的等级和分类

（一）地毯的等级

地毯按其所用场所不同可分为六级，见表7-5。

地毯的等级　　**表7-5**

序号	等　　级	所　用　场　所
1	轻度家用级	铺设在不常使用的房间或部位
2	中度家用级（或轻度专业使用级）	用于主卧室或家庭餐厅等
3	一般家用级（或中度专业使用级）	用于起居室及楼梯、走廊等行走频繁的部位
4	重度家用级（或一般专业使用级）	用于家中重度磨损的场所
5	重度专业使用级	用于特殊要求场合
6	豪华级	地毯品质好，绒毛纤维长，具有豪华气派，用于高级装饰的场合

建筑室内地面铺设的地毯，是根据建筑装饰的等级，使用部位及使用功能等要求而选用的。总的来说，要求高级豪华者选用纯毛地毯，一般装饰则选用化纤地毯或混纺地毯。

（二）地毯的分类

1. 按材质分类

按材质的不同，地毯可分为纯毛地毯、混纺地毯、化纤地毯、塑料地毯等。

（1）纯毛地毯

纯毛地毯即羊毛地毯，是以粗绵羊毛为主要原料而制成的。纯毛地毯质地厚实，经久耐用，装饰效果极好，为高档铺地装饰材料。

(2) 混纺地毯

混纺地毯是以羊毛纤维与合成纤维混纺后编织而成的地毯。如在羊毛纤维中加入20%的尼龙纤维，可使耐磨性提高5倍，装饰性能不次于纯毛地毯，并且价格较便宜。

(3) 化纤地毯

化纤地毯也叫“合成纤维地毯”，是用簇绒法或机织法将合成纤维制成面层，再与麻布底层缝合而成。常用的合成纤维材料有丙纶、腈纶、涤纶等。化纤地毯的外观和触感酷似纯毛地毯，耐磨而富有弹性，为目前用量最大的中、低档地毯品种。

(4) 塑料地毯

是以聚氯乙烯树脂为基料，加入填料、增塑剂等多种辅助材料和外加剂，然后经混炼、塑化，并在地毯模具中成型而制成的一种新型地毯。它质地柔软，色彩鲜艳，自熄不燃，污染后可水洗，经久耐用，为宾馆、商场、浴室等一般公共建筑和住宅地面使用的一种装饰材料。

2. 按装饰花纹图案分类

我国高级纯毛地毯按图案类型不同可分为以下几种：

(1) 北京式地毯，简称“京式地毯”

它图案工整对称，色调典雅，庄重古朴，常取材于中国古老艺术，如古代绘画、宗教纹样等，且所有图案均具有独特的寓意和象征性。

(2) 美术式地毯

其特点是有主调颜色，其他颜色和图案都是衬托主调颜色的。图案色彩华丽，富有层次感，具有富丽堂皇的艺术风格，它借鉴了西欧装饰艺术的特点，常以盛开的玫瑰花、郁金香、苞蕾卷叶等组成花团锦簇，给人以繁花似锦之感。

(3) 仿古式地毯

它以古代的古纹图案、风景、花鸟为题材，给人以古色古香、古朴典雅的感觉。

(4) 素凸式地毯

色调较为清淡，图案为单色凸花织作，纹样剪片后清晰美观，犹如浮雕，富有幽静、雅致的情趣。

(5) 彩花式地毯

图案突出清新活泼的艺术格调，以深黑色作主色，配以小花图案，如同工笔花鸟画，浮现出百花争艳的情调，色彩绚丽，名贵大方。

3. 按编织工艺分类

(1) 手工编织地毯，专指纯毛地毯

它是采用双经双纬，通过人工打结栽绒，将绒毛层与基底一起织做而成，做工精细，图案千变万化，是地毯中的高档品，但成本高，价格贵。

(2) 簇绒地毯

簇绒地毯，又称栽绒地毯，是目前生产化纤地毯的主要工艺。它是通过往复式穿针的纺机，生产出厚实的圈绒地毯，再用刀片横向切割毛圈顶部而成的，故又称“割绒地毯”或“切绒地毯”。

(3) 无纺地毯

无纺地毯，是指无经纬编织的短毛地毯，是用于生产化纤地毯的方法之一。这种地毯工艺简单，价格低，但弹性和耐磨性较差。为提高其强度和弹性，可在毯底加贴一层麻布底衬。

(4) 按规格尺寸分类

地毯按其规格尺寸可分为以下两类：1）块状地毯。不同材质的地毯均可成块供应，形状多为方形及长方形，通用规格尺寸从610mm×（610mm～3660mm～6710mm），共计56种，另外还有椭圆形、圆形等。厚度则随质量等级而有所不同。纯毛块状地毯可成套供应，每套由若干规格和形状不同的地毯组成。花式方块地毯是由花色各不相同的500mm×500mm的方块地毯组成一箱，铺设时可组成不同的图案。2）卷状地毯。化纤地毯、剑麻地毯及无纺纯毛地毯等常按整幅成卷供货，其幅宽有1～4m等多种，每卷长度一般为20～50m，也可按要求加工，这种地毯一般适合于室内满铺固定式铺设，可使室内具有宽敞感、整洁感。楼梯及走廊用地毯为窄幅，属专用地毯，幅宽有700、900mm两种，也可按要求加工，整卷长度一般为20m。

二、地毯的主要技术性质

地毯的技术性能要求是鉴别地毯质量的标准，也是选用地毯的主要依据。

（一）耐磨性

地毯的耐磨性是衡量其使用耐久性的重要指标，表7-6是上海产化纤地毯的耐磨性指标。从表中可看出，地毯的耐磨性优劣与所用绒毛长度、面层材质有关，即化纤地毯比羊毛地毯耐磨，地毯越厚越耐磨。

化纤地毯耐磨性 **表7-6**

面层织造工艺及材料	绒毛高度（mm）	耐磨性（次）	备　注
机织法丙纶	10	>10000	耐磨次数是指地毯在固定的压力下磨损后露出背衬所需要的次数
机织法腈纶	10	7000	
机织法腈纶	8	6400	
机织法腈纶	6	6000	
机织法涤纶	6	>10000	
机织法羊毛	8	2500	
簇绒法丙纶、腈纶	7	5800	
日本簇绒法丙纶、锦纶	10	5400	
日本簇绒法丙纶、锦纶	7	5100	

（二）剥离强度

地毯的剥离强度反映地毯面层与背衬间复合强度的大小，也反映地毯复合之后的耐水能力，通常以背衬剥离强力表示，即指采用一定的仪器设备，在规定速度下，将50mm宽的地毯试样，使之面层与背衬承受剥离至50mm长时所需的最大力。

（三）绒毛粘合力

绒毛粘合力是指地毯绒毛在背衬上粘接的牢固程度。化纤簇绒地毯的粘合力以簇绒拔出力来表示，要求圈绒毯拔出力大于20N，平绒毯簇绒拔出力大于12N。我国上海产簇绒丙纶地毯，粘合力达63.7N，高于日本产同类产品51.5N的指标。

（四）弹性

弹性是反映地毯受压力后，其厚度产生压缩变形程度，这是地毯脚感是否舒适的重要性能。地毯的弹性是指地毯经一定次数的碰撞（一定动荷载）后，厚度减少的百分率。化纤地毯的弹性不及纯毛地毯，丙纶地毯可及腈纶地毯，我国生产的地毯的弹性见表 7-7。

（五）抗老化性

抗老化性主要是针对化纤地毯而言。这是因为化学合成纤维在光照、空气等因素作用下会发生氧化，性能指标明显下降。通常是用经紫外线照射一定时间后，化纤地毯的耐磨次数、弹性以及色泽的变化情况来加以评定的。

化纤地毯弹性　　表 7-7

地毯面层材料	厚度损失百分率（%）			
	500 次碰撞后	1000 次碰撞后	1500 次碰撞后	2000 次碰撞后
腈纶地毯	23	25	27	28
丙纶地毯	37	43	43	44
羊毛地毯	20	22	24	26
香港羊毛地毯	12	13	13	14
日本丙纶、锦纶地毯	13	23	23	25
英国“先驱者”腈纶地毯	—	14	—	—

（六）抗静电性

当和有机高分子材料摩擦时，将会有静电产生，而高分子材料具有绝缘性，静电不容易放出，这就使得化纤地毯易吸尘、难清扫，严重时，在上边走动的行人，有触电的感觉。因此在生产合成纤维时，常掺入适量具有导电能力的抗静电剂，常以表面电阻和静电压来反映抗静电能力的大小。

（七）耐燃性

凡燃烧在 12min 之内，燃烧面积的直径在 17.96cm 以内者则认为耐燃性合格。

（八）耐菌性

地毯作为地面覆盖物，在使用过程中，较易被虫、菌侵蚀，引起霉变，凡能经受八种常见霉菌和五种常见细菌的侵蚀，而不长菌和霉变者，认为合格。化纤地毯的抗菌性优于纯毛地毯。

（九）有害物质释放量

地毯、地毯衬垫及地毯胶粘剂有害物质释放限量应分别符合 GB 18587—2001 和表7-8、7-9、7-10 的规定。

A 级为环保型产品，B 级为有害物质释放限量合格产品。

地毯有害物质释放限量　mg/（m^2·h）　　表 7-8

序　号	有害物质测试项目	限　　量	
		A 级	B 级
1	总挥发性有机化合物（TVOC）	≤0.500	≤0.600
2	甲醛（Formaldehyde）	≤0.050	≤0.050
3	苯乙烯（Styrene）	≤0.400	≤0.500
4	4-苯基环己烯（4-Phenylcyclohexene）	≤0.050	≤0.050

地毯衬垫有害物质释放限量 mg/（m²·h） **表 7-9**

序 号	有害物质测试项目	限 量	
		A 级	B 级
1	总挥发性有机化合物（TVOC）	≤1.000	≤1.200
2	甲醛（Formaldehyde）	≤0.050	≤0.050
3	丁基羟基甲苯 （BHT-butylated hydroxytoluene）	≤0.030	≤0.030
4	4-苯基环己烯 （4-Phenylcyclohexene）	≤0.050	≤0.050

地毯胶粘剂有害物质释放限量 mg/（m²·h） **表 7-10**

序 号	有害物质测试项目	限 量	
		A 级	B 级
1	总挥发性有机化合物（TVOC）	≤10.000	≤12.000
2	甲醛（Formaldehyde）	≤0.050	≤0.050
3	2-乙基己醇 （2-ethyl-1-hexanol）	≤3.000	≤3.500

三、纯毛地毯

纯毛地毯分手工编织和机器编织两种。

（一）手工编织纯毛地毯

手工编织的纯毛地毯是采用中国特产的优质绵羊毛纺纱，用现代的科学染色技术染出牢固的颜色，用高超和精湛的技巧纺织成瑰丽的图案后，再以专用机械平整毯面或剪凹花地周边，最后用化学方法洗出丝光。

羊毛地毯的耐磨性，一般是由羊毛的质地和用量来决定。用量以每 1cm² 羊毛量来衡量，即绒毛密度。对于手工纺织的地毯，一般以“道”的数量来决定其密度，即指垒织方向（自下而上）上 304.8mm 内垒织的纬线的层数（每一层又称一道）。地毯的档次亦与道数成正比关系，一般用地毯为 90～150 道，高级装修用的地毯均在 250 道以上，目前最精制的为 400 道地毯。手工地毯具有色泽鲜艳、图案优美、富丽堂皇、柔软舒适、质地厚实、富有弹性、经久耐用等特点，其铺地装饰效果极佳，纯毛地毯的质量多为 1.6～2.6kg/m²。手工地毯由于做工精细，产品名贵，故售价高，所以一般用于国际性、国家级的大会堂、迎宾馆、高级饭店和高级住宅、会客厅、舞台以及其他重要的、装饰性要求较高的场所。

（二）机织纯毛地毯

机织纯毛地毯具有毯面平整、光泽好、富有弹性、抗磨耐用、脚感柔软等特点，与化纤地毯相比，其回弹性、抗静电、抗老化、耐燃性都优于化纤地毯。与纯毛手工地毯相比，其性能相似，但价格低于手工地毯。因此，机织纯毛地毯是介于化纤地毯和纯毛手工地毯之间的中档地面装饰材料。

机织纯毛地毯最适合用于宾馆、饭店的客房、楼梯、楼道、会议室、会客室、宴会厅及体育馆、家庭等场所满铺使用。

近年来我国还发展生产了纯羊毛无纺地毯，它是不用纺织或编织方法而制成的纯毛地毯，具有质地优良，消声抑尘，使用方便等特点。这种地毯工艺简单，价格低，但其弹性和耐久性稍差。

我国纯毛地毯的主要规格和性能详见表7-11、7-12。

纯毛机织地毯的品种和规格 **表7-11**

品　种	毛纱股数	厚度（英寸）	规　格
A型纯毛机织地毯	3	2.5	宽5.5m以下，长度不限
B型纯毛机织地毯	2	2.5	宽5.5m以下，长度不限
纯毛机织麻背地毯	2	3.0	宽3.1m以下，长度不限
纯毛机织楼梯道地毯	3	3.0	宽3.1m以下，长度不限
纯毛机织提花美术地毯	4	3.0	4英尺×6英尺 6英尺×9英尺 9英尺×12英尺
A型纯毛机织阻燃地毯	3	2.5	宽5.5m以下，长度不限
B型纯毛机织阻燃地毯	2	2.0	宽5.5m以下，长度不限

纯毛地毯的主要规格和性能 **表7-12**

品　名	规格（mm）	性　能　特　点	生产厂
90道手工打结羊毛地毯 素式羊毛地毯 艺术挂毯	610×910～3050×4270等各种规格	以优质羊毛加工而成，图案华丽、柔软舒适、牢固耐用	上海地毯总厂
90道羊毛地毯 120道羊毛艺术挂毯	厚度：6～15 宽度：按要求加工 长度：按要求加工	用上等纯羊毛手工编制而成。经化学处理、防潮、防蛀、图案美观、柔软耐用	武汉地毯厂
90道机拉洗高级羊毛手工地毯 120、140道高级艺术挂毯	任何尺寸与形状	产品有：北京式、美术式、彩花式、素凸式以及风景式、京彩式、京美式等	青岛地毯厂
高级羊毛手工栽绒地毯（飞天牌）	各种形状规格	以上等羊毛加工而成，有北京式、美术式、彩花式、素凸式、敦煌式、复古式等	兰州地毯总厂
羊毛满铺地毯 电针锈枪地毯 艺术壁毯 （工美牌）	各种规格	以优质羊毛加工而成。电绣地毯可仿制传统手工地毯图案，古色古香，现代图案富有时代气息，壁毯图案粗犷朴实，风格多样价格仅为手工编织壁毯的1/5～1/10	北京市地毯二厂
全羊毛手工地毯 （松鹤牌）	各种规格	以优质国产羊毛和新西兰羊毛加工而成，具有弹性好、抗静电、阻燃、隔声、防潮、保暖等优良特点	杭州地毯厂
90道手工栽绒地毯、提花地毯、艺术挂毯 （风船牌）	各种规格	以西宁优质羊毛加工而成。产品有：北京式、美术式、彩花式、素凸式、以及东方式和古典式。古典式图案分：青铜画像、蔓草、花鸟、锦绣五大类	天津地毯工艺公司

续表

品名	规格（mm）	性能特点	生产厂
机织纯毛地毯	幅宽：＜5000 长度：按需要加工	以上等纯毛机织而成，图案优美，质地优良	天津市地毯八厂
90道手工栽绒纯毛地毯	尺寸规格按需要加工	产品有：北京式、美术式、彩花式和素凸式	西安地毯厂
120道艺术挂毯		图案有：秦始皇陵铜车马、大雁塔、半坡纹样、昭陵六骏等	

四、化纤地毯

化纤地毯以化学纤维为主要原料制成，化学纤维原料有丙纶、腈纶、涤纶、锦纶等。按其织法不同，化纤地毯可分为簇绒地毯、针刺地毯、机织地毯、粘结地毯、编织地毯、静电植绒地毯等多种，其中，以簇绒地毯产销量最大。它们的产品标准分别为《簇绒地毯》GB11746—89、《针刺地毯》QB1082—91和《机织地毯》GB/T14252—93。

（一）簇绒地毯的等级及分等规定

根据GB11746—89规定，簇绒地毯按其技术要求评定等级，其技术要求分内在质量和外观质量两个方面，具体要求见表7-13和表7-14的规定。按内在质量评定分合格品和不合格品两等，全部达到技术指标为合格，当有一项不达标时即为不合格品，并不再进行外

簇绒地毯内在质量指标 GB11746—89　　表7-13

序号	项目		单位	技术指标	
				平割绒	平圈绒
1	动态负载下厚度减少（绒高7mm）		mm	≤3.5	≤2.2
2	中等静负载后厚度减少		mm	≤3	≤2
3	簇绒拨出力		N	≥12	≥20
4	绒头单位质量		g/cm²	≥375	≥250
5	耐光色牢度（氙弧）		级	≥4	
6	耐摩擦色牢度（干摩擦）		级	纵向、横向均≥3～4	
7	耐燃性（水平法）		mm	试样中心至损毁边缘的最大距离≤75	
8	尺寸偏差	宽度	%	在幅宽的±0.5内	
		长度		卷装：卷长不小于公称尺寸 块状：在长度的±0.5以内	
9	背衬剥离强力		N	纵向、横向均≥25	

簇绒地毯外观质量平等规定 GB11746—89　　表7-14

序号	外观疵点	优等品	一等品	合格品
1	破损（破洞、撕裂、割伤）	不允许	不允许	不允许
2	污渍（油污、色渍、胶渍）	无	不明显	不明显
3	毯面折皱	不允许	不允许	不允许
4	修补痕迹	不明显	不明显	较明显
5	脱衬（背衬粘接不良）	无	不明显	不明显
6	纵、横向条痕	不明显	不明显	较明显
7	色条	不明显	较明显	较明显
8	毯边不平齐	无	不明显	较明显
9	渗胶过量	无	不明显	较明显

观质量评定。按外观质量分为优等品、一等品、合格品三个等级。簇绒地毯的最终等级是在内在质量各项指标全部达标的情况下，以外观质量所定的品等作为该产品的等级。

（二）化纤地毯的特点与应用

化纤地毯具有的共同特性是不霉、不蛀、耐腐蚀、耐磨、质轻、富有弹性、脚感舒适、步履轻便、吸湿性小、易于清洗、铺设简便、价格较低等。它适用于宾馆、饭店、招待所、餐厅、住宅居室、活动室及船舶、车辆、飞机等地面的装饰铺设。对于高绒头、高密度、流行色、格调新颖、图案美丽的化纤地毯，还可用于三星级以上的宾馆，机织提花工艺地毯属高档产品，其外观可与手工纯毛地毯媲美。化纤地毯的缺点为：与纯毛地毯相比，存在着易变形、易产生静电以及吸附性和粘附性污染，遇火易局部熔化等问题。我国部分化纤地毯的规格和性能见表 7-15。

我国部分化纤地毯的主要规格和性能　　表 7-15

产品名称	规　格	技术性能	生产厂
丙纶簇绒地毯 丙纶机织地毯 （燕山牌）	（1）簇绒地毯 幅宽：4m 长度：15，25m/卷 花色：平绒、圈绒、高低圈绒。圈绒采用双色或三色合股的变色绒线 （2）提花满铺地毯 幅宽：3m （3）提花工艺美术地毯 1.25m×1.66m，1.50m×1.90m 1.70m×2.35m，2.00m×2.86m 2.50m×3.31m，3.00m×3.86m	（1）簇绒地毯绒毛粘合力；圈绒 25N；平绒，10N 圈绒头单位质量：800g/cm²；干断裂强度：经向，＞500N 纬向，＞300N；日晒色牢度：≥4 级 （2）提花地毯；干断裂强度：经向，≥400N 纬向，≥300N；日晒色牢度：＞4 级	北京燕山石油化工公司化纤地毯厂
丙纶针刺地毯	卷装： 幅宽：1m 长度：10～20m/卷 方块：500mm×500mm 花色：素色、印花 颜色：6 种标准色	断裂强力（N/5cm） 经向：≥800 纬向：≥300 耐燃性：难燃，不扩大 水浸：全防水 酸碱腐蚀：无变形	湖北沙市无纺地毯厂
丙纶、腈纶簇绒地毯	绒高：7～10mm 幅度：1.4、1.6、1.8、2.0m 长度：20m/卷 单位质量：丙纶 1450g/cm²，腈纶 1850g/cm² 颜色：丙纶地毯，绿腈纶地毯，绿墨绿、果绿、紫红、棕黑	绒毛粘合力（N） 丙纶地毛：38 腈纶地毯：37 横向耐磨（次） 丙纶地毯：2690 腈纶地毯：2500 耐燃性燃烧时间：2min 燃烧面积：ϕ2cm 圆孔	上海床罩厂
涤纶机织地毯 （环球牌）	花色：提花、素色 提花地毯： 厚：12～13mm 幅宽：4m 素色地毯： 厚：9～10mm 幅宽：1.3m	纺织牢度： 经上百万次脚踏，不易损坏 耐热温度：－25～48℃ 收缩率：0.5%～0.8% 背衬剥离强度：0.05MPa	江苏常州市地毯厂

化纤地毯可以摊铺，也可以粘铺在木地板、陶瓷锦砖地面、水泥混凝土及水磨石地面上。

地毯是比较高级的装饰材料（特别是纯毛地毯）。因此应正确、合理地选用、搬运、贮存和使用，以免造成损失和浪费。首先，在订购地毯时，应说明所购地毯的品种，包括图案类型，材质、颜色、规格尺寸等。如是高级羊毛手工编织地毯，还应说明经纬线的道数、厚度。如有特殊需要，还可自行提出图样颜色及尺寸。如地毯暂时不用，应卷起来，用塑料薄膜包裹，分类贮存在通风、干燥的室内，距热源不得小于1m，温度不超过40℃，并避免阳光直接照射。大批量地毯的存放不可码垛过高，以防毯面出现压痕，对于纯毛地毯应定期撒放防虫药物。铺设地毯时应尽量避免阳光的直射，使用过程中不得沾染油污、碱性物质、咖啡、茶渍等，如有粘污，应立即清除。对于那些经常行走、践踏或磨损严重的部分，应采取一些保护措施，或把地毯调换位置使用，在地毯上放置家具时，其接触毯面的部分，最好放置面积稍大的垫片或定期移动家具的位置，以减轻对毯面的压力，避免变形。

五、挂毯

挂在墙上供人观赏的毛毯称为挂毯或艺术挂毯，是珍贵的艺术品和装饰品。它具有吸声、保温、隔热等实用功能，又给人以美的享受。用艺术挂毯装点室内，不仅产生高雅艺术的美感，还可以增加室内和谐气氛。挂毯不仅要求图案花色精美，其材质往往也为上乘，一般为纯毛和丝。挂毯的规格尺寸多样，大的可达上百平方米，小的则不足一平方米。挂毯的图案题材十分广泛，多为动物花鸟、山水风光等，这些图案往往取材于优秀的绘画名作，包括国画、油画、水彩画等。如规格为3050mm×4270mm的“奔马图”挂毯，取材于一代大师徐悲鸿的名画。

第4节　纤维质板材

一、矿渣棉装饰板

矿渣棉是以矿渣为主要原料，经熔化、高速离心或喷吹等工序制成的一种棉状人造无机纤维，矿渣棉的直径为4~8μm，它具有优良的隔热、保温、吸声、抗震、不燃等性能。

矿渣棉装饰吸声板是以矿渣棉为主原料，加入适量的胶粘剂、防尘剂、憎水剂等，经加压成型、烘干、固化、切割、贴面等工序制成。用这种材料吊顶，装配化程度高，完全是干作业。

矿渣棉装饰吸声板表面具有多种花纹图案，如十字花、大方花、毛毛虫、小朵花、树皮纹、满天星、小浮雕等，色彩繁多、装饰性能好，同时还具有质轻、吸声、降噪、隔热、保温、不燃、防火等特点。矿渣棉装饰吸声板的规格尺寸主要有500mm×500mm，600mm×600mm，610mm×610mm，625mm×625mm，600mm×1000mm，600mm×1200mm，625mm×1250mm，厚度分为12、15、20mm。板材的物理力学性能见表7-16。

矿渣棉装饰吸声板的物理力学性质　　表7-16

表观密度（kg/m³）	抗折强度（MPa）				含水率（%）	吸声系数	导热系数［W/（m·K）］	燃烧性
	板厚（mm）							
	9	12	15	19				
≤500	≥0.744	≥0.846	≥0.795	≥0.653	<3	0.4~0.6	<0.0875	A级(不燃)

注：参照北京市矿棉装饰吸声板产品。

矿渣棉装饰吸声板作为吊顶材料，广泛应用于影剧院、音乐厅、商场、播音室、录音室、医院、办公室、会议室及噪声较大的工厂车间等，以改善室内音质，消除回声，提高语音的清晰程度，或降低噪声，改善生活和劳动条件。部分厂家生产的矿棉装饰吸声板的规格和性能见表 7-17。

矿棉装饰吸声板的规格和性能 **表 7-17**

品　名		规格（mm）	技术性能	生产厂
矿棉装饰吸声板		596×596×12 496×496×12	堆积密度：<500kg/m³ 抗弯强度：>1.5MPa 导热系数：0.042W/（m·K） 吸湿率：<5% 吸声系数：（平均）>0.25	北京市建材制品三厂
矿棉装饰吸声板		500×500×13 500×500×18 500×500×25	堆积密度：300~400kg/m³ 抗弯强度：>1.0MPa 导热系数：0.0167W/（m·K） 吸湿率：≤0.5% 吸声系数：空腔 500mm 时，125~800Hz/12~0.87 耐火等级：氧指数 100，即不燃	上海市冶金绝缘材料厂
矿棉装饰吸声板	CH—1	600×300×9	滚花，毛毛虫图案，不开槽，复合平贴安装	北京市矿棉装饰吸声板厂
	CH—2	600×300×12	滚花，毛毛虫图案，不开槽，复合平贴安装	
	CH—5	600×300×15	滚花，毛毛虫图案，中开槽，暗龙骨安装	
	CH—7	1800×375×15	滚花，毛毛虫图案，中开槽，明暗龙骨安装	
	CH—12	1194×597×12	滚花，毛毛虫图案，不开槽，明龙骨安装	
	CH—9	597×597×12	滚花，毛毛虫图案，不开槽，明龙骨安装	
	CH—11	600×600×12	滚花，毛毛虫图案，不开槽，明龙骨安装	
	CH—13	597×597×15	滚花，毛毛虫图案，四边裁口，明龙骨安装	
	CH—14	1800×375×15	滚花，毛毛虫图案，中开槽，明暗龙骨安装	
	FD—4	606×303×12	浮雕，十字花图案，侧开榫槽，复合插贴安装	
	FD—5	606×303×12	浮雕，中心花图案，侧开榫槽，复合插贴安装	
	FD—6	606×303×12	浮雕，核桃纹图案，侧开榫槽，复合插贴安装	
	FD—7	606×303×12	浮雕，泡泡花图案，侧开榫槽，复合插贴安装	
	FD—8	606×303×12	浮雕，龟纹图案，侧开榫槽，复合插贴安装	
	YS—1	600×300×9	印刷，大方花图案，不开槽，复合平贴安装	
	YS—2	600×300×12	印刷，大方花图案，不开槽，复合平贴安装	
	YS—3	600×300×9	印刷，小朵花图案，不开槽，复合平贴安装	
	YS—4	600×300×12	印刷，小花图案，不开槽，复合平贴安装	
	LT—1	600×300×12	立体，条形图案，不开槽，复合平贴安装	
	LT—2	600×300×15	立体，条形，不开槽，复合平贴安装	
	LT—3	600×300×19	立体，条形，不开槽，复合平贴安装	
	LT—4	600×300×12	立体，块形，不开槽，复合平贴安装	
	LT—5	600×300×15	立体，块形，不开槽，复合平贴安装	
	LT—6	600×300×19	立体，块形，不开槽，复合平贴安装	
	LT—7	600×300×12	立体，宽条图案，不开槽，复合平贴安装	

二、岩棉装饰吸声板

岩棉是采用玄武岩为主要原料生产的人造无机纤维，其生产工艺与矿渣棉相同。岩棉的性能略优于矿渣棉。

岩棉装饰吸声板的生产工艺与矿渣棉装饰吸声板相同，其板材的规格、性能与应用也相同。

三、玻璃棉装饰吸声板

玻璃棉装饰吸声板是玻璃棉深加工产品，它所用的原料是玻璃棉板半成品，经磨光、喷胶、贴纸、加工等工序制成。为了使其具有一定的装饰效果，表面基本上有两种处理办法：一是贴上塑料面纸，二是在其表面喷涂。

（一）玻璃棉装饰吸声板的物理性能

玻璃棉装饰吸声板的物理性能见表 7-18。部分厂家产品的规格和性能见表 7-19。

玻璃棉装饰吸声板的物理性能　　表 7-18

种　类	密度 （kg/m^3）	导热系数［W/（m·K）］ （平均温度 70±5℃）	最高使用温度（℃）
2号	24 32 40 48	≤0.049 ≤0.047 ≤0.044 ≤0.043	300 350
	64 80 96 120	≤0.042	400
3号	80 96 120	≤0.047	

玻璃棉装饰吸声板的规格和性能　　表 7-19

品　　名	规格（mm）	技术性能	生 产 厂
玻璃纤维棉吸声板	300×300×10 300×300×18 300×300×20	导热系数：0.047W/（m·K） 吸声系数：（500～4000）Hz/0.7	重庆市玻璃纤维厂
半硬质玻璃棉装饰吸声板	500×500×50		湖南平江县 玻璃纤维厂
硬质玻璃棉装饰吸声板	300×400×16 400×400×16 500×500×30		
船形玻璃棉悬挂式吸声板	1000×1000×20		
离心玻璃棉空间消声板	1000×600×8		

（二）玻璃棉装饰吸声板的特点及用途

玻璃棉装饰吸声板具有质轻、吸声、保温、隔热、防火、阻燃等特点。它的用途同矿棉板，也适合作室内的保温材料。与其有相关性能和用途的还有膨胀珍珠岩及其制品、膨胀蛭石及其制品、泡沫石棉等材料。

复 习 思 考 题

1. 简述纤维的分类。
2. 装饰织物包括哪些？试述它们的特点及用途。
3. 纤维质板材包括哪些？其特点、用途。

第8章　建　筑　涂　料

涂料是一类可借助于刷涂、辊涂、喷涂、抹涂、弹涂等多种作业方法涂覆于物体表面，经干燥、固化后可形成连续状涂膜，并与被涂覆物表面牢固粘结的材料。在很长的一段时间内，涂料的主要原料是天然树脂或干性、半干性油，如松香、大漆、虫胶、亚麻仁油、桐油、豆油等，因而习惯上把涂料称为油漆。自20世纪60年代以来，以石油化学工业为基础的人工合成树脂开始大规模生产，逐步取代天然树脂、干性油和半干性油，成为涂料的主要原料。油漆这一名词已不能代表其确切的含义，故改称为涂料。

建筑涂料系指涂覆于建筑物表面的涂料，它能以其丰富的色彩和质感装饰美化建筑物，并能以其某些特殊功能改善建筑物的使用条件，延长建筑物的使用寿命。同时，建筑涂料具有涂饰作业方法简单、施工效率高、自重小、便于维护更新、造价低等优点。因而建筑涂料已成为应用十分广泛的装饰材料。

第1节　建筑涂料的基本知识

一、涂料的组成

涂料由多种不同物质经混合、溶解、分散而组成，其中各组分都有其不同的功能。不同种类的涂料，其具体组成成分有很大的差别，但按照涂料中各种材料在涂料的生产、施工和使用中所起作用的不同，可将这些组成材料分为主要成膜物质、次要成膜物质和辅助成膜物质等三个部分。

（一）主要成膜物质

主要成膜物质是涂料的基础物质，它具有独立成膜的能力，并可粘结次要成膜物质共同成膜。因此，主要成膜物质也称为基料或胶粘剂，它决定着涂料使用和涂膜的主要性能。

涂料的主要成膜物质多属于高分子化合物或成膜时能形成高分子化合物的物质。前者如天然树脂（虫胶、大漆等）、人造树脂（松香甘油酯、硝化纤维）和合成树脂（醇酸树脂、聚丙烯酸酯、环氧树脂、聚氨酯、氯磺化聚乙烯、聚乙烯醇系缩聚物、聚醋酸乙烯及其共聚物等）；后者如某些植物油料（桐油、梓油、亚麻仁油等）及硅溶胶。

为满足涂料的多种性能要求，可以在一种涂料中采用多种树脂配合，或与油料配合，共同作为主要成膜物质。

（二）次要成膜物质

次要成膜物质是涂料中的各种颜料。颜料本身不具备成膜能力，但它可以依靠主要成膜物质的粘结而成为涂膜的组成部分，起着使涂膜着色、增加涂膜质感、改善涂膜性质、增加涂料品种、降低涂料成本等作用。

按照不同种类的颜料在涂料中起的作用不同，可将颜料划分为着色颜料、体质颜料和防锈颜料三类。

1. 着色颜料

着色颜料是细微粉末状的无机或有机物质，它在涂料中的作用是赋予涂膜一定的颜色和遮盖能力；此外，无机颜料还具有一定的防紫外线穿透作用，它可以减轻有机高分子主要成膜物质的老化，提高涂膜的耐候性。建筑涂料经常在碱性基层（如砂浆或混凝土表面）上使用，而且与大气层环境接触，因此要求着色颜料应具有较好的耐碱性和耐光性。

常见的着色颜料见表8-1。有机颜料的抗老化性能较差，因而很少作为建筑涂料的着色颜料使用。

涂料中常见的着色颜料　　表8-1

颜　色	化学组成	品　　种
黄色颜料	无机颜料	铅铬黄（铬酸铅 $PbCrO_4$）、铁黄［FeO（OH）$\cdot nH_2O$］
	有机颜料	耐晒黄、联苯胺黄等
红色颜料	无机颜料	铁红（FeO）、银朱（HgS）
	有机颜料	甲苯胺红、立索尔红等
蓝色颜料	无机颜料	铁蓝、钴蓝（$CoO\cdot Al_2O_3$）、群青
	有机颜料	酞菁蓝［Fe（NH_4）Fe（CN）$_5$］等
黑色颜料	无机颜料	碳黑（C）、石墨（C）、铁黑（Fe_3O_4）等
	有机颜料	苯胺黑等
绿色颜料	无机颜料	铬绿、锌绿
	有机颜料	酞菁绿等
白色颜料	无机颜料	钛白粉（TiO_2）、氧化锌（ZnO）、立德粉（$ZnO + BaSO_4$）
金属颜料		铝粉、铜粉等

2. 体质颜料

体质颜料又称为填料，它们一般不具备着色能力和遮盖力，只在涂膜中起填充、骨架的作用，能够减少涂膜的固化收缩，增加涂膜的厚度，加强质感，提高涂膜的耐磨性、抗老化性、耐久性等。

体质颜料按颗粒粗细分为粉料（粒径小于0.16mm）和粒料（粒径小于2mm，但大于0.16mm）。粉料主要有重晶石粉、沉淀硫酸钡、碳酸钙、白云石粉、滑石粉、云母粉、高岭土、硅藻土、硅灰石粉以及石英粉等。粒料又称骨料。普通粒料一般采用石英砂；彩色粒料又称彩砂，是由天然彩色岩石破碎而成或石英砂经着色烧结而成。

3. 防锈颜料

防锈颜料的作用是使涂膜具有良好的防锈能力，防止被涂覆的金属表面发生锈蚀。

防锈颜料的主要品种有红丹、锌铬黄、氧化铁红、铝粉等。

（三）辅助成膜物质

辅助成膜物质是指涂料中的溶剂和各种助剂，它们一般不构成涂膜的成分，但对于涂料的生产、涂饰施工以及涂膜形成过程有重要影响，或者可以改善涂膜的某些性质。涂料中的辅助成膜物质有两类：一类是分散介质，另一类是助剂。

1. 分散介质（稀释剂）

涂料在施工时的形态一般是具有一定稠度、黏性和流动性的液体。所以，涂料中必须含有较大数量的分散介质。这些分散介质也叫稀释剂，在涂料的生产过程中，往往是溶解、分散、乳化主要成膜物质或主要成膜物质的原料；在涂饰施工中，使涂料具有一定的稠度和流动性，还可以增强成膜物质向基层渗透的能力。在涂膜的形成过程中，分散介质中少部分将被基层吸收，大部分将逸入大气之中，不保留在涂膜之内。

涂料所用的分散介质有两类：一类是有机溶剂，另一类是水。

有机溶剂既应能溶解树脂、油料等主要成膜物质，又应能控制涂料的黏度，使之便于涂饰施工，还应具有一定的挥发性。常用的有机溶剂有松香水、酒精、200 号溶剂汽油、苯、二甲苯、丙酮等。

用有机溶剂作分散介质的涂料称为溶剂型涂料。

水可以作为多种涂料的分散介质。这种涂料称为水性涂料。

稀释水性涂料时可以采用矿物杂质含量较少的饮用自来水。

2. 助剂

助剂是为改善涂料的性能、提高涂膜的质量而加入的辅助材料。它们的加入量很少，但种类很多，对改善涂料性能的作用显著。涂料中常用的助剂主要有以下几种：

(1) 催干剂　催干剂用于以油料为主要成膜物质的涂料，它的作用是加速油料的氧化、聚合、干燥成膜过程，并在一定程度上改善涂膜的质量。常用的催干剂大多为过渡金属元素铅、钴、锰、锌等的氧化物、盐以及它们与油酸、亚油酸、环烷酸等反应制成的金属皂类。

(2) 增塑剂　增塑剂用于以合成树脂为主要成膜物质的涂料，它通常为分子量较小(大约 300 ~ 500) 的酯类化合物，能够插入合成树脂的高分子链之间，削弱高分子之间的结合力，从而增加涂膜的塑性和柔韧性。常用的增塑剂有邻苯二甲酸酯类、脂肪酸酯类。

(3) 固化剂　固化剂是能与涂料中主要成膜物质发生反应而使之固化成膜的物质。涂料的主要成膜物质不同，所需的固化剂也不同。如水玻璃涂料用缩合磷酸铝为固化剂，室温固化型环氧树脂多选用二乙烯三胺、三乙烯四胺等多烯多胺类固化剂。

(4) 流变剂　流变剂主要用于乳液型涂料，它的加入可在涂料中建立起一种触变结构。这种结构的特点为：当进行涂饰作业时，由于剪切力的作用，可使涂料的黏度降低、流动性增加，便于流平；涂饰作业完成后，形成的湿涂膜又可迅速恢复成为疏松网状的凝聚状态，黏度显著增加，流动性显著降低，从而有效地防止湿涂膜产生流挂现象。常用的流变剂有碱金属氧化物、膨润土、聚乙烯醇、丙烯酸共聚物等。

(5) 分散剂、增稠剂、消泡剂、防冻剂　在乳液型涂料中加入这些助剂，可以分别起到提高成膜物质在溶剂中的分散程度，增加乳液黏度，保持乳液体系的稳定性，改善涂料的流平性，消除气泡，改善乳液内防冻性，降低成膜温度等作用。

(6) 紫外线吸收剂、抗氧化剂、防老化剂　这类助剂可以吸收阳光中的紫外线，抑制、延缓有机高分子化合物的降解、氧化破坏过程，提高涂膜的保光性、保色性和抗老化性能，延长涂膜的使用年限。

此外，还有一些其他的助剂，如防霉剂、防腐剂、阻燃剂等，它们可以满足某些有特殊功能要求的建筑涂料的需要。

二、涂料的分类、型号及命名

（一）涂料的分类

涂料的种类很多，分类方法也多样。按国家标准《涂料产品分类、命名和型号》GB

2705—92 规定，涂料是以其主要成膜物质为基础进行分类。若一种涂料中主要成膜物质有多种，则按在涂料中起主要作用的一种主要成膜物质为基础进行分类。其具体分类见表 8-2。

涂料的类别　　表 8-2

序号	类　别	主要成膜物质	代　号
1	油　脂	天然植物油、合成油等	Y
2	天然树脂	松香及其衍生物、虫胶、乳酪素、大漆及其衍生物等	T
3	酚醛树脂	酚醛树脂、改性酚醛树脂	F
4	沥青漆类	天然沥青、石油沥青、煤焦油沥青等	L
5	醇酸树脂	甘油醇酸树脂、改性醇酸树脂	C
6	氨基树脂	脲醛树脂	A
7	硝　基	硝基纤维素、改性硝基纤维素	Q
8	纤维素	乙基纤维、苄基纤维、醋酸纤维、羟基纤维等	M
9	过氯乙烯树脂	过氯乙烯、改性过氯乙烯	G
10	烯烃类树脂	氯乙烯共聚物、聚醋酸乙烯及其共聚物、聚苯乙烯树脂、氯化聚丙烯树脂等	X
11	丙烯酸树脂	丙烯酸树脂及其共聚物改性树脂	B
12	聚酯树脂	饱和聚酯树脂、不饱和聚酯树脂	Z
13	环氧树脂	环氧树脂、改性环氧树脂	H
14	聚氨酯树脂	聚氨基甲酸酯	S
15	元素有机聚合物	有机硅、有机钛、有机铝等	W
16	橡　胶	天然橡胶及其衍生物	J
17	其　他	以上 16 类未包括的其他成膜物质，如无机高分子材料等	E

虽然涂料已经制定了统一的分类方法标准，但由于建筑涂料的种类繁多，近年来的发展异常迅速，现行标准很难将其准确全面地涵盖，因此人们通常更习惯按其他方法对建筑涂料进行分类。常用的分类方法有：

1. 按使用部位分类

建筑涂料可以在建筑物的不同部位使用，据此，可将其分为外墙涂料、内墙涂料、顶棚涂料、地面涂料和屋面防水涂料等。

2. 按主要成膜物质的化学成分分类

在建筑涂料中，以有机合成高分子材料作为主要成膜物质的可称为有机涂料。某些无机胶凝材料（主要是水玻璃、硅溶胶）也可以作为涂料的主要成膜物质，这类涂料被称为无机涂料。两者复合使用的（如聚乙烯醇水玻璃涂料）称为有机-无机复合涂料。

3. 按涂料所用分散介质和主要成膜物质的溶解状态分类

分散介质为有机溶剂，主要成膜物质在分散介质中溶解成真溶液状态的涂料，称为溶剂型涂料。

以水作为分散介质的涂料称为水性涂料。按主要成膜物质在水中的分散方式不同，水性涂料又可分为乳液型涂料、水溶胶涂料和水溶性涂料。

（1）乳液型涂料　主要成膜物质为合成树脂，借助乳化剂的作用，以 0.1～0.5μm 的极细微粒子分散于水中构成乳液状，加入适量的颜料、填料、辅助材料经研磨而成的涂料，这种涂料又称为乳胶漆。

（2）水溶胶涂料　主要成膜物质在水中分散成为胶体状态，如硅溶胶涂料是粒度约为 0.005～0.008μm 的 SiO_2 超细微粒在水中悬浮而构成的溶胶体。

（3）水溶性涂料　合成树脂在水中分散成真溶液状态的涂料，如聚乙烯醇缩甲醛内墙壁涂料。

一般地，同一种合成树脂制得的溶剂型涂料与乳液型涂料相比较，前者的涂膜比较致密，通常具有较好的硬度、光泽、耐水性、耐碱性及耐候性、耐沾污性；后者的涂膜质量不如前者，而且不能在太低的温度下施工。但溶剂型涂料在涂饰施工时有大量的有机溶剂挥发，会造成环境污染，易引起火灾，对人体毒性较大，而且涂膜透气性较差，不宜在潮湿基层上施工；而乳液型涂料以水为分散介质，不仅成本较低，而且不会污染环境，不易发生火灾，施工方便，施工工具可用水洗，涂膜具有透气性，可以在较为潮湿的基层上施工。

（4）按涂膜厚度和膜层结构状态分类　建筑涂料的涂膜厚度小于 1mm 的，称为薄质涂料；涂膜厚度为 1～5mm 的，称为厚质涂料。当涂料的涂层具有多层结构时称为复层涂料，它通常由封底涂层、主涂层和罩面层组成。一般建筑涂料中的颜料均为粉料，所形成的膜层较为细腻。但若以具有不同粒级的粒料代替粉料，经喷涂后形成的涂膜表面粗糙，这种涂料称为砂壁状建筑涂料。

（5）按成膜机理分类　按成膜机理的不同，有溶剂挥发成膜的涂料和化学反应成膜的涂料之分。大部分溶剂型和水溶性涂料属于前者，在成膜过程中，溶剂挥发（蒸发），成膜物质颗粒相互靠近、凝聚、干燥而成膜，成膜物质不发生化学反应。属于化学反应成膜的涂料，在成膜过程中的化学反应有氧化聚合反应和交联固化反应两种类型。通常使用的醇酸树脂漆等，在成膜过程中，虽有溶剂的挥发，但主要依靠成膜物质的氧化聚合作用聚合而固化成膜。而聚氨酯树脂涂料、环氧树脂涂料等，在使用时需要加入固化剂，使主要成膜物质分子与固化剂分子之间产生交联反应，形成体型结构的高分子而固化成膜，这类涂料一般是固化剂与主要成膜物质在使用前分装的多组分涂料。

实际上，涂料的上述各种分类方法常常是相互交织在一起的。如薄质涂料包括溶剂型薄质涂料、乳液型薄质涂料、无机高分子薄质涂料等；厚质涂料包括乳液型厚质涂料、合成树脂乳液型砂壁状涂料、反应固化型厚质涂料等。又如，外墙涂料包括有溶剂型外墙涂料、乳液型外墙涂料、外墙无机涂料等。目前，已经颁布的 6 个建筑涂料国家标准也说明了这一问题，这 6 个国家标准为：《合成树脂乳液砂壁状建筑涂料》GB 9153—88、《合成树脂乳液外墙涂料》GB 9755—88、《合成树脂乳液内墙涂料》GB 9756—88、《溶剂型外墙涂料》GB 9757—88、《复层建筑涂料》GB 9779—88 和《外墙无机建筑涂料》GB 10222—88。

（二）涂料的命名

涂料的名称由三部分组成：即颜色或颜料名称、主要成膜物质和基本名称。

涂料名称中的主要成膜物质名称应作适当简化，如聚氨基甲酸酯简化为聚氨酯。如果当中含有多种成膜物质时，可选取起主要作用的那一种成膜物质命名。

基本名称仍采用已广泛使用的名称，如红醇酸磁漆、铁红酚醛防锈漆等。

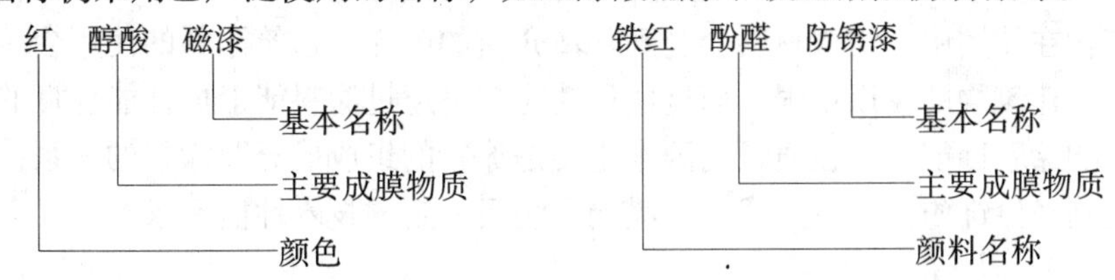

表 8-3 给出了部分涂料的基本名称和代号。

部分涂料的基本名称和代号　表 8-3

代号	基本名称	代号	基本名称	代号	基本名称
00	清油	14	透明漆	61	耐热漆
01	清漆	15	斑纹漆、裂纹漆、桔纹漆	62	示温漆
02	厚漆	19	闪光漆	66	光固化涂料
03	调合漆	24	家电用漆	77	内墙涂料
04	磁漆	26	自行车漆	78	外墙涂料
05	粉末涂料	23	罐头漆	79	屋面防水涂料
06	底漆	50	耐酸漆、耐碱漆	80	地板漆、地坪漆
07	腻子	52	防腐漆	86	标志漆、路标漆、马路划线漆
09	大漆	53	防锈漆	98	胶　液
11	电泳漆	54	耐油漆	99	其　他
12	乳胶漆	55	耐水漆		
13	水溶性漆	60	防火漆		

上述编号的基本原则为：采用 00 ~ 99 二位数表示，00 ~ 99 代表基本名称；10 ~ 19 代表美术漆；20 ~ 29 代表轻工漆；30 ~ 39 代表绝缘漆；40 ~ 49 代表船舶漆；50 ~ 59 代表腐蚀漆；60 ~ 69 代表其他。

（三）涂料的型号表示方法

国家标准《涂料产品分类、命名和型号》GB 2075—92 中规定，各种涂料的型号用三个部分表示：第一部分是主要成膜物质的代号，用汉语拼音字母表示，见表 8-2；第二部分是基本名称，用两位数字表示，见表 8-3；第三部分是序号，表示同类产品中组成、配比或用途不同的涂料品种。每个型号只表示一种涂料品种，例如：C04—2，其中“C”表示醇酸树脂（主要成膜物质），“04”表示磁漆（基本名称），“2”表示序号。

（四）辅助材料的型号表示方法

当涂料中的辅助材料需要特别标出时，其型号由两部分组成，第一部分是辅助材料种类，用汉语拼音字母表示；第二部分是序号。

辅助材料按用途划分，其种类及代号为：稀释剂—X，防潮剂—F，催干剂—G，脱漆剂—T，固化剂—H。

第 2 节　建筑涂料的技术性能要求

建筑涂料对建筑物的功能体现在两个方面：一是装饰功能，通过不同的涂饰方法，形成不同的色彩、质感，以满足各种类型建筑物的不同装饰艺术要求；二是对建筑物的保护功能，建筑物在使用中，结构材料会受到环境介质的破坏，建筑涂料的使用会减缓这种破坏作用，延长建筑物的使用年限。而这两种功能都是通过涂料能形成性能优良的涂膜予以实现的。影响涂膜性能和内在质量的因素主要是涂料的组成成分及涂料的体系特征，因此建筑涂料及其经涂饰施工后所形成的涂膜均应满足一定的技术性能要求。

一、涂料的主要技术性能要求

涂料的主要技术性能要求有：在容器中的状态、黏度、含固量、细度、干燥时间、最低成膜温度等。

1. 容器中的状态

容器中的状态反映涂料体系在储存时的稳定性。各种涂料在容器中储存时均应无硬块，搅拌后应呈均匀状态。

2. 黏度

涂料应有一定的黏度，使其在涂饰作业时易于流平而不流挂。建筑涂料的黏度取决于主要成膜物质本身的黏度和含量。

3. 含固量

含固量是指涂料中不挥发物质在涂料总量中所占的百分比。含固量的大小不仅影响涂料的黏度，同时也影响到涂膜的强度、硬度、光泽及遮盖力等性能。薄质涂料的含固量通常不小于45%。

4. 细度

细度是指涂料中次要成膜物质的颗粒大小，它影响涂膜颜色的均匀性、表面平整性和光泽。薄质涂料的细度一般不大于60μm。

5. 干燥时间

涂料的干燥时间分为表干时间和实干时间，它影响到涂饰施工的时间。一般地，涂料的表干时间不应超过2h，实干时间不应超过24h。

6. 最低成膜温度

最低成膜温度是乳液型涂料的一项重要性能。乳液型涂料是通过涂料中分散介质——水分的蒸发，细小颗粒逐渐靠近、凝结而成膜的，这一过程只有在某一最低温度以上才能实现，此温度称为最低成膜温度。乳液型涂料只有在高于这一温度时才能进行涂饰作业。乳液型涂料的最低成膜温度都应在10℃以上。

此外，对不同类型的涂料，还有一些不同的特殊要求，如砂壁状涂料的骨料沉降性、合成树脂乳液型涂料的低温稳定性等。

二、涂膜的主要技术性能要求

涂膜的技术性能包括物理力学性能和化学性能。主要有涂膜颜色、遮盖力、附着力、粘结强度、耐冻融性、耐污染性、耐候性、耐水性、耐碱性及耐刷洗性等。

1. 涂膜颜色

涂膜颜色与标准样品相比，应符合色差范围。

2. 遮盖力

遮盖力反映涂膜对基层材料颜色遮盖能力的大小，与涂料中着色颜料的着色力及含量有关，通常用能使规定的黑白格遮盖所需涂料的单位面积质量 g/cm^2 表示。建筑涂料的遮盖力范围约为 100 ~300g/cm^2。

3. 附着力

附着力是表示薄质涂料的涂膜与基层之间粘结牢固程度的性能，通常用划格法测定。将涂料制成标准的涂膜样本，然后用锋利的刀片，沿长度和宽度方向每隔 1mm 划线，共切出 100 个方格，划线时应使刀片切透涂膜；然后用软毛刷沿对角线方向反复刷 5 次，在放大镜下观察被切出的小方格涂膜有无脱落现象。用未脱落小方格涂膜的百分数表示附着力的大小。质量优良的涂膜其附着力指标应为 100%。

4. 粘结强度

粘结强度是表示厚质建筑材料涂料和复层建筑涂料的涂膜与基层粘结牢固程度的性能指标。粘结强度高的涂料其涂膜不易脱落，耐久性好。

5. 耐冻融性

外墙涂料的涂膜表面毛细管内含有吸收水分，在冬季可能发生反复冻融，导致涂膜开裂、粉化、起泡或脱落。因此，对外墙涂料的涂膜有一定的耐冻融性要求。涂膜的耐冻融性用涂膜标准样板在 -20 ~ 23℃之间能承受的冻融循环次数表示，次数越多，表明涂膜的耐冻融性越好。

6. 耐沾污性

耐沾污性是指涂料抵抗大气灰尘污染的能力，它是外墙涂料的一项重要的性能。暴露在大气环境中的涂料，受到的灰尘污染有三类：第一类是沉积性污染，即灰尘自然沉积在涂料表面，污染程度与涂膜的平整度有关；第二类是侵入性污染，即灰尘、有色物质等随同水分浸入到涂膜的毛细孔中，污染程度与涂膜的致密性有关；第三类是吸附性污染，即由于涂膜表面带有静电或油污而吸引灰尘造成污染。其中以第二类污染对涂膜的影响最为严重。涂料的耐沾污性用涂膜经污染剂反复污染至规定次数后，对光的反射系数下降率的百分数表示，下降率越小，涂料的耐沾污性越好。

7. 耐候性

有机涂料的主要成膜物质在光、热、臭氧的长期作用下，会发生高分子的降解或交联，使涂料发黏或变脆、变色，失去原有的强度、柔韧性和光泽，最终导致涂膜的破坏。这种现象称为涂料的老化。涂料抵抗老化的能力称为耐候性。它通常经给定的人工加速老化处理时间后，涂膜粉化、裂化、起鼓、剥落及变色等状态指标来表示涂料的耐候性。

8. 耐水性

涂料与水长期接触会产生起泡、掉粉、失光、变色等破坏现象。涂膜抵抗水的这种破坏作用的能力称为涂料的耐水性。涂料的耐水性用浸水试验法测定，即将已经实干的涂膜试件的 2/3 面积浸入 25 ± 1℃的蒸馏水或沸水中，达到规定时间后检查涂膜有无上述破坏现象。耐水性差的涂料不得用于潮湿的环境中。

9. 耐碱性

大多数建筑涂料是涂饰在水泥混凝土、水泥砂浆等含碱材料的表面上，在碱性介质的作用下，涂膜会产生起泡、掉粉、失光和变色等破坏现象。因此，涂料必须具有一定的抵抗碱性介质破坏的能力，即耐碱性。涂料的耐碱性的测定方法为：将涂膜试样浸泡在

$Ca(HO)_2$饱和水溶液中一定时间后，检查涂膜表面是否产生上述破坏现象及破坏程度，用以评价涂料的耐碱性。

10. 耐刷洗性

耐刷洗性表示涂膜受水长期冲刷而不破坏的性能。涂料耐刷洗性的测定方法为：用浸有规定浓度肥皂水的鬃刷，在一定压力下反复擦刷试板的涂膜，刷至规定的次数，观察涂膜是否破损露出试板底色。外墙涂料的耐刷洗次数一般要求达1000次以上。

上述对涂膜的各项技术要求并非对所有的涂料都是必须的，如耐冻融性、耐沾污性、耐候性对于外墙涂料是重要的技术性能，但对内墙涂料则往往不做要求。此外，对于不同的涂料，还有一些特殊的技术要求，如对地面涂料，要求具有较高的耐磨性，对复层建筑涂料则有耐冷热循环性及耐冲击性等。

三、室内装饰装修材料溶剂型木器涂料中有害物质限量 GB 18581—2001

室内装饰装修材料溶剂型木器涂料中有害物质限量技术要求　　表 8-4

项目		限量值		
		硝基漆类	聚氨酯漆类	醇酸漆类
挥发性有机化合物（VOC）❶/（g/L），≤		750	光泽（60°）≥80，600 光泽（60°）<80，700	550
苯❷/%，≤		0.5		
甲苯和二甲苯总和❷/%，≤		45	40	10
游离甲苯二异氰酸酯（TDI）❸/%，≤		—	0.7	—
重金属—(限色漆)/(mg/kg)，≤	可溶性铅	90		
	可溶性镉	75		
	可溶性铬	60		
	可溶性汞	60		

❶按产品规定的配比和稀释比例混合后测定。如稀释剂的使用量在某一范围时，应按照推荐的最大稀释量稀释后进行测定

❷如产品规定了稀释比例或产品由双组分或多组分组成时，应分别测定稀释剂和各组分中的含量，再按产品规定的配比计算混合后涂料中的总量，如稀释剂的使用量为某一范围时，应按照推荐的最大稀释量进行计算

❸如聚氨酯漆类规定了稀释比例或由双组分或多组分组成时，应先测定固化剂（含甲苯二异氰酸酯预聚物）中的含量，再按产品规定的配比计算混合后涂料中的含量。如稀释剂的使用量为某一范围时，应按照推荐的最小稀释量进行计算

涂料，包括各种油漆、内外墙涂料等，早已进入了千家万户，人们生活的方方面面都离不开它，如今更成为美化环境、美化家居不可缺少的一类化工材料。在涂料家族中，聚酯涂料（漆）、聚氨酯涂料（漆）性能优异，是近十多年来发展较快的品种，目前在我国家居和装修业中使用量均排在前列。

聚酯漆和聚氨酯漆需配加固化剂才能使用，必要时还加入稀释剂、胶粘剂。许多消费者已经注意到稀释剂中苯类化合物对人体健康的危害，在购买和使用油漆配套的稀释剂时，都指明要不含苯的。但是，许多消费者至今还不知道固化剂中残留的甲苯二异氰酸酯

（TDI）的毒性更大，对人体健康和环境的危害更加严重。

生产固化剂的主要原料是 TDI，其投料量接近总量的四成。TDI 是有毒的化合物，因此用于聚酯漆或聚氨酯漆固化时，要先行转化为新的无毒的物质，这便是生产中应用的固化剂。然而，由于生产工艺和设备水平的限制，总是有部分 TDI 不能转化而残留在固化剂中，因此，固化剂 TDI 残留量高低决定了固化剂毒性的高低。参照欧洲和美国标准，TDI 残留量低于 2%属无毒级，低于 5%属无害级，我国原化工部化工企业行业标准的规定中，也是以 2%TDI 残留量作为有毒和无毒固化剂的分界线。

事实上，我国目前投放市场的固化剂，其 TDI 残留量普遍在 5%～8%之间，属于有毒级别，部分极劣质产品甚至高达 10%。用这种有毒级固化剂配制的涂料喷涂家具和装修房子，其有毒物质将会逐渐散发到空气中。

我国从八五计划开始就把无毒固化剂的研制列入攻关项目中，经列入八五、九五计划未能完全解决，直至嘉宝莉公司攻克无毒固化剂产品难关，实现工业生产之前，国内仍然没有企业大规模生产无毒固化剂，我国市场上销售的和使用的无毒固化剂，几乎全部靠进口，这不能不说是一个遗憾！原因：一方面固然是生产企业投入不够，另一方面也是更为重要的是消费者根本未意识到有毒固化剂的严重后果，没有这方面的强烈要求。因此便出现了只看到装修好的漂亮居室，而看不见残留毒性污染这只无形的“黑手”。只知病了求医，没想到部分病因就来自居室毒性物质的现象。

第 3 节　内　墙　涂　料

内墙涂料也可以用作顶棚涂料，它的作用是装饰和保护室内墙面和顶棚。对内墙涂料的主要要求为：色彩丰富、协调，色调柔和，涂膜细腻，耐碱性、耐水性好，不易粉化，透气性好，涂刷方便，重涂性好。

常用的内墙涂料有合成树脂乳液内墙涂料、水溶性内墙涂料、多彩花纹内墙涂料。这里主要介绍合成树脂乳液内墙涂料。

合成树脂乳液内墙涂料也称乳胶漆，是以合成树脂乳液为主要成膜物质，加入着色颜料、体质颜料、助剂，经混合、研磨而制得的薄质内墙涂料。这类涂料具有下列特点：

（1）以水为分散介质，随着水分的蒸发而干燥成膜，施工时无有机溶剂溢出，因而无毒，可避免施工时发生火灾的危险。

（2）涂膜透气性好，因而可以避免因涂膜内外温度差而鼓泡，可以在新建的建筑物水泥砂浆及灰泥墙面上涂刷。用于内墙涂饰，无结露现象。

乳胶漆的种类很多，通常以合成树脂乳液来命名，主要品种有：聚醋酸乙烯乳胶漆、丙烯酸酯乳胶漆、乙-丙乳胶漆、苯-丙乳胶漆、聚氨酯乳胶漆等。

1. 聚醋酸乙烯乳胶漆

聚醋酸乙烯乳胶漆的主要成膜物质是由醋酸乙烯单体通过乳液聚合得到的均聚乳液。在乳液中加入着色颜料、填料和各种助剂，经研磨或分散处理而制成的一种乳液涂料。

这种涂料无毒、无味，涂膜细腻、平光、透气性好，色彩多样，施工方便，装饰效果良好，耐水、耐碱、耐候性较其他共聚乳液差，是一种中档内墙涂料。

2. 丙烯酸酯乳胶漆

这种涂料的主要成膜物质是丙烯酸酯共聚乳液，它是由甲基丙烯酸甲酯、丙烯酸乙酯、丁酯及丙烯酸、甲基丙烯酸为单体，进行乳液共聚而得到的纯丙烯酸系共聚乳液。

丙烯酸酯乳胶漆的涂膜光泽柔和，耐候性、保光性、保色性优异，耐久性好，是一种高档的内墙涂料。

由于纯丙烯酸酯乳胶漆价格昂贵，常以丙烯酸系单体为主，与醋酸乙烯、苯乙烯等单体进行乳液共聚，制成性能较好而价格适中的中-高档内墙涂料。其主要品种有乙-丙涂料和苯-丙涂料。

3. 乙-丙乳胶漆

乙-丙乳胶漆是醋酸乙烯-丙烯酸酯共聚乳液涂料的简称。这种涂料的耐碱性、耐水性均优于聚醋酸乙烯乳胶漆。

4. 苯-丙乳胶漆

苯-丙乳胶漆是苯乙烯-丙烯酸酯共聚乳液涂料的简称。它的主要成膜物质是苯乙烯、丙烯酸酯、甲基丙烯酸酯等三元共聚乳液，其着色颜料中的白色原料常用耐光性、耐碱性较好的金红石型钛白粉，配以沉淀硫酸钡、硅灰石粉等体质颜料，以提高遮盖力和着色性。这种涂料的耐碱性、耐水性、耐洗刷性及耐久性稍低于纯丙烯酸酯乳液涂料，但优于其他品种的内墙涂料。

合成树脂乳液内墙涂料的技术性能应符合表 8-5 的要求。

合成树脂乳液内墙涂料的技术性能　　**表 8-5**

项　次	技　术　性　能	性　能　指　标
1	在容器中的状态	无硬块，搅拌后呈均匀状态
2	固体含量（%），120±2℃，2h	≮45
3	低温稳定性	不凝聚，不结块，不分离
4	遮盖力（g/cm²），白色或浅色	≯250
5	颜色与外观	表面平整，符合色差范围
6	干燥时间（h）	≯2
7	耐刷洗性（次）	≮300
8	耐碱性，48h	不起泡，不掉粉，允许轻微失光和变色
9	耐水性，96h	不起泡，不掉粉，允许轻微失光和变色

注：摘自国家标准《合成树脂乳液内墙涂料》GB 9756—88。

合成树脂乳液型内墙涂料（乳胶漆）适用于混凝土、水泥砂浆、水泥类墙板、加气混凝土等基层。基层应清洁、平整、坚实、不太光滑，以增强涂料与墙体的粘结力。基层含水率应不大于 8%～10%，pH 值应在 7～10 范围内，以防止基层过分潮湿、碱性过强而导致出现涂层变色、起泡、剥落等现象。涂饰施工的最佳气候条件为气温 15～25℃，空气相对湿度 50%～75%。

第 4 节　外　墙　涂　料

外墙涂料的主要功能是装饰美化建筑物，使建筑物与周围环境达到完美的和谐，同时还保护建筑物的外墙免受大气环境的侵蚀，延长其使用寿命。

由于外墙直接与环境的各种介质相接触，因此要求外墙涂料有更好的保色性、耐水性、耐沾污性和耐候性。而且建筑物外墙面积大，也要求外墙涂料施工操作简便。

常用的外墙涂料有合成乳液型外墙涂料、合成树脂乳液砂壁状外墙涂料、合成树脂溶剂型外墙涂料、外墙无机建筑涂料和复层建筑涂料等。

一、合成树脂乳液外墙涂料

合成树脂乳液外墙涂料是以合成树脂乳液作为主要成膜物质，加入着色颜料、体质颜料和助剂，经过混合、研磨而制得的外墙涂料。按涂料的质感可分为薄质乳液涂料（乳胶漆）、厚质涂料及彩色砂壁状涂料等。

合成树脂乳液外墙涂料的主要特点为：

（1）以水为分散介质，涂料中无易燃、有毒的有机溶剂，因而不会污染环境，不易发生火灾，对人体毒性小。

（2）施工方便，可用多种方法施涂。施工工具可以用水清洗。

（3）涂膜透气性好，涂料中又含有大量水分，因而可以在稍湿的基层上施工，非常适宜于建筑工地的应用。

（4）具有良好的耐候性，尤其是高质量的丙烯酸酯乳液外墙涂料，其涂膜的光亮度、耐候性、耐水性、耐久性等各种性能可以与溶剂型丙烯酸酯外墙涂料相媲美。

目前，乳液型外墙涂料存在的主要问题是其在太低的温度下不能形成良好的涂膜，通常在10℃以上才能保证质量，因而冬季不易应用。

合成树脂乳液外墙涂料的主要技术指标必须符合国家标准GB 9755—88的规定。见表8-6。

合成树脂乳液外墙涂料技术指标　　表8-6

项　　目	技 术 指 标
在容器中的状态	无硬块，搅拌后呈均匀状态
固体含量（%），120±2℃，2h	≥45
低温稳定性	不凝聚、不结块、不分离
遮盖力（g/cm^2），白色及浅色	≤250
颜色及外观	表面平整，符合色差范围
干燥时间（h）	≤2
耐洗刷性（次）	≥1000
耐碱性，48h	不起泡、不掉粉、允许轻微失光和变色
耐水性，96h	不起泡，不掉粉，允许轻微失光和变色
耐冻融循环，10次	无粉化、不起鼓、不开裂、不剥落
耐人工老化性，250h 粉化（级） 变色（级）	不起泡、不剥落、无裂纹 ≤1 ≤2
耐沾污性，白色或浅色 5次循环反射系数下降率	≤30

（一）彩色砂壁状外墙涂料

彩色砂壁状涂料又称彩砂涂料或彩石漆，是以合成树脂乳液为主要成膜物质，以彩色砂粒为骨料，采用喷涂方法涂饰于建筑物外墙，形成粗面状涂层的厚质涂料。

涂料所采用的合成树脂乳液通常是苯-丙乳液。

涂料的着色主要依靠着色骨料或天然砂粒、石粉加颜料。着色骨料可由彩色岩石破碎或石英砂加矿物颜料烧结而成。彩色岩石破碎后其颜色明显变浅，着色效果不够理想。而石英砂与金属氧化物、矿化剂混合烧结得到的人工彩砂着色效果最好。人工彩砂通常要与石英砂、白云石粉等普通骨料配合使用，以获得色调的层次感和天然饰面石材的质感，同时也降低了涂料的造价。为了减轻骨料在乳液中的沉降现象，涂料中含有增稠剂。涂料中其他助剂有成膜助剂（降低最低成膜温度）、防霉剂、防腐剂等。

彩色砂壁状涂料的技术性能应符合国家标准《合成树脂砂壁状建筑涂料》GB 9135—88 的规定，见表 8-7。

这种涂料的特点是无毒、无溶剂污染；快干、不燃、耐强光、不褪色；利用骨料的不同组成和搭配，可以使涂料色彩形成不同的层次，取得类似天然石材的质感和装饰效果。

（二）水乳型环氧树脂乳液外墙涂料

水乳型环氧树脂乳液外墙涂料是另一类乳液型涂料。它是由环氧树脂配以适当的乳化剂、增稠剂、水，通过高速机械搅拌分散而成的稳定乳液为主要成膜物质，加入颜料、填料、助剂配制而成的外墙涂料。这类涂料以水为分散介质，无毒无味，生产施工较安全，对环境污染较少。目前，国内用于外墙装饰的品种主要是水乳型环氧树脂外墙涂料。

水乳型环氧树脂外墙涂料是双组分涂料，由双酚 A 环氧树脂 E-44 配以乳化剂、增稠剂、水，通过高速机械搅拌分散为稳定性好的环氧树脂乳液，与选定的颜料、填料配制而成的一种厚浆，作为涂料的 A 组分，使用时再配以固化剂（涂料的 B 组分），混合均匀后通过特制的双管喷枪可一次喷成仿石纹（如花岗石纹）的装饰涂层，是目前高档外墙涂料之一。

水乳型环氧树脂外墙涂料的特点是与基层墙面粘结性能优良，不易脱落；装饰效果好；涂层耐老化、耐候性优良；耐久性好。国外已有应用十年以上的工程实例，外观仍完好美观。但这种涂料价格较贵，因为是双组分，故施工比较麻烦。

水乳型环氧树脂外墙涂料的主要技术性能见表 8-8。

砂壁状建筑涂料的各项技术指标 **表 8-7**

项　目	技　术　指　标
在容器中的状态	经搅拌后呈均匀状态，无结块
骨料沉降性（%）	<10
低温贮存稳定性	3 次试验后，无硬块、凝聚及组成物的变化
热贮存稳定性	一个月试验后，无硬块、发霉、聚集及组成物的变化
干燥时间（h），表干	≤2
颜色及外观	颜色及外观与样本相比，无明显差别
耐水性	240h 试验后，涂层无裂纹、起泡、剥落、软化的析出，与未浸泡部分相比，颜色、光泽允许有轻微变化
耐碱性	240h 试验后，涂层无裂纹、起泡、剥落、软化的析出，与未浸泡部分相比，颜色、光泽允许有轻微变化
耐洗刷性	1000 次洗刷试验后涂层无变化
耐沾污率（%）	5 次沾污试验后，沾污率在 45% 以下
耐冻融循环性	10 次冻融循环试验后，涂层无裂纹、起泡、剥落，与未试验板相比，颜色、光泽允许有轻微变化
粘结强度（MPa）	≥0．69
人工加速耐候性	500h 试验后，涂层无裂纹、起泡、剥落、粉化，变色 2 级

水乳型环氧树脂外墙涂料的主要技术性能 表 8-8

项　　目	指　　　标
花纹图案	双色及多色仿花岗石装饰效果的凹凸花纹，凸起部分厚度在 0．5～1mm
喷涂量（kg/m^2）	1．0～1．2
涂料贮存期	常温（室内）6 个月
抗裂纹性	在 77m/s 的气流下，6h 涂层不产生裂纹
耐水性	浸水 10d 后涂膜仍未见裂缝、鼓泡、皱纹、剥落等现象
耐碱性	饱和 $Ca(OH)_2$ 水溶液浸 10d 后无变化，未产生破裂、鼓泡、剥落、穿孔、软化和溶解现象
粘结强度（MPa）	标准状态下 7d 龄期大于 1.8

二、合成树脂溶剂型外墙涂料

溶剂型涂料是以高分子合成树脂为主要成膜物质，有机溶剂为分散介质，加入一定量的着色颜料、体质颜料和助剂，经混合、搅拌溶解、研磨而配制成的涂料。这种涂料涂刷后，随着涂料中所含的溶剂的挥发，成膜物质与其他不挥发组分共同形成均匀连续的涂层薄膜。因其涂膜致密，具有较高的光泽、硬度、耐水性、耐酸性及良好的耐候性、耐污染性等特点，因而主要用于建筑物的外墙涂饰。但由于施工时有大量易燃的有机溶剂挥发，容易污染环境，且涂料价格一般比乳液型涂料贵。由于这些原因，国内外这类外墙涂料的用量低于乳液型外墙涂料的用量。

目前，常用的溶剂型外墙涂料有：氯化橡胶外墙涂料、聚氨酯丙烯酸酯外墙涂料、丙烯酸酯有机硅外墙涂料等。其中，聚氨酯丙烯酸酯外墙涂料和丙烯酸酯有机硅外墙涂料的耐候性、装饰性、耐沾污性都很好，涂料的耐用性都在十年以上。

合成树脂溶剂型外墙涂料的技术性能应符合国家标准《合成树脂溶剂型外墙涂料》GB 9757—88 的规定，见表 8-9。

合成树脂溶剂型外墙涂料的技术性能 表 8-9

项　　目	性 能 指 标
在容器中的状态	搅拌时均匀，无结块
固体含量（%）	≥45
细度（μm）	≤45
施工性	施工无困难
遮盖力（g/cm^2），白色及浅色	≤140
颜色及外观	表面平整，在其色差范围内，符合标准样板
干燥时间	表干 2h，实干 24h
耐水性，144h	不起泡、不掉粉、允许轻微失光和变色
耐碱性，24h	不起泡、不掉粉、允许轻微失光和变色
耐冻融循环性，10 次	无粉化、不起鼓、不剥落
耐人工老化性，250h 粉化（级） 变色（级）	不起泡、不剥落、无裂纹 ≤2 ≤2
耐沾污性，5 次循环 反射系数下降率（%）	≤15
耐洗刷性（次）	≥2000

第5节　门窗、家具涂料

在装饰工程中，门窗和家具所用涂料也占很大一部分，这部分涂料的功能是对门、窗、家具起装饰和保护作用。涂料所用的主要成膜物质以油脂、分散于有机溶剂中的合成树脂或混合树脂为主，一般人们常称之为“油漆”。这类涂料的品种繁多，性能各异，大多由有机溶剂稀释，所以也可称为有机溶剂型涂料。

一、油脂漆

油脂漆是以干性油或半干性油为主要成膜物质的一种涂料。它装饰施涂方便，渗透性好，价格低，气味与毒性小，干固后的涂层柔韧性好。但涂层干燥缓慢，涂层较软，强度差，不耐打磨抛光，耐高温和耐化学性差。常用的有以下几种：

1. 清油

清油是以半干性桐油为主要原料，加热聚合到适当稠度，再加入催干剂而制成的。它干燥得较快，漆膜光亮、柔韧、丰满，但漆膜较软。清油一般用于调制油性漆、厚漆、底漆和腻子。

2. 厚漆

俗称铅油，是由干性油、着色颜料和体质颜料经研磨而成的厚浆状漆。所用干性油一般要经加热聚合，所以又称作聚合厚漆。使用前须加稀释剂和催干剂，一般加适量的熟桐油和松香水，调稀至可使用的稠度。通常用作打底或调制腻子。

3. 油性调合漆

油性调合漆是用干性油与颜料研磨后，加入催干剂及溶剂配制而成。这种漆膜附着力好，不易脱落，不起龟裂，不易粉化，经久耐用，但干燥较慢，漆膜较软，故适用于室外面层涂刷。

二、天然树脂漆

天然树脂漆是指各种天然树脂加干性植物油经混炼后，再加入催干剂、分散介质、颜料等制成的。常用的天然树脂漆有虫胶漆、大漆等。

1. 虫胶清漆

虫胶清漆又称为泡立水、酒精凡立水，也简称漆片。它是由一种积累在树枝上的寄生昆虫的分泌物，经收集加工溶于酒精中而成的。这种漆使用方便，干燥快，漆膜坚硬光亮。缺点是耐水性、耐候性和耐碱性差，日光暴晒会失光，热水浸烫会泛白。一般用于室内涂饰。

2. 大漆

大漆又称土漆、天然漆、中国漆，有生漆和熟漆之分。它是用从漆树上取得的液汁，经部分脱水并过滤而得到的棕黄色黏稠液体。大漆的主要成分为复杂的醇素树脂。其特点为：漆膜坚硬，富有光泽，耐久、耐磨、耐油、耐水、耐腐蚀、绝缘、耐热（250℃），与基底表面结合力强。缺点是黏度高而不易施工（尤其是生漆），漆膜色深，性脆，不耐阳光直射，抗氧化和抗碱性差。生漆有毒，干燥后漆膜粗糙，所以很少直接使用。生漆经加工即成熟漆，或经改性后制成各种精制漆。熟漆适于在潮湿环境保护中使用，所形成的漆膜光泽好、坚韧、稳定性高、耐酸性强，但干燥较慢，甚至需要2～3个星期。精制漆有广漆和催光漆等品种，具有漆膜坚韧、耐水、耐热、耐久、耐腐蚀等良好性能，光泽动人，装饰性强，适用于木器家具、工艺美术品及某些建筑制品等。

大漆产于漆树，为我国特产，盛产于陕西、四川、湖南、湖北、贵州等省，福建、浙江、安徽等省也有生产。

三、清漆

清漆是不含颜料的油状透明涂料，以树脂或树脂与油为主要成膜物质。油基清漆系由合成树脂、干性油、分散介质、催干剂等配制而成。油料用量较多时，漆膜柔韧、耐久且富有弹性，但干燥较慢；油料用量较少时，则漆膜坚硬、光亮、干燥快，但较易脆裂。油基清漆有脂胶清漆、酚醛清漆、醇酸清漆等。树脂清漆主要是虫胶清漆。

1. 脂胶清漆

脂胶清漆又称耐水清漆，是以干性油和甘油松香为主要成膜物质而制成的。这种清漆漆膜光亮，耐水性好，但光泽不持久，干燥性差，适用于木质家具、门窗、板壁等的涂刷及金属表面的罩光。

2. 酚醛清漆

酚醛清漆是由干性油和改性酚醛树脂为主要成膜物质而制成的。特点是干燥快，漆膜坚韧耐久，光泽好，并耐热、耐水、耐弱酸碱；施工方便，价格较低，缺点是涂膜干燥慢，颜色较深，容易泛黄，不能砂磨抛光，光洁度较差，涂层干后稍有黏性，一般用于室内外木器和金属表面涂饰。

3. 醇酸清漆

醇酸漆是以干性油和改性醇酸树脂为主要成膜物质分散于有机溶剂中而制得的。这种漆的附着力、光泽度、耐久性比脂胶清漆和酚醛清漆都好，漆膜干燥快，硬度高，绝缘性好，可抛光，打磨，色泽光亮，但膜脆，耐热，抗大气性较差。醇酸清漆主要用于涂刷门窗、木地面、家具等，不宜用于室外。

4. 硝基清漆

硝基清漆又称蜡克、喷漆。是漆中另一类型，它的干燥是通过溶剂的挥发，而不包含有复杂的化学变化。硝基清漆是以硝化棉为主要成膜物质，加入其他合成树脂、增韧剂、溶剂和稀释剂制成的。这种漆具有干燥快、漆膜坚硬、光亮、耐磨、耐久等优点，但耐光性差。它是一种高级涂料，适用于木材和金属表面的复层的涂饰。主要用于高级建筑的门窗、壁板、扶手等。硝基清漆的成本高，施工麻烦，溶剂有毒，且易挥发。使用时要注意通风和劳动保护。

四、磁漆

磁漆是在清漆基础上加入无机颜料而制成的。因为漆膜光亮、坚硬，酷似瓷（磁）器，所以称为磁漆。磁漆色泽丰富，附着力强，用于室内装饰和家具，也可用于室外的钢铁和木材表面。常用的有醇酸磁漆、酚醛磁漆等品种。

五、聚酯漆

聚酯漆为不饱和聚酯为主要成膜物质的一种高档油漆涂料。不饱和聚酯的干燥迅速，漆膜丰满厚实，有较高的光泽和保光性，漆膜的硬度较高，耐磨、耐热、耐寒、耐弱碱、耐溶剂性能较好。不饱和聚酯漆的配比成分较多，只适宜在静止的平面上涂饰，在垂直面、边线和凹凸线条等部位涂饰时易流挂，所以操作麻烦，也不能用虫胶漆和虫胶腻子打底，否则会降低漆膜的附着力。

第6节　功能性建筑涂料

功能性建筑涂料是指除了具备一般建筑涂料的装饰功能或不以装饰功能为主，而主要是具有其他某些特殊功能的涂料，如防水、防火、防霉、隔热、隔声等。功能性建筑涂料一般也称为特种涂料。

建筑功能涂料应具有较好的耐碱性、耐水性及与水泥基层或木质材料的粘结性能；具有一定的装饰性和某一特殊的性能；同时应施工及维修保养方便，易于重涂。常用的建筑功能性涂料有防水涂料、防火涂料、防霉涂料、防腐涂料等。本节内容只介绍防水涂料和防火涂料。

一、防水涂料

建筑防水涂料是指形成的涂膜能够防止雨水或地下水渗漏的一类涂料。主要包括屋面防水涂料和地下工程防水涂料。按其成膜物质的状态与成膜的形式，可分为三类：乳液型、溶剂型和反应型。

乳液型防水涂料为单组分涂料，涂刷在建筑物上以后，随着水分的挥发而成膜。该涂料施工时无有机溶剂逸出，因而安全无毒，不污染环境，不易燃烧。乳液型防水涂料的主要品种有：水乳型再生胶沥青防水涂料、阳离子型氯丁胶乳沥青防水涂料、丙烯酸乳液沥青防水涂料、氯-偏共聚乳液系防水涂料和近年来发展的VAE乳液防水涂料等。

溶剂型防水涂料是以溶解于有机溶剂中的高分子合成树脂为主要成膜物质，加入颜料、填料及助剂等组成的一种涂料，涂刷在建筑物上以后，随着有机溶剂的蒸发而形成涂膜。它的防水效果良好，可以在较低温度下施工。缺点是施工时有大量易燃的、有毒的有机溶剂逸出，污染环境。溶剂型防水涂料的品种有氯丁橡胶防水涂料、氯磺化聚乙烯防水涂料等。

反应型防水涂料一般是双组分型，由涂料中主要成膜物质与固化剂进行反应形成防水涂膜。该涂料的耐水性、耐老化性及弹性良好，是目前性能良好的一类防水涂料。主要品种有聚氨酯系防水涂料、环氧树脂系防水涂料等。

二、防火涂料

防火涂料又称阻燃涂料，它是一种涂刷在建筑物某些易燃材料表面上，能够提高易燃材料的耐火能力，为人们提供一定的灭火时间的一类涂料。

防火涂料按其组成的材料不同一般可分为非膨胀型防火涂料和膨胀型防火涂料两大

类。非膨胀型防火涂料是由难燃性或不燃性的树脂作为主要成膜物质，与难燃剂、防火填料等组成。难燃性的树脂一般为含卤素、磷、氮之类的高分子合成树脂，如卤化的醇酸树脂、聚酯、环氧、酚醛、氯化橡胶、氯丁橡胶乳液、丙烯酸树脂乳液等。它们与难燃剂配合可以实现涂层的难燃化。难燃剂能增加涂膜的难燃性，常用的有含磷、卤的有机物以及无机难燃剂，如氯化石蜡、硼砂、氢氧化铝等。通常无机颜料和填料都具有耐燃性，能增加涂层的耐燃性和阻燃性。

膨胀型防火涂料是由难燃树脂、难燃剂及成碳剂、脱水成碳催化剂、发泡剂等组成。涂层在高温作用下会发生膨胀，形成比原来涂层厚度大几十倍的泡沫碳质层，能有效地阻挡外部热源对底材的作用，从而阻止燃烧的进一步扩展。其阻止燃烧的效果优于非膨胀型防火涂料。

这类涂料的主要成膜物质既具有良好的常温使用性能，又能适应高温下发泡性。常用的合成树脂有丙烯酸酯乳液、聚醋酸乙烯乳液、环氧树脂、聚氨酯、环氧-聚硫树脂等。成碳剂是指在火焰及高温的作用下，能迅速碳化的物质，它们是形成泡沫碳化层的基础。常用的成碳剂是含碳高的多羟基化合物，如淀粉、季戊四醇及含羟基的有机树脂等。脱水成碳催化剂的主要功能是促进含羟基有机物脱水，形成不易燃烧的碳质层。这类物质主要有聚磷酸氨、磷酸二氢氨和有机磷酸质等。发泡剂能在涂层受热时分解出大量灭火性气体，使涂层膨胀形成海绵细胞结构，这类物质有三聚氰胺、双氰胺、氯化石蜡、多聚磷酸铵、硼酸铵、双氰胺甲醛树脂等。填料通常选用难燃性良好的无机燃料与填料，基本上与非膨胀型防火涂料所采用的材料相同。

国内目前膨胀型防火涂料的主要品种是膨胀型丙烯酸乳胶防火涂料。该涂料是以丙烯酸乳液为主要成膜物质，碳酸铵、三聚氰胺、季戊四醇为防火发泡剂，并以水为分散介质，加入难燃颜料、填料、难燃剂配制而成的，在常温下有良好的装饰效果，当遇到高温或火焰时能分散出大量的惰性气体，同时鼓泡，形成防火隔热涂膜。

复习思考题

1. 常用的涂料是由哪几部分组成的？各部分在涂料中的作用什么？
2. 内墙涂料应具有什么特点？通常分为哪几种类型？
3. 外墙涂料应具有什么特点？通常分为哪几种类型？
4. 使用溶剂型内、外墙涂料应注意哪些事项？
5. 目前合成树脂乳液内墙涂料有哪些品种？各有何特点？

第 9 章　建筑装饰木材制品

建筑工程应用木材已有悠久的历史，举世称颂的古建筑之木构架、木制品等巧夺天工，为世界建筑独树一帜。岁月流逝，木质建筑历经千百年而不朽，依然显现当年的雄姿。而时至今日，木材在建筑结构、装饰上的应用仍不失其高贵、显赫地位，并以它质朴、典雅的特有性能和装饰效果，在现代建筑的新潮中，为我们创造了一个个自然美的生活空间。

木材作为建筑装饰材料，具有许多优良性能，如轻质高强，即比强度高，有较高的弹性和韧性，耐冲击和振动；易于加工；保温性好；大部分木材都具有美丽的纹理，装饰性好等。但木材也有缺点，如内部结构不均匀，对电、热的传导极小，易随周围环境湿度变化而改变含水量，引起膨胀或收缩；易腐朽及虫蛀；易燃烧；天然疵病较多等。然而，由于高科技的参与，这些缺点将逐步消失，将优质、名贵的木材旋切薄片，与普通材质复合，变劣为优，满足消费者对天然木材喜爱心理的需求。

第 1 节　木材的基本知识

一、木材的分类

（一）按树叶分

木材的树种很多，按树叶的不同，可分为针叶树和阔叶树两大类。

1. 针叶树

针叶树细长如针，多为常绿树，树干通直而高大，纹理平顺，材质均匀，木质较软而易于加工，故又称“软木材”。针叶树木强度较高，表观密度和胀缩变形较小，常含有较多的树脂，耐腐蚀性较强。针叶树木材是主要的建筑用材，广泛用于各种构件、装修和装饰部件，常用的树种有红松、落叶松、云杉、冷杉、杉木、柏木等。

2. 阔叶树

阔叶树树叶宽大，叶脉成网状，大都为落叶树，树干通直部分一般较短，大部分树种的表观密度大，材质较硬，较难加工，故又称“硬木材”。这种木材胀缩和翘曲变形大，易开裂，建筑上常用作尺寸较小的构件，有的硬木经过加工后出现美丽的纹理，适用于室内装修、制作家具和胶合板等，常用的树种有榉木、柞木、水曲柳、榆木以及质地较软的桦木、椴木等。

（二）按加工程度分

为了合理用材，按加工程度和用途的不同，木材可分为原木、杉原条、板方材等。

1. 原木

原木是指伐倒后，经修枝并截成规定长度的木材。

2. 杉原条

杉原条是指只经修枝、剥皮，没有加工造材的杉木。

3. 板方材

板方材是指按一定尺寸锯解，加工成的板材和方材。

板材是指截面宽度为厚度的3倍以上者；方材，是指截面宽度不足厚度的3倍者。

二、木材的构造

木材属于天然建筑材料，其树种及生长条件的不同，构造特征有显著差别，从而决定着木材的使用性和装饰性。木材的构造可分为宏观和微观两个方面。

（一）木材的宏观构造

木材的宏观构造，是指用肉眼或放大镜所能看到的木材组织。图9-1显示了木材的三个切面，即横切面（垂直于树轴的面）、径切面（通过树轴的纵切面）和弦切面（平行于树轴的纵切面）。由图可见，木材由树皮、木质部和髓心等部分组成。

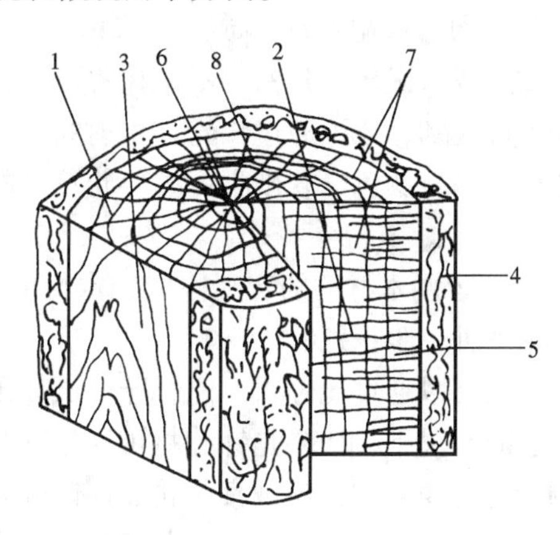

图9-1　木材的宏观构造

1—横切面；2—径切面；3—弦切面；4—树皮；5—木质部；6—髓心；7—髓线；8—年轮

髓心在树干中心，质松软，强度低，易腐朽，易开裂。对材质要求高的用材不得带有髓心。木质部是木材的主要部分，靠近髓心颜色较深的部分，称为“心材”；靠近横切面外部颜色较浅的部分，称为“边材”；在横切面上深浅相同的同心环，称为“年轮”。年轮由春材（早材）和夏材（晚材）两部分组成。春材颜色较浅，组织疏松，材质较软；夏材颜色较深，组织致密，材质较硬。相同树种，夏材所占比例越多木材强度越高，年轮密而均匀，材质好。从髓心向外的辐射线，称为“髓线”。髓线与周围联结弱，木材干燥时易沿此线开裂。

（二）木材的微观构造

木材的微观构造，是指用显微镜所能观察到的木材组织。在显微镜下，可以看到木材是由无数管状细胞结合而成的，如图9-2所示。每个细胞都有细胞壁和细胞腔两个部分。细胞壁由若干层细纤维组成，纤维之间有微小的空隙能渗透和吸附水分。针叶树材的显微结构较简单而规则，它由管胞、髓线、树脂道组成，阔叶树材的显微结构较为复杂，主要由导管、木纤维及髓线组成。春材中有粗大导管，沿年轮呈环状排列称为环孔材。春材、夏材中管孔大小无显著差异，均匀或比较均匀分布的称为散孔材。阔叶树材的髓线发达，它粗大而明显。导管和髓线是鉴别针叶树和阔叶树的主要标志。

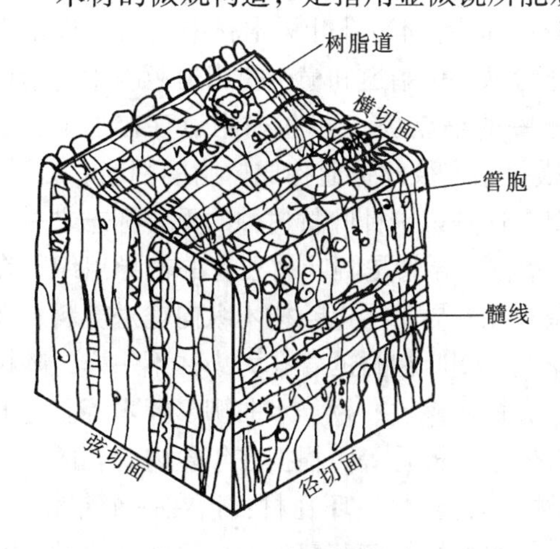

图9-2　针叶树微观构造

树种不同，其纹理、花纹、色泽、气味也各不相同，体现了宏观构造的特征。木材的纹理是指木材内纵向组织的排列情况，分直纹理、斜纹理 、扭纹理和乱纹理等。木材的花纹是指纵切面上组织松紧、色泽深浅不同的条纹，它是由年轮、纹理、材色及不同锯切方向等因素决定，可呈现出银光花纹、色素花纹等等，充分显示了木材自身具有的天然的装饰性，尤其是髓线发达的硬木，经刨削磨光后，花纹美丽，是一种珍贵的装饰材料。由于树木的种类繁多，木材的构造复杂，掌握识别木材树种的技能对于搞装饰装修的技术人员是十分必要的。特别是在选用有关材质、树种时，能够做到正确的判断和识别也是非常必要的。

识别树种一般采用以下几种方法：

1. 通过肉眼或借助放大镜（10 倍）进行观察，如带树皮的原木可直接通过树皮的形态及开裂情况作出判断；不带树皮的原木，可通过断面形状，边材、心材的区分程度及宽窄进行区别，还可通过年轮、木射线和髓心的形态作出判断；对于板材可通过径切板或弦切板的木材颜色、软硬程度、年轮花纹的形态及木射线、导管的分布情况来识别不同的树种。

2. 运用木材的的宏观构造、木材的微观构造、木材的物理性能、木材的力学性能等理论来进一步识别。

还可以通过比轻重、闻气味、试软硬、看色泽和纹理识别木材，在木材的构造和性能相近的情况下，如果是针叶材可通过观察有无正常树脂道及树脂道的多少来区分；如果是阔叶材可通过放大镜观察年轮、周围的管孔（阔叶树所独有的导管细胞在横切面上所表现出的细如针眼大小的孔洞）分布情况，根据是环孔材、散孔材及半散孔材及其他的不同特征来进一步识别不同阔叶树材的树种，具体情况可参照下列根据；

(1) 根据树脂道来识别不同树种的针叶树木材　同为针叶树材，还可根据其有无正常树脂道等来鉴别针叶材中的不同树种，主要从以下几方面来区分：1）具有正常树脂道的针叶材树种主要有六属，即松属、云杉属、落叶松属、银杉属、黄杉属和油杉属，其余的针叶树不具备正常树脂道。2）在常见的针叶材中，无正常树脂道的有杉木、铁杉、冷杉、柳杉等。3）对于具有正常树脂道的树种，可进一步根据树脂道的大小、多少来识别不同的针叶材树种。像松属树种红松、马尾松、油松、华山松等树脂道大而多，非常明显；黄杉、云杉等树脂道小而少；落叶松的树脂道也较小而少。4）针叶树木材中的树脂道是由分泌细胞围绕而成，中间充满树脂的通道，它分为纵生树脂道和横生树脂道。纵生树脂道与树干轴向平行，在木材的横切面上呈现深浅不一的小点状 。横生树脂道存在于木射线中 ，在木材的弦切面上呈现褐色的小斑点。纵横树脂道彼此贯通构成树脂的网络。5）树脂道大而多的木材在原木的端面有明显的树脂圈，这是识别针叶材树种的重要标志之一。

(2) 根据管孔的分布来识别不同树种阔叶树木材　导管是阔叶树独有的输导组织，在木材的横切面上呈现许多大小不同的孔眼，叫做管孔。导管用以给树木纵向输送养料，在木材的纵切面上呈沟槽状，构成了美丽的木材花纹。阔叶树材的管孔大小并不一样，随树种而异，有的肉眼明显易见，如青冈栎、楠木、麻栎、核桃、楸、水曲柳、樟木等。有的肉眼看不清，要在放大镜下才能看到，如桦木、杨木、枫香等。根据在年轮内管孔的分布情况，阔叶树材分为环孔材、散孔材、半散孔材三大类：1）环孔材：指在一个年轮内，早材管孔比晚材管孔大，沿着年轮呈环状排列。如水曲柳、黄菠萝、麻栎等阔叶树种。2）

散孔材：指在一个年轮内，早、晚材管孔的大小没有显著的区别，呈均匀或比较均匀地分布，如桦木、椴木、枫香等。3）半散孔材：指在一个年轮内的管孔分布介于环孔材和散孔材之间。也就是说，早材管孔较大，略呈环状排列，从早材到晚材管孔逐渐变小，界限不明显，叫半散孔材，如核桃、楸的树种。

(3) 根据年轮的状态来识别不同的树种　1）在树干的横切面上，年轮围绕着髓心呈同心圆圈，在径切面上呈相互平行的条状，在弦切面上，呈抛物线形形成"V"字形，构成了木材的美丽花纹。2）年轮的宽窄，反映树木生长的快慢。生长快的树种如泡桐、轻木、沙兰杨等，生长较慢的树种有云杉、黄杨木、侧柏等，生长快的树种，一个年轮的宽度达 3～4cm 以上，生长慢的树种，1cm 宽度有 5 个以上的年轮。3）年轮的宽窄和年轮的明显程度是识别树种的重要标志之一。

(4) 根据射线的状态来识别不同树种的木材　在一些树种的横切面上，可以看到一些颜色较浅并略带光泽的线条，由髓心呈辐射状穿过年轮断断续续射向树皮，称为木射线，也称髓线。1）宽大射线，在肉眼下极显著或明晰，宽度一般在 0.2mm 以上，如青冈栎、麻栎等。2）窄木射线，在横切面或径切面上能用肉眼看得见，通常宽度在 0.1～0.2mm 之间，如榆木、椴木等。3）极窄木射线，肉眼完全看不见，宽度在 0.1mm 以下，如杨木、桦木和针叶树木等。

(5) 根据边材和心材的不同来识别不同树种的木材　在有些树种的横切面上，可以看到有深浅不同的两部分，靠近树皮部分的材色要浅些，靠近髓心周围部分的材色深些，材色较浅的外围部分称为边材，材色较深的树干中心部分称为心材。按边材、心材的区分程度不同，木材可分为三类：1）显心材树种：凡心材、边材区别明显的树种，称显心材树种。属显心材类、针叶树材的有落叶松、马尾松、红松、银杏、杉木、柳杉、水杉、紫杉、柏木等，阔叶树材的有水曲柳、黄菠萝、山槐、榆木、核桃楸、麻栎等。2）隐心材树种：凡心材、边材没有颜色上的区别，而有含水量区别的树种，称为隐心材树种。属隐心材类、针叶树材的有云杉、鱼鳞云杉、臭冷杉、冷杉等，阔叶树材的有椴木、山杨、水青冈等。3）边材树种：凡是从颜色或含水量上都看不出边材与心材界限的树种，称为边材树种，属边材类的有很多是阔叶树种，如桦木、杨木等。

(6) 根据树皮的不同形态来识别不同树种的木材　树皮是树干的外围组织，分为内皮和外皮，外皮是已死的组织，为树木的保护层，内皮又称韧皮部，是输送养料的主要渠道，又是储存养料的主要场所之一。树皮的外部形态、颜色、气味、质地及剥落情况均为现场识别原木的主要特征。在现场识别原木时，主要抓住树皮的以下几个特点：1）看外皮：大部分常见树种根据树木的外皮即可确定其名称。外皮的颜色各异，如杉木的外皮为红褐色，白桦的外皮雪白，青榨槭为绿色。2）看内皮：树木内皮的颜色、厚薄、质地等都可作为识别树种的依据。如落叶松的内皮颜色为紫红色，黄菠萝的内皮为鲜黄色等。3）看树皮厚度：树皮有厚有薄，如栓皮栎、黄菠萝的树皮很厚，木栓层发达，达 1cm 以上。4）看树皮开裂和剥离的形态：树皮的形态也是识别木材的重要依据，外皮形态一般分为两类：一类是不开裂的，另一类是开裂的。不开裂的又有粗糙、平滑、绉褶、瘤状突出等特征，开裂的又可分为平行纵裂、交叉纵裂、深裂及条状剥离和块状剥离等。梧桐树不开裂，桦木横向开裂，不同树种的树皮都有其不同的外部形态。

第2节　木材的基本性质

（一）密度和表观密度

（1）密度：由于木材的分子结构基本相同，因此木材的密度几乎相等，平均约为$1.55g/cm^3$。

（2）表观密度：木材的表观密度因树种不同而不同，在常用木材中表观密度较大者为980 kg/m^3，较小者为泡桐$280kg/m^3$，我国最轻的木材为台湾的二色轻木，表观密度只有$186kg/m^3$，最重的木材是广西的蚬木，表观密度高达$1128kg/m^3$。一般表观密度低于$400kg/m^3$者为轻，高于$600kg/m^3$为重。

（二）导热性

木材具有较小的表观密度，较多的孔隙，是一种良好的绝热材料，表现为导热系数较小，但木材的纹理不同，即各向异性，使得方向不同时，导热系数也有较大差异。如松木顺纹纤维测得$\lambda=0.3W/(m\cdot K)$，而垂直纤维$\lambda=0.17W/(m\cdot K)$。

（三）含水率

木材中所含水的质量与木材干燥后质量的百分比值，称为“木材的含水率”。木材中的水分可分为细胞壁中的吸附水和细胞腔与细胞间隙中的自由水两部分，当木材细胞壁中的吸附水达到饱和，而细胞腔与细胞间隙中无自由水时的含水率，称为“纤维饱和点”。纤维饱和点因树种而异，一般为25%～35%，平均为30%，它是含水率是否影响强度和胀缩性能的临界点。如果潮湿木材长时间处于一定温度和湿度的空气中，木材便会干燥，达到相对恒定的含水率这时木材的含水率称为“平衡含水率”。平衡含水率随空气湿度的变大和温度的变低而增大，反之，则减少。

（四）吸湿性

木材具有较强的吸湿性。木材的吸湿性对木材的性能，特别是木材的干缩湿胀影响很大，因此，木材在使用时其含水率应接近于平衡含水率或稍低于平衡含水率。

（五）湿胀与干缩

当木材从潮湿状态干燥至纤维饱和点时，其尺寸并不改变。当干燥至纤维饱和点以下时，细胞壁中的吸附水开始蒸发，木材发生收缩，反之，干燥木材吸湿后，将发生膨胀，直到含水率达到纤维饱和点为止，此后木材含水率继续增大，也不再膨胀，由于木材构造的不均匀性，木材不同方向的干缩湿胀变形明显不同。纵向干缩最小，约为0.1%～0.35%，径向干缩较大，约为3%～6%，弦向干缩最大，约为6%～12%，因此，湿材干燥后，其截面尺寸和形状，都会发生明显的变化，干缩对木材的使用有很大影响，它会使木材产生裂缝或翘曲变形，以至引起木结构的结合松弛，装修部件破坏等。

（六）强度

建筑上通常利用的木材强度，主要有抗压强度、抗拉强度、抗弯强度和抗剪强度，并且又有顺纹与横纹之分。每一种强度在不同的纹理方向上均不相同，木材的顺纹强度与横纹强度差别很大，木材各种强度之间的关系，见表9-1。

常用阔叶树的顺纹抗压强度为49～56Pa，常用针叶树的顺纹抗压强度为33～40Pa。

木材各种强度的关系　　表 9-1

抗压（MPa）		抗拉（MPa）		抗弯（MPa）	抗剪（MPa）	
顺纹	横纹	顺纹	横纹		顺纹	横纹切断
100	10～20	200～300	6～20	150～200	15～20	50～100

第3节　人造板材

人造板材是利用木材加工过程中剩下的边皮、碎料、刨花、木屑等废料，进行加工处理而制成的板材。人造板材主要包括胶合板、宝丽板、纤维板、细木工板、刨花板、木丝板和木屑板等几种。

一、胶合板

胶合板是用原木旋切成薄片，再用胶粘剂按奇数层数，以各层纤维互相垂直的方向，粘合热压而成的人造板材。胶合板的最高层数为15层，建筑装饰工程常用的是三层板和五层板。我国目前主要采用水曲柳、椴木、桦木、马尾松及部分进口原木制成。

（一）分类

胶合板可分为以下四类：

1.Ⅰ类（NQF）——耐气候、耐沸水胶合板

这类胶合板具有耐久、耐煮沸或蒸汽处理和抗菌等性能，能在室外使用。这类胶合板是以酚醛树脂或其他性能相当的胶合剂胶合制成。

2.Ⅱ类（NS）——耐冷胶合板

这类胶合板能在冷水中浸渍。能经受短时间热水浸渍，并具有抗菌性能，但不耐煮沸。这类胶合板的胶粘剂同上。

3.Ⅲ类（NC）——耐湿胶合板

这类胶合板能耐短期冷水浸渍，适于室内常态下使用。这类胶合板是以低树脂含量的脲醛树脂胶、血胶或其他性能相当的胶合剂胶合制成。

4.Ⅳ类（BNC）——不耐潮胶合板

这类胶合板在室内常态下使用，具有一定的胶合强度。这类胶合板是以豆胶或其他性能相当的胶合剂胶合制成。

按材质和加工工艺质量，胶合板分为“一、二、三”三个等级。

（二）规格与尺寸

胶合板的厚度为2.7，3，3.5，4，5，5.5，6……mm。胶合板的幅面尺寸见表9-2，胶合板的出厂含水率与胶合板强度应满足表9-3的规格。

普通胶合板的幅面尺寸 GB 9846.3—88　　表 9-2

宽度（mm）	长度（mm）				
	915	1220	1830	2135	2440
915	915	1220	1830	2135	—
1220	—	1220	1830	2135	2440

普通胶合板的含水率与胶合强度 GB 9846.4—88　　表 9-3

胶合板树种	单个试件的胶合强度（MPa）		含水率（%）	
	Ⅰ，Ⅱ类	Ⅲ，Ⅳ类	Ⅰ，Ⅱ类	Ⅲ，Ⅳ类
椴木、杨木、拟赤杨	≥0.70	≥0.70	6~14	8~16
水曲柳、荷木、枫香、槭木、榆木、柞木	≥0.80			
桦　木	≥1.0			
马尾松、云南松、落叶松、云杉	≥1.80			

（三）特点与应用

胶合板幅面大、平整易加工、材质均匀、不翘不裂、收缩性小，尤其是板面具有美丽的木纹，自然、真实，是较好的装饰板材之一。适用于建筑室内的墙面装饰，设计和施工时采取一定手法可获得线条明朗，凹凸有致的效果。一等品适用于较高级建筑装饰、高中档家具、各种电器外壳等制品，二等品适用于家具、普通建筑、车船等的装饰，三等品适用于低档建筑装饰等。

二、装饰胶合板

装饰胶合板是指两张面层单板或其中一张为装饰单板的胶合板。装饰胶合板的种类很多，主要有不饱和聚酯树脂胶合板、贴面胶合板、浮雕胶合板等。目前，主要使用的为不饱和聚酯树脂装饰胶合板，俗称宝丽板。下面重点介绍此板。

不饱和聚酯树脂胶合板（宝丽板）。

不饱和聚酯树脂装饰胶合板是以Ⅱ类胶合板为基材，复贴一层装饰纸，再在纸面涂饰不饱和聚酯树脂经加压固化而成，不饱和聚酯树脂装饰胶合板板面光亮、耐热、耐磨、耐擦洗、色泽稳定性好、耐污染性高、耐水性较高，并具有多种花纹图案和颜色，但一般多使用素色（如白色），广泛应用于室内墙面、墙裙等装饰以及隔断、家具等。

不饱和聚酯树脂装饰胶合板的幅面尺寸与普通胶合板相同。厚度为 2.8、3.1、3.6、4.1、5.1、6.1……mm，自 6.1mm 起，按 1mm 递增。不饱和聚酯树脂装饰胶合板按面板外观质量分一、二两个等级。

三、微薄木

微薄木是采用柚木、橡木、榉木、花梨木、枫木、雀眼水曲柳等树材，精密旋切，制得厚 0.2~0.5mm 的微薄木。其纹理细腻、真实、立体感强、色泽美观，是板材表面精美装饰用材之一。

若用先进的胶粘工艺和胶粘剂，将此板粘贴在胶合板基材上，可制成微薄木贴面板，用于高级建筑室内墙面的装饰，也常用于门、家具等的装饰，幅面尺寸同胶合板。

四、纤维板

纤维板是以植物纤维为原料，经破碎浸泡、热压成型、干燥等工序制成的一种人造板材。纤维板的原料非常丰富，如木材采伐加工剩余物（树皮、刨花、树枝等）、稻草、麦秸、玉米秆、竹材等。

按纤维板的表观密度分为硬质纤维板（表观密度＞800kg/m^3），软质纤维板（表观密度＜500kg/m^3）和中密度纤维板（表观密度＜500kg/m^3）；按表面分为一面光板和两面光板；按原料分为木材纤维板和非木材纤维板。

1. 硬质纤维板

硬质纤维板的强度高、耐磨、不易变形，可用于墙壁、地面、家具等。硬质纤维板的幅面尺寸有 610mm × 1220mm，915mm × 1830mm，1000mm × 2000mm，915mm × 2135mm，1220mm × 1830mm，1220mm × 2440mm，厚度为 2.50，3.00，3.20，4.00，5.00mm。硬质纤维板按其物理力学性能和外观质量分为特级、一级、二级、三级四个等级，各等级应符合表 9-4 的规定。

2. 中密度纤维板

中密度纤维板按表观密度分为 80 型（表观密度为 0.80g/cm^3）、70 型（表观密度为 0.70g/cm^3）、60 型（表观密度为 0.60g/cm^3），按胶粘类型分为室内用和室外用两种。中密度纤维板的长度为 1830、2135、2440mm，宽度为 1220mm，厚度为 10、12、15（16）、18（19）、21、24（25）……mm 等。中密度纤维板按外观质量分为特级品、一级品、二级品三个等级，各等级的外观质量和物理性能应满足表 9-5 的规定，各等级的力学性能应满足表 9-6 的规定，有害物质限量要求见表 9-7。

3. 软质纤维板

软质纤维板的结构松软，故强度低，但吸声性和保温性好，主要用于吊顶等。

五、细木工板

细木工板属于特种胶合板的一种，为芯板用木材拼接而成，两个表面为胶贴木质单板的实心板材。

硬质纤维板的物理力学性能与外观质量要求 GB 12626.2—90　　表 9-4

项目			特等品	一级	二级	三级
物理力学性能	表观密度（g/cm^3）		＞0.80			
	静曲强度（MPa）		≥49.0	≥39.0	≥29.0	≥20.0
	吸水率（%）		≤15.0	≤20.0	≤30.0	≤35.0
	含水率（%）		3.0～10.0			
外观质量	水渍（占板面积百分比，%）		不许有	≤2	≤20	≤40
	污点	直径（mm）	不许有		≤15	≤30，＜15 不计
		每平方米个数（个/m^2）			≤2	≤2
	斑纹（占板面积百分比，%）		不许有			≤5
	黏痕（占板面积百分比，%）		不许有			≤1
	压痕	深度或高度（mm）	不许有		≤0.4	≤0.6
		每个压痕面积（mm^2）			≤20	≤400
		任意每平方米个数（个/m^2）			≤2	≤2
	分层、鼓泡、裂痕、水湿、炭化、边角松软		不许有			

中密纤维板的外观质量和物理性能要求 GB 11718.2—89　　表 9-5

项目		特等品	一级品	二级品
外观质量	局部松软（直径≤80mm）	不允许	1个	3个
	边角缺损（宽度≤10mm）	不允许		允许
	分层、鼓泡、炭化	不允许		
物理性能	出厂含水率（%）	4~13		
	吸水厚度膨胀率（%）	≯12		
	甲醛释放量	每100g板重可抽出甲醛总量≯70mg		
	表观密度偏差（%）	≯±10		

中密纤维板的力学性能要求 GB 11718.2—89　　表 9-6

板材类型	静曲强度(MPa)			弹性模量(MPa)			平面抗拉强度(MPa)			正面握螺钉力(N)			侧面握螺钉力(N)		
	特级	一级	二级	特级	一级	二级	特级	一级	二级	特级	一级	二级	特级	一级	二级
80型	29.4	24.5	19.6	2070	1960	1850	0.62	0.55	0.49	1450	1350	1250	900	800	740
70型	19.6	17.2	14.7	1850	1740	1630	0.49	0.44	0.39	1250	1150	1050	740	660	—
60型		14.7			1630		0.39	0.34	0.29	1050	950	850	—	—	—

有害物质限量要求 GB 18584—2001　　表 9-7

项目		限量值
甲醛释放量 mg/L		≤1.5
重金属含量（限色漆）mg/kg	可溶性铅	≤90
	可溶性镉	≤75
	可溶性铬	≤60
	可溶性汞	≤60

细木工板按结构不同，可分芯板条不胶拼的和芯板条胶拼的两种；按表面加工状况可分为一面砂光、两面砂光和不砂光三种；按所使用的胶合剂不同，可分为Ⅰ类胶细木工板、Ⅱ类胶细木工板两种；按面板的材质和加工工艺质量不同，可分为一、二、三等三个等级。细木工板具有质坚、吸声、绝热等特点，适用于家具、车厢和建筑物内装修等。细木工板的尺寸规格和技术性能见表 9-8。

细木板的尺寸规格、技术性能　　表 9-8

长度（mm）						宽度（mm）	厚度（mm）	技术性能
915	1220	1520	1830	2135	2440			
915	—	—	1830	2135	—	915	16 19 22 25	含水度：10±3% 静曲强度（MPa）： 厚度为16mm，不低于15； 厚度<16mm，不低于12； 胶层剪切强度不低于1MPa
—	1220	—	1830	2135	2440	1220		

注：芯条胶拼的细木工板，其横向静曲强度为在表 9-4 规定值上各增加 10MPa。

六、刨花板

刨花板是利用施加胶料和辅料或未施加胶料和辅料的木材或非木材植物制成的刨花材

料（如木材刨花、亚麻屑、甘蔗渣等）压制成的板材。装饰工程中常使用 A 类刨花板。幅面尺寸为 1830mm × 915mm，2000mm × 1000mm，2440mm × 1220mm，1220mm × 1220mm，厚度为 4、8、10、12、14、16、19、22、25、30mm 等。A 类刨花板按外观质量和物理力学性能等分为优等品、一等品、二等品，各等级的外观质量及物理力学性能应分别满足表 9-9 和表 9-10 的要求。刨花板属于低档次装饰材料，且强度低，一般主要用作绝热、吸声材料，用于地板的基层（实铺），还可以用于隔墙、家具等。

A 类刨花板的外观质量要求 GB/T 4897—92 **表 9-9**

缺陷名称		优等品	一等品	二等品
断痕、透裂		不许有		
金属夹杂物		不许有		
压痕		不许有	轻微	不显著
胶斑、石蜡斑、油污等污点数	单个面积大于 40mm²	不许有		
	单个面积 10～40mm² 之间	不许有		2
	单个面积小于 10mm²	不计		
漏砂		不许有	0	不计
边角残损		公称尺寸内不许有		
在任意 400cm² 板面上各种刨花尺寸的允许个数	≥10mm²	不许有	3	不计
	≥5～10mm²	3	不计	
	＜5mm²	不计		

A 类刨花板的物理力学要求 GB/T 4897—92 **表 9-10**

项目		优等品	一等品		二等品	
静曲强度（MPa），≥		公称厚度（mm）				
		≤13	＞13～20	＞20～25	＞25～32	＞32
		16.0/15.0	15.0/14.0	14.0/13.0	12.0/11.0	10.0/9.0
内结合强度（MPa），≥		0.40/0.35	0.35/0.30	0.30/0.25	0.25/0.20	0.20/0.20
表面结合强度（MPa），≥		0.90	—		—	
吸水厚度膨胀率（%），≤		8.0	8.0		12.0	
含水率（%）		5.0～11.0	5.0～11.0		5.0～11.0	
游离甲醛释放量（mg/100g），≤		30	30		50	
表观密度（g/cm³）		0.50～0.85	0.50～0.85		0.50～0.85	
表观密度偏差（%）		±5.0	±5.0		±5.0	
握螺钉力（N）	垂直板面	1100	1100		1100	
	平行板面	800	800		700	

注：表中静曲强度、内结合强度两项，斜线左侧为优等品和一等品要求指标，斜线右侧为二等品要求指标。

七、木丝板、木屑板

木丝板、木屑板是分别以刨花渣、短小废料刨制的木丝、木屑等为原料，经干燥后拌入胶凝材料，再经热压而制成的人造板材。所用胶料可分为合成树脂，也可为水泥、菱苦土等无机胶结料。

这类板材一般表观密度小，强度较低，主要用作绝热和吸声材料，也可做隔墙，也可代替木龙骨使用，然后在其表面可粘贴塑料贴面或胶合板作饰面层，这样既增加了板材的强度，又使板材具有装饰性，可用作吊顶、隔墙、家具等材料。

第4节 常用木装饰制品

木装饰是利用木材进行艺术空间创造，赋予建筑空间以自然典雅、明快富丽，同时展现时代气息，体现民族风格，不仅如此，木材构成的空间可使人们心绪稳定，这不仅因为它具有天然纹理和材色引起的视觉效果，更重要的是它本身就是大自然的空气调节器，因而具有调节温度，湿度，散发芳香，吸声，调光等多种功能。这是其他装饰材料无法与之相比的。按木材在室内装饰部位，分为地面装饰、内墙装饰和顶棚装饰。目前，广泛应用的木材装饰制品种类繁多，下面分类介绍。

一、木地板

木地板分条板面层、拼花面层和复合板面层三种，条板面层使用较普遍。

（一）条木地板

条木地板分空铺和实铺两种，空铺条木地板是由地垄墙、垫木、木格栅和面层构成，如图9-3所示。实铺条木地板应做防腐处理，要求铺贴密实，防止脱落。因此，应特别注意控制好木地板的含水率，基层要清洁。实铺木地板高度小，经济、实惠，如图9-4所示。条木地板选用的材质可以是松、杉等软木材，也可选用柞、榆等硬木材。条板的宽度一般不大于120mm，板厚20～30mm。按照条木地板铺设要求，条木地板拼缝处可做成平头、企口或错口，如图9-3～图9-4所示。

条木地板适用于体育馆、练功房、舞台、幼儿园、居用住宅等的地面装饰。尤其是经过表面涂饰处理，既显露木材纹理又保留木材本色，给人以清雅华贵之感。

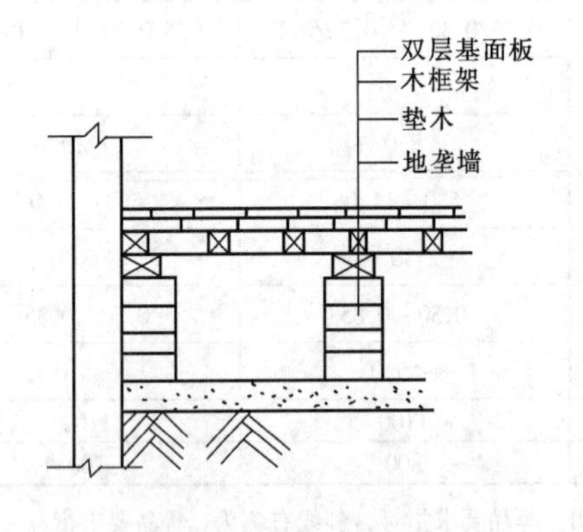

图9-3 高架木地板构造

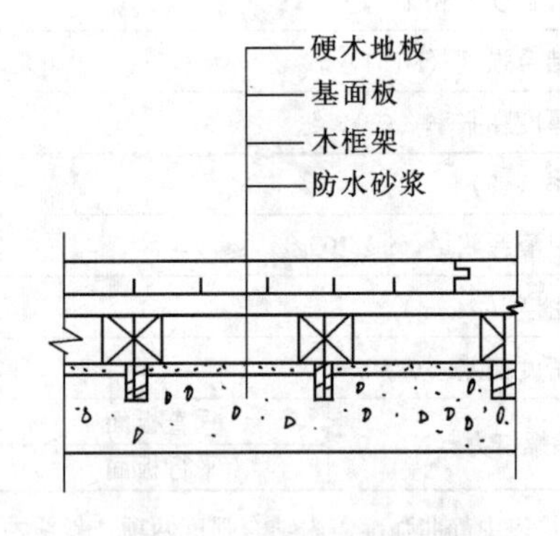

图9-4 实铺木地板构造

（二）拼花木地板

拼花木地板是用阔叶树种中水曲柳、柞木、核桃木、榆木、柚木等质地优良、不易腐朽开裂的硬木材，经干燥处理并加工成条状小板条用于室内地面装饰材料。木块的宽度多为4～6cm，最宽可达15、18cm，厚度多为2cm，但不超过25cm。木块的尺寸和木材的树种随地板的用途而定。拼花地板可拼成各种图案花纹，以席纹图案多见，所以又称席纹地板。其类型及变化也很多，常见的有砖墙花样形、斜席纹形、正席纹形、正人字形、单人字形和双人字形等，如图9-5所示。

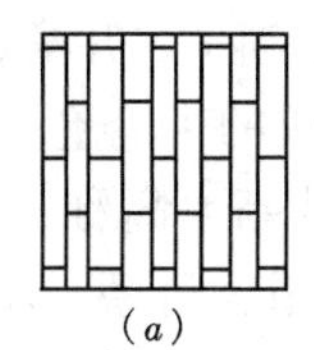
（a）

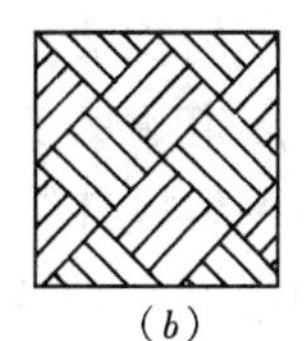
（b）

（c）

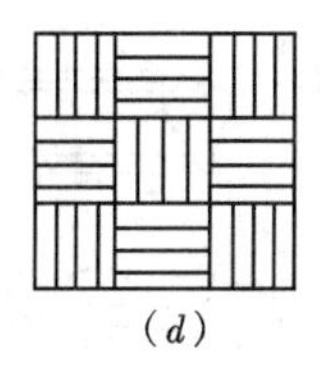
（d）

图 9-5　拼花木地板图案

（a）正芦席纹；（b）人字纹；（c）斜芦席纹；（d）清水砖墙纹

拼花木地板的铺设从房间中央开始，先画出图案式样，弹上黑线，铺好第一块地板，然后向四周铺开，这第一块地板铺设的好坏，是保证整个房间地板铺设是否对称的关键。拼花木地板坚硬而富有弹性，耐磨而又耐朽，不易变形且光泽好，纹理美观质感好，具有温暖清雅的装饰效果。

拼花木地板适用于高级别墅、写字楼、宾馆、会议室、展览室、体育馆地面的装饰，更适用于民用住宅的地面装饰。

（三）复合木地板

复合木地板是以中密度纤维板为基材，采用树脂处理，表面贴层天然木纹板，经高温压制而成的新型地面装饰材料。这种地板具有光滑平整、结构均匀细密、耐磨损、强度高、简洁高雅等优点。另外，安装时，不用地板粘接剂，不用木垫栅，不用铁钉固定，不用刨平，只需地面平整，将带企口的复合木地板相互对准，四边用嵌条镶拼压扎紧，就不会松动脱开，搬家时拆卸镶拼。

普通拼木地板在使用中易产生收缩开裂翘曲变形，表面色泽不一或无纹理等问题，而材质和花纹好的珍稀木材制成的地板则价格昂贵，复合木地板就是针对这些问题研制和生产的装饰品，其特点如下：

（1）表面采用珍稀木材，花纹美观，色彩一致，装饰性很强，效果也令人满意。

（2）用经过特殊处理的木材按合理的结构组合，再经高温高压制成，不易收缩开裂和翘曲变形，并有较高的强度，防腐性、耐水性和耐气候性好。

（3）可制成大小不同各种尺寸。条状的长度可达 2.5m，块状的幅面可达 1m×1 m，易于安装和拆卸。

（4）由于采用了复合结构，合理利用了珍贵木材，也降低了生产成本。

表材常用的品种有红松、水曲柳、桦木、柞木、柚木、栎木等。企口地板条的规格有：（300～400）mm×（60～70）mm×18mm、（500～600）mm×（70～80）mm×20mm、（2000～2400）mm×（100～200）mm×（20～25）mm 等。地板块的规格有：（200～500）mm×（200～500）mm×（12～20）mm、600mm×600mm×（22～25）mm 等。

复合木地板主要适用于会议室、办公室、实验室、中高档的宾馆、酒店等地面铺设，也适用于民用住宅的地面装饰。

由于新型复合木地板尺寸较大，因此不仅可作为地面装饰，也可作为顶棚、墙面的装饰，如吊顶和墙裙等。

（四）精竹地板

精竹地板是用优质天然竹材料加工成竹条，经特殊处理后，在压力下拼成不同宽度和

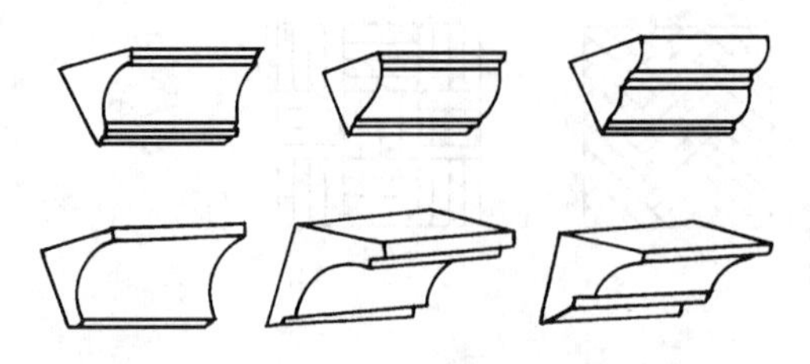

图 9-6　木装饰角线

长度的长条，然后刨平、开槽、打光、着色、上多道耐磨漆制成的带有企口的长条地板。这种地板自然、清新、高雅，具有竹子固有的特性：经久耐用、耐磨、不变形、防水、脚感舒适、易于维护、清扫。由于地板出厂时已经有过精细的加工处理，产品是精美的长条企口形地板，施工时只须找平地面，将竹地板条固定上即可使用，方便省时，又因刨平、打磨、上漆等处理工序都是在厂内用机械完成的，其加工质量有保证，不像一般拼木地板会因施工好坏，而导致实际施工质量有很大区别。精竹地板是目前可选用的地面材料中的高档产品，适用于宾馆、办公楼、居室等处。

竹地板在品质和外观上具有比普通木地板、塑胶地板、石地板、陶瓷地板不同的特性，在某些方面性能更好，它的市场潜力巨大。为了高起点地发展我国的竹地板生产，提高竹地板的涂装技术，各生产厂家不断推新和改进技术。目前，我国竹地板生产已成为一项新型产业，工厂已近三百家，年生产能力近千万平方米。竹地板将进入寻常百姓家。

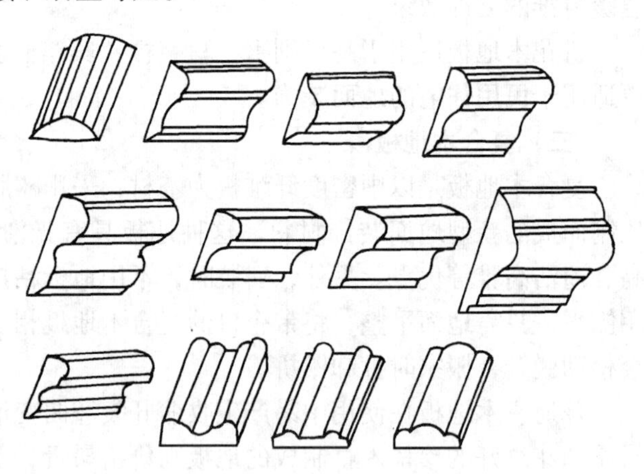

图 9-7　木装饰边线

二、木装饰线条

木装饰线条简称木线，木线种类繁多，主要有楼梯扶手、压边线、墙腰线、顶棚角线、弯线、挂镜线等。各类木线立体造型各异，每类木线又有多种断面形状：平线、半圆线、麻花线、鸠尾形线、半圆饰、齿形饰、浮饰、贴附饰、钳齿饰、十字花饰、梅花饰、叶形饰以及雕饰等多样。常用木线的造型如图 9-6、图 9-7 所示，其品种及规格见表 9-11。

常用木线条品种及规格　　表 9-11

名　称	规　格　（cm）				
墙腰线	7.5×2.3 8×1.8 8.5×2.5 5×1.9 6.5×2 6.5×1.5	6×3.2 4.5×2.5 3.5×2 8×1.2 7.5×1.7 5×1.8	4.5×1.9 5×1.7 5.5×1.8 4×1.5 5×1.7 4.5×1.5	4×1.4 4×1.3 4.5×1.8 5×2.1 6×2.4 4×1.9	4×1.7 3.5×1.8 4×2 3×1.5 3.5×1.5 3×1.5
压边线	3×1.5 3.5×1.4 4.5×1.8	4×1.6 4×1.2 4×0.9	2.5×1 2.5×1.1 3.5×1.3	3×1.3 3.5×1 3×1.2	2.5×1.4 2×0.8
圆　线	3×1.5 3.5×1.7	4×2 4.5×2.2	5×2.5 5.5×2.7	6×3	

续表

名　称	规　　格　　(cm)				
门框线	4.5×1	5.2×1.2			
踢脚线	10×1.2				
挂镜线	4×2				
扶　手	6.5×7.5				
外角线	4×4	3×3	3.5×3.5	2.5×2.5	
弯　线	面弯大头向内线企弯向内线	企弯向外线外弯角线	内弯角线	山形弯线	面弯大头向外线

木线在各种材质中有其独特的优点，因为它是选用木质细、不劈裂、切面光滑、加工性质好、油漆色性好、粘结性好、钉着力强的木材，经干燥处理后，用机械加工或手工加工而成的。同时，木线可油漆成各种色彩和木纹本色，又可进行对接、拼接，还可弯曲成各种弧线。

木线主要用作建筑物室内墙面的腰饰线，墙面洞口装饰线，护壁板和勒脚的压条装饰线，门窗的镶边及家具的装饰等，采用木线装饰，可增添高雅、古朴、自然亲切的美感。

三、木花格

木花格即为用木板和枋木制作成具有若干个分格的木架，这些分格的尺寸或形状一般都各不相同，由于木花格加工制作较简便，饰件轻巧纤细，加之选用材质木色好、木节少、由无虫蛀无腐朽的硬木或杉木制作，表面纹理清晰，整体造型别致。用于建筑物室内的花窗、隔断、顶棚装饰等，它能起到调整室内设计的格调，改进空间效果和提高室内艺术质量等作用。

第5节　木材的防腐与防火

木材虽然具有很多优点，但也存在缺点，其中主要是易腐和易燃，因此建筑工程中应用木材时，应该考虑木材的防腐和防火问题。

一、木材的腐朽及防腐

1. 木材的腐朽

木材的腐朽为真菌侵害所致。真菌分变色菌、霉菌和腐朽菌三种，前两种真菌对木材质量影响较小，但腐朽菌影响很大。腐朽菌生长在木材的细胞壁中，它能分泌出一种酵素，把细胞壁物质分解成简单的养分，仅供自身摄取生存，从而致使木材腐朽，并遭彻底破坏，但真菌在木材中生存和繁殖必须具备三个条件，即：

（1）水分

当木材的含水率在20%以下时不会发生腐朽，而木材含水率在35%～50%适宜真菌繁殖生存，也就是说木材含水率在纤维饱和点以上时易产生腐朽。

（2）温度

真菌繁殖适宜的温度为25～35℃，温度低于5℃时，真菌停止繁殖，而高于60℃时，真菌则死亡。

(3) 空气

真菌繁殖和生存需要一定氧气存在，因此完全浸入水中的木材，则因缺氧而不易腐朽。

2. 木材的防腐措施

防止木材腐朽的措施有以下两种：

(1) 破坏真菌生存的条件

破坏真菌生存条件最常用的办法为：使木制品、木结构和储存的木材处于经常保持通风干燥的状态，并对木制品和木结构表面进行油漆处理，油漆涂层既使木材隔绝了空气，又隔绝了水分。由此可知，木材油漆首先是为了防腐，其次才是为了美观。

(2) 把木材变成有毒的物质

将化学防腐剂注入木材中，使真菌无法寄生，木材防腐剂种类很多，一般分油质防腐剂、水溶性防腐剂和膏状防腐剂三类。油质防腐剂常用的有煤焦油、混合防腐油、强化防腐油等，油质防腐剂色深，有恶臭味，常用于室外木构件的防腐。水溶性防腐剂常用品种有氯化锌、氟化钠、硅氟酸钠、硼铬合剂、硼酚合剂、铜铬合剂、氟砷铬合剂等，水溶性防腐剂多用于室内木结构的防腐处理。膏状防腐剂由粉状防腐剂、油质防腐剂、填料和胶结料（煤沥青、水玻璃等）按一定比例配制而成，用于室外木结构防腐。木材注入防腐剂的方法很多，通常有表面涂刷或喷涂法、冷热槽浸透法、常压浸渍法和压力渗透法等。其中，表面涂刷或喷涂法简单易行，但防腐剂不能深入木材内部，故防腐效果较差。冷热槽浸透法是将木材先浸入热防腐剂中（大于90℃）数小时，再迅速移入冷防腐剂中，以获得更好的防腐效果。常压浸渍法是将木材浸入防腐剂中一定时间后取出使用，使防腐剂渗入木材内一定深度，以提高木材的防腐能力。压力渗透法是将木材放入密闭罐中，抽部分真空，再将防腐剂加压充满罐中，经一定时间后，则防腐剂充满木材内部，防腐效果更好。

二、木材的防火

所谓木材的防火，就是将木材经过具有阻燃性能的化学物质处理后，变成难燃的材料，以达到遇小火能自熄，遇大火能延缓或阻滞燃烧蔓延的目的。

1. 木材的可燃性及火灾危害

木材属木质纤维材料，是易燃烧，具有火灾危险性的有机可燃物。从古到今国内外均把木材视作引起火灾，使火灾蔓延扩大的危害之一。我国木结构承重的古代建筑是国家和民族的瑰宝，但历史上数次大的古建筑火灾使许多重要建筑物毁于一旦。近年来，随着我国经济建设的迅速发展和人口剧增，建筑物火灾危害有增无减，而且多发生于森林火灾和由于装修时忽略防火而引起的火灾。另外，据英国资料报导，其国内21%的火灾是由木材、纸张等纤维素材料引起，而建筑物火灾中70%是木结构住宅建筑。随着经济建设的高速发展，现代多层建筑不断崛起，而高层建筑的火灾危险性更大。因此，现代建筑装饰工程中防火应是很重要的环节。

2. 木材燃烧及阻燃机理

木材在热的作用下发生热分解反应，随着温度升高，热分解加快，当温度高至220℃以上达到木材燃点时，木材燃烧放出大量可燃气体，当木材的温度达到225～250℃为木材的起火点，当木材的温度达到330～470℃时为木材的发火点。木材作为一种理想的装饰材料被广泛用于建筑物表面，所以，木材的防火应是十分重要的。灭火的方法多用阻燃剂，阻燃剂的机理在于：设法抑止木材在高温下的热分解，如磷化合物可以降低木材的稳定性，使其在较低温度下即发生分解，从而减少可燃气体的生成；阻滞热传递，如含水的硼化物、含水的氧化铝，遇热则吸收热量放出水蒸气，从而减少了热传递。常用的阻燃剂有：

（1）磷—氮系阻燃剂：主要有磷酸铵[$(NH_4)_3PO_4$]、磷酸二氢铵[$NH_4H_2PO_4$]、磷酸氢二铵[$(NH_4)_2HPO_4$]、聚磷酸铵等。

（2）卤系阻燃剂：主要有氯化铵(NH_4Cl)、溴化铵(NH_4Br)、氯化石蜡等。

（3）硼系阻燃剂：主要有硼酸(H_3BO_3)、硼酸锌[$Zn_3(BO_3)_2$]、硼砂($Na_2B_4O_7 \cdot 10H_2O$)。

（4）含铝、镁等金属氧化物或氢氧化物阻燃剂：主要有含水氧化铝（$AL_2O_3 \cdot 10H_2O$）、氢氧化镁［$Mg(OH)_2$］。

采用阻燃剂进行木材防火是通过浸注法而实现的，即将阻燃剂溶液浸注到木材内部达到阻燃效果。浸注分为加压和常压，加压浸注使阻燃剂浸入量及深度大于常压浸注。所以，对木材的防火要求较高情况下，应采用加压浸注。浸注前，应尽量使木材达到充分干燥，并初步加工成型，以免防火处理后再进行大量锯、刨等加工，将会使木料中浸有阻燃剂的部分失去。

复习思考题

1. 木材是怎样分类的？
2. 春材与夏材应怎样区别？
3. 什么是木材的纤维饱和点？它有什么实际意义？
4. 人造板材有哪几种？简述其特点和用途。

第 10 章　金属装饰材料

金属材料是指由一种金属元素构成或以一种金属元素为主，掺有其他金属或非金属元素构成的材料的总称。

金属材料具有强度高、塑性好、材质均匀致密、性能稳定、易于加工等特点。金属材料用于建筑装饰工程，其闪亮的光泽、坚硬的质感、特有的色调和挺拔的线条，使建筑物光彩照人，美观雅致。古希腊帕提农神庙铜质镀金的大门、古罗马凯旋门的青铜雕饰、泰国佛塔镀金的宝顶、北京颐和园的铜亭、西藏布达拉宫金碧辉煌的饰顶无不说明了金属装饰在古代建筑中无与伦比的魅力。特别是 19 ~ 20 世纪，各种金属冶炼法的发现和完善，使金属大量应用于建筑结构和装饰成为了可能，如果说法国巴黎的艾菲尔铁塔、美国旧金山的金门大桥体现了金属钢结构的力学美，那么法国的蓬皮杜文化中心和我国近年建成的上海大剧院以及形形色色高层建筑的金属外幕墙则更显示了金属材料的技术与艺术高度结合应用于现代建筑的极大优越性。

用于建筑装饰的金属材料，主要有金、银、铜、铝、铁及其合金。特别是钢和铝合金更以其优良的机械性能，较低的价格而被广泛应用，在建筑装饰工程中主要应用的是金属材料的板材，型材及其制品。近代将各种涂层、着色工艺用于金属材料，不但大大改善了金属材料的抗腐蚀性能，而且赋予了金属材料以多变、华丽的外表，更加确立了其在建筑装饰艺术中的地位。

本章主要介绍建筑装饰工程中广泛应用的钢材，铝合金及其各种装饰制品。

第 1 节　建筑装饰用钢材

一、建筑钢材的基本知识

钢是含碳在 2%以下，并含有少量其他元素（Si、Mn、S、P、O、N 等）的铁碳合金。建筑钢材指用于建筑工程的各种钢材，如型钢、钢板、钢筋、钢铰线等。

由于钢的冶炼和钢材的制造都是在严格的技术控制下完成的，所以钢的材质和性能非常稳定。建筑钢材致密均匀、强度高、塑性好、韧性优良，具有很高的抗冲击和振动荷载作用的能力。建筑钢材还具有优良的工艺性能，可焊、可锯、可铆、可切割，施工速度快，质量有保证。但钢材也存在着易锈蚀、维修费用较大的缺点。

钢材是建筑工程和装饰工程的重要材料，但由于品种多，性能相差也很大。为合理地应用钢材，必须对钢的生产、组成、性质及钢材的应用特点有一定的了解。

（一）钢的冶炼和分类

1. 钢的冶炼

众所周知，铁元素在自然界是以化合态存在，生铁就是以铁矿石、焦炭和熔剂等在高炉中经冶炼，使矿石中的氧化铁还原成单质铁而成的。但生铁中碳（含量大于 2%）和其他杂质含量较高，材性较差。而钢的冶炼就是以生铁为原料，通过一定的冶炼过程，使其中的碳含量降低到一定范围之内，同时去除杂质而得到的优质铁碳合金。

钢的冶炼过程分为两个阶段，即精炼和脱氧。精炼是固态或液态生铁与铁矿石、废钢或空气、氧气等氧化剂在高温下发生氧化反应，使生铁中的碳和其他杂质氧化为气体或氧化物被排除从而使生铁中的碳与杂质的含量降低，成为钢。如固态生铁与铁矿石（FeO）在高温下的反应如下：

$$C + FeO \rightarrow CO\uparrow + Fe$$

$$Mn + FeO \rightarrow MnO + Fe$$

$$Si + 2FeO \rightarrow SiO_2 + 2Fe$$

$$2P + 5FeO \rightarrow P_2O_5 + 5Fe$$

脱氧是在精炼后的钢水中加入硅铁，锰铁等脱氧剂，使在精炼过程中同时被氧化的铁重新还原。

钢的冶炼方法目前有平炉炼钢法、转炉炼钢法和电炉炼钢法三种。

平炉炼钢法是以固态或液态生铁为原料，用煤气或重油为燃料，靠生铁与铁矿石、废钢中的氧或另吹入的氧气发生氧化反应而完成冶炼过程。该种方法冶炼时间长（4~12h），杂质含量低、材性好，但成本较高，平炉炼钢法在大型炼钢企业中已基本淘汰。

转炉炼钢法是以液态融熔生铁水为原料，不再用燃料加热，在炉体的底部、侧面吹入空气或氧气，以完成冶炼过程。该种方法冶炼时间较短（几十分钟）。根据所吹入气体的不同，又可分为空气转炉和氧气转炉。前者较后者材质差，但成本略低。转炉炼钢是目前主要的炼钢方法。

电炉炼钢法是通过电极间产生的电弧高温冶炼钢的一种方法。该种炼钢方法耗能高，成本高，但由于温度可调，杂质清除容易，所以质量最好。

建筑钢材常采用平炉钢和转炉钢。而装饰工程所应用的不锈钢等特种性能钢则采用电炉法冶炼。

在钢水的铸锭过程中，由于脱氧程度不同，可得到沸腾钢、镇静钢和半镇静钢。沸腾钢是钢水脱氧不完全，在铸锭过程中，仍有大量一氧化碳气体逸出，使钢水呈沸腾状态而得名。该种钢不够致密，质量较差，但成品率较高、成本低。镇静钢则是钢水脱氧很完全，钢水在平静状态下完成铸锭过程，所以镇静钢材质致密，性质优良，但由于轧制前需切除收缩孔，所以利用率较低，成本较高。半镇静钢的脱氧程度和性质介于上述两者之间。

2. 钢的分类

钢可按化学成分、质量等级、冶炼方法、用途等多种方法进行分类，见表 10-1。

钢 的 分 类 **表 10-1**

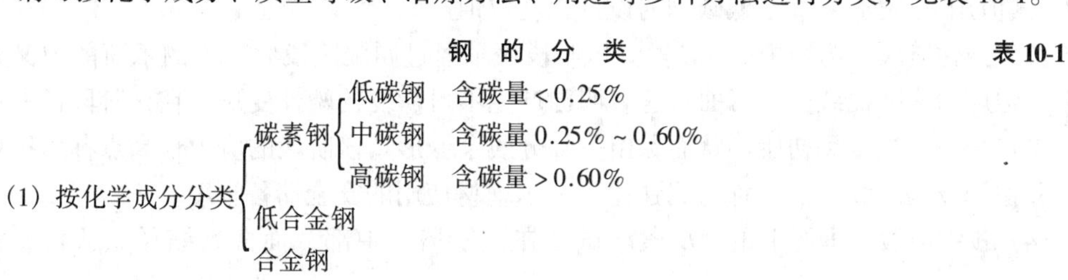

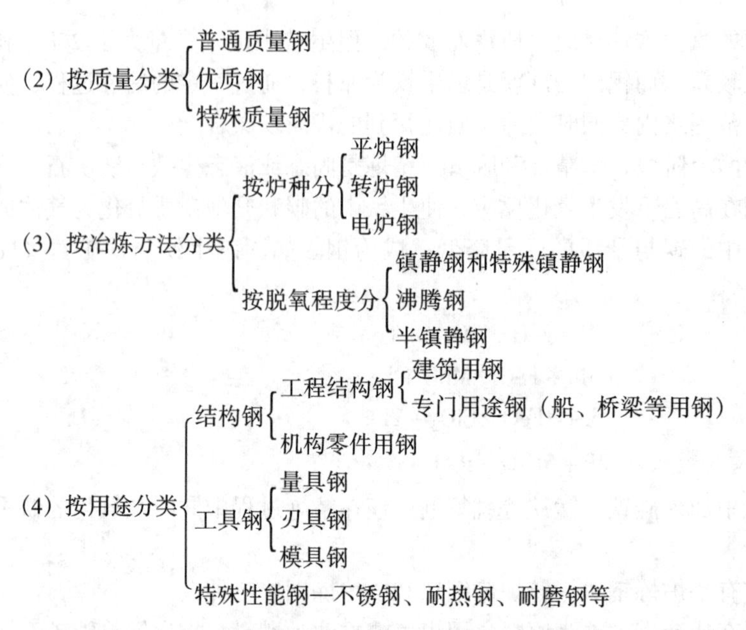

建筑工程和建筑装饰工程用钢常用的钢种为普通低碳结构钢和普通低合金结构钢及特殊性能钢。

（二）建筑钢材的技术性能

建筑钢材的技术性能包括力学性能（强度、塑性、韧性、硬度等）和工艺性能（冷弯性能、可焊性等）。

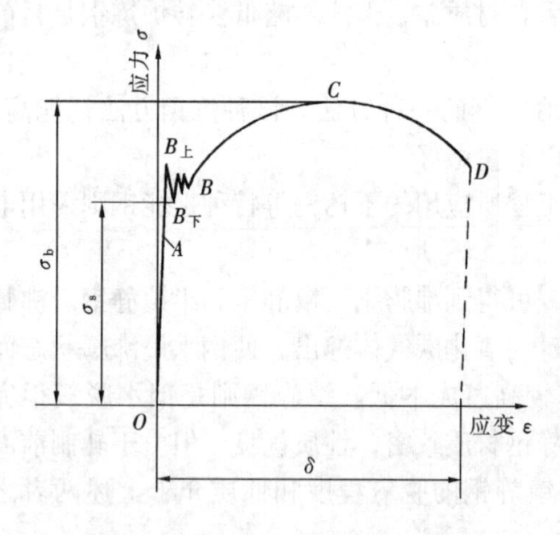

图 10-1　低碳钢的应力-应变图

1. 拉伸性能

建筑用普通低碳钢在拉力作用下的应力-应变图（σ-ε 图），如图 10-1 所示。图 10-2 为试件初始和拉断后的形状示意图。

低碳钢的拉伸过程可分为四个阶段：

（1）弹性阶段　即图上 *OA* 段。该阶段的特点是应力 σ 与应变 ε 呈直线（线性）变化关系。在该阶段的任意一点卸荷，变形消失，试件能完全恢复到初始形状。该阶段的应力最高点称作弹性极限，用 σ_p 表示。

（2）屈服阶段　即图中 *AB* 段。该阶段的特点是应力变化不大，但应变却持续增长。在此阶段的应力最低点，称作屈服点（或屈服极限），其值用 σ_s 表示。σ_s 是低碳钢的设计强度取值。

（3）强化阶段　为图中的 *BC* 段。该阶段表示经过屈服阶段后，钢的承荷能力又开始上升，但应力应变曲线变为弯曲，这表明已产生不可恢复的塑性变形，在该阶段任一点卸荷，试件都不能恢复到初始形状而保留一部分残余变形。该阶段的应力最高点称为抗拉强度，其值用 σ_b 表示。σ_s/σ_b 称为屈强比，表示钢材使用的安全储备程度。

（4）颈缩阶段　即图上的 *CD* 段。试件在该阶段，中部截面开始缩径，承载能力下降。当达到 D 点时，发生断裂。此时试件的标距记为 L。

伸长率表示钢材塑性的大小，可用 δ 表示，其计算式为：

$$\delta = \frac{L - L_0}{L_0} \times 100\%$$

式中 L_0——试件初始标距间的距离；

L——试件拉断后标距间的距离；

δ——伸长率，通常低碳钢的 δ 值在 20% ~ 30% 之间。表明低碳钢有良好的塑性。

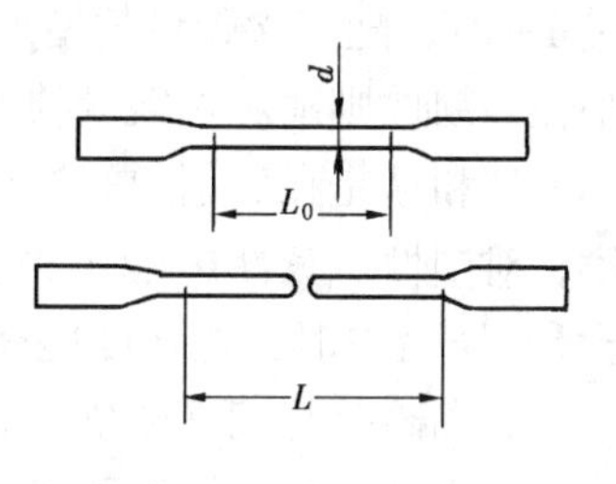

图 10-2 钢材的拉伸试件

2. 冷弯性能

冷弯是指钢材在常温下耐弯曲变形的能力。建筑装饰工程中使用型钢（角钢、扁钢）制作各种骨架时，常将钢材强制弯曲以满足外形的需要，这就需钢材冷弯性能良好。冷弯性能是通过检验试件经规定的弯曲弯形后，弯曲处是否有裂纹、起层、鳞落和断裂等情况来评定的。钢材的冷弯性能越好，通常也表示钢材的塑性好，同时冷弯试验也是对钢材焊接质量的一种检验，可揭示焊缝处是否存在缺陷和是否焊接牢固。

3. 冲击韧性

冲击韧性指钢材抵抗冲击荷载作用而不破坏的能力，其指标为冲击功 α_k。α_k 表示具有“V”形缺口的试件在冲击试验横锤的冲击下断裂时，断口处单位面积上所消耗的功，单位为 J/mm^2。使用在室外的钢构架经常受到可变风荷载和其他偶然冲击荷载的作用，钢材必须满足一定的冲击韧性要求。特别是在低温下，钢材的 α_k 发生明显下降，呈脆性断裂，这种现象称为冷脆性，在北方严寒地区（低于 -20℃）使用的钢材要考虑对钢材冷脆性的评定。

4. 可焊性

钢材的连接最常采用的是焊接，为保证焊接质量，要求焊缝及附近过热区不产生裂缝及变脆倾向，焊接后的力学性能，特别是强度不低于原钢材的性能。

可焊性与钢材所含化学成分及含量有关，含碳量高，或含较多的硫，钢材的可焊性都可能变差。

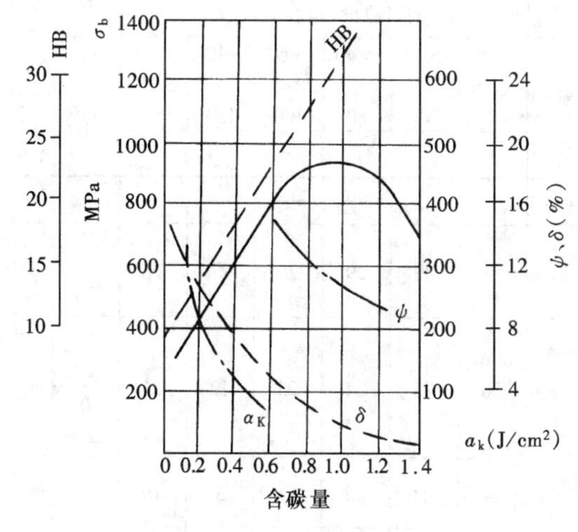

图 10-3 含碳量对碳素钢性能的影响

（三）化学成分对钢材性能的影响

钢材中除主要构成元素铁和碳以外，在冶炼过程中还不同程度混入了许多其他元素，还有一些是人为加入的。有些元素对钢材主要起有利作用，如碳、硅、锰、钒、钛等。有些元素则主要起有害作用，如硫、磷、氧、氮等。即使是有利元素其含量也要控制。

碳是决定钢材性能的主要合金元素。其含量多少对钢材的强度、硬度、塑性、韧性都有不等程度的影响，如图 10-3 所示。在含碳量小于 0.8% 的范围内，随着含碳量的增加，抗拉强度增加。含碳量超过1%时，随着含碳量的增加，抗拉强度反而减少。硬度则随着含碳量的增加而加大，而塑性和韧性则随着含碳量的增加而减小。

硅和锰是在炼钢脱氧过程中人为加入的元素。当硅的含量低于1%时，可提高钢的强度，对塑性、韧性影响不大。锰的含量在0.8%～1%范围内，可显著提高强度和硬度，含量超过1%时，在强度提高的同时，钢材的塑性和韧性有所降低、可焊性变差。

硫和磷是炼钢（或炼铁）原料中带入的有害元素。硫主要使钢产生热脆性，同时使韧性、可焊性及耐腐蚀性下降。磷虽能使钢的强度提高，但塑性和韧性显著降低，可焊性变差，尤其会使钢材产生冷脆性。适量的磷，可提高钢材的耐磨性和耐腐蚀性。硫、磷的含量是影响钢材质量的主要不利因素，故要严格控制。

（四）建筑钢材的标准

目前，国内钢结构用钢的主要品种为普通碳素结构钢和普通低合金结构钢。

1. 碳素结构钢

国标《碳素结构钢》GB 700—88中规定，碳素结构钢的牌号由四部分组成，按顺序分别为代表屈服点的字母、屈服点数值、质量等级、脱氧方法。其中以“Q”代表屈服点；屈服点数值分别为195、225、235、255和275MPa五种；质量等级按硫、磷杂质含量，分别由A、B、C、D符号表示（质量等级依次提高）；脱氧方法用F表示沸腾钢，b表示半镇静钢，Z和TZ表示镇静钢和特种镇静钢（可以省略）。

例如：牌号Q235－A·F表示屈服点为235MPa的A级沸腾碳素结构钢。

碳素结构钢的力学性能见表10-2。从表中可见，随着牌号的提高，钢材的强度越来越高，而塑性和韧性越来越差。同时牌号所表示的屈服点数值只适于厚度或直径小于或等于16mm的钢材，厚度和直径大于16mm的钢材，屈服点比牌号标定值要低。这是因为钢材越厚，直径越大则轧制的次数减少，材质致密程度越差的缘故。

碳素结构钢的力学性能 GB 700—1988 **表10-2**

牌号	等级	拉伸试验													冲击试验	
		屈服点 σ_s(N/mm²)						抗拉强度 σ_b (N/mm²)	伸长率 δ(%)						温度 (℃)	“V”形冲击功(纵向) (J)
		钢材厚度(直径)(mm)							钢材厚度(直径)(mm)							
		≤16	>16～40	>40～60	>60～100	>100～150	>150		≤16	>16～40	>40～60	>60～100	>100～150	>150		
		不小于							不小于							不小于
Q195	—	(195)	(185)	—	—	—	—	315～390	33	32	—	—	—	—	—	—
Q215	A	215	205	195	185	175	165	335～410	31	30	29	28	27	26	—	—
	B														20	27
Q235	A	235	225	215	205	195	185	375～460	26	25	24	23	22	21	—	—
	B														20	27
	C														0	
	D														－20	
Q255	A	255	245	235	225	215	205	410～510	24	23	22	21	20	19	—	—
	B														20	27
Q275	—	275	265	255	245	235	225	490～610	20	19	18	17	16	15	—	—

2. 低合金结构钢

低合金结构钢是在碳素结构钢的基础上，添加少量的一种或多种合金元素，合金总量小于5%的钢材。所加的合金元素有硅、锰、钛、钒、铌等。低合金钢的冶炼工艺与碳素钢相似，成本增加不多，但强度、耐磨性、耐蚀性、耐低温性都得以明显提高，特别是我国的合金资源丰富，所以得到广泛的应用。

按《低合金高强度结构钢》GB/T 1591—1994 规定，这种钢的牌号由代表屈服点的字母（Q），屈服点数值（295、345、390、420、460MPa 五种），质量等级（A、B、C、D、E）三个部分按顺序排列。例：牌号 Q390A 表示屈服点为 390MPa 的 A 级低合金结构钢。

适用于一般建筑结构的几种牌号的低合金结构钢的化学成分及力学性能见表 10-3。

部分低合金结构钢的化学成分及力学性能 GB/T 1591—1994　　表 10-3

牌号	等级	化学成分（%）	力学性能				
			σ_b (N/mm²)	σ_s (N/mm²)	δ_s (%)	冷弯 180°	冲击功 (J)
Q295	A、B	C≤0.16　Si=0.55 Mn=0.80-1.50　V=0.02~0.15	390~570	295~235	≥23	$d=2a$	≥34(B)
Q345	A、B、C、D、E	C≤0.02-0.18　Si=0.55 Mn=1.00~1.60　V=0.02~0.15	470~630	345~275	≥21(A、B) ≥22(C、D、E)	$d=2a$	≥34(C、D、E) ≥27(E)
Q390	A、B、C、D、E	C≤0.20　Si=0.55 Mn=1.00~1.60　V=0.02~0.20	490~650	390~330	≥19(A、B) ≥20(C、D、E)	$d=2a$	≥34(C、D、E) ≥27(E)

注：表中的冷弯性能指钢材厚度（直径）不大于 16mm 时，则 $d=3a$；以上牌号钢材 S、P 含量均不大于（0.045%~0.025%）。

3. 装饰工程中常用的钢材品种

（1）型钢　型钢是普通碳素结构钢或普通低合金钢经热轧而成的异形断面钢材，在建筑装饰工程中常用作钢构架、各种幕墙的钢骨架、包门包柱的骨架等。根据型钢截面形式的不同可分为角钢、扁钢、槽钢和工字钢。其中角钢用的最为广泛，其较易加工成型，截面惯矩较大，刚度适中，焊接方便，施工便利。

角钢分为等边角钢和不等边角钢。等边角钢的型号是以角钢单边宽度厘米数来命名，如 2.5 号角钢代表的是单边宽度为 25mm 的等边角钢。不等边角钢以长边宽度和短边宽度的厘米数值的比值来命名型号。如 4/2.5 号角钢，代表长边宽度为 40mm，短边宽度为 25mm 的不等边角钢。装饰工程中常用的等边角钢的规格为 2~5 号，厚度为 3mm 和 4mm。

（2）冷弯型钢　冷弯型钢是制作轻型钢结构的材料，其用途广泛，常用于装饰工程的舞池上方的灯具架等具有装饰性兼有承重功能的钢构架。冷弯型钢用普通碳素钢或普通低合金钢带、钢板，以冷弯、拼焊等方法制成。与普通热轧型钢相比，具有经济、受力合理和应用灵活的特点。

根据其断面形状，冷弯型钢有冷弯等边、不等边角钢，冷弯等边、不等边槽钢，冷弯方形钢管，矩形焊接钢管等品种。冷弯型钢的厚度较小，一般为 2~4mm。根据需要，冷弯型钢表面还可喷漆、喷塑，以达到更好的装饰效果。

（3）钢筋　钢筋可分为热轧钢筋、冷加工钢筋、钢丝和钢铰线三大类。建筑装饰工程中常用的是热轧钢筋。根据表面形状，热轧钢筋可分为光圆钢筋和变形钢筋。按强度可分为

Ⅰ、Ⅱ、Ⅲ、Ⅳ级，常用的为Ⅰ级光圆钢筋和Ⅱ级变形钢筋，强度等级代号分别为 R235 和 RL335(数字代表钢筋的屈服强度，单位为 MPa)。常用的直径范围为：Ⅰ级 6～12mm，Ⅱ级 12～16mm。主要应用于钢筋网片、小型混凝土构件和与型材共同制作钢构架等。

(4) 装饰工程用特种钢材　包括专用于建筑装饰工程或制作装饰制品的特种性能钢材，有不锈钢、压型钢板、彩色涂层钢板、轻钢龙骨等。

二、建筑装饰用钢材及制品

(一) 不锈钢

普通钢材具有许多优良性能，但易锈蚀是其致命的缺点，据统计全世界每年钢材总产量的近 10%因锈蚀而损失。钢材的锈蚀主要有两种类型：一种是化学腐蚀，一种是电化学腐蚀。化学腐蚀是指钢材与非电解质溶液或各种干燥气体（O_2，SO_2 等）直接反应产生的腐蚀。电化学腐蚀是钢材中的不同成分的电极电位不同，形成许多“微电池”，在外界电解质溶液的作用下发生电化学反应而产生的腐蚀。

为防止钢材的锈蚀，人们采取各种防腐方法，如保护膜法、电化学保护法、合金化法等。其中合金化法是应用在钢产品中最有效的一种防腐蚀方法，它是在碳素钢中加入能提高抗腐蚀能力的合金元素，如铬、镍、钛、铜等，以制成不同的合金钢。合金钢分为合金结构钢，合金工艺钢和合金特殊性能钢三类。不锈钢即是一种有着优良抗腐蚀性能的合金特殊性能钢。

1. 不锈钢的耐腐蚀原理及定义

铬是一种比铁活泼的金属元素，在钢材中它会先于铁而与空气中的氧反应生成极薄的氧化膜（称为纯化膜），可保护钢材不受腐蚀。五十多年前人们发现，当铬的含量大于12%时，铬就足以在钢材表面生成完整的惰性氧化铬保护膜，而且若在加工或使用过程中膜层被破坏，还可重新生成。所以，人们通常将不锈钢定义为含铬 12%以上的具有耐腐蚀性能的铁基合金。

2. 不锈钢的分类

不锈钢有各种不同的分类方法。按耐腐蚀性能可分为耐酸钢和不锈钢两种。在一些酸性化学介质中能抵抗腐蚀的钢称为耐酸钢，而能抵抗大气腐蚀的称为不锈钢，一般这两种钢又可统称为不锈钢。可以理解为不锈钢不一定耐酸的腐蚀而耐酸钢一定具有良好的普通耐蚀性能。

按所含耐腐蚀的合金元素分类，不锈钢可分为铬不锈钢，镍-铬不锈钢和镍-铬-钛不锈钢。其中，后两种比铬不锈钢耐蚀性更强，耐蚀介质更全面。

根据不锈钢的组织特点，不锈钢可分为马氏体不锈钢、铁素体不锈钢、奥氏体不锈钢及沉淀硬化不锈钢。马氏体不锈钢属铬不锈钢，有磁性，含碳量为 0.1%～0.45%，含铬量为 12%～14%。随着含碳量的增加，强度、硬度、耐磨性提高，而耐蚀性下降。铁素体不锈钢也属于铬不锈钢，有磁性，含碳量低于 0.15%，含铬量为 12%～30%。该种不锈钢高温抗氧化性能好，抗大气和耐酸腐蚀能力差，塑性、可焊性都较马氏体不锈钢好。奥氏体不锈钢属镍铬钢，是应用最广泛的不锈钢，无磁性。这种不锈钢含碳量很低，含铬量为 17%～19%，含镍量 8%～11%，具有很好的耐蚀性和耐热性，抛光后能长久光亮。沉淀硬化不锈钢是前三种不锈钢经时效或特殊处理产生沉淀硬化而得到的。其中，马氏体沉淀硬化不锈钢应用最多，尤其是它的平轧板材应用最为广泛。

3. 不锈钢的钢号与性能

不锈钢的钢号与合金钢的牌号表示方法相似，也是由三部分组成。分别为平均含碳量的千分数、合金元素种类、合金元素含量。其中，当含碳量小于0.03%及小于或等于0.08%时，第一部分分别标注“00”或“0”。如$0Cr_{13}$钢为平均含碳量小于或等于0.08%、合金元素铬的含量为13%的铬不锈钢。

不锈钢的性能除有强的耐腐蚀能力,还有较高的强度、硬度、冲击韧性及良好的冷弯性,但导热性比普通钢材差,且膨胀系数较大。不锈钢的可焊性随品种的不同而有所差别,马氏体系不锈钢不可焊,铁素体不锈钢可焊性尚可,奥氏体系不锈钢可焊性优良。

不锈钢的种类很多,仅常用的即有四十多个品种。应用于建筑装饰工程的不锈钢应具有一定的强度,较好的耐蚀性(特别是耐大气腐蚀性)、韧性及良好的可焊性。目前,应用于建筑和装饰工程方面的不锈钢有以下品种:$0Cr_{13}$、$Cr_{18}N_{18}$、$0Cr_{17}Ti$、$0Cr_{18}N_{19}$、$Cr_{18}Ni_{12}Mo_2Ti$、$1Cr_{17}N_{13}Mo_2Ti$。

4. 建筑装饰不锈钢制品及应用

建筑装饰不锈钢制品主要有板材和管材，其中板材应用最为广泛。

（1）不锈钢板材　建筑装饰工程中不锈钢，主要是借助于其表面的光泽特性及金属质感，达到装饰目的。装饰不锈钢板材通常按反光率分为镜面板、亚光板和浮雕板三种类型。镜面板表面平滑光亮，光线的反射率可达95%以上，表面可形成独特的映像光影。虽称为镜面，可是与镜的反射性能又不完全一样，在室内建筑空间中用于柱墙面可形成高光部分，独具魅力。镜面板为保护其表面在加工和施工过程中不受损害，常加贴一层塑料保护膜，待竣工后再揭去。亚光板的反光率在50%以下，其光泽柔和，不晃眼，用于室内外，可产生一种很柔和、稳重的艺术效果。浮雕不锈钢板表面不仅具有金属光泽，还有富于立体感的浮雕纹路，它是经辊压、研磨、腐蚀或雕刻而成。一般蚀刻深度为0.015~0.5mm，钢板在加工前，必须先经过正常的研磨和抛光，比较费工，价格也较高。

不锈钢板表面经化学浸渍着色处理，可制得蓝、黄、红、绿等各种彩色不锈钢板。也可利用真空镀膜技术在其表面喷镀一层钛金属膜，形成金光闪亮的钛金板，既保证了不锈钢的原有优异性能，又进一步提高了其装饰效果。

常用装饰不锈钢板的厚度为0.35~2mm（薄板），幅面宽度为500~1000mm，长度为1000~2000mm。市场上还常见英制规格的不锈钢，如1200mm×2440mm等。

（2）管材　不锈钢装饰管材按截面可分为等径圆管和变径花形管。按壁厚可分为薄壁管（小于2mm）或厚壁管（大于4mm）。按其表面光泽度可分为抛光管、亚光管和浮雕管。近年来，随着装饰业的不断发展，新型不锈钢管在一些大型建筑中得到成功应用，如鸭嘴形扁圆管材应用于楼梯扶手，取得了动态、个性及高雅、华贵的装饰效果。

（3）装饰不锈钢的选用　装饰不锈钢以其特有的光泽、质感和现代化的气息，应用于室内外墙、柱饰面、幕墙及室内外楼梯扶手、护栏、电梯间护壁、门口包镶等工程部位。可取得与周围环境的色彩、景物交相辉映的效果，对空间环境起到强化、点缀和烘托的作用，构成光彩变幻，层次丰富的室内外空间。

建筑装饰工程中选用不锈钢，要注意以下几个原则：

1）要体现装饰设计效果　不锈钢的装饰效果有光泽、色调、质感等几个方面。镜面与亚光面的装饰效果截然不同，体现的风格也不一样。要根据设计的总体效果要求，选择合适的不锈钢品种。

2）要考虑使用的条件　由于工程部位所处的环境条件不一样，受污染和造成损害的偶然因素不一样，对不锈钢的品种选用会造成影响。室外与室内相比较，室外更应考虑耐腐蚀性能；处于人流密集、高度较低的部位，使用中受人为的撞击、磕碰的可能性大，要求不锈钢要有足够的强度、刚度和硬度。

3）构造上的要求　如采用单层做法，则过薄的板材刚度小、易变形，因此不锈钢板材应选择厚度大些的。但若采用有基层的做法，则板材即使薄一些，也可保证质量。

4）工程造价的因素　不锈钢的价格较高，所以要根据投资情况，尽可能选择合适的类型、厚度、表面处理方式，以降低工程造价。

（二）彩色涂层钢板

随着材料工业的进步和发展，多功能的复合材料日新月异，不断涌现，彩色涂层钢板就是崭露头角的一种新型复合金属板材。

彩色涂层钢板是以冷轧或镀锌钢板（钢带）为基材，经表面处理后涂以各种保护、装饰涂层而成的产品。常用的涂层有无机涂层、有机涂层和复合涂层三大类。以有机涂层钢板发展最快，主要原因是有机涂层原料种类丰富、色彩鲜艳、制作工艺简单。有机涂料常采用聚氯乙烯、聚丙烯酸酯、醇酸树脂、聚酯、环氧树脂等。

彩色涂层钢板的基体钢板与涂层的结合方式有涂料涂覆法和薄膜层压法两种。涂覆法主要采用静电喷涂或空气喷涂。前者机械化程度高、涂料不飞逸、工作环境好、涂层均匀、附着力高、质量好、涂料节约，是应优先采用的方法。后者是利用压缩空气，将涂料吹散、雾化并附着在钢板表面。此种方法适用范围广，设备简单，但喷涂过程中涂料飞逸、工作环境差、劳动强度高，而且一次喷涂膜层厚度有限，需多次喷涂。层压法是用已成型和印花、压花的聚氯乙烯薄膜压贴在钢板上的一种方法，该种复合钢板也称为塑料复合钢板。图 10-4 为典型的彩色涂层钢板的结构示意图。

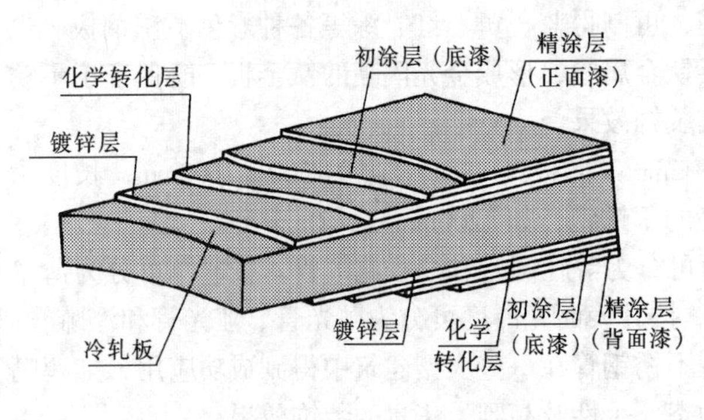

图 10-4　彩色涂层钢板结构

彩色涂层钢板的最大特点是发挥了金属材料与有机材料各自的特性。不但具有较高的强度、刚性、良好的可加工性（可剪、切、弯、卷、钻），彩色涂层又赋予了钢板以红、绿、乳白、蓝、棕等多变的色泽和丰富的表面质感，且涂层耐腐蚀、耐湿热、耐低温。涂层附着力强，经二次机械加工，涂层也不破坏。

彩色涂层钢板（钢带）主要应用于各类建筑物的外墙板、屋面板、室内的护壁板、吊顶板。还可作为排气管道、通风管道和其他类似的有耐腐蚀要求的构件及设备，也常用作家用电器的外壳。

（三）彩色压型钢板

彩色压型钢板是以镀锌钢板为基材，经辊压、冷弯成异形断面，表面涂装彩色防腐涂层或烤漆而制成的轻型复合板材。也可采用彩色涂层钢板直接成型制做彩色压型钢板。该种板材的基材钢板厚度只有0.5~1.2mm，属薄型钢板，但经轧制或冷弯成异形后（“V”形、“U”形、梯形或波形），使板材的抗弯刚度大大提高，受力合理、自重减轻，同时具有抗震、耐久、色彩鲜艳、加工简单、安装方便等特点。广泛用于外墙、屋面、吊顶及夹芯保温板材的面板等。使建筑物表面洁净，线条明快，棱角分明，极富现代风格。

国标《建筑用压型钢板》GB/T 12755—91对压型钢板的代号、尺寸、外形、允许偏差等技术指标都做了具体规定，并指出该标准也适用于彩色压型钢板。《建筑用压型钢板》GB/T 12755—91规定彩色涂层钢板表面不得有用10倍放大镜所观察到的裂纹和镀层、涂层脱落的现象及影响使用性能的擦伤。

压型钢板的型号表示方法由四部分组成：压型钢板的代号（Y X），波高 H，波距 S，有效覆盖宽度 B，如图10-5所示。如型号YX75—230—600表示压型钢板的波高为75mm，波距为230mm，有效覆盖宽度为600mm。《建筑用压型钢板》GB/T 12755—1991中列出有27种不同的型号。图10-6为其中几种压型钢板的板形。

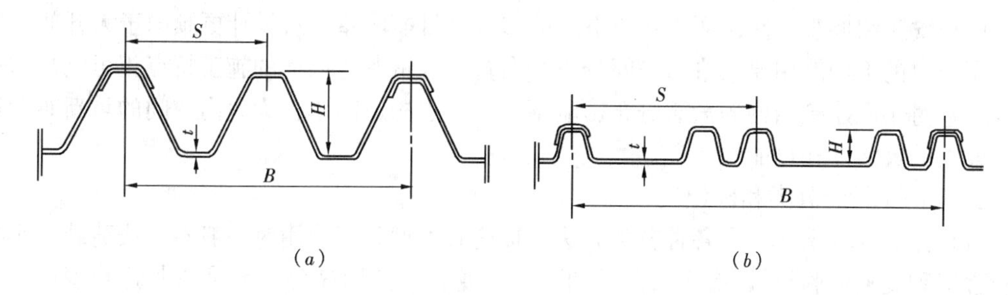

图10-5　压型钢板截面标记示意图GB/T 12755—91

（a）一元截面；（b）二元截面

彩色压型钢板还可制成正方压型板（或称格子板）。正方压型钢板采用彩色涂层钢板一次冲压成型，板厚0.6mm，每块约重2.8kg，有效面积0.5m^2。该种压型钢板立体感强、色彩柔和、外形规整、美观，适合作大型公共建筑和高层建筑的外幕墙板，与其配合的有专用扣件，施工维修都很方便。

（四）轻钢龙骨

建筑用轻钢龙骨是以冷轧钢板（钢带）、镀锌钢板（钢带）或彩色涂层钢板（钢带）为原料，采用冷弯工艺生产的薄壁型钢，用作吊顶或墙体龙骨。

轻钢龙骨是木龙骨的换代产品，与各种饰面板（纸面石膏板、矿棉板等）相配合，构成的轻型吊顶或隔墙，以其优异的热学、声学、力学、工艺性能及多变的装饰风格在装饰工程中得到广泛的应用。

1. 轻钢龙骨的特点

（1）自重轻　轻钢龙骨的板材厚度为0.5~1.5mm。吊项轻钢龙骨每平方米的耗钢量仅3~4kg，与纸面石膏板（9mm厚）组成平吊顶，每平方米也仅11~12kg，相当于20mm厚抹灰顶棚的1/3左右。轻钢隔墙龙骨，每平方米耗钢5kg左右，两侧各覆厚度为12mm的纸面石膏板构成的隔墙，每平方米重量也仅27kg，相当于普通120mm厚黏土砖墙的1/8。所以采用轻钢龙骨可大大减小梁、板等构件的荷载，减轻建筑物的自重。

（2）刚度大　轻钢龙骨虽薄、轻，但由于采用了异形断面，所以弯曲刚度大，挠曲变形小。采用100mm×50mm×0.63mm的轻钢龙骨、2mm×12mm厚的双层纸面石膏板隔墙的极限高度可达4.5m。而上人吊顶轻钢龙骨在标准荷载下的最大挠度（1.2m吊距）为2mm，挠跨比为1/600，远小于国标的有关规定。

(3) 抗震性能优良　轻钢龙骨采用的是韧性好的低碳钢，同时各构件间采用吊、挂、卡等连接方法，可吸收较多的变形能量，所以轻钢龙骨吊顶或隔墙具有良好的抗震性能，可适应较大的地震或风力荷载引起的变形。

(4) 防火　轻钢龙骨具有良好的防火性能是优于木龙骨的主要特点。轻钢龙骨与石膏耐火板材共同作用可达1h的耐火极限，可完全满足建筑设计防火规范的要求。

(5) 制做容易、施工方便　轻钢龙骨采用机械冷弯工艺制做，可一次成型、连续生产、生产效率高、精度好、设备要求不复杂。轻钢龙骨的施工是组装式，可完全取消湿作业。因此施工效率高，且装配、调整都很简单。

(6) 以钢代木、节约木材　以钢代木对于木材资源贫乏、使用需求又很大的我国尤为重要。根据有关资料测算，使用轻钢龙骨，每万平方米可节约木材200m^3。

(7) 安装和拆改方便，便于建筑空间的布置　目前房屋建筑设计更倾向于大开间，以便根据用户的不用使用要求进行空间分隔和布置。轻钢龙骨墙体的施工特点正可满足这一要求，它对于原建筑结构的荷载分布影响不大，节点构造简单，为室内空间的重新布置提供了较大的灵活性和可能性。

2. 轻钢龙骨的分类和标记

(1) 分类　轻钢龙骨有各种分类方法：按荷载类型分（使用时一般不需按荷载大小再进行强度和变形的验算），有上人龙骨和不上人龙骨。按用途分，有吊顶龙骨和墙体龙骨（代号分别为D和Q）。吊顶龙骨又分为承载龙骨（吊顶龙骨的主要受力构件，又称主龙骨）、覆面龙骨（吊顶龙骨中固定饰面层的构件，又称中龙骨或横撑龙骨）。墙体龙骨可分为横龙骨（又称沿顶、沿地龙骨）、竖龙骨和连贯龙骨。其中横龙骨是轻钢龙骨墙与结构（梁或楼板）的连接构件，竖龙骨为墙体的主要承重和与面板的连接构件。按龙骨的断面高度规格，墙体龙骨有50、75、100系列，吊顶龙骨有38、45、50、60系列。按龙骨的断面形状，可分为“C”形龙骨（断面形状⊏，代号C）、“U”形龙骨（断面形状 ⊔，代号U）、“T”形龙骨（断面形状⊥，代号T）、“H”形龙骨（断面形状⊔，代号L）和“V”形龙骨。轻钢龙骨的断面形状如图10-6所示。

轻钢龙骨除龙骨主件外，还有相应的配件。吊顶龙骨的配件有：吊杆、吊件、挂件、挂插件、接插件和连接件。其中，吊件用于承载龙骨与吊杆的连接，挂件用于承载龙骨与覆面龙骨的连接，挂插件用于正交两方向的覆面龙骨的连接。而接插件和连接件分别用于覆面龙骨和承载龙骨的接长。吊顶“T”形龙骨的主要配件有连接件，用于“T”形龙骨的接长。墙体龙骨的配件主要有支撑卡、接插件、角托等。支撑卡主要是支撑竖向龙骨的断面开口处，在覆面面板与竖向龙骨固定时起辅助支承作用。接插件用于墙体竖龙骨的接长。各配件的形状如图10-7所示。

(2) 标记　轻钢龙骨的标记顺序为：产品名称，代号，断面形状的宽度、高度、厚度，标准号。

如断面形状为C形，宽度为50mm，高度为15mm，钢板厚度为1.5mm的吊顶承载龙骨标记为：建筑用轻钢龙骨DC50×15×1.5，GB 11981。

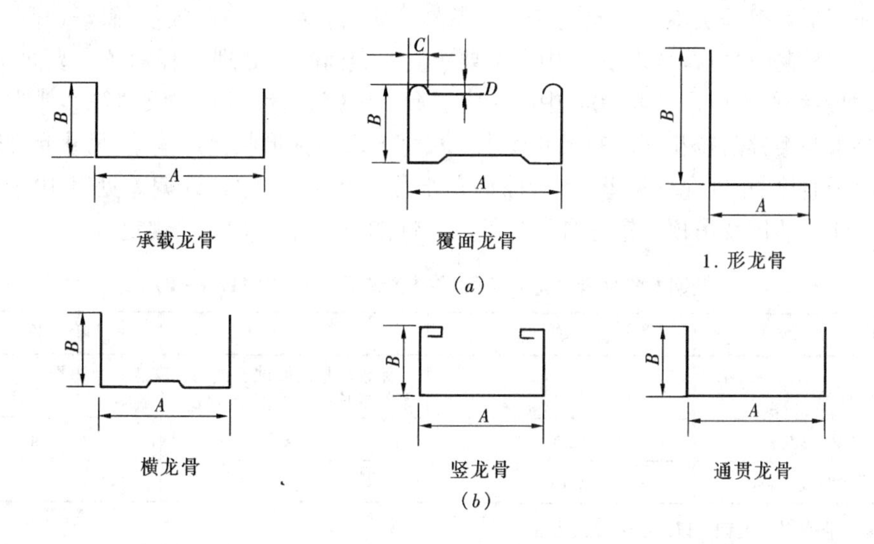

图 10-6　轻钢龙骨断面形状示意图

(a) 吊顶龙骨；(b) 墙体龙骨

3. 轻钢龙骨的规格尺寸

轻钢龙骨各厂家生产的规格尺寸不尽相同，所以《建筑用轻钢龙骨》GB 11951—89 中对龙骨断面的某些尺寸作了规定，如在图 10-6 中所标注的尺寸中，C 应不小于 5.0mm，D 应不小于 3.0mm。

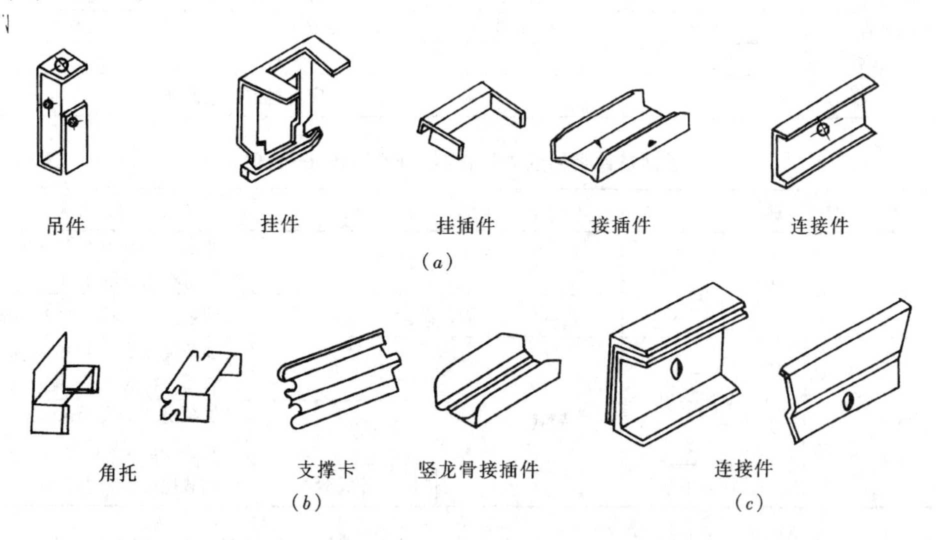

图 10-7　轻钢龙骨配件形状示意图

(a) 吊顶龙骨配件；(b) 墙体龙骨（70 系列）配件；(c) 吊顶 T 形龙骨配件

4. 轻钢龙骨的等级和技术要求

(1) 等级　轻钢龙骨按外观质量、表面镀锌量、形状允许偏差分为优等品、一等品与合格品。

(2) 技术要求　1)外观质量　轻钢龙骨外形要平整、棱角清晰、切口不允许有影响使用的毛刺和变形。镀锌层不许有起皮、起瘤、脱落等缺陷。对于腐蚀、损伤、黑斑、麻点等缺陷，按规定方法检测时，应符合表 10-4 中有关要求。2)表面防锈处理　轻钢龙骨表面应镀锌防锈，其双面镀锌量不应小于表 10-4 中的规定。允许轻钢龙骨用喷漆、喷塑等其他方法防锈，其性能要求与镀锌防锈相同。3)尺寸要求　尺寸要求包括形状允许偏差(尺寸允许偏差、侧面和底面平直度、角度允许偏差)和弯曲内角半径。其中，尺寸允许偏差见表 10-5 的规定。4)力学性能　墙体及吊顶轻钢龙骨组件的力学性能应符合表 10-6 的规定。

轻钢龙骨外观质量及表面防锈镀锌层要求 GB 11951—89　　表 10-4

内　容	优 等 品	一 等 品	合 格 品
腐蚀、损伤、黑斑、麻点	不允许	无较严重的腐蚀、损伤、麻点，面积不大于 1cm^2 的黑斑每米长度内不多于 5 处	
镀锌量，g/cm^2	120	100	80
镀锌层厚度，μm	16	14	12

注：镀锌防锈的最终裁定以双面镀锌量为准。

轻钢龙骨尺寸允许偏差 GB/T 11951—2001　　表 10-5

项　目		优 等 品	一 等 品	合 格 品
长度（L）	C、U、V、H 形	+20 −10		
	T 形孔距	±0.3		
覆面龙骨断面尺寸	尺寸 A	±1.0		
	尺寸 B	±0.3	±0.4	±0.5
其他龙骨断面尺寸	尺寸 A	±0.3	±0.4	±0.5
	尺寸 B	±1.0		
厚度 t		公差应符合相应材料的国家标准要求。		

轻钢龙骨组件的力学性能 GB/T 11951—2001　　表 10-6

类　别		项　目		要　求
墙　体		抗冲击性试验		残余变形量不大于 10.0mm，龙骨不得有明显的变形
		静载试验		残余变形量不大于 2.0mm
吊顶	U、V 形吊顶	静载试验	覆面龙骨	加载挠度不大于 10.0mm 残余变形量不大于 2.0mm
			承载龙骨	加载挠度不大于 5.0mm 残余变形量不大于 2.0mm
	T、H 形吊顶		主龙骨	加载挠度不大于 2.8mm

国标《建筑用轻钢龙骨》GB/T 11981—2001 对上述各项技术要求的试验方法及检验规则也分别作出了具体规定。

第 2 节　铝 及 铝 合 金

铝是地壳中含量很丰富的一种金属元素，在地壳组成中占 8.13%，仅次于氧和硅，约占全部金属元素总量的 1/3。但由于铝的提炼较困难，能耗较高（是钢冶炼能耗的近一倍)，所以一直限制着其在建筑工程中的应用。近几十年来，由于能源工业的不断发展，电能的成本不断下降，使铝在各方面的应用迅速发展，尤其在建筑和装饰工程方面更显示了其他金属材料所不能比拟的特点和优势。

一、纯铝的冶炼及性质

铝在自然界以化合态（主要是氧化物）存在，含氧化铝的矿石主要有铝矾土、高岭土、矾土岩石、明矾石等。其中铝矾土由一水铝（$Al_2O_3 \cdot H_2O$ ）、三水铝（$Al_2O_3 \cdot 3H_2O$）及氧化铁、石英、硅酸盐等矿物组成，铝矾土中氧化铝的含量高达47%～65%，是炼铝的最好原料；高岭土为含水硅铝酸盐风化后的产物，成分为 $Al_2O_3 \cdot 2SiO_2 \cdot 2H_2O$，含氧化铝30%；矾土岩石是铝矾土和高岭土的中间矿物，含氧化铝40%～60%；明矾石为$K_2SO_4 \cdot Al_2(SO_4)_3 \cdot Al_2(OH)_3$,含氧化铝37%。

铝的冶炼分为两步：第一步是从含铝矿石中提取氧化铝，第二步是用电解法从氧化铝中提炼金属纯铝。

铝有许多独到的特性。

铝属于有色轻金属，密度为2.7g/cm^3，仅为钢的1/3。熔点较低，为660℃。铝的导电、导热性能优良，仅次于铜。铝为银白色，呈闪亮的金属光泽，抛光的表面对光和热有90%以上的高反射率。

铝的化学性质很活泼,在空气中暴露,很容易与氧发生氧化反应,生成很薄的一层氧化膜,从而起到保护作用,使铝具有一定的耐蚀性,但由于这层自然形成的氧化膜厚度仅0.1μm左右,因此仍抵抗不了盐酸、浓硫酸、氢氟酸等强酸、强碱及氯、溴、碘等卤族元素的腐蚀。

纯铝为面心立方体晶格结构，有良好的塑性和延展性，其伸长率可达40%以上，极易制成板、棒、线材，并可用挤压法生产薄壁空腹型材。纯铝压延成的铝箔厚度仅为6～25μm。但纯铝的强度和硬度较低（抗拉强度80～100MPa，布氏硬度200MPa），因此在结构工程和装饰工程中常采用的是掺入合金元素后形成的铝合金。

二、铝合金及其特性

为了提高纯铝的强度、硬度，而保持纯铝原有的优良特性，在纯铝中加入适量的铜、镁、锰、硅、锌等元素而得到的铝基合金，称为铝合金。

铝合金一改纯铝的缺点，又增加了许多优良性能。铝合金强度高（屈服强度可达210～500MPa，抗拉强度可达380～550MPa)、密度小，所以有较高的比强度（比强度为73～190,而普通碳素钢的比强度仅27～77)，是典型的轻质高强材料。铝合金的耐腐蚀性有较大的提高，同时低温性能好，基本不呈现低温脆性。铝合金易着色，有较好的装饰性。铝合金也仍存在着一些缺点，主要是弹性模量小（约$0.63 \sim 0.8 \times 10^5$MPa，为钢的1/3),虽可减小温度应力，但用作结构受力构件，刚度较小，变形较大。其次铝合金耐热性差、热胀系数较大、可焊性也较差。

三、铝合金的分类、牌号及性质

（一）分类

铝合金有不同的分类方法，各种分类方法间又有一定的对应关系。一般来说，可按加工工艺分为变形铝合金和铸造铝合金。变形铝合金又可按热处理强化性分为热处理强化型和热处理非强化型。变形铝合金按其性能又可分为防锈铝、硬铝、超硬铝、煅铝、特殊铝和硬钎铝。铝合金按其化学成分分为二元铝合金（如 Al-Mn 合金、Al-Mg 合金、Al-Si 合金等）和三元铝合金（如 Al-Mg-Si 合金、Al-Cu-Mg 合金等）。铝合金各种分类方法之间的对应关系见表 10-7。

铝合金分类方法及对应关系　　表 10-7

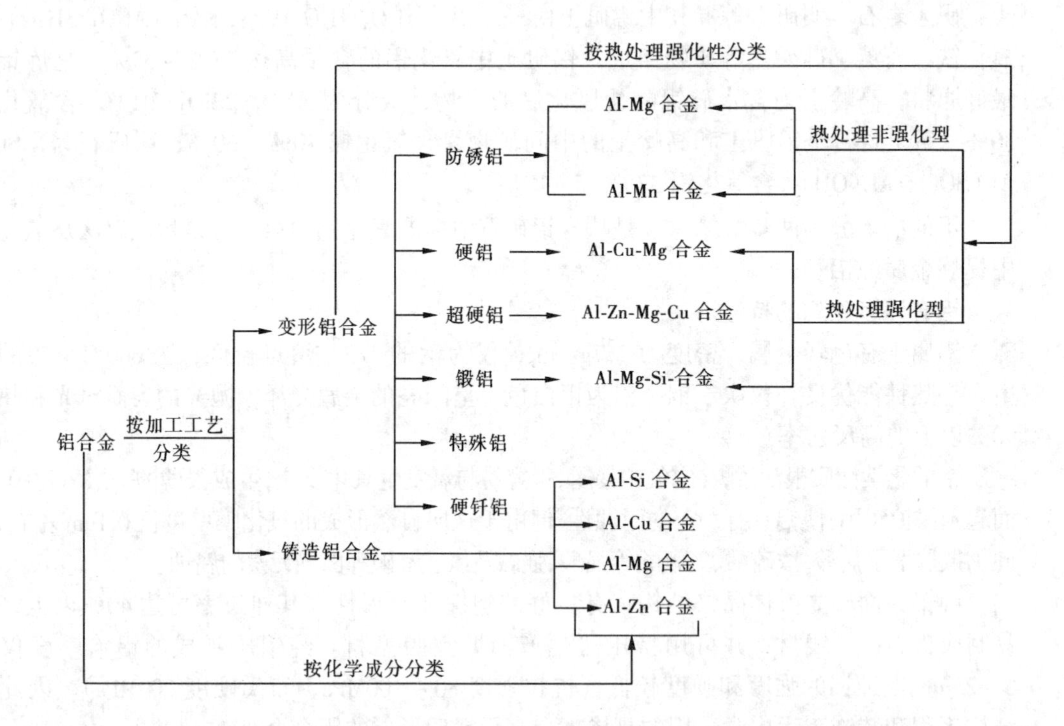

变形铝合金是指通过冲压、弯曲、辊轧、挤压等工艺使合金组织、形状发生变化的铝合金。铸造铝合金是供不同种类的模型和方法（砂型、金属型、压力铸造等）铸造零件用的铝合金。热处理非强化型是指不能用淬火的方法提高强度的铝合金，而热处理强化型是指可通过热处理的方法提高强度的铝合金，如硬铝、超硬铝及锻铝等。

（二）变形铝合金的牌号

变形铝合金的牌号用汉语拼音字母和顺序号表示，顺序号与合金钢牌号中的数字不同，不表示合金含量范围，而只是表示顺序号。变形铝合金牌号中的汉语拼音字母含义如下：

LF—防锈铝合金（简称防锈铝）

LY—硬铝合金（简称硬铝）

LC—超硬铝合金（简称超硬铝）

LD—锻铝合金（简称锻铝）

LT—特殊铝合金（简称特殊铝）

LQ—硬钎铝合金（简称硬钎铝）

表 10-8 为变形铝合金产品的分组及代号。

变形铝合金产品的分组及代号 **表 10-8**

分组	代号
防锈铝	LF_2，LF_3，LF_4，LF_{5-1}，LF_6，LF_{10}，LF_{11}，LF_{12}，LF_{13}，LF_{14}，LF_{21}，LF_{33}，LF_{43}
硬铝	LY_1，LY_2，LY_3，LY_4，LY_5，LY_6，LY_8，LY_9，LY_{10}，LY_{11}，LY_{12}，LY_{13}，LY_8，LY_{16}，LY_{17}
锻铝	LD_2，LD_{2-1}，LD_{2-2}，LD_5，LD_6，LD_7，LD_8，LD_9，LD_{10}，LD_{11}，LD_{30}，LD_{31}
超硬铝	LC_3，LC_4，LC_9，LC_{10}，LC_{12}
特殊铝	LT_1，LT_{13}，LT_{17}，LT_{41}，LT_{62}，LT_{66}，LT_{75}

（三）变形铝合金的性质

1. 热处理非强化铝合金

（1）铝锰合金（Al-Mn 合金）　LF_{21}为该类合金的典型代表，含锰量 1.0%～1.6%。铝锰合金比纯铝有更高的强度和耐蚀性，并有良好的可焊性和塑性。抛光性好，可长期保持表面的光亮。锰的加入有一定的固熔强化作用，但基本不能热处理强化。该铝合金广泛用于民用五金、罩壳及建筑中受力不大的门窗和外墙的铝合金幕墙板，具有质轻、防腐、防水、美观、耐久的特点。

（2）铝镁合金（Al-Mg 合金）　该类铝合金属变形铝合金中的防锈铝，常用牌号有 LF_2、LF_3、LF_5、LF_6 和 LF_{11}。铝镁合金比纯铝密度小，强度比铝锰合金高，抗腐蚀能力强，低温性能好。虽不可热处理强化，但冷加工硬化后，强度可提高。该类铝合金，常用来制作异形板材。适用于建筑物的外墙饰面和屋面板材，美观，耐用。

热处理非强化铝合金有六种供应状态：退火的（M）、3/4 冷作硬化的（Y_1）；1/2 冷作硬化的（Y_2）；1/3 冷作硬化的（Y_3）；1/4 冷作硬化的（Y_4）；冷作硬化的（Y）。其化学成分及机械性能见表 10-9。

热处理非强化铝合金的化学成分及机械性能 **表 10-9**

合金牌号	化学成分（%）							供应状态代号	机械性能		
	Mn	Mg	Cu	Fe	Si	Zn	Ti		σ_b（MPa）≥	$\sigma_{0.2}$（MPa）≥	σ_{10}≥（%）≥
LF_{21}	1.0～1.6	≤0.05	≤0.20	≤0.7	≤0.6	≤0.10	≤0.15	M Y_4 Y_2 Y_1 Y	110 130 150 175 200	40 125 145 170 185	30 10 8 5 1
LF_2	0.15～0.4	2.0～2.8	≤0.1	≤0.4	≤0.4		≤0.1	M Y_4 Y_2 Y_1 Y	195 230 260 275 290	90 195 215 240 255	25 12 10 8 7

2. 可热处理强化铝合金

（1）铝镁硅合金（Al-Mg-Si 合金）　Al-Mg-Si 合金属变形铝中的锻铝，所谓锻铝是由于其良好的耐热性和耐蚀性更适合于锻造。LD_{30}、LD_{31}（相当于国际上流行的 6061、6063 铝合金）是其典型代表，也是《铝合金建筑型材》GB 5237—85 中建筑铝合金型材的生产用材。

LD_{30}合金的特点是强度中等，有良好的塑性、可焊性和耐蚀性。可阳极氧化着色，也可喷涂各种有机、无机涂料，适宜作建筑装饰板材。

LD_{31}属低合金化的 Al-Mg-Si 系合金，塑性好，热处理后具有中等强度，冲击韧性高，有极好的热塑性，适宜高速挤压成断面形式复杂的薄壁、中空型材。LD_{31}合金焊接性能好，加工后表面十分光洁，容易阳极氧化和着色，是 Al-Mg-Si 系列合金中应用较为广泛的品种。

Al-Mg-Si 系合金是当前世界各国制作铝合金门窗、幕墙板等建筑装饰材料较常选用的铝合金材料。

LD_{30}和 LD_{31}铝合金根据其加工和时效类型可有以下几种供应状态：淬火时效状态（CZ）；淬火人工时效状态（CS）；高温成型后快速冷却并人工时效的状态（RCS）；热挤压状态（R）。表 10-9 为 LD_{30}和 LD_{31}的化学成分及常温下的机械性能。

LD_{30}、LD_{31}建筑型材的化学成分及常温下的机械性能 GB/T 5253—93　　表 10-10

合金牌号	化学成分（%）								状态	机械性能			
	Mg	Si	Cu	Cr	Mn	Fe	Zn	Ti		σ_b（MPa）	$\sigma_{0.2}$（MPa）	σ（%）	HV
LD_{30}	0.80～1.2	0.4～0.8	0.15～0.4	0.04～0.35	≤0.15	≤0.7	≤0.25	≤0.15	CZ	177	108	16	—
									CS	265	245	8	—
LD_{31}	0.45～0.9	0.2～0.6		≤0.1	≤0.1	≤0.35		≤0.10	RCS	157	108	8	≥58（试件厚≥0.8mm）
									CS	205	177	8	—

注：1. 型材取样部位的壁厚小于 1.2mm 时，不测定伸长率；

2. 淬火自然时效型材的室温纵向力学性能是常温时效一个月的数值，常温时效不足一个月进行伸试验时，试样应进行快速时效处理，其室温纵向性能应符合本表规定；

3. 拉伸和硬度试验只做其中一项，仲裁试验为拉伸试验。

（2）铝铜镁合金（Al-Cu-Mg 合金）　Al-Cu-Mg 合金属于硬铝合金，也称为杜拉铝。硬铝的主要特点是含铜、镁多，强度、硬度高、耐热性能好（可耐 150℃），塑性、韧性差。硬铝有 16 个牌号，LY_{12}是硬铝的典型产品，热状态、退火或新淬火状态下成型性都较好，热处理效果显著。该种铝合金抗腐蚀性能差，常用纯铝包覆，故常称为包覆铝。可焊性差，易产生裂纹。硬铝适用于各种薄板、管材、线材、冲击件等。

（3）铝锌镁铜合金（Al-Zn-Mg-Cu 合金）　该种铝合金属变形超硬铝合金，有 8 个牌号，LC_9 是应用较广的一种。主要应用于飞机制造业。该类合金淬火后，其强度比硬铝还高，抗拉强度可达 680MPa，同时有良好的高温强度和很好的低温强度。LC_9 塑性好，但最大的缺点是可焊性差，有应力开裂倾向，故常须做包覆性处理。

LY_{12}和 LC_9 的化学成分及机械性能见表 10-11。

LY_{12}和 LC_9 的化学成分及机械性能　　表 10-11

牌号	化学成分（%）								机械性能	
	Cu	Mg	Mn	Ti	Zn	Fe	Si	Cr	σ_b（MPa）	σ_{10}（%）
LY_{12}	3.8～4.9	1.2～1.8	0.3～0.9	微量	微量	微量	微量	—	185～495	13～20
LC_9	1.2～2.0	2.0～3.0	微量	—	5.1～6.1	微量	微量	微量	230～525	11～17

四、美国铝合金的牌号、化学成分和机械性能

近年来，我国各地陆续引进了国外建筑铝合金的生产加工设备和技术，而所采用原料

也往往是按国外标准或牌号要求的，这就要求我们对国外的铝合金牌号、化学成分和机械性能有所了解。

世界各国对铝合金牌号的规定都不相同，不同牌号的化学成分和机械性能也往往不对应，变化较大。为此，国际标准（ISO）规定变形铝合金和其他铝合金可用美国铝业协会的四位数字命名法表示，使这种方法成为国际上比较常用的一种铝合金命名方法。目前，日本、德国、俄罗斯等国家已采用这一铝合金牌号命名法。

美国铝合金牌号按四位数字系列为基础，第一位数表示主要铝合金元素。第二位数表示对原始合金成分的修正，如为零即为原始合金，整数 1～9 表示修正后合金。第三、四位数字无特殊意义，仅用来表示同一系列中各种不同牌号的合金，可理解为顺序号。

第一位数字为 1 代表基本无合金元素，为 99%以上纯度的纯铝。其他按主要合金元素分为 7 个系列，用 2～8 表示，见表 10-12。

美国的铝合金系列命名含义　　　　表 10-12

铝合金系	1×××	2×××	3×××	4×××	5×××	6×××	7×××	8×××
合金元素	基本无	Cu	Mn	Si	Mg	Mg，Si	Zn	其他元素

牌号的第二部分表示铝合金的状态，由表示状态的字母符号（基本状态）和数字（基本状态的细目）表示，列于牌号的第一部分（四位数字）之后，中间用波折号分开。

各状态符号的含义为：1）F 表示制造状态，适用于热状态或应变硬化时无特殊要求的成形加工产品，对于变形产品不作机械性能的极限规定。2）U 表示退火状态，适用于完全退火获得最低强度的变形产品。3）H 表示热处理状态，热处理状态又分为若干个细目（由 T 字母后数字下标来区分）。T_1 表示局部固溶热处理，然后自然时效到一个基本稳定的状态。T_2 表示退火（只适用于铸件），退火的目的是改善铝合金的延展性，增加尺寸的稳定性。T_3 表示固溶性热处理，然后冷加工。T_4 表示固溶性热处理，然后自然时效到基本稳定状态。T_5 表示局部固溶性热处理，然后人工时效。T_6 表示固溶性热处理，然后人工时效。T_7 表示固溶性热处理，然后稳定化等。

表 10-13 及表 10-14 为美国部分铝合金系列的化学成分和机械性能。表中所列 6001 和 6063 系列是世界各国制造铝合金门、窗、幕墙板主要铝合金品种。

美国部分铝合金化学成分（%）　　　　表 10-13

合金牌号	Mg	Mn	Cn	Cr	Zn	Si	Fe	Al	备　注
6061	0.8～1.2	0.8～1.2	0.15～0.40	0.15～0.35	≤0.25	0.4～0.8	≤0.7	余量	Ti≤0.15%
6063	0.45～0.9	≤0.1	≤0.1	≤0.1	≤0.1	0.2～0.6	≤0.35	余量	Ti≤0.11%

美国部分铝合金机械性能　　　　表 10-14

合金牌号	状　态	抗拉强度 σ_b (MPa)	屈服强度 $\sigma_{0,2}$ (MPa)	延伸率（%）
6063	F	＞120	＞50	＞12
	T_5	＞150	＞110	＞8
	T_6	＞210	＞170	＞8
6061	T_6	295（316）	246（281）	10（12）

注：表内所列数值为最小值，括号内数值为典型值。

五、铝合金型材的加工和表面处理

（一）型材的加工方法

铝合金在建筑装饰工程上主要是应用型材。型材的加工方法有轧制和挤压两种，轧制工艺只能加工截面形式较简单，表面要求较低的型材。由于铝合金具有良好的塑性和可成型性，所以更适宜挤压法生产型材。

挤压法按挤压金属相对于挤压轴的运动方向分为正挤压、反挤压两种。国内生产企业采用正挤压法的为多。

正挤压法的主要特点是在挤压过程中，挤压筒固定不动，加热至400～450℃、直径为100～150mm、长4m左右的圆柱形铝坯材在挤压轴力的作用下，通过挤压模，而成型材。由于铝坯移动的方向与轴推力相同，所以称为正挤压，如图10-8所示。

反挤压法的主要特点是在挤压过程中，带有型材断面形状的空心挤压轴不动，而挤压机的压力通过堵头向封闭在挤压筒内的加热圆形铝坯材施加压力，使其从空心挤压轴内流出而成型材。由于铝坯是沿着与空心挤压轴相反的方向流出，故称为反挤压，如图10-8所示。

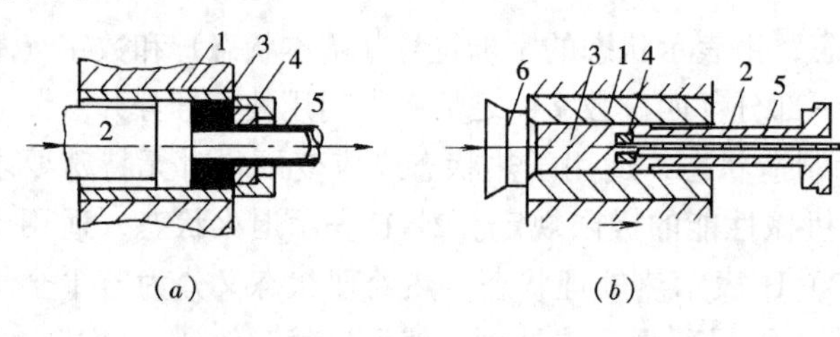

图10-8　铝合金正、反挤压加工工艺示意图
（a）正挤压；（b）反挤压
1—挤压阀；2—挤压轴；3—铸锭或毛料；
4—挤压模；5—挤压制品；6—堵头

挤压法与轧制法相比，有以下优点：

1. 铝坯在挤压过程中处于强烈的三向压缩应力状态，使材质更加致密，改善了其机械性能，提高了铝合金的强度。

2. 发挥了铝合金塑性好的特点，不但可生产棒、管、线等型材，而且可生产出截面形式复杂、带有异形筋条的板材和薄壁空腹型材。这对于轧制法是难以实现的。

3. 挤压法只要更换挤压模和挤压工具，便可改变产品的形状，尺寸，这对于生产批量小，规格多的型材，更为方便。

4. 挤压法生产的型材表面质量比轧制法生产的产品要好，成材后一般不需再进行机械加工。

但挤压法也存在着废料损失较大、生产效率较低、挤压制品的组织和性能不够均匀、工具消耗大、成本较高等缺点。

（二）表面处理

铝材表面自然氧化而生成的氧化膜很薄，耐蚀性满足不了使用的要求。因此，为保证铝材的使用，需对铝合金材料表面进行处理，以提高表面氧化膜的厚度，增加耐蚀性能，继而通过着色，进一步提高表面的装饰性，这个过程称为铝合金的表面处理。

铝合金的表面处理主要包括表面预处理、阳极氧化、表面着色、封孔处理四个过程。

1. 表面预处理

铝型材成型后，往往存在着不同程度的表面污染和缺陷，如灰尘、油污、擦痕等，在表面处理前必须对其进行清除，以露出洁净的基体，使表面处理后获得良好的质量。

表面预处理一般须经除油、碱洗、中和等工序，中间还要进行水洗。除油主要采用碱性溶液（磷酸钠、氢氧化钠和硅酸钠）处理，时间为 3 ~ 5min。碱洗也称为碱蚀洗，其作用是由碱溶液（NaOH 溶液）进一步清除表面附着的油污、脏物、自然氧化膜及擦痕。中和也称出光，是将碱洗后的铝材光面的灰、黑色的附着物在酸中（稀硫酸或硝酸溶液）溶解，以获得光亮清洁的金属表面。中和处理后的铝型材一般需进行认真的水清洗，以防清洁的表面受到污染。

2. 阳极氧化处理

如前所述，为增加铝材表面氧化膜的厚度，需对其表面进行氧化处理。常用的表面氧化处理的方法有阳极氧化和化学氧化两种。前者可在铝材表面形成比自然形成的氧化膜（0.1μm）厚的多（可达 5 ~ 20μm）的氧化膜层，因而得到广泛应用。后者形成的氧化膜薄，抗蚀性及硬度的较低，一般只用作有机涂层的底层处理和暂时性的防腐保护层。

阳极氧化按电解液分类，可分为硫酸法、草酸法和铬酸法等。草酸法成本高，铬酸法膜层薄、耐磨性差，以硫酸法最为常用。

阳极氧化的原理如图 10-9 所示，实质为水的电解。将铝制品作为阳极置于电解液中，阴极为化学稳定性高的材料（如铅、不锈钢等），通电后，电解液中的氢离子向阴极运动，在阴极上得到电子而还原为氢气放出。在阳极（铝型材）水电解生成的氧负离子与铝形成氧化铝膜层。

阴极　　$2H^+ + 2e^- \longrightarrow H_2\uparrow$

阳极　　$2Al^{3+} + 3O^{2-} \longrightarrow Al_2O_3 + Q$（热量）

所形成的氧化膜分为两层，基层为致密的无水 Al_2O_3，硬度高，可阻止电流的通过；表层为多孔状的 Al_2O_3 及其水化物，虽硬度较低，但厚度比基层要厚的多。当以硫酸为电解质时，电解液中的氢正离子及硫酸、亚硫酸的负离子会使氧化铝膜层局部溶解，形成大量针状小孔，使电流得以通过膜层，从而氧化作用向纵深发展，最终形成氧化膜的蜂窝状定向针孔结构，如图 10-9 所示。

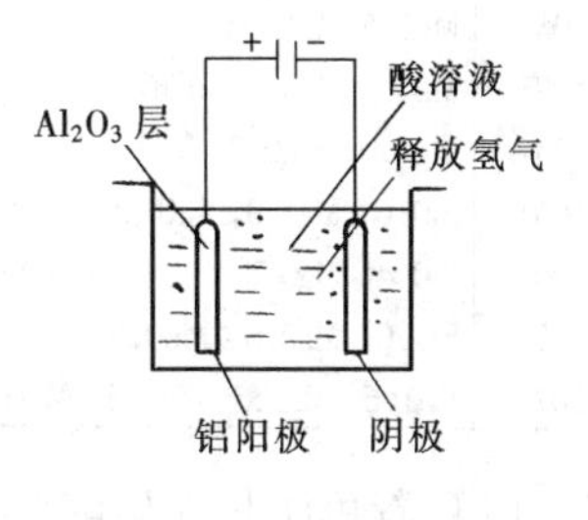

图 10-9　铝合金的阳极氧化

硫酸法阳极氧化工艺，电解液配置简单、效率高、膜层厚、处理时间短（30 ~ 60min）、成本低，但缺点是反应过程放热，需进行冷却。

铝合金表面人工形成的氧化膜具有许多优良性能。其一，是氧化膜是从基体表层直接生成的，所以与基体结合牢固，耐机械变形而不脱落。但较脆，不耐冲击荷载。其二，是不导电、不导热，是一种良好的电绝缘体，导热系数明显小于普通金属。其三，是具有良好的化学稳定性，抗腐蚀性能优良。其四，是所形成的氧化膜孔具有较强的吸附力，与涂料具有良好的粘结能力，为涂刷有机涂层提供了基本条件。

3. 表面着色

为使铝材更好地满足不同装饰工程的需要，在经阳极氧化后的铝型材的表面通过各种工艺处理，形成金、灰、暗红、银白、青铜、黑等不同色调，这一过程称为铝合金的表面着色。

铝材表面着色的方法有自然着色法、电解着色法和化学浸渍着色法等几种，其中最常

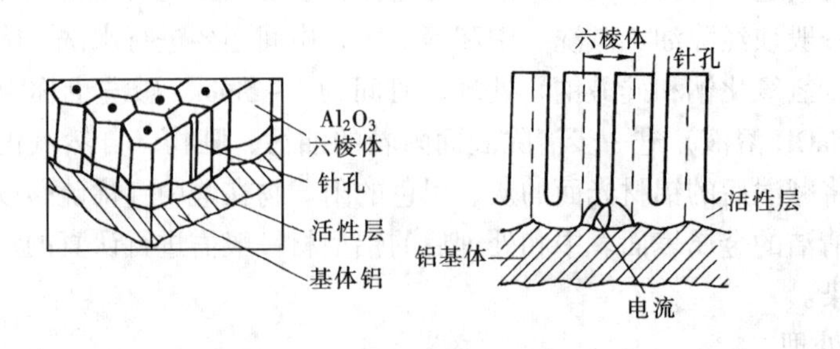

图 10-10 氧化膜成长结构示意图

用的是自然着色法和电解着色法。

自然着色法是指在特定的电解液和阳极氧化条件下，利用铝合金本身所含的不同合金元素，在阳极氧化的同时，产生着色的方法。如 6061 铝合金在硫酸电解液中阳极氧化可自然形成淡黄色表面，而在磺基水杨酸、硫酸或磺基钛酸、硫酸电解液中可分别形成深青铜色和黑色。各种铝合金采用自然着色法可形成的颜色见表 10-15。

各种铝合金采用不同的自然着色法生成的颜色 **表 10-15**

合金	主 要 成 分	硫酸电解	卡尔考拉法（磺基水扬酸、硫酸）	杜拉诺狄克法（磺基钛酸、硫酸）	AlandoX（9%～10%含氧酸）
1100		银白色	青铜色	青铜色	暗黄色
3003	Mn1.25，Fe0.7	淡黄色	暗灰、黑灰		
4043	Si5.5，Fe0.8	灰黑色	灰褐色		灰绿色
5005	Mg1.0	银白色	深青铜色		
5052	Mg2.5，Cr0.25	淡黄色	浅青铜色	浅青铜色	黄 色
5083	Mg4.5，Mn0.8，Cr0.2	暗灰色	黑 色		
5357	Mg1.0，Mn0.3	淡灰色	褐 色		
6061	Si0.6，Mg1.0，Cr0.25，Cu0.3	淡黄色	深青铜色	黑 色	
6063	Si0.4，Mg0.7	银白色	浅青铜色	青铜色	灰黄色
6351	Si1.0，Mg0.6，Mn0.6	暗灰色			暗灰褐色
7075	Cu1.6，Mg2.5，Zn5.5，Mn0.3	淡灰色	暗蓝黑色	黑 色	

电解着色法是对硫酸法阳极氧化后的型材进一步进行电解，利用电解液中的金属盐阳离子沉积到氧化膜层针状孔的孔底而使铝型材着色的表面着色工艺。电解着色法的本质是电镀。常用的金属盐有镍盐、锡盐、钴盐、混合盐等。可着颜色除常用的青铜色系、棕色系及灰色系外，还有红色、青色、蓝色等。

化学着色法是利用阳极氧化膜的多孔结构对染料的吸附能力，将无机或有机染料经浸渍吸附在铝型材氧化膜的孔隙内，以达到着色的一种方法。该种铝合金着色法是应用最早的一种方法，工艺简单、效率高、成本低、着色范围宽、色彩鲜艳。最大的缺点是易褪色、耐光性差，故只适用于室内装饰铝型材的表面着色。

4. 封孔处理

阳极氧化和着色处理后，铝型材表面膜层的针状多孔结构会使铝型材在使用过程中极易吸尘、污染和被腐蚀，所以在型材使用前，必须要把氧化膜的孔隙封住，这一工艺过程称为铝型材的封孔。

常采用的封孔处理方法有水合封孔、金属盐溶液封孔和有机涂层封孔等。

水合封孔是利用沸水或蒸汽处理型材，使水在高温条件下与氧化铝发生反应生成体积膨胀约33%的含水氧化铝（$Al_2O_3·H_2O$，称为含水波米氧化铝），从而使孔隙堵塞。

金属盐溶液封孔是将铝型材浸在金属盐溶液中，利用氧化膜的水化、盐类分解生成的氢氧化物或金属盐与着色染料生成的金属络合物，在膜孔底部析出而达到封孔的目的。该种封孔方法不影响氧化膜的本色，故适用于着色膜层的封孔。

有机涂层封孔是在阳极氧化、表面着色后的铝型材表面，利用浸渍和电泳涂漆等方法覆涂各种有机涂料，达到封孔的目的。常用的有机涂料有丙烯酸树脂、醇酸系树脂、乙烯系树脂、氟树脂等。

第3节　建筑装饰铝合金及制品

一、铝合金门窗

门窗即是建筑物采光、分隔、保温隔热的重要构件，又是体现建筑物风格的主要装饰手段。门窗的框体材料经历了由木到钢又到铝合金的几个发展阶段。特别是近十至二十年，铝合金以其优良的性能、精美的外观、对天然材料及能源消耗的节约，逐渐替代了传统门窗材料，成为新型门窗材料中的佼佼者。

（一）铝合金门窗的特点

1. 重量轻、强度高

铝合金的密度为钢的1/3，且门窗框材采用的为薄壁空腹型材，每1m^2耗用的铝材平均只有8～12kg，仅相当于木门窗的50%左右，但强度却接近于普通低碳钢，是名符其实的轻质高强材料。

2. 密封性能好

由于铝合金型材加工精度高、刚度大，再加上构造上的合理措施，使其具有优良的气密性、水密性、隔声性和隔热性，密封性比木门窗、钢门窗有显著的提高，可有效地改善建筑物的使用功能和降低能源的消耗，使其更适用于装设有空调设备的建筑物和对防尘、隔声、保温、隔热有特殊要求的建筑物。

3. 耐腐蚀、坚固耐久

铝合金门窗具有良优的耐腐蚀性能，不锈、不腐、不褪色，可大大减少防腐维修的费用。铝合金门窗整体强度高、刚度大、不变形、开闭轻便灵活、坚固耐用，使用寿命可达二十年以上。

4. 施工方便、生产效率高

铝合金门窗全部采用预制型材，虽断面复杂，但可用挤出法一次成型。加工装配和现场安装非常简便，生产效率高，且质量容易控制。

5. 装饰效果好

铝合金门窗框材，表面经氧化及着色处理，既可保持铝本身的银白色，也可着成各种柔和、美丽的颜色，如古铜色、暗红色、黑色等，与各式特种及装饰玻璃相配合，给建筑物增添了无穷的光彩。

（二）铝合金门窗的加工及装配

铝合金门窗是采用定型的铝合金型材，经下料、打孔、铣槽、攻丝、组装、保护处理等工序加工成门窗构件，然后现场与预留门窗洞口定位、连接、密封，再安装各种配件而完成全部加工安装过程。

1. 下料

下料采用铝型材切割机进行，主要技术要求是保证切割的精度。下料精度不准确，会导致门窗启闭不灵活，密闭性不良等缺陷。

2. 打孔

铝合金门窗框料的连接都是用螺钉与连接件来完成的，所以横竖型材要预先打孔，铝型材的打孔可采用小型台钻或手提式电钻。前者打孔准确，效率高，后者携带方便，操作灵活。

3. 组装

铝合金门窗的框料间一般采用专用连接件，用自攻螺钉或铝拉铆钉固定。组装时各框材要保证定位准确，角度方正。自攻螺钉尽可能采用不锈钢质的，镀锌螺钉的镀锌层在安装过程中易遭破坏，进而会与铝之间产生电化学腐蚀。

4. 保护

组装好的铝合金门窗，为避免运输和安装过程中表面膜层受损，应用塑料胶纸或薄膜将型材缠绕包覆给予保护。

（三）铝合金门窗的技术性能

1. 风压强度

根据《建筑外窗抗风压性能分级及其检验方法》GB 7106—86，铝合金门窗的抗风压强度是将铝合金门窗放置在标准压力箱内，按一定的正负加压过程，通以压缩空气，根据主要受力构件达到一定变形值时的压力差值作为其风压强度值。其值越高，铝合金门窗的抗风压性能越优良。如A类平开铝合金窗的风压强度值为3000～3500Pa。

2. 气密性

气密性是指空气通过关闭铝合金门窗的性能。测定气密性是将铝合金门窗置于标准压力试验箱内。试件前后保持10Pa压力差情况下，测定每1h透过单位面积的空气渗透量来表示。如A类平开铝合金窗的气密性为0.5～1.0$m^3/(m^2·h)$。

3. 水密性

水密性是指铝合金门窗在一定的脉冲平均风压下，保持不渗漏雨水的性能。在专用压力箱内，按规定标准（4L/min）对门窗试件施行人工降雨，同时在外侧施以脉冲（周期为2s的正弦波）风压力，经10min保持不漏雨所加的脉冲风压值规定为水密性指标，该值越大，水密性越好。如A类平开铝合金窗的水密性指标为450～500Pa。

4. 隔声性

隔声性是指铝合金门窗对声波的阻隔性能。用置于音响试验室内的门窗对一定频率的音响声波的透过损失来表示，称为空气声计权隔声量（单位dB）。铝合金门窗的声计权隔声量应分别在25、30、35、40dB以上，分别对应于隔声Ⅴ级、Ⅳ级、Ⅲ级和Ⅱ级。

5. 隔热性

铝合金门窗的隔热性以传热阻值（单位为$m^2·K/W$）分为三级，即Ⅰ级≥5.0、Ⅱ级

≥0.33、Ⅲ级≥0.25。隔热Ⅰ级的隔热性最好，也即保温性能最好。

6. 开闭力

装好玻璃后的铝合金门窗，动扇启闭外力应不大于50N。

（四）铝合金门窗的品种、规格、分类、等级及标记

1. 品种

铝合金门窗按启闭方式分推拉门（窗）、平开门（窗）、固定门（窗）、悬挂窗、回转窗、百叶窗等，其主要品种和代号见表10-16。所谓推拉门（窗）是指门（窗）可左右推拉启闭的门（窗）；所谓平开门（窗）是指门（窗）扇可绕铰链旋转启闭的门（窗）、固定窗是固定不开启的窗；百叶窗是由铝合金叶片组成的，用于通风或遮阳，叶片角度可调的窗。

铝合金门窗产品的主要品种及代号　　**表10-16**

产品名称	平开铝合金窗		平开铝合金门		推拉铝合金窗		推拉铝合金门	
	不带纱窗	带纱窗	不带纱窗	带纱窗	不带纱窗	带纱窗	不带纱窗	带纱窗
代　号	PLC	APLC	PLM	SPLM	TLC	ATLC	TLM	STLM

产品名称	滑轴平开窗	固定窗	上悬窗	中悬窗	下悬窗	主转窗
代　号	HPLC	GLC	SLC	CLC	XLC	LLC

2. 规格

铝合金门窗的尺寸规格取决于洞口平面尺寸，故国标只规定了洞口平面尺寸和门窗厚度的基本尺寸，见表10-17，而铝合金门窗的实际产品的平面尺寸应比洞口平面尺寸每侧各少15~18mm，以保证门窗外框与洞口的安装缝隙，在门窗固定后用保温弹性材料填塞。

洞口的规格型号（用于产品标记）用洞口宽度和洞口高度的尺寸表示，如洞口规格型号1821代表洞口的宽度为1800mm，洞口的高度为2100mm。又如洞口规格型号0606代表洞口的宽度和高度都为600mm。

3. 分类和等级

根据国标《平开铝合金门》GB 8478—87、《推拉铝合金门》GB 8480—87、《平开铝合金窗》GB 8479—87、《推拉铝合金窗》GB 8481—87，铝合金门窗产品按风压强度、空气渗透性能和雨水渗透性能分为A、B、C三类。每一类又分为优等品、一等品和合格品。各类各等级产品的技术指标表10-18。

铝合金门窗品种规格　　**表10-17**

名　称	洞口尺寸（mm）		厚度基本尺寸系列（mm）
	高	宽	
平开铝合金窗	600，900，1200，1500，1800，2100	600，900，1200，1500，1800，2100	40，45，50，55，60，65，70
平开铝合金门	2100，2400，2700	800，900，1000，1200，1500，1800	40，45，50，55，60，70，80
推拉铝合金窗	600，900，1200，1500，1800，2000	1200，1500，1800，2100，2400，2700，3000	40，55，60，70，80，90
推拉铝合金门	2100，2400，2700，3000	1500，1800，2100，2400，3000	70，80，90

铝合金门窗按性能指标的分类 **表 10-18**

门 窗		等 级	综合性能指标值		
			风压强度性能（Pa）	空气渗透性能（$m^3/m^2 \cdot h \leqslant 10Pa$）	雨水渗透性能（Pa），≥
平开铝合金窗	A 类（高性能窗）	优等品（A_1 级） 一等品（A_2 级） 合格品（A_3 级）	3500 3500 3000	0.5 0.5 1.0	500 450 450
	B 类（中性能窗）	优等品（B_1 级） 一等品（B_2 级） 合格品（B_3 级）	3000 3000 2500	1.0 1.5 1.5	400 400 350
	C 类（低性能窗）	优等品（C_1 级） 一等品（C_2 级） 合格品（C_3 级）	2500 2500 2000	2.0 2.0 2.5	350 250 250
平开铝合金门	A 类（高性能窗）	优等品（A_1 级） 一等品（A_2 级） 合格品（A_3 级）	3500 3000 2500	1.0 1.0 1.5	350 300 300
	B 类（中性能窗）	优等品（B_1 级） 一等品（B_2 级） 合格品（B_3 级）	2500 2500 2000	1.5 2.0 2.0	250 250 200
	C 类（低性能窗）	优等品（C_1 级） 一等品（C_2 级） 合格品（C_3 级）	2000 2000 1500	2.5 2.5 3.0	200 150 150
推拉铝合金窗	A 类（高性能窗）	优等品（A_1 级） 一等品（A_2 级） 合格品（A_3 级）	3500 3000 3000	0.5 1.0 1.0	400 400 350
	B 类（中性能窗）	优等品（B_1 级） 一等品（B_2 级） 合格品（B_3 级）	3000 2500 2500	1.5 1.5 2.0	350 300 250
	C 类（低性能窗）	优等品（C_1 级） 一等品（C_2 级） 合格品（C_3 级）	2500 2000 1500	2.0 2.5 3.0	250 150 100
推拉铝合金门	A 类（高性能窗）	优等品（A_1 级） 一等品（A_2 级） 合格品（A_3 级）	3000 3000 2500	1.0 1.5 1.5	300 300 250
	B 类（中性能窗）	优等品（B_1 级） 一等品（B_2 级） 合格品（B_3 级）	2500 2500 2000	2.0 2.0 2.5	250 200 200
	C 类（低性能窗）	优等品（C_1 级） 一等品（C_2 级） 合格品（C_3 级）	2000 2000 1500	2.5 3.0 3.5	150 150 100

4. 产品标记

铝合金门窗的产品标记由 9 部分构成，各自表示的内容为：

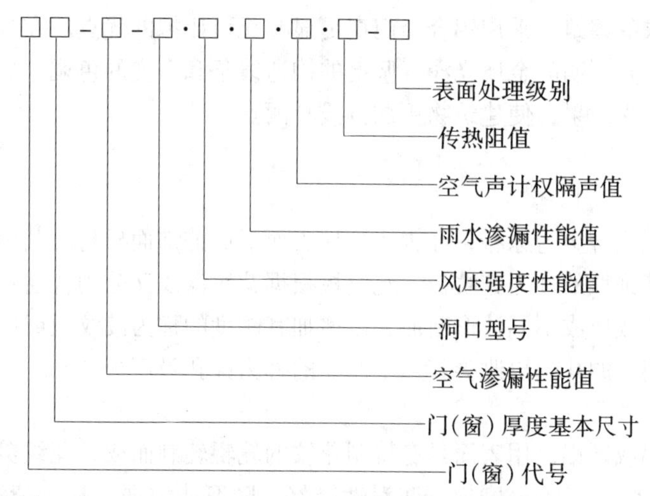

例：TLC 60-3012-2000·1.5·250·25·0.25-Ⅱ

表示：TLC——推拉铝合金窗；

60——窗厚度基本尺寸为60mm；

3012——洞口宽度为3000mm，洞口高度为1200mm；

2000——风压强度性能值为2000Pa；

1.5——空气渗漏性能值为1.5[$m^3/(m^2 \cdot h)$]；

250——雨水渗漏性能值为250Pa；

25——空气声计权隔声值为25dB；

0.25——传热阻值为0.25［($m^2 \cdot K$)/W］；

Ⅱ——阳级氧化膜厚度为Ⅱ级。

（五）铝合金门窗的技术要求

铝合金门窗的技术要求有材料要求、表面处理、装配要求和表面质量要求等。在相应的国标中对各项都提出了具体指标。

对铝合金门窗材料，要求所选用的配件（如外框与墙体间连接所用的钢质锚板）除不锈钢质外，都必须经防腐处理，以防铝合金与其接触由于电极电位不同，发生铝合金的接触腐蚀。根据表面处理情况，将铝型材表面的阳极氧化膜厚度分为Ⅰ、Ⅱ、Ⅲ级，对应的氧化膜厚度值分别不小于20μm、15μm和10μm。氧化膜厚度是铝合金型材的一项主要技术指标，一般是根据具体使用环境、建筑物等级及工程投资情况而定。例如，用于室外的门窗对氧化膜的厚度要求比室内要厚一些。沿海地区受海风影响，腐蚀程度较内陆地区要严重，氧化膜宜厚一些。一般室内工程氧化膜厚度不宜小于6μm，多用10～20μm。对于室外工程，氧化膜厚度宜选用15～25μm以上的。

为保证铝合金框材具有足够的刚度，国标GB/T 5237—93指出型材的壁厚不宜低于：门结构型材2.0mm、窗结构型材1.4mm、玻璃屋顶3.0mm、其他型材1.0mm.

（六）铝合金门窗的应用

铝合金门窗是新型建筑材料制品，是传统木门窗的升级换代产品，与彩涂钢板门窗、塑料门窗等构成了新型门窗多彩多姿的大家庭。由于其优良的性能，可观的耐久性和绚丽的外表，使其被广泛应用于多高层公用建筑和普通民用住宅。尤其是对气密性、水密性、隔声性和节能、防火有特殊要求的建筑，采用铝合金门窗更显其无可比拟的优点。在外墙饰面上采用大面积的铝合金窗，其鲜明的金属光泽、坚挺的构造线条和多变的色调，加强和丰富了建筑物的立面造型和层次效果，使建筑物更加挺拔壮丽。

二、铝合金装饰板

铝合金装饰板是选用纯铝或铝合金为原料，经辊压冷加工而形成的饰面板材。其中表面轧制有花纹，以增加其表面装饰性的称为花纹板。花纹板根据花纹深浅又分为普通花纹板和浅花纹板。将铝合金薄板轧或压成不同波形断面，以增加其刚度的称为波纹板或压型板。在板材上冲出不同形状和间距的孔洞以改善其声学性能的称为穿孔吸声板。

（一）花纹板

花纹板是采用防锈铝、纯铝或硬铝，用表面具有特制花纹的轧辊轧制而成，花纹美观大方、纹高适中（大于0.5~0.8mm）、不易磨损、防滑性能好、防腐能力强、易于清洗。通过表面着色，可获不同美丽色彩。花纹板板面平整、裁剪尺寸准确、便于安装，广泛用于车辆、船舶、飞机等内墙装饰和楼梯、踏板等防滑部位。

铝质浅花纹板是我国特有的一种优良的金属装饰板材。其花纹精巧别致（花纹高度0.05~0.12mm）、色泽美观大方。板面呈立体花纹，所以比普通平面铝板刚度大，经轧制后，硬度有所提高，因此抗划伤、抗擦伤能力强，且抗污染、易清洗。浅花纹板对日光有高达75%~90%的较高反射率，热反射率也可达85%~95%，所以具有良好的金属光泽和热反射性能。浅花纹板耐氨、硫和各种酸的侵蚀，抗大气腐蚀的能力强。浅花纹板可用于室内和车厢、飞机、电梯等内饰面。

（二）铝质波纹板和压型板

波纹板和压型板都是采用纯铝或铝合金平板经机械加工而成异形断面板材，由于截面形式的变化，增加了其刚度，具有重量轻、外形美观、色彩丰富、耐腐蚀、利于排水、安装容易、施工进度快等优点。具有银白色表面的波纹板或压型板对于阳光有很强的反射能力，有利于室内隔热保温。这两种板材十分耐用，在大气中可使用二十年以上。被广泛应用于厂房、车间等建筑物的屋面和墙体饰面。

波纹板的常用板型如图10-11所示。压型板的常用板形如图10-12所示。其中1、3、5型压型板的横向连接需借助于6型压型板的扣接，一般用于外墙。2、4型压型板横向连接可利用原板型直接搭接，一般用于外墙。而7型压型板用于窗台及屋檐。8型压型板用于房屋建筑的四个角的包角。9型压型板用于屋面排水。其他板型可由供需双方协商。

（三）铝及铝合金穿孔吸声板

铝及铝合金穿孔吸声板是为满足室内吸声的功能要求，而在铝或铝合金板材上用机械

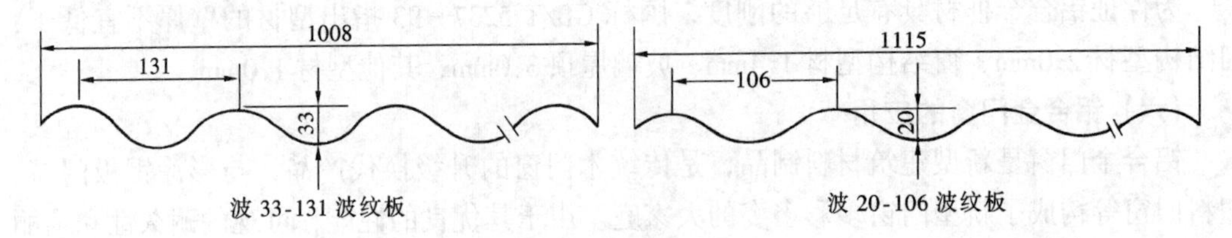

图10-11　波纹板板形图

加工的方法冲出孔径大小、形状、间距不同的孔洞而制成的功能、装饰性合一的板材。

铝及铝合金穿孔吸声板是金属穿孔吸声板的一种，是根据声学原理，利用各种不同穿孔率的金属板来达到降低噪声，改善音响效果的目的。可采用圆、方、长圆、三角等不同的孔形或形状、大小不一的组合孔，工程降噪效果可达 4 ~ 8dB。

铝及铝合金穿孔吸声板除吸声、降噪的声学功能外，还具有质量轻、强度高、防火、防潮、耐腐蚀、化学稳定好等特点。使用在建筑中造型美观、色泽幽雅、立体感强，同时组装简便、维修容易。被广泛应用于宾馆、饭店、观演建筑、播音室和中高级民用建筑及各类厂房、机房、人防地下室的吊顶作为降噪、改善音质的措施。

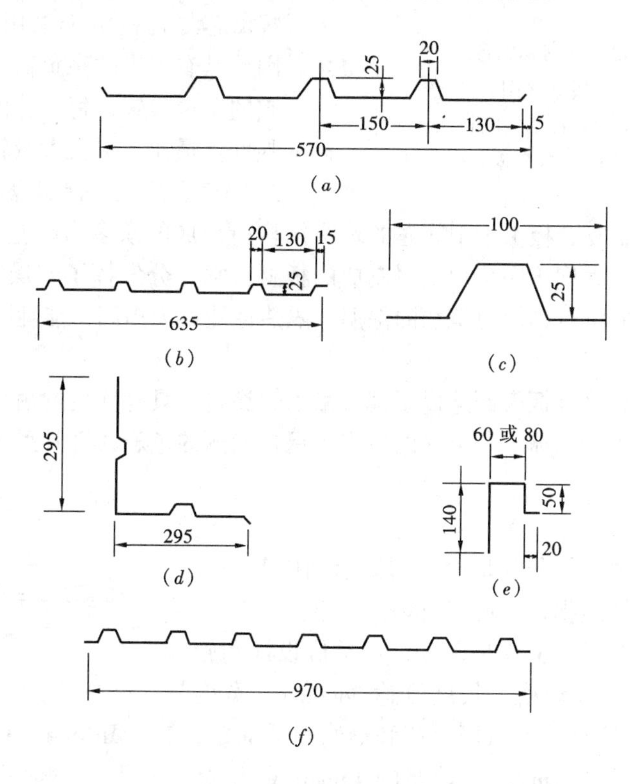

图 10-12　压型板板形图

(a) 1 型压型板；(b) 2 型压型板；(c) 6 型压型板；
(d) 7 型压型板；(e) 8 型压型板；(f) 9 型压型板
(1、3、5 型断面相同；1 型 3 波；2 型 5 波；3 型 7 波)

(四) 蜂窝芯铝合金复合板

近年来，随着铝合金加工工艺的不断完善，许多复合型的铝合金板材在建筑工程中得到应用，丰富了装饰工程中金属材料的表现力，展现了其广阔的应用前景。蜂窝芯铝合金复合板就是其中一种典型产品。

蜂窝芯铝合金复合板的整体结构和涂层结构如图 10-13、图 10-14 所示。其中外表层为 0.2 ~ 0.7mm 的铝合金薄板，中心层用铝箔、玻璃布或纤维纸制成蜂窝结构，铝板表面喷涂以聚合物着色保护涂料——聚偏二氟乙烯，在复合板的外表面覆以可剥离的塑料保护膜，以保护板材表面在加工和安装过程中不致受损。

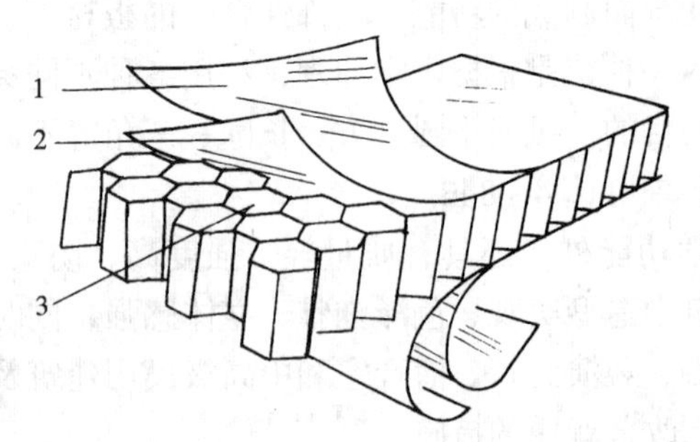

图 10-13　蜂窝芯铝合金复合板结构图

1—铝合金薄板；2—树脂粘结剂；3—蜂窝芯

蜂窝芯铝合金复合板的主要特点有：

1. 精度高、外观平整

复合板生产时严格控制其尺寸精度，其平整度明显优于其他建筑材料，使建筑物饰面具有浑然一体的平整外观。同时，板材中芯层的蜂窝结构可保持表面平整度经久不变，可有效地消除凹陷和折皱。

2. 强度高、重量轻

蜂窝芯复合板由于采用了航空蜂窝结构技术，因此具有突出的高负荷抗挠曲变形能力。

它的重量很轻，每 $1m^2$ 仅 7kg 左右，具有极高的强度重量比，可大大减轻建筑物的自重。

3. 隔声、防震、保温隔热

蜂窝芯铝合金复合板由于中间芯的蜂窝结构所形成的众多密闭空气腔，使其在隔声、保温、防震方面大大优于完全用金属制成的板材，它充分发挥了干燥空气导热系数小[仅 0.024W/(m·K)]的特点，使建筑物的保温、隔热性能大大提高，能耗明显下降。

4. 色泽鲜艳、持久不变

蜂窝芯铝合金复合板表面涂以聚偏二氟乙烯涂料，具有优良的耐蚀性和耐候性，能抗拒尘垢、酸雨、阳光、冰雪、风沙的侵害，保持艳丽的色彩，极其耐久。其彩色涂层性能见表 10-29。

5. 易于成型，用途广泛

该种复合板材可充分满足设计的要求制成各种弧形、圆弧拐角和棱边拐角，使建筑物更加精美。

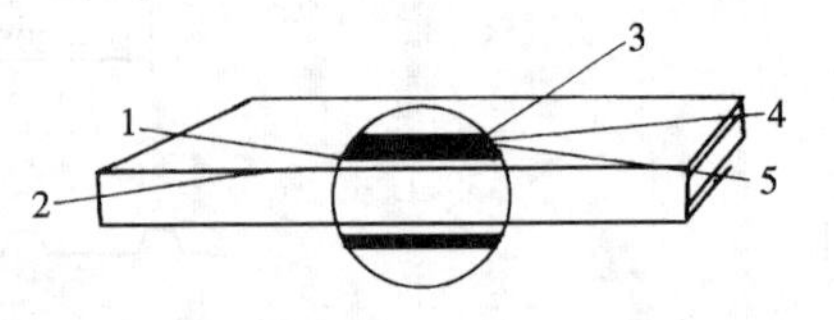

图 10-14　蜂窝芯铝合金复合板防护层结构图

1—过渡层；2—金属基层；3—表层；4—颜色层；5—底层涂料

蜂窝芯铝合金复合板规格多变，可适应设计和施工的灵活变化。一般规格，长度可达 2400mm、宽度可达 1200mm。厚度视设计风压负荷和蜂窝材质而定，一般厚度为：铝箔的 7mm；玻璃布的 15mm；纤维纸的 20mm。特殊要求，也可提供其他尺寸规格。

蜂窝芯铝合金复合板的技术性能为：单位面积重量为 7kg；导热系数为 0.1098W/(m·K)；隔声性能不小于 20dB；抗风压强度大于 3000Pa。

蜂窝芯铝合金复合板的安装施工完全为装配式干作业。

蜂窝芯铝合金复合板作为高级饰面材料，可用于各种建筑的幕墙系统，也可用于室内墙面、屋顶、顶棚、包柱等工程部位。

（五）铝合金龙骨

铝合金龙骨是以铝合金挤压而成的顶棚骨架支承材料，其断面为“T”形。按其位置和功能可分为“T”形主龙骨（代号 LT—23）、次龙骨（横撑龙骨）、边龙骨、异形龙骨和配件，其断面及外形如图 10-15 所示。

铝合金龙骨一般与轻钢龙骨（称为大龙骨）组合使用。即主要承重龙骨为轻钢龙骨（根据荷载大小可分别选取 38、50、60 系列轻钢主龙骨），然后铝合金主龙骨按一定间距用吊钩与轻钢主龙骨挂接（吊钩下端穿入“T”形主龙骨的安装孔内）。“T”形龙骨上可插接或浮摆饰面板材，使龙骨明露或暗设，形成不同风格的吊顶平面。若为不上人型吊顶，也可不用轻钢主龙骨而采用钢丝直吊的方法，即直接用钢丝穿于“T”形主龙骨的安装孔内吊于结构层下。

铝合金“T”形主龙骨的产品长度为3m（或0.6m的倍数加长），可用连接件接长。横撑次龙骨的断面与主龙骨相同，但长度是按板材规格而定的定长尺寸（如0.596m），其端部的凸头可直插入“T”形主龙骨的长形安装孔内，然后弯折连接。

合金龙骨具有自重轻、防火、抗震、外观光亮挺括、色调美观、加工和安装方便等特点，适用于医院、会议室、办公室、走廊等吊顶工程，常与小幅面石膏装饰板或岩棉（矿棉）吸声板配用。

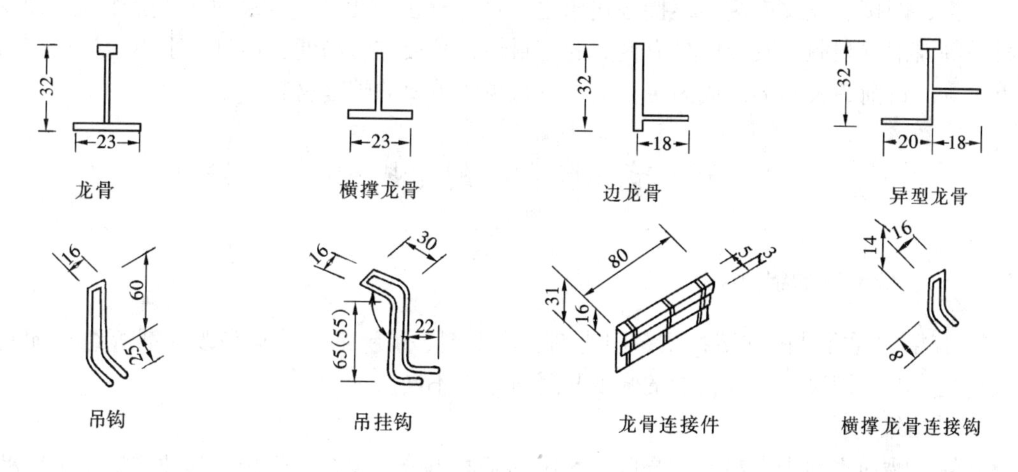

图10-15 铝合金龙骨及配件示意图

复 习 思 考 题

1. 什么是钢？钢按化学成分和冶炼方法如何分类？
2. 建筑钢材的主要技术性能有哪些？通过低碳钢的 σ-ε 曲线可得到哪几个重要的力学指标？
3. 碳素结构钢和低合金结构钢的钢号如何表示？
4. 什么是不锈钢？不锈钢耐腐蚀的原理是什么？
5. 建筑装饰用钢材制品和不锈钢制品主要有哪些？选用原则是什么？
6. 轻钢龙骨有哪些应用特点？如何分类？等级标准和主要技术要求是什么？
7. 什么是铝合金？有哪些优良性能？铝合金如何分类？
8. 什么是铝合金的表面处理？其主要处理过程是什么？简述铝合金阳极氧化处理的原理。
9. 铝合金门窗的主要技术性能指标是什么？其分类和等级标准是什么？
10. 常用铝合金装饰板材有哪些品种？金属各自性能特点及应用范围。

第11章 胶 粘 剂

胶粘剂是指具有一定的粘结性能，能把两种同质或不同质的物体牢固地粘接在一起的材料，又称为粘合剂。材料的粘结性能很早就被人们在建筑上加以利用，如远在秦代我国人民就把糯米浆与石灰制成的灰浆作为胶粘剂砌筑长城。随着现代化学工业的发展，各种合成胶粘剂不断涌现。胶粘剂在建筑及建筑装饰工程中的应用也越来越多，这是因为胶接与焊接、铆接、螺纹连接等连接方式相比，具有很多突出的优点：如不受胶接物的形状、材质等因素的限制；胶接后具有良好的密封性；胶接方法简便，而且几乎不增加粘结物的重量等。目前，胶粘剂已成为工程上不可缺少的重要的配套材料。

第1节 胶粘剂的组成和分类

一、胶粘剂的组成

胶粘剂通常是由粘结物质、固化剂、增塑剂、稀释剂、填料和改性剂等组分配制而成。组分的不同决定了胶粘剂的强度和适应条件不同。

1. 粘结物质

粘结物质也称为粘料，它是胶粘剂中的基本组分，起粘结作用．其性质决定了胶粘剂的性能、用途和使用条件。一般多用各种树脂、橡胶类及天然高分子化合物作为粘结物质。

2. 固化剂

固化剂是促使粘结物质通过化学反应加快固化的组分。有的胶粘剂中的树脂（如环氧树脂）若不加固化剂本身不能变成坚硬的固体。固化剂也是胶粘剂的主要成分，其性质和用量对胶粘剂的性能起着重要的作用。

3. 增塑剂

增塑剂是为了改善粘结层的韧性，提高其抗冲击强度的组分。常用的有邻苯二甲酸二丁酯和邻苯二甲酸二辛酯等。

4. 稀释剂

稀释剂又称为溶剂，主要是起降低胶粘剂黏度的作用，以便于操作，提高胶粘剂的湿润性和流动性。常用的有机溶剂有丙酮、苯、甲苯等。

5. 填料

填料一般在胶粘剂中不发生化学反应，它能使胶粘剂的稠度增加，降低热膨胀系数，减少收缩性，提高胶粘剂的抗冲击韧性和机械强度。常用的品种有滑石粉、石棉粉、铝粉等。

6. 改性剂

改性剂是为了改善胶粘剂的某一方面性能，以满足特殊要求而加入的一些组分。如为增加胶结强度，可加入偶联剂，还可以分别加入防腐剂、防霉剂、阻燃剂、稳定剂等。

二、胶粘剂的分类

胶粘剂的品种繁多，组成各异，分类方法也各不相同，一般可按粘结物质的性质、胶粘剂的强度特性及固化条件来划分。

1. 按粘结物质的性质分类

胶粘剂按粘结物质的性质不同，可做如下分类：见表 11-1。

按粘结物质性质分类 **表 11-1**

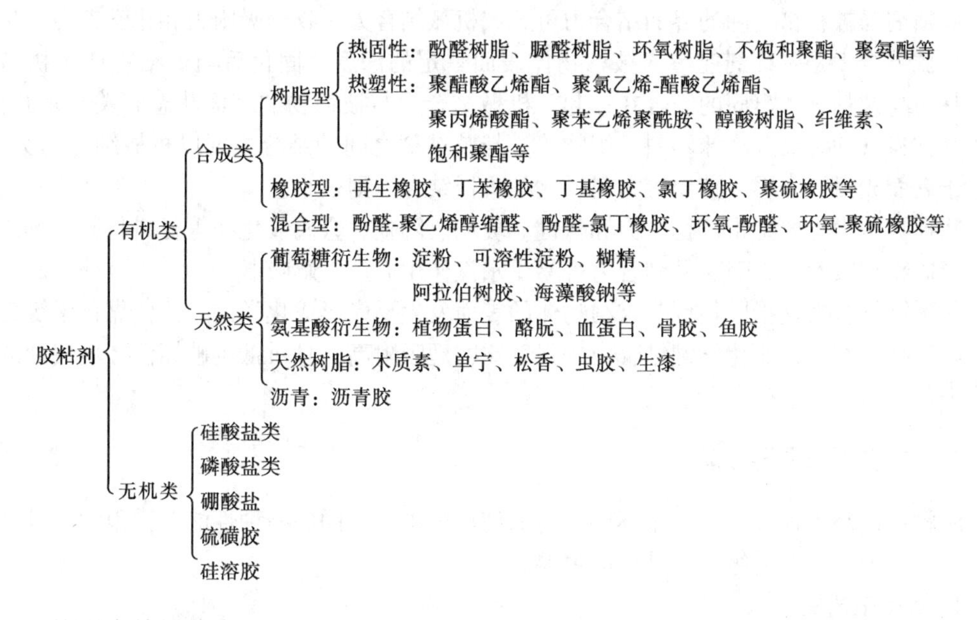

2. 按强度特性分类

按强度特性的不同，胶粘剂可分为：

（1）结构胶粘剂：结构胶粘剂的胶结强度较高，至少与被胶结物本身的材料强度相当。同时对耐油、耐热和耐水性等都有较高的要求。

（2）非结构胶粘剂：非结构胶粘剂要求有一定的强度，但不能承受较大的力，只起定位作用。如聚醋酸乙烯酯等。

（3）次结构胶粘剂：次结构胶粘剂又称准结构胶粘剂，其物理力学性能介于结构型与非结构型胶粘剂之间。

3. 按固化条件分类

按固化条件的不同，胶粘剂可分为溶剂型，反应型和热熔型。

溶剂型胶粘剂中的溶剂从粘合端面挥发或者被吸收，形成粘合膜而发挥粘合力。这种类型的胶粘剂有聚苯乙烯、丁苯等。

反应型胶粘剂的固化是由不可逆的化学变化而引起的。按照配方及固化条件，可分为单组分、双组分甚至三组分的室温固化型、加热固化型等多种型式。这类胶粘剂有环氧树脂、酚醛、聚氨酯、硅橡胶等。

热熔型胶粘剂以热塑性的高聚物为主要成分，是不含水或溶剂的固体聚合物，通过加热熔融粘合，随后冷却、固化，发挥粘合力。这类胶粘剂有醋酸乙烯、丁基橡胶、松香、虫胶、石蜡等。

第2节　胶粘剂的胶接性能及影响胶接强度的因素

一、胶粘机理

胶粘剂能将被粘物体牢固得结合起来，主要在于它和被粘物之间的界面结合力。一般认为胶粘剂与被粘物之间的界面结合力可分成机械结合力、物理吸附力和化学键力三种。

机械结合力是胶粘剂能渗入被粘物体表面一定的深度，固化后与被粘物产生机械键合，从而与被粘物体牢固的结合在一起。机械结合力与被粘物的表面状态有关，多孔性、纤维性材料（如海绵、泡沫塑料、织物等）与胶粘剂之间的结合主要以机械结合力为主，而对于表面光滑的金属、玻璃等材料，这种机械结合力则很小。

物理吸附力主要是指范德华力和氢键。玻璃、陶瓷、金属氧化物等材料与胶粘剂之间容易形成物理吸附力，但这种结合力容易受水汽作用而产生解吸。

化学键结合力是指胶粘剂与被粘物体的表面发生反应形成化学键，并依靠化学键力将被粘物体结合在一起。化学键结合力的强度比物理吸附高，且对抵抗破坏性环境侵蚀的能力也强得多。

二、胶粘剂的主要性能

胶粘剂的品种很多，为满足不同环境的使用要求，不同的品种性能差异很大。胶粘剂的性能主要取决于它的组成。其性能主要有以下几点：

1. 粘接工艺性

胶粘剂的粘结工艺性是指胶粘剂在使用过程中有关粘接操作方面的性能。如胶粘剂的调制、涂胶方式、搁置环境和时间、固化条件等。粘接工艺性是有关粘接操作难易程度的总评价指标。

2. 粘接强度

胶接强度是指单位胶接面积所能承受的最大破坏力，它是胶粘剂的主要性能指标。不同品种的胶粘剂粘接强度不同，结构型胶粘剂的粘接强度最高，次结构型胶粘剂其次，非结构型胶粘剂粘接强度最低。

3. 稳定性

粘接试件在指定介质中于一定温度下，浸渍一段时间后的强度变化称为胶粘剂的稳定性，它可用实测强度或强度保持率来表示。

4. 耐久性

对于大多数有机树脂为粘结物质的胶粘剂，其所形成的粘结层会在环境因素的作用下逐渐老化，直至失去粘接强度，胶粘剂的这种性能称为耐久性。

5. 耐温性

胶粘剂一定的温度范围内可以保持其工艺性能和粘接强度，超出这个范围，性能会发生变化，这种性质称为胶粘剂的耐温性，其中包括耐热性、耐寒性及耐高低温交变性等。

6. 其他性能

胶粘剂的其他性能包括颜色、刺激性气味、毒性的大小、贮存稳定性等方面的性能。

7. 溶剂型胶粘剂中有害物质限量值应符合表 11-2 的规定。

溶剂型胶粘剂中的有害物质限量值 GB 18583—2001 **表 11-2**

项　目	指　标		
	橡胶胶粘剂	聚氨酯类胶粘剂	其他胶粘剂
游离甲醛/（g/kg）	0.5	—	—
苯/（g/kg）	5		
甲苯＋二甲苯（g/kg）	200		
甲苯二异氰酸酯（g/kg）	—	10	—
总挥发性有机质/（g/L）	750		

注：苯不能作为溶剂使用，作为杂质其最高含量不得大于表 11-2 的规定。

8. 水基型胶粘剂中有害物质限量值应符合表 11-3 的规定。

水基型胶粘剂中有害物质限量值 GB 18583—2001 **表 11-3**

项　目	指　标				
	缩甲醛类胶粘剂	聚乙酸乙烯酯胶粘剂	橡胶类胶粘剂	聚氨酯类胶粘剂	其他胶粘剂
游离甲醛/（g/kg），≤	1	1	1	—	1
苯/（g/kg），≤	0.2				
甲苯＋二甲苯（g/kg），≤	10				
总挥发性有机物，≤	50				

三、影响胶接强度的因素

它取决于胶粘剂本身的强度和胶粘剂与被粘物之间的结合力（粘合力）。影响胶接强度的因素主要有胶粘剂对被粘物表面的湿润性、胶粘剂的性质、被粘物表面状况、粘结工艺、环境因素和接头形式等。

1. 胶粘剂的组成

胶粘剂的主要成分粘料是胶粘剂的最基本成分，是决定胶接强度的最重要的因素。如环氧树脂胶粘剂比脲醛树脂胶粘剂的胶接强度高。胶粘剂的其他组分，如固化剂、增韧剂、填料及改性剂等，对胶粘剂的胶接强度也有影响。加入不同类型、不同数量的固化剂对胶接强度影响较大。加入适量的增韧剂可以提高韧性和抗冲击性能，加人适量的稀释剂可以降低胶粘剂的稠度，增加流动性，有利于胶粘剂湿润被粘物的表面，加入适量的填料能提高胶粘剂的内聚力和粘附力。

2. 胶粘剂对被粘物表面的湿润性

胶接的首要条件是胶粘剂对被粘接物的表面有亲和力，这种亲和力表现在被粘物表面能被胶粘剂润湿。所以胶粘剂能均匀地分布在被粘物上，完全湿润被粘物表面是获得高强度胶接的必要条件。

胶粘剂的表面张力越小，湿润性越好；被粘物表面张力越大，越有利于胶粘剂的完全湿润。降低胶粘剂液体黏度，提高其流动性，给胶层以压力，提高被粘物表面的温度，都能提高胶粘剂的湿润性，从而提高粘接强度。

3. 被粘物表面状况

因为胶粘剂与被粘物的胶接作用只发生于被粘物的表面上，因此被粘物的表面状况对胶强度影响很大。其影响主要来源于以下几个方面：

(1) 清洁度　如果被粘物表面有吸附水分和尘埃、油污、锈蚀等附着物，则这些附着物会降低胶粘剂对被粘物表面的润湿，阻碍胶粘剂接触基体表面，造成胶接强度的降低。

(2) 粗糙度　被粘物表面有一定的粗糙度能增大粘接面积，增加机械结合力，防止胶层内微裂纹的扩展。但被粘物表面过于粗糙又会影响胶粘剂的湿润，易残存气泡，反而会降低胶接强度。

(3) 表面的化学性质　被粘物表面张力的大小、极性强弱、氧化膜致密程度等，都会影响胶粘剂的湿润性和化学键的形成。

(4) 表面温度　适当的表面温度可以增加胶粘剂的流动性和湿润性，有助于胶接强度的提高。

4. 环境条件和接头形式

空气湿度大，胶层内的稀释剂不易挥发，容易产生气泡。空气中灰尘大、气温低时都会降低胶接强度。接头设计得合理，可以充分发挥粘合力的作用，要尽量增大粘结面积，尽可能避免胶层承受弯曲和剥离作用。

四、提高粘接力应注意的事项

为了提高胶粘剂在工程中的粘接强度，满足工程的需要，使用胶粘剂粘接时应注意：

(1) 粘接面要清洗干净，彻底清除被粘接物表面上的水分、油污、锈蚀和漆皮等附着物。

(2) 胶层要匀薄。大多数胶粘剂的胶接强度随胶层厚度增加而降低。胶层薄，胶面上的粘附力起主要作用，而粘附力往往大于内聚力，同时胶层产生裂纹和缺陷的概率变小，胶接强度就高。但胶层过薄，易产生缺胶，更要影响胶接强度。

(3) 搁置时间要充分。对含有稀释剂的胶粘剂，胶接前一定要搁置，使稀释剂充分挥发，否则在胶层内会产生气孔和疏松现象，影响胶接强度。

(4) 固化要完全。胶粘剂中的固化一般需要有一定的压力、温度和时间。加一定的压力有利于胶液的流动和湿润，保证胶层的均匀和致密，使气泡从胶层中挤出。温度是固化的主要条件，适当提高固化温度有利于分子间的渗透和扩散，有助于气泡的逸出和增加胶液的流动性，温度越高，固化越快。但温度过高会使胶粘剂发生分解，影响粘接强度。

第3节　常用的胶粘剂

在装饰工程中现在应用的胶粘剂种类很多，各种胶粘剂的商品名称更是不胜枚举，但按其粘结物质分，主要有酚醛树脂类胶粘剂、环氧树脂类胶粘剂、聚醋酸乙烯酯类胶粘剂、聚乙烯醇缩甲醛类胶粘剂、聚氨酯类胶粘剂和橡胶类胶粘剂等六大类。

一、酚醛树脂类胶粘剂

酚醛树脂是热固性树脂中最早用于胶粘剂的品种之一，它是由苯酚与甲醛在碱性介质（如氨水、氢氧化钡）中，经缩聚反应制得的线型结构的低聚合物，也称甲阶可溶性酚醛树脂。因为这种树脂用水或乙醇作溶剂制成胶液，在加热或催化剂存在的情况下能进一步缩聚成交联网状结构而固化，因而用作胶粘剂，这类胶粘剂的品种有：

1. 酚醛树脂胶粘剂

酚醛树脂胶粘剂的粘接强度高，耐热好，但胶层较脆。主要用于木材、纤维板、胶合板、硬质泡沫塑料等多孔性材料的粘接，商品胶如 FQ-100 冷固型酚醛树脂胶、铁锚 206 胶等。

2. 酚醛-缩醛胶粘剂

酚醛-缩醛胶粘剂是聚乙烯醇缩醛胶改性的酚醛胶粘剂。性能特点是耐低温、耐疲劳、耐气候性、韧性好、耐老化性极好，使用寿命长，但长期使用温度最高只能为 120℃。主要用于粘接金属、陶瓷、玻璃、塑料和其他非金属材料制品。商品胶有 E-5 胶、FN-301 胶、FN-302 胶等。

3. 酚醛-丁腈胶粘剂

用丁腈橡胶改性酚醛树脂所配制成的胶粘剂称为酚醛-丁腈胶粘剂。其特点是高强、坚韧、耐油、耐热、耐寒、耐气候老化，使用温度为（55 ~ 260℃）。主要用于胶接金属、玻璃、纤维、木材、皮革、PVC 塑料、尼龙、酚醛塑料和丁腈橡胶等。商品有 J-02 胶、J-03 胶、JX-9 结构胶、JX-10 结构胶等。

4. 酚醛-氯丁胶粘剂

酚醛-氯丁胶粘剂是由氯丁橡胶改性酚醛树脂制得的。具有固化速度快、无毒、胶膜坚韧、耐老化等特点。主要用于皮革、橡胶、泡沫塑料、纸张等材料的粘接。

5. 酚醛-环氧胶粘剂

酚醛-环氧胶粘剂是用环氧树脂改性酚醛树脂制得的。其特点是耐高温、高强度、耐热、耐老化、电绝缘性好。主要用于金属、陶瓷和玻璃纤维增强塑料的粘接。

二、环氧树脂类胶粘剂

环氧树脂类胶粘剂是以环氧树脂为主要原料，掺加适量的固化剂、增塑剂、填料和稀释剂等配制而成的。环氧树脂是热塑性树脂，本身不能固化，必须有固化剂的参与才能固化。因此，环氧树脂类胶粘剂大多为双组分。

环氧树脂类胶粘剂具有粘接强度高、收缩率小、耐腐蚀，电绝缘性好，耐水、耐油等特点，是目前广泛使用的胶粘剂之一。环氧树脂类胶粘剂除了对聚乙烯、聚四氟乙烯、有机硅树脂、硅橡胶等少数几种塑料粘结性较差外，对金属制品、玻璃、陶瓷、木材、塑料、皮革、水泥制品、纤维材料等都具有良好的粘结能力。

环氧树脂类胶粘剂品种较多，商品名各异，常用的品种有：

1.6202 建筑胶粘剂

6202 建筑胶粘剂是以环氧树脂为粘结物质的常温固化的双组分无溶剂触变环氧型胶粘剂。粘结力强、固化收缩小、不流淌、粘合面广，使用简便、安全。用于建筑五金的固定、电器安装等，对不适合打钉的水泥墙面用该胶粘剂更为合适。

2.XY-507 胶

XY-507 胶是由环氧树脂和胺类固化剂为原料的双组分胶粘剂。它具有粘接强度高、韧性好、耐热、耐碱、耐水及耐其他有机溶剂的性能。适用于硬质塑料、金属、玻璃、陶瓷等的粘接，特别适用于经常受潮和地下水位较高的场所。

3.HN-605 胶

HN-605 胶是以环氧树脂为粘结物质，用聚酰胺作固化剂的一种双组分胶粘剂。它具有粘接强度高、耐酸碱、耐水及其他有机溶剂的特点，适用于各种塑料、金属、橡胶、陶瓷等材料的粘接。

4.EE-3 建筑胶粘剂

EE-3 建筑胶粘剂是以环氧树脂为粘接物质一种双组分胶粘剂。A 组分为环氧树脂基料填料和助剂，B 组分是固化剂。该胶具有粘结性好、不滑动、耐潮湿、耐低温、耐水性好等特点。用于各类建筑的厨房、浴室、洗脸间、厕所及地下室的墙面、地面、顶棚的装饰。

三、聚醋酸乙烯酯类胶粘剂

聚醋酸乙烯酯类胶粘剂是由聚醋酸乙烯单体经聚合反应而制得，分溶液型和乳液型两种类型。它们的特点是常温固化快、粘接强度高、粘结层的韧性和耐久性好，不易老化，无毒、无味、不易燃爆、价格低。广泛用于粘接墙纸，也可作为水泥增强剂和木材的胶粘剂等。其中，聚醋酸乙烯乳液胶粘剂（商品名白乳胶）是用量较大的胶粘剂之一。

1. 聚醋酸乙烯胶粘剂

聚醋酸乙烯胶粘剂又称“白乳胶”，是用量较大的胶粘剂之一。它是由醋酸乙烯经乳液聚合而制得的一种乳白色的、带酯类芳香的乳胶状液体。特点为：

（1）胶液呈酸性，pH 值为 4～6，一般含固量 50%。

（2）具有较强的亲水性，湿润能力较强。

（3）使用方便，既可以湿粘也可以干粘。

（4）流动性好，有利于多孔材料的粘接。

（5）粘接强度不很高，主要用于承受力不太大的胶接中，如纸张、木材、纤维等。

（6）使用时温度不应低于 5℃，也不应高于 80℃，否则影响胶接强度。

（7）耐水性差，不能用于湿度较大的环境。

聚醋酸乙烯胶粘剂除用于粘结材料以外，还可作为涂料的主要成膜物质或加入水泥砂浆中组成聚合物水泥砂浆。

2. 水性 10 号塑料地板胶粘剂

水性 10 号塑料地板胶粘剂是以聚醋酸乙烯乳液为基体材料配制而成的。它是一种单组分的水溶性胶液，具有粘接强度高、无毒、无味、快干、耐老化、耐油等特性，而且价格较便宜，施工安全、方便，存放稳定，但它的贮存温度不宜低于 3℃。用于聚氯乙烯地板、木质地板与水泥地面的粘接。

3.4115 建筑胶粘剂

4115 建筑胶粘剂是以溶液聚合的聚醋酸乙烯为基料配制而成的常温固化单组分胶粘

剂。特点是固体含量高、收缩率低、早强发挥快、粘接力强、防水抗冻、无污染。对于多种微孔建筑材料，有良好的粘结性能，如木材、水泥制件、陶瓷、石棉板、纸面石膏板、矿棉板、刨花水泥板、玻璃纤维水泥增强石膏板、钙塑板等。

4.GCR-803 建筑胶粘剂

GCR-803 建筑胶粘剂是以聚醋酸乙烯为基料加入填料而制成的，具有粘接强度高、无污染、施工方便等特点。对混凝土、木材、陶瓷、石材、水泥刨花板、石棉板等有良好的粘结性。

5.SG791 建筑装修胶粘剂

SG791 建筑装修胶粘剂系聚醋酸乙烯类单组分胶粘剂。具有使用方便、粘接强度高、价格低等特点，抗拉强度：混凝土-木，14MPa；陶瓷-混凝土，159MPa。可用于在混凝土、砖、石膏板、石材等墙面上粘接木条、木门窗框、木挂镜线、窗帘盒、瓷砖等，还可以在墙面上粘接钢、铝等金属件。

6.601 建筑装修胶粘剂

建筑装修胶粘剂是以聚醋酸乙烯为基体原料，配以适量的助剂与填料而制成的单组分胶粘剂。特点是初始粘接强度高、固化速度快、使用范围广、施工方便、耐老化、耐低温、耐潮湿、耐多种化学介质等。用于混凝土、木材、陶瓷、石膏板、钙塑板、聚苯乙烯泡沫板、水泥刨花板等各种微孔材料的粘接。

四、聚乙烯醇胶粘剂

聚乙烯醇胶粘剂俗称“胶水”，由聚乙烯醇树脂溶于水中而制得。它的外观呈无色或浅黄色透明的絮凝胶体状，具有芬芳气味、无毒、使用方便，粘接强度不高。可用于胶合板、壁纸等的粘接。

五、聚乙烯醇缩甲醛类胶粘剂

1. 聚乙烯醇缩甲醛胶粘剂

聚乙烯醇缩甲醛胶又称为“108”胶。它是以聚乙烯醇与甲醛在酸性介质中进行缩合反应而制得的。外观呈无色透明的水溶液状，有良好的粘结性能，粘接强度可达 0.9MPa，在常温下（10℃以上）能长期贮存，但在低温下容易冻胶。

聚乙烯醇胶粘剂可用于墙纸、墙布的裱糊。除此以外，还可以用作室内外墙面涂料的主要成膜物质，或用于拌制水泥砂浆，能增加砂浆层的粘结力。

“108”胶在工程中应用得非常广泛，其原因除了它具有良好的粘结性能外，价格也比较便宜。但它也有一个缺点，那就是这种胶粘剂在生产过程中，由于聚合反应进行的不完全，有一部分游离的甲醛存在，扩散到空气中，对人的呼吸道和眼睛会产生强烈的刺激。室内使用这种胶粘剂后，一定要通风晾置一定的时间，将游离的甲醛排除掉，避免对健康造成影响。

2.801 胶

801 胶是由聚乙烯醇与甲醛在酸性介质中缩聚反应后再经胺基化而成。这是一种微黄或无色透明的胶体。801 胶的特点是固体含量高，粘接强度大，游离醛少，耐水、耐酸、耐碱、耐磨性、剥离强度等均优于 108 胶。但该胶在干燥过程中有部分游离的甲醛，对人有一定的刺激。

801 胶可用于粘贴瓷砖、锦砖、墙布、墙纸等，也可用于涂料的主要成膜物质。

六、聚氨酯类胶粘剂

聚氨酯胶是以多异氰酸酯和聚氨基甲酸酯（简称聚氨酯）为粘结物质，加入改性材料、填料、固化剂等的胶粘剂，一般为双组分。特点是粘附性好、耐疲劳、耐油、韧性好、耐低温性能优异，可室温固化，但耐热和耐水性差。

聚氨酯类胶粘剂的品种也较多，典型的有 JQ-1 胶、JQ-2 胶、JQ-3 胶、JQ-4 胶、J-38 胶、JQ-58 胶、405 胶等。

1.405 胶

405 胶是以多异氰酸酯和末端含有羟基的聚酯为原料制成的胶粘剂。该胶具有常温固化、粘结力强、耐水、耐油、耐弱酸、耐溶剂等特点，对于纸张、皮革、木材、玻璃、金属、塑料等有良好的粘结力，用于胶接塑料、木材、皮革等以及特别防水、耐酸碱工程。

2.CH-201 胶

CH-201 胶是由聚氨酯预聚体（A 组分）和固化剂（B 组分，以多羟基化合物或二元胺化合物为主体）组成的胶粘剂，具有常温固化、能在干燥或潮湿条件下粘结、气味小、使用期长等特点。供地下室、宾馆走廊以及使用腐蚀性化工原料的车间等潮湿环境和经常用水冲洗的地面粘接用。也适用于粘接 PVC 与水泥地面、木材、钢板等。

七、橡胶类胶粘剂

橡胶类胶粘剂是以合成橡胶（如氯丁橡胶、氯化乙丙橡胶）为粘接物质，加入有机稀释剂、补强剂、交联剂和软化剂等辅助材料而制成。橡胶类胶粘剂一般具有良好的粘结性、耐水性、耐化学介质性。

橡胶类胶粘剂主要品种有 801 强力胶、氯丁胶粘剂、长城牌 202 胶、XY-405 胶、长寿牌 LDN1、2、3、4、5 型胶等很多品种。不同品种的胶粘剂适用的粘结材料不同，粘结范围差异很大，应根据材料选择不同的品种。该类胶粘剂在干燥过程中会发出有机溶剂，对人体有一定的刺激。

1.801 强力胶

801 强力胶系以酚醛改性氯丁橡胶为粘结物质的单组分胶。该胶室温下可固化，使用方便，粘结力强。适用于塑料、木材、纸张、皮革、橡胶等材料的粘接。801 强力胶含有机溶剂，属易燃品，应隔离火源，放在阴凉处。

2. 氯丁胶粘剂

氯丁胶粘剂系采用专用型氯丁胶粘剂为成膜物质而配制的，具有一定的耐水、耐酸碱性。适用于地毯、纤维制品和部分塑料的粘接。

复习思考题

1. 胶粘剂有哪几种类型？

2. 在装饰工程中应如何选用胶粘剂？试举例说明。

第12章　水　　泥

第1节　硅 酸 盐 水 泥

水泥是一种粉末状材料。当它与水或适当的盐溶液混合后，在常温下经过一定的物理和化学作用，能由可塑性浆体逐渐凝结硬化，并且具有强度，同时能将砂、石等散粒材料或砖、砌块等块状材料胶结为整体。它不仅能在空气中凝结和硬化，而且还能更好地在水中凝结和硬化，并且在水中保持和发展其强度，属于水硬性胶凝材料。

水泥是基本建设中最重要的建筑材料之一。它不但大量应用于工业和民用建筑，还广泛用于公路、桥梁、铁路、水利和国防等工程，并且用于生产各种类型的混凝土制品。水泥在经济建设中起着十分重要的作用。

按水泥的矿物组成，分为硅酸盐类水泥、铝酸盐类水泥、硫铝酸盐类水泥、铁铝酸盐类水泥、氟铝酸盐类水泥等；按用途可分为通用水泥、专用水泥和特性水泥。通用水泥包括目前建筑工程中常用的六大品种水泥（硅酸盐水泥、普通硅酸盐水泥、矿渣硅酸盐水泥、火山灰质硅酸盐水泥、粉煤灰质硅酸盐水泥及复合硅酸盐水泥）；专用水泥主要有砌筑水泥、道路水泥、油井水泥等；特性水泥主要有快硬硅酸盐水泥、膨胀水泥、喷射水泥、抗硫酸盐水泥等。

水泥品种虽然很多，但硅酸盐类水泥是最基本的、最常用的，因此我们只对硅酸盐水泥做详细介绍，对其他水泥只做简要介绍。

一、硅酸盐水泥的概念及生产简述

凡由硅酸盐水泥矿物熟料、0%～5%石灰石或粒化高炉矿渣、适量石膏共同磨细制成的水硬性胶凝材料，称为硅酸盐水泥（即国外通称的波特兰水泥）。硅酸盐水泥分两种类型，不掺加混合材料的称Ⅰ型硅酸盐水泥，代号P·I。在硅酸盐水泥熟料粉磨时掺加不超过水泥重量5%石灰石或粒化高炉矿渣混合材料的称Ⅱ型硅酸盐水泥，代号 P·Ⅱ。

按照上述定义，生产硅酸盐水泥的关键是必须采用高质量的硅酸盐水泥熟料。目前国内外多数水泥厂是以石灰石、黏土和铁矿粉为主要原料（有时准许加入校正原料），将其按一定比例混合磨细，先制得具有适当化学成分的生料；再将生料在水泥窑（回转窑或立窑）中经过1400～1450℃的高温煅烧至部分熔融，冷却后即得到硅酸盐水泥熟料；最后再将适量的石膏和0%～5%的石灰石或粒化高炉矿渣混合磨细至一定的细度，即得硅酸盐水泥。该过程如图12-1所示。

如果掺加的混合材料不是石灰石或粒化高炉矿渣、或这两种混合材料的掺量超过5%，则生产出的水泥就不是硅酸盐水泥，而属于在下一节中阐述的掺混合材料的硅酸盐水泥。

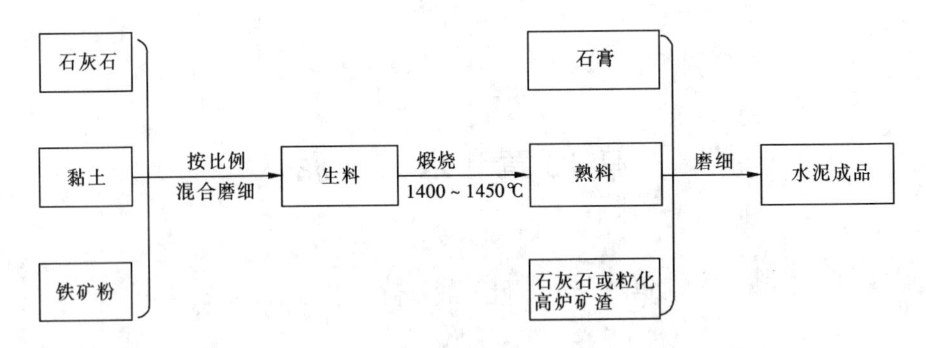

图 12-1　硅酸盐水泥生产示意

二、水泥熟料的矿物组成

硅酸盐水泥熟料中主要矿物的名称和含量范围如下：

硅酸三钙 $3CaO \cdot SiO_2$，简写为 C_3S，含量 36%～60%；

硅酸二钙 $2CaO \cdot SiO_2$，简写为 C_2S，含量 15%～37%；

铝酸三钙 $3CaO \cdot Al_2O_3$，简写为 C_3A，含量 7%～15%；

铁铝酸四钙 $4CaO \cdot Al_2O_3 \cdot Fe_2O_3$，简写为 C_4AF，含量 10%～18%。

硅酸盐水泥中，硅酸三钙和硅酸二钙的总含量在 70%以上，铝酸三钙与铁铝酸四钙的含量在 25%左右。此外，水泥中还含有少量游离氧化钙、游离氧化镁和碱，但其总含量一般不超过水泥质量的 10%。

三、水泥熟料矿物的水化特性

熟料矿物与水发生的水解或水化作用统称为水化，水泥的性质是由水化产物的性能决定的。水泥熟料中单矿物与水发生的水化反应大致如下：

（一）硅酸三钙

硅酸三钙在常温下与水反应，生成水化硅酸钙与氢氧化钙：

$$2(3GaO \cdot SiO_2) + 6H_2O = 3CaO \cdot 2SiO_2 \cdot 3H_2O + 3Ca(OH)_2$$

硅酸三钙水化很快，生成的水化硅酸钙几乎不溶于水，立即以胶体微粒析出，并逐渐凝聚而成为凝胶。水化硅酸钙的尺寸很小$[(10 \sim 1000) \times 10^{-10} m]$，相当于胶体物质，其组成并不是固定的，且较难精确区分，所以统称为 C-S-H 凝胶。水化生成的氢氧化钙在溶液中很快达到饱和，呈六方晶体析出。

水化硅酸钙凝胶（C-S-H）由于有巨大的比表面积和刚性凝胶的特性，凝胶粒子间存在范德华力和化学结合键，因此，它具有较高的强度。而氢氧化钙晶体生成的数量比水化硅酸钙凝胶少，通常只起填充作用。但因其具有层状构造，层间结合较弱，在受力较大时易发生裂缝。

（二）硅酸二钙

硅酸二钙的水化与硅酸三钙极为相似。也生成水化硅酸钙及氢氧化钙：

$$2(2CaO \cdot SiO_2) + 4H_2O = 3CaO \cdot 2SiO_2 \cdot H_2O + Ca(OH)_2$$

与硅酸三钙相比硅酸二钙的水化速度较慢，而且生成的氢氧化钙较少。

（三）铝酸三钙

铝酸三钙与水反应迅速，水化热较大，水化产物的组成受水化条件的影响而各异。

在常温下，铝酸三钙水化生成水化铝酸三钙：

$$3CaO \cdot Al_2O_3 + 6H_2O = 3CaO \cdot Al_2O_3 \cdot 6H_2O$$

水化铝酸三钙为立方晶体。

在液相中，当氢氧化钙浓度达到饱和时，铝酸三钙水化生成水化铝酸四钙：

$$3CaO \cdot Al_2O_3 + Ca(OH)_2 + 12H_2O = 4CaO \cdot Al_2O_3 \cdot 13H_2O$$

生成的水化铝酸四钙为六方片状晶体。在室温下，它能稳定存在于水泥浆体的碱性介质中，其数量增长很快，一般认为是使水泥浆体产生瞬时凝结的一个主要原因。因此，在水泥粉磨时，需掺入石膏，以调节凝结时间。

在有石膏存在时，铝酸三钙水化生成的水化铝酸四钙还会立即与石膏反应：

$$4CaO \cdot Al_2O_3 \cdot 13H_2O + 3(CaSO_4 \cdot 2H_2O) + 14H_2O = 3CaO \cdot Al_2O_3 \cdot 3CaSO_4 \cdot 32H_2O + Ca(OH)_2$$

生成的高硫型水化硫铝酸钙（$3CaO \cdot Al_2O_3 \cdot CaSO_4 \cdot 32H_2O$），又称钙矾石是难溶于水的针状晶体，它包围在熟料颗粒周围，形成保护膜，使水化速度变慢。

当石膏耗尽后，铝酸三钙还会与钙矾石反应生成单硫型水化硫铝酸钙：

$$3CaO \cdot Al_2O_3 \cdot 3CaSO_4 \cdot 32H_2O + 2(3CaO \cdot Al_2O_3) + 4H_2O = 3(3CaO \cdot Al_2O_3 \cdot CaSO_4 \cdot 12H_2O)$$

单硫型水化硫铝酸钙（$3CaO \cdot Al_2O_3 \cdot CaSO_4 \cdot 12H_2O$）为六方板状晶体。

（四）铁铝酸四钙

铁铝酸四钙的水化与铝酸三钙相似，但水化反应速度较慢，水化热较低 。铁铝酸四钙单独水化时，水化反应为：

$$4CaO \cdot Al_2O_3 \cdot Fe_2O_3 + 7H_2O = 3CaO \cdot Al_2O_3 \cdot 6H_2O + CaO \cdot Fe_2O_3 \cdot H_2O$$

反应生成水化铝酸三钙晶体和水化铁酸一钙（$CaO \cdot Fe_2O_3 \cdot H_2O$）凝胶体。

在有氢氧化钙或石膏存在时，铁铝酸钙将水化形成水化铝酸钙和水化铁酸钙的固溶体或水化硫铝酸钙与水化硫铁酸钙的固溶体。

由以上几种水泥熟料中主要矿物的水化特性可知，不同熟料矿物与水作用所表现的性能是不同的。各种水泥熟料矿物水化所表现的特性见表 12-1。

水泥是几种熟料矿物的混合物，改变熟料矿物成分间的比例时，水泥的性质即发生相应的变化。例如提高硅酸三钙的含量，可以制得高强度水泥；又如降低铝酸三钙和硅酸三钙含量，提高硅酸二钙含量，可制得水化热低的水泥，如大坝水泥。

各种熟料矿物单独与水作用时表现出的特性 **表 12-1**

名　称	硅酸三钙	硅酸二钙	铝酸三钙	铁铝酸四钙
凝结硬化速度	快	慢	最　快	快
28d 水化放热量	多	少	最　多	中
强　度	高	早期低、后期高	低	低

四、硅酸盐水泥的凝结硬化

（一）凝结硬化

硅酸盐水泥的水化和凝结硬化过程是一个连续的复杂过程。

水泥与水的反应是从水泥颗粒表面开始的，生成的产物组成水泥-水-水化物混合体系。反应初期，水化速度很快，生成的产物迅速扩散到水中，使混合体系内水化产物的浓度不断增加，并迅速达到饱和，进一步水化生成的产物在颗粒的表面或周围析出，对水泥的水化起一定的阻碍作用。

在水化初期，水化产物较少，水泥颗粒之间仍有较多的水，此时水泥浆仍具有良好的可塑性，如图 12-2（*a*）所示。

水化不断进行，水化产物不断生成并不断析出，自由水分不断减少，水化产物颗粒逐渐接近，部分颗粒粘结在一起形成网架状结构，使水泥浆体逐渐变稠，失去可塑性，即逐渐凝结，如图 12-2（*b*）、图 12-2（*c*）所示。

随着水化的进一步进行，水化产物不断生成、长大，毛细孔不断被水化产物填充，整个体系更加紧密。水化产物在范德华力、氢键、表面能等的作用下，粘结在一起，使水泥浆体产生强度并完全硬化，如图 12-2（*d*）所示。

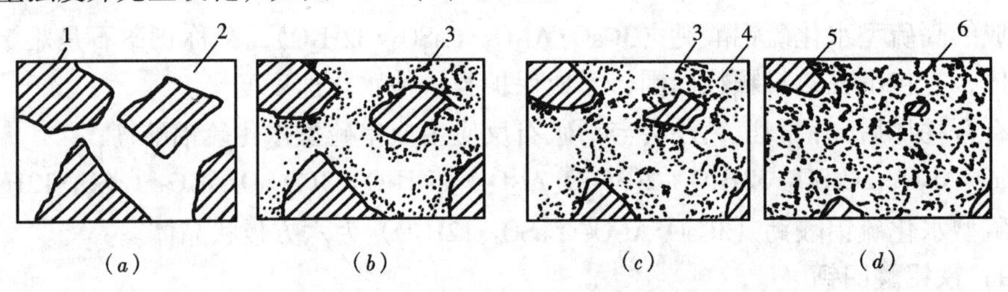

图 12-2　水泥凝结硬化过程示意

（*a*）分散在水中未水化的水泥颗粒；（*b*）在水泥颗粒表面形成水化物膜层；

（*c*）膜层长大并互相连接（凝结）；（*d*）水化物进一步发展，填充毛细孔（硬化）

1—水泥颗粒；2—水分；3—凝胶；4—晶体；5—水泥颗粒的未水化内核；6—毛细孔

水泥的反应过程是由颗粒表面逐渐深入到颗粒内部的，在最初几天（1～3d），由于水化产物迅速增加，因而强度增加很快；经过长时间的水化后，水化产物增加速度逐渐缓慢，强度增长也逐渐缓慢，强度增长也逐渐变缓。若温度和湿度适宜，未水化的水泥颗粒被核仍将继续水化，是水泥石强度在几年甚至几十年后仍缓慢增长（图 12-3）。

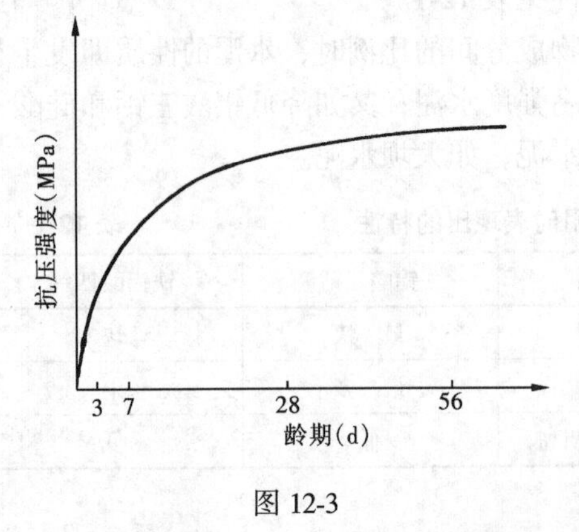

图 12-3

（二）影响水泥凝结硬化的因素

硬化后的水泥浆体称为水泥石。水泥的凝结硬化过程，也就是其强度发展过程。除水泥的矿物成分、细度、用水量外，龄期、环境的温湿度以及石膏掺量等对水泥的凝结硬化也有较大的影响。

1. 龄期

水泥的水化是从表面开始向内部逐渐深入进行的，随着时间的延续，水泥的水化程度不断加深，水化产物也不断地增加并填充毛细孔，使毛细孔孔隙减少，而凝胶孔（胶孔）的比例相应增大（图 12-4）。水泥加水拌和后前 4 周的水化速度较快，强度发展也快，4 周之后显著减慢。但是，只要维持适当的温度与湿度，水泥的水化将不再继续进行，其强度在几个月、几年、甚至几十年后还会继续增长。

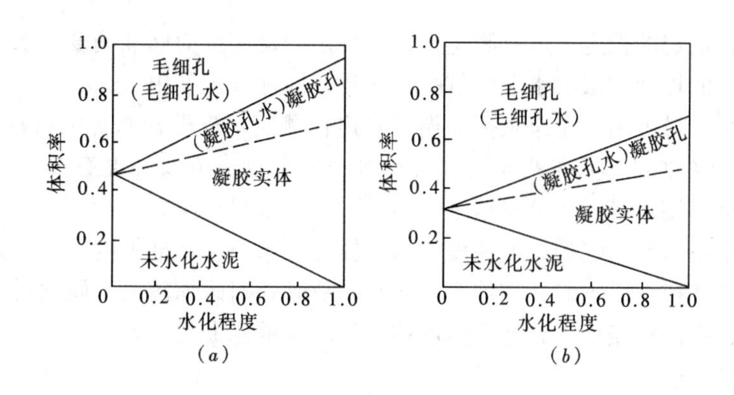

图 12-4　不同水化程度水泥石的组成

（*a*）水化程度（水灰比 0.4）；（*b*）水化程度（水灰比 0.7）

2. 温度和湿度

温度对水泥的凝结硬化有明显影响。当温度升高时，水化反应加快，水泥强度增加也较快；而当温度降低时，水化作用则减缓，强度增加缓慢。当温度低至 5℃时，水化硬化大大减慢，当温度低至 0℃时，水化反应基本停止。当温度降至冰点以下时，水泥石中的水结冰，还会破坏水泥石结构。

潮湿环境下的水泥，能保持足够的水分进行水化和凝结硬化，生成的水化产物进一步填充毛细孔，促进水泥石的强度发展。

保持环境的温度和湿度，使水泥石强度不断增长的措施，称为养护。在测定水泥强度时，必须在规定的温度与湿度环境中养护至规定的龄期。

3. 石膏掺量

水泥中掺入适量石膏，可调节水泥的凝结硬化速度。在水泥粉磨时，若不掺石膏或石膏掺量不足，水泥会发生瞬凝现象。这是由于铝酸三钙在溶液中电离出三价离子（Al^{3+}），它与硅酸钙凝胶的电荷相反，促使胶体凝聚。加入石膏后，石膏与水化铝酸钙反应，生成的钙矾石难溶于水，沉淀在水泥颗粒表面形成保护膜，降低了溶液中 Al^{+3}的浓度，并阻碍铝酸钙三钙的水化，延缓了水泥的凝结。但如果石膏掺量过多，反而会促使水泥凝结加快。同时，还会在水化后期引起水泥石的膨胀造成开裂破坏。

五、酸盐水泥的技术性质

（一）细度

细度是指水泥颗粒的粗细程度。

细度对水泥性质的影响很大。一般情况下，水泥颗粒越细，总表面积越大，与水接触的面积也越大，水化速度越快，水化产物越多，凝结硬化越快，强度也越高。一般认为，水泥颗粒小于 40μm 才具有较大的活性。但水泥颗粒越细，在水泥生产过程中消耗的能量越多，机械损耗也越大，生产成本增加，且水泥在空气中硬化时收缩也增大。国家标准规定硅酸盐水泥的细度用比表面积法（勃氏法）检验，其表面积应大于 300m^2/kg，否则为不合格。

（二）标准稠度用水量

水泥浆的稠度对水泥的某些技术性质（如凝结时间、体积安定性）的测量有较大的影响，所以必须在规定的稠度下进行测定，这个规定的稠度称为标准稠度。水泥净浆达到标准稠度时，所需的拌和用水占水泥质量的百分数，即标准稠度用水量。

标准稠度用水量可用水泥净浆标准稠度测定仪测定。硅酸盐水泥的标准稠度用水量，一般在23%～30%之间。标准稠度用水量与水泥的矿物成分及细度有关。熟料中 C_3A 的含量多，标准稠度用水量大；磨得越细，标准稠度用水量也越大。

国家标准中虽未对水泥的标准稠度用水量提出要求，但标准稠度用水量大的水泥，拌制一定稠度的砂浆或混凝土时，需加较多的水，故硬化时收缩较大，硬化后强度及密实度也较差。因此，在同样条件下，标准稠度用水量较小的水泥为较好。

（三）凝结时间

水泥的凝结时间分为初凝时间与终凝时间。

水泥的初凝时间为水泥加水至水泥净浆开始失去塑性所经过的时间；水泥的终凝时间为水泥加水至水泥净浆完全失去塑性所经过的时间。

水泥的凝结时间，是以标准稠度的水泥净浆，在规定的温度、湿度下，用水泥净浆标准稠度测定仪测定的。国家标准规定，硅酸盐水泥的初凝不得早于45min，终凝不得迟于390min。初凝时间不符合标准规定时为废品，终凝时间不符合标准规定时为不合格品。实际上，国产硅酸盐水泥的初凝时间一般为1～3h，终凝时间一般为4～6h。

对水泥的凝结时间作出的规定，在施工中有重要意义。为了有足够的时间对混凝土进行搅拌、运输、浇筑和振捣，初凝时间不宜过早。为了使混凝土尽快硬化，产生强度，尽快拆除模板，提高模板的周转率，终凝时间又不宜过长。

（四）体积安定性

水泥的体积安定性是指水泥在凝结硬化过程中，体积是否变化均匀的性质。如果水泥在凝结硬化过程中体积均匀变化，为体积安定性合格，否则为体积安定性不良。

造成水泥体积安定性不良的主要原因为：

1. 水泥中含有过多的游离 CaO 和游离 MgO

当水泥原料的比例不当（石灰石较多）或煅烧工艺不合规范时，会产生较多的游离状态的 CaO 和 MgO，它们同样经由1450℃的高温煅烧，属严重过火的 CaO 和 MgO，水化极慢，在水泥凝结硬化后很长时间才进行水化：

$$CaO + H_2O \longrightarrow Ca(OH)_2$$

$$MgO + H_2O \longrightarrow Mg(OH)_2$$

生成 $Ca(OH)_2$ 与 $Mg(OH)_2$ 在已经硬化的水泥石中产生膨胀，使水泥石出现开裂、翘曲、疏松和崩溃等现象，甚至完全破坏。

2. 石膏掺量过多

水泥磨粉时，如掺入过多的石膏，在水泥硬化后期，这些过多的石膏还会与 CAH 反应，生成体积膨胀1.5倍的 $C_3AS_3H_3$，引起水泥石开裂。

$$3(CaSO_4 \cdot 2H_2O) + 3CaO \cdot Al_2O_3 \cdot 6H_2O + 19H_2O \longrightarrow 3CaO \cdot Al_2O_3 \cdot 3CaSO_4 \cdot 31H_2O$$

国家标准 GB1346—89 和 GB175—1999 规定，硅酸盐水泥的体积安定性用沸煮法（分试饼法和雷氏法）检验，必须合格。试饼法是用标准稠度的水泥净浆按规定方法制成试饼，经养护、沸煮后，观察饼的外形变化，如未发现翘曲和裂纹，即为安定性合格，反之则为安定性不良。雷氏法是按规定方法制成圆柱体试件，然后测定沸煮前后试件尺寸的变化来审定体积安定性是否合格。

用沸煮法只能检验游离 CaO 对体积安定性的影响。MgO 对体积安定性的影响，可用压蒸法检验。石膏对体积安定性的影响，需将试件在温水中长时间浸泡后才能检验。由于后两种造成的体积安定性不良的原因不易检验。所以国家标准规定：熟料中 MgO 的含量不得超过5.0%（经过压蒸试验合格后，允许放宽到6.0%）；SO_3 含量不得超过3.5%，以保证安定性好。如果水泥的体积安定性不良，则必须作为废品处理，不得用于任何工程中。某些体积安定性轻微不合格的水泥放置一段时间后，由于水泥中的游离 CaO 吸收空气中的水分而熟化，会逐渐合格。

（五）强度及强度等级

硅酸盐水泥的强度主要取决于四种主要熟料矿物的含量及其比例和水泥的细度，此外还和试验方法、试验条件、养护龄期有关。

国家标准《水泥胶砂强度检验方法（ISO 法）》GB 17671—1999 规定，将一份水泥、三份中国 ISO 标准砂，用0.5的水灰比拌制塑性水泥胶砂，按规定方法制成 40mm × 40mm × 60mm 的标准试件，在标准条件下养护，测定其3d和28d抗折强度和抗压强度。根据3d、28d划分硅酸盐水泥强度等级，并按3d强度分为普通型和早强型（R 型）。硅酸盐水泥的强度等级为：42.5、42.5R、52.5、52.5R、62.5、62.5R 等。各强度等级、各龄期的强度值不得低于表12-2中的数值，如有一项指标低于表中数值，则应降低强度等级，直至四个数值全部满足表中规定。

硅酸盐水泥各强度等级、各龄期的强度值 GB 175—1999　　表 12-2

品　种	强度等级	抗压强度（MPa）		抗折强度（MPa）	
		3d	28d	3d	28d
硅酸盐水泥	42.5	17.0	42.5	3.5	6.5
	42.5R	22.0	42.5	4.0	6.5
	52.5	23.0	52.5	4.0	7.0
	52.5R	27.0	52.5	5.0	7.0
	62.5	28.0	62.5	5.0	8.0
	62.5R	32.0	62.5	5.5	8.0

除上述技术要求外，国家标准还对硅酸盐水泥的不溶物、烧失量等作了明确规定。

六、水泥石的腐蚀与防止

硅酸盐水泥硬化后形成的水泥石，在一般使用条件下能够抵抗多种介质侵蚀。但在腐蚀性液体或气体的长期作用下，水泥石会受到不同程度的腐蚀，严重时会使水泥石强度明显降低，甚至完全破坏。

（一）水泥石腐蚀的种类

1. 软水侵蚀（溶出性侵蚀）

软水是指暂时硬度较小的水，即重碳酸盐含量较小的水。雨水、雪水、工厂冷凝水及相当多的河水、江水、湖泊水都属于软水。

当水泥石长期处于软水中时，由于水泥石中的$Ca(OH)_2$可微溶于水，首先被溶出。在静水及无水压的情况下，由于周围的水容易被$Ca(OH)_2$饱和，使溶解作用停止，因此，溶出仅限于表层，对整个水泥石影响不大。但在流水及压力水作用下，溶出的$Ca(OH)_2$不断被流水带走，水泥石中的$Ca(OH)_2$不断溶出，孔隙率不断增加，侵蚀也就不断地进行。由于水泥石中$Ca(OH)_2$浓度的降低，还会使水泥石中 $C_3S_2H_3$ 等水化产物的分解，引起水泥石的结构破坏和强度下降。

当环境水中含有较多的重碳酸盐，即水的硬度较高时，重碳酸盐会与水泥石中的$Ca(OH)_2$作用：

$$Ca(OH)_2 + Ca(HCO_3)_2 \longrightarrow 2CaCO_3 + 2H_2O$$

$$Ca(OH)_2 + Mg(HCO_3)_2 \longrightarrow CaCO_3 + MgCO_3 + 2H_2O$$

生成的碳酸钙或碳酸镁几乎不溶于水，积累在水泥石的表面孔隙内，形成密实的保护层，阻碍了外界水的侵入和$Ca(OH)_2$的继续溶出，使侵蚀作用停止。

2. 盐类腐蚀

在海水、湖沼水、地下水及某些工业废水中，经常不同程度的含有镁盐、硫酸盐、氯盐、钾盐和钠盐等，它们对水泥石都有不同程度的腐蚀作用。比较严重的是镁盐和硫酸盐，它们与水泥石接触后，会发生如下反应：

$$Na_2SO_4 + Ca(OH)_2 + 2H_2O \longrightarrow CaSO_4 \cdot 2H_2O + 2NaOH$$

$$MgSO_4 + Ca(OH)_2 + 2H_2O \longrightarrow CaSO_4 \cdot 2H_2O + Mg(OH)_2$$

$$MgCl_2 + Ca(OH)_2 \longrightarrow CaCl_2 + Mg(OH)_2$$

生成的硫酸钙可直接造成水泥石膨胀破坏或进一步与 C_3AH_6 反应生成 $C_3AS_3H_{31}$产生更大的膨胀破坏；生成的 $CaCl_2$ 极易溶于水，加剧溶出性侵蚀。随着腐蚀的不断进行，水泥石中的$Ca(OH)_2$浓度逐渐降低，导致部分水化物分解，使腐蚀作用进一步加剧。

3. 一般酸类腐蚀

在一些工业废水、地下水和沼泽水中，经常含有各种不同浓度的无机酸或有机酸，而水泥石由于含$Ca(OH)_2$而呈碱性，这些酸与碱会发生反应：

$$H^+ + OH^- \Leftrightarrow H_2O$$

如果酸的浓度较高，则反应向右进行，使水泥石中$Ca(OH)_2$浓度降低，腐蚀加剧。

4. 碳酸水腐蚀

在某些工业废水和地下水中，常溶有一定量的 CO_2 及其盐类，它们会与水泥石中的$Ca(OH)_2$反应：

$$CO_2 + H_2O + Ca(OH)_2 \longrightarrow CaCO_3 + 2H_2O$$

当水中 CO_2 浓度较低时，由于 $CaCO_3$ 沉淀到水泥石表面而使腐蚀停止；当水中 CO_2 浓度较高时，上述反应还会继续进行：

$$CO_2 + H_2O + CaCO_3 \longleftrightarrow Ca(HCO_3)_2$$

生成的$Ca(HCO_3)_2$易溶于水。当水中的碳酸浓度超过平衡浓度时，反应向右进行，导致水泥石中的$Ca(OH)_2$浓度降低，造成水泥石腐蚀。

5. 强碱腐蚀

强碱（NaOH、KOH）在浓度不大时，对水泥石不产生腐蚀。当浓度较大且水泥中铝酸钙含量较高时，强碱会与水泥发生如下反应：

$$3CaO \cdot Al_2O_3 \cdot 6H_2O + 2NaOH \longrightarrow Na_2O \cdot Al_2O_3 + 3Ca(OH)_2 + 4H_2O$$

生成的铝酸钠（$Na_2O \cdot Al_2O_3$）极易溶解于水，造成水泥石腐蚀。

当水泥石受到干湿交替作用时，进入到水泥石中的 NaOH 会与空气中的 CO_2 作用生成 Na_2CO_3，当 Na_2CO_3 在毛细孔隙内结晶析出时，使水泥石胀裂。

除上述几种腐蚀介质外，糖、氨盐、动物脂肪和含环烷酸的石油产品等对水泥石也有腐蚀作用。有时，几种介质同时作用，相互影响，对水泥石造成腐蚀。

（二）水泥石腐蚀的原因及防止措施

1. 水泥石腐蚀的主要原因

从以上几种腐蚀类型可以归纳出水泥石受到腐蚀的主要原因有：

(1) 水泥石内存在容易受腐蚀的成分，如含有$Ca(OH)_2$和 C_3AH_6。它们极易与介质中的某些成分发生化学反应或溶于水而使水泥石破坏。

(2) 水泥石本身存在孔隙，腐蚀介质容易进入水泥石内部与水泥石中的成分互相作用，加剧腐蚀。

2. 加速腐蚀的因素

与固态介质相比，液态的腐蚀介质引起的腐蚀更为严重；较高的温度、压力，较快的流速，适宜的湿度及干湿交替等均可加速腐蚀过程。

3. 防止腐蚀的措施

(1) 根据侵蚀介质特点，合理选择水泥品种。当水泥石遭受软水侵蚀时，可使用水化物中$Ca(OH)_2$含少量的水泥；当水泥石遭受硫酸盐侵蚀时，可使用 C_3A 含量小于 5%的水泥；在水泥生产时加入适当的混合材料，可以减少水化产物中$Ca(OH)_2$的含量，从而提高抗腐蚀能力。

(2) 提高水泥的密实度，降低孔隙率。在施工中，应尽量降低混凝土或砂浆的水灰比，并选用级配良好的骨料，掺加外加剂，改善施工方法，以提高水泥石的密实度。另外，在水泥石表面进行碳化处理或采取其他的表面密实措施，提高水泥石的表面密实度，从而减少腐蚀介质进入水泥石内部的可能性，达到防腐目的。

(3) 在水泥石表面设置保护层。当水泥石在较强的腐蚀介质中使用时，可根据不同的腐蚀介质，在混凝土或砂浆表面覆盖玻璃、塑料、沥青、耐酸陶瓷和耐酸石料等耐腐蚀性较好且不透水的保护层，隔断腐蚀介质与水泥石的接触，保护水泥石不受腐蚀。

当水泥石处于多种介质同时侵蚀时，应分析各种介质对水泥石侵蚀的程度，采用相应措施，提高水泥的耐腐蚀性。

七、硅酸盐水泥的性质、应用及存放

（一）性质与应用

1. 凝结硬化块，早期及后期强度高

硅酸盐水泥的凝结硬化速度快，早期强度及后期强度均高，适用于有早强要求的混凝土，冬期施工混凝土，地上、地下重要结构的高强混凝土和预应力混凝土工程。

2. 抗冻性好

硅酸盐水泥采用合理的配合比和充分养护后，可获得低孔隙率的水泥石，并有足够的强度，因此有优良的抗冻性，适用于严寒地区水位升降范围内遭受反复冻融的混凝土工程。

3. 水化热大

硅酸盐水泥熟料中含有大量的 C_3S 及较多的 C_3A，在水泥水化时，放热速度快且放热量大，因而不宜用于大体积混凝土工程，但可用于低温季节或冬期施工。

4. 耐腐蚀性差

由于硅酸盐水泥的水化产物中含有较多的 $Ca(OH)_2$ 和 C_3AH_6，耐软水和化学侵蚀性能较差，不宜用于经常与流动淡水或硫酸盐等腐蚀介质接触的工程，也不宜用于经常与海水、矿物水等腐蚀介质接触的工程。

5. 耐热性差

水泥石中的一些重要成分在高温下会发生脱水或分解，使水泥石的强度下降以致破坏。当温度为100~200℃时，由于尚存的游离水能继续水化，生成的水化产物使水泥的强度有所提高，且混凝土的导热系数相对较小，故混凝土短时间受热不会破坏。但当温度较高且受热时间较长时，水泥石中的水化产物脱水、分解，使水泥石体积发生变化、强度下降，导致破坏。因此，硅酸盐水泥不宜用于有耐热要求的混凝土工程。

6. 抗碳化性好

水泥石中的 $Ca(OH)_2$ 与空气中 CO_2 反应生成 $CaCO_3$ 的过程称为碳化。碳化会使水泥石内部碱度降低，产生微裂纹，还会导致钢筋锈蚀。

由于硅酸盐水泥中熟料含量高，水化后生成的 $Ca(OH)_2$ 较多，碳化时碱度降低不明显。所以适用于空气中 CO_2 浓度较高的环境，如铸造车间等。

7. 干缩小

硅酸盐水泥在硬化过程中，生成大量的水化硅酸钙凝胶体，水泥石较密实，游离水分少，不易产生干缩裂缝，可用于干燥环境中的混凝土工程。

8. 耐磨性好

硅酸盐水泥强度高、耐磨性好，且干缩小，可用于路面与地面工程。

(二) 硅酸盐水泥的运输与储存

水泥在储存和运输过程中，应按不同强度等级、品种及出厂日期分别储运，并注意防潮、防水。袋装水泥的堆放高度不得超过10袋。

即使是良好的储存条件，水泥也不宜久存。在空气中水分及二氧化碳的作用下，部分水泥会发生水化和碳化，使水泥的胶结能力及强度降低。一般储存3个月后，强度降低约10%~20%，6个月后降低15%~30%，1年后降低25%~40%。因此水泥的有效储存期为3个月。如果超过6个月，在使用前应重新检测，按实际强度使用。

第2节　掺混合材料的硅酸盐水泥

一、水泥混合材料

在生产水泥时，为改善水泥性能，调节水泥强度等级，在水泥中加入的人工或天然矿物材料，称为水泥混合材料。通常水泥混合材料可分为活性混合材料和非活性混合材料两大类。

（一）水泥混合材料的类别

1. 活性混合材料

将混合材料磨成细粉，加水后与石灰（或石灰和石膏）拌合，在常温下，能生成具有胶凝性的水化产物，既能在空气中又能在水中硬化的，称为活性混合材料。属于这类混合材料的有粒化高炉矿渣、火山灰质混合材料和粉煤灰等。

（1）粒化高炉矿渣　粒化高炉矿渣是高炉炼铁的熔渣经急速冷却而成的松软多孔颗粒，颗粒直径一般为0.5～5mm。因一般用水淬法进行急冷处理，故又称水淬高炉矿渣。急冷处理的目的在于阻止熔渣结晶，使其绝大部分成为不稳定的玻璃体，而储有较高的潜在化学能，具有较高的潜在活性。

粒化高炉矿渣中的活性成分，主要是活性氧化铝和活性氧化硅，它们即使在常温下也可与氢氧化钙起反应而产生强度。在氧化钙含量较高的碱性矿渣中，因含少量硅酸二钙等成分，故本身就有弱的水硬性。

（2）火山灰质混合材料　火山喷发时，随同熔岩一起喷出的碎屑称为火山灰。由于喷出后急冷，而含有一定量的玻璃体，这些玻璃体是火山灰活性的主要来源，它的活性成分主要是活性氧化硅和活性氧化铝。

火山灰质混合材料是指性质与火山灰相近的一类材料，按其化学与矿物成分又有含水硅酸质、铝硅玻璃质、烧黏土质之分。

含水硅酸质混合材料如：硅藻土、硅藻石、蛋白石和硅质渣等。其活性成分主要是活性氧化硅。

铝硅玻璃质混合材料如：火山灰、凝灰岩、浮石和某些工业废渣。其活性成分为活性氧化硅和氧化铝。

烧黏土质混合材料如：烧黏土、煤渣、煅烧的煤矸石等。其活性成分以活性氧化铝为主。

（3）粉煤灰　粉煤灰是燃煤电厂煤粉炉烟道中收集的灰分，又称飞灰。它的颗粒直径一般为0.001～0.05mm，为玻璃态实心或空心的球状颗粒，表面致密的较好。粉煤灰的活性主要决定于玻璃体含量，粉煤灰的主要成分是活性氧化硅和活性氧化铝。粉煤灰中未燃的碳应在规定范围（1%～2%）以内。

2. 非活性混合材料

磨细的石英砂、石灰石、黏土、慢冷矿渣及各种废渣等属于非活性混合材料。它们与水泥中的成分不发生化学反应（即无化学活性）或活性很小，非活性混合材料掺入硅酸盐水泥中仅起提高水泥产量和降低水泥强度等级、减少水化热等作用。施工时用高强度等级的水泥拌制砂浆或低强度等级混凝土时，掺入非活性混合材料代替部分水泥，可降低成本及改善砂浆或混凝土的和易性。

（二）活性混合材料的作用

粒化高炉矿渣、火山灰质混合材料和粉煤灰都属于活性混合材料，它们与水调和后，本身不会硬化或硬化极为缓慢，强度很低。但在氢氧化钙溶液中，会发生水化反应，在饱和的氢氧化钙中水化更快。其水化反应一般认为为：

$$x\mathrm{Ca(OH)_2} + \mathrm{SiO_2} + n\mathrm{H_2O} \rightarrow x\mathrm{CaO \cdot SiO_2 \cdot} n\mathrm{H_2O}$$

式中 x 值决定于混合材料的种类、石灰和活性氧化硅的比例、环境温度以及作用所延续的时间等，一般为1或稍大。n 值一般为1~2.5。

$Ca(OH)_2$ 和 SiO_2 相互作用的过程，是无定形的硅酸吸收钙离子，开始形成不定成分的吸附系统，然后形成无定形的水化硅酸钙，再经过较长一段时间后慢慢地转变成微晶体或结晶不完善的凝胶。

$Ca(OH)_2$ 与活性氧化铝相互作用形成水化铝酸钙。

当液相中有石膏存在时，石膏与水化铝酸钙反应生成水化硫铝酸钙。这些水化物能在空气中凝结硬化，并能在水中继续硬化，具有相当高的强度。可以看出，氢氧化钙和石膏的存在使活性混合材料的潜在活性得以激发，即氢氧化钙和石膏起着激发水化，促进凝结硬化的作用，故称为激发剂。常用的激发剂有碱性激发剂和硫酸盐激发剂两类。碱性激发剂是指石灰和能在水化时析出氢氧化钙的硅酸盐水泥熟料。硫酸盐激发剂有二水石膏、半水石膏及各种化学石膏。硫酸盐激发剂的激发作用必须在有碱性激发剂的条件下，才能充分发挥。

二、普通硅酸盐水泥

凡由硅酸盐水泥熟料、6%~15%混合材料、适量石膏磨细制成的水硬性胶凝材料称为普通硅酸盐水泥（简称普通水泥），代号P·O。

掺活性混合材料时，最大掺量不得超过15%，其中允许用不超过水泥质量5%的窑灰或不超过水泥质量10%的非活性材料来代替。

掺非活性混合材料时，最大掺量不得超过水泥质量的10%。

按照国家标准《硅酸盐水泥、普通硅酸盐水泥》GB 175—1999的规定，普通水泥分为32.5、32.5R、42.5、42.5R、52.5、52.5R六个强度等级，各强度等级还按早期强度分两种类型。各强度等级 、各类型水泥的各龄期强度不得低于表12-3中的数值。普通水泥的初凝不得早于45min，终凝不得迟于10h。普通水泥的细度用筛析法检验，80μm方孔筛的筛余不得超过10%。安定性检验用沸煮法检验，必须合格。

普通硅酸盐水泥各龄期的强度要求 GB 175—1999 **表12-3**

品　种	强度等级	抗压强度（MPa）		抗折强度（MPa）	
		3d	28d	3d	28d
普通水泥	32.5	11.0	32.5	2.5	5.5
	32.5R	16.0	32.5	3.5	5.5
	42.5	16.0	42.5	3.5	6.5
	42.5R	21.0	42.5	4.0	6.5
	52.5	22.0	52.5	4.0	7.0
	52.5R	26.0	52.5	5.0	7.0

由于普通硅酸盐水泥中绝大部分为硅酸盐水泥熟料，故其性能与硅酸盐水泥相近。但由于掺加了少量混合材料，与硅酸盐水泥相比，早期硬化速度稍慢，其3d的抗压强度比相同强度等级的硅酸盐水泥稍低，抗冻性与耐磨性能也稍差。普通硅酸盐水泥的应用，与硅酸盐水泥基本相同，可用于各种混凝土或钢筋混凝土工程，是我国主要水泥品种之一。

三、矿渣硅酸盐水泥、火山灰质硅酸盐水泥和粉煤灰质硅酸盐水泥

（一）定义及组成

根据 GB 1344—1999 规定，凡由硅酸盐水泥熟料和粒化高炉矿渣、适量石膏磨细制成的水硬性胶凝材料称为矿渣硅酸盐水泥（简称为矿渣水泥），代号 P·S。

水泥中粒化高炉矿渣的掺量按质量百分比计为 20%～70%。允许用石灰石、窑灰、粉煤灰和火山灰混合材料中的一种材料代替粒化高炉矿渣，代替数量不得超过水泥质量的 8%，替代后水泥中的粒化高炉矿渣不得少于 20%。

凡由硅酸盐水泥熟料和火山灰质混合材料、适量石膏磨细制成的水硬性胶凝材料称为火山灰质硅酸盐水泥（简称火山灰水泥），代号 P·P。水泥中火山灰质混合材料掺加量按质量百分比计为 20%～50%。

凡由硅酸盐水泥熟料和粉煤灰、适量石膏磨细制成的水硬性胶凝材料称为粉煤灰质硅酸盐水泥（简称粉煤灰水泥），代号 P·F。水泥中粉煤灰掺和量按质量百分比计为 20%～40%。

（二）技术要求

1. 细度、凝结时间体积安定性

矿渣硅酸盐水泥、火山灰质硅酸盐水泥、粉煤灰质硅酸盐水泥的细度、凝结时间、体积安定性要求与普通硅酸盐水泥相同。

2. 强度等级

这三种水泥根据 3d、28d 的抗折强度和抗压强度划分强度等级，分为：32.5、32.5R、42.5、42.5R、52.5、52.5R。各强度等级、各龄期的强度不得低于表 12-4 中数值规定。

3. 氧化镁、三氧化硫

熟料中氧化镁的含量不得超过 5%，如水泥经压蒸定性试验合格，则熟料中氧化镁的含量允许放宽至 6%。

矿渣水泥中的三氧化硫含量不得超过 4%；火山灰水泥和粉煤灰水泥中的三氧化硫含量不得超过 3.5%。

矿渣水泥、火山灰水泥和粉煤灰水泥各强度等级、各龄期强度值 GB 1344—1999　表 12-4

强度等级	抗压强度（MPa）		抗折强度（MPa）	
	3d	28d	3d	28d
32.5	10.0	32.5	2.5	5.5
32.5R	15.0	32.5	3.5	5.5
42.5	15.0	42.5	3.5	6.5
42.5R	19.0	42.5	4.0	6.5
52.5	21.0	52.5	4.0	7.0
52.5R	23.0	52.5	4.5	7.0

（三）性质与应用

矿渣水泥、火山灰水泥和粉煤灰水泥都是在硅酸盐水泥熟料的基础上加入大量活性混合材料磨细制成的。由于三者所用的活性混合材料的化学组成与化学活性基本相同，因而三者的大多数性质接近。这三种水泥在许多情况下可相互替代使用。但由于这三种水泥所用活性材料的物理性质与表面特征等有些差异，又使这三种水泥各自有着一些独特的性能与用途。

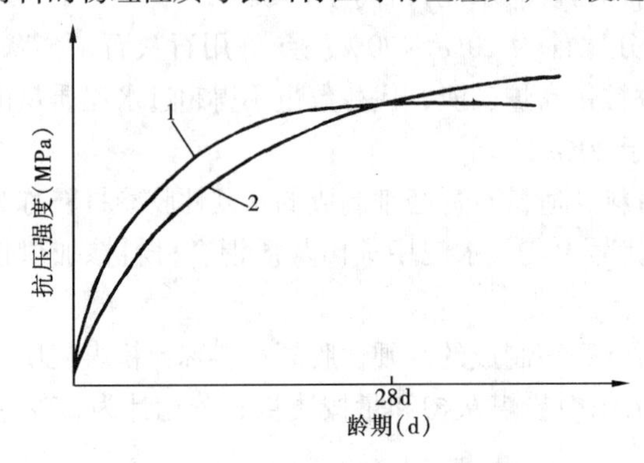

图 12-5 不同品种水泥中强度发展的比较（同等级）

1—硅酸盐水泥或普通水泥；2—矿渣水泥或火山灰水泥、粉煤灰水泥

1. 矿渣水泥、火山灰水泥、粉煤灰水泥的共性

(1) 凝结硬化慢、早期强度低，后期强度发展较快　由于水泥中熟料含量少，二次水化又比较慢，所以 3d 强度较低；后期由于熟料的继续水化及二次水化的不断进行，水化产物不断增多，使得水泥强度发展较快，后期强度可赶上甚至超过同强度等级的硅酸盐水泥，如图 12-5 所示。这三种水泥不宜用于要求早强的工程，如冬期施工、现浇工程等。

由于粉煤灰表面非常致密，早期强度比矿渣水泥和火山灰水泥还低。适用于承受荷载较晚的工程。

(2) 对温度敏感，适合高温养护　这三种水泥在低温下水化速度较慢，强度较低。但在高温下养护，活性混合材料的水化速度大大加快，并促使熟料的水化加快，早期强度可大大提高，且不影响常温下后期强度的发展（图 12-6）。而硅酸盐水泥或普通硅酸盐水泥，虽可用高温养护提高早期强度，但后期强度会受到影响，如图 12-7 所示。

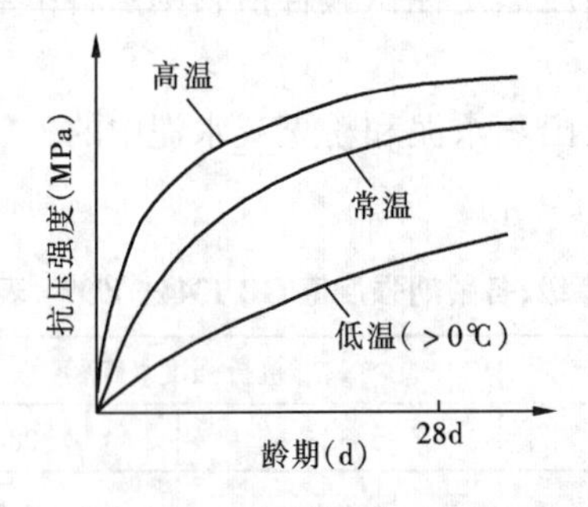

图 12-6 矿渣硅酸盐水泥（或火山灰质硅酸盐水泥、粉煤灰质硅酸盐水泥）强度与养护温度的关系

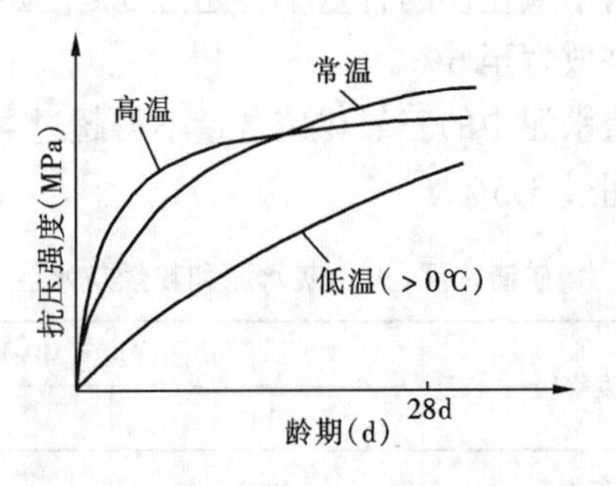

图 12-7 硅酸盐水泥（或普通硅酸盐水泥）强度与养护温度的关系

(3) 耐腐蚀性好　由于这三种水泥中熟料含量少，水化后生成的 $Ca(OH)_2$ 较少，而且二次水化还要消耗大量的 $Ca(OH)_2$，使水泥石中的 $Ca(OH)_2$ 含量进一步减少，水泥石抵抗流动淡水及硫酸盐等腐蚀介质侵蚀的能力较强，因此，这三种水泥可用于有耐腐蚀要求的混凝土工程。

应当注意的是，如果火山灰水泥中掺入的是以 Al_2O_3为主要活性成分的烧黏土质混合材料，水化后水化铝酸钙数量较多，这种火山灰质水泥抵抗硫酸盐腐蚀的能力较弱，不宜用于要求耐硫酸盐腐蚀的工程中。

(4) 水化热小　由于水泥中熟料少，水化放热量大幅度降低，因此可用于大体积混凝土工程中。

(5) 抗冻性差、耐磨性差　由于加入较多的混合材料，水泥的需水量增加，水分蒸发后易形成毛细管通路或粗大孔隙，水泥石中孔隙较多，抗冻性和耐磨性差。因此，不宜用于严寒地区水位升降范围内的混凝土工程和有耐磨要求的混凝土工程。

(6) 抗碳化能力差　由于这三种水泥水化产物中$Ca(OH)_2$ 含量很少，水泥石的碱度较低，故抗碳化能力差。不宜用于 CO_2 浓度高的环境中。但在一般工业与民用建筑中，它们对钢筋仍有较好的保护作用。

2. 矿渣水泥、火山灰水泥、粉煤灰水泥的特性

(1) 矿渣水泥　由于硬化后水泥石中的$Ca(OH)_2$ 含量减少，矿渣本身又是高温形成的耐火材料，故耐热性较好，可用于温度不高于 200℃的混凝土工程中，如热工窑炉基础等。由于粒化高炉矿渣玻璃体对水的吸附能力差，故矿渣水泥的保水性差，易产生泌水而造成较多连通孔隙，因此矿渣水泥的抗渗性差，且干燥收缩也较普通水泥大，不宜用于有抗渗性要求的混凝土工程。

(2) 火山灰水泥　由于火山灰质混合材料含有大量的微细孔隙，使火山灰水泥有良好的保水性，同时，在水化过程中形成的大量水化硅酸钙凝胶，使火山灰水泥的水泥石结构比较致密，因此具有较高的抗渗性和耐水性，可优先用于有抗渗性要求的混凝土工程。但火山灰水泥长期处于干燥环境中时，水化反映就会中止，强度也会停止增长，尤其是已经形成的凝胶体还会脱水收缩并形成微细的裂纹，使水泥石结构破坏，因此火山灰水泥不宜用于长期处于干燥环境中的混凝土工程。

(3) 粉煤灰水泥　由于粉煤灰为球形，比表面积小，对水的吸附能力差，因而粉煤灰水泥的干缩小、抗裂性好。但由于它的泌水速度快，若施工处理不当易失水产生裂缝，因而不宜用于干燥环境。此外，泌水还会造成较多的连通孔隙，故粉煤灰水泥抗渗性较差，不宜用于抗渗要求高的混凝土工程。

四、复合硅酸盐水泥

根据 GB 12958—1999 规定，凡由硅酸盐水泥熟料、两种或两种以上规定的混合材料、适量石膏磨细制成的水硬性胶凝材料为复合硅酸盐水泥（简称复合水泥），代号 P·C。水泥中混合材料总掺加量按质量百分比计应大于 15%，但不超过 50%。水泥中允许用不超过 8%的窑灰代替部分混合材料。掺矿渣时，混合材料掺量不得与矿渣硅酸盐水泥重复。

复合水泥的水化、凝结硬化过程基本上与掺混合材料的硅酸盐水泥相同。

复合水泥的细度要求为 80μm 方孔筛筛余不得超过 10%；初凝时间不得早于 45min，终凝时间不得迟于 10h。体积安定性用沸煮法检验必须合格，强度等级划分为 32.5、32.5R、42.5、42.5R、52.5 和 52.5R，各强度等级、各龄期的强度值不得低于表 12-5 中的要求。

由于在复合硅酸盐水泥中掺入了两种或两种以上的混合材料，可以相互取长补短，克服了掺单一混合材料水泥的一些弊病。其早期强度接近于普通水泥，而其他性能优于矿渣水泥、火山灰水泥、粉煤灰水泥，因而适用范围较广。

复合水泥各强度等级、各龄期强度值 GB 12958—1999 **表 12-5**

强度等级	抗压强度（MPa）		抗折强度（MPa）	
	3d	28d	3d	28d
32.5	11.0	32.5	2.5	5.5
32.5R	16.0	32.5	3.5	5.5
42.5	16.0	42.5	3.5	6.5
42.5R	21.0	42.5	4.0	6.5
52.5	22.0	52.5	4.0	7.0
52.5R	26.0	52.5	5.0	7.0

六种常用水泥的组成、性质与适应范围见表 12-6。

六种常用水泥的组成、性质及应用 **表 12-6**

项目		硅酸盐水泥	普通硅酸盐水泥	矿渣硅酸盐水泥	火山灰质硅酸盐水泥	粉煤灰硅酸盐水泥	复合硅酸盐水泥
组成	组成	硅酸盐水泥熟料、很少量（0%～5%）混合材料、适量石膏	硅酸盐水泥熟料、少量（6%～15%）混合材料、适量石膏	硅酸盐水泥熟料、多量（20%～70%）粒化高炉矿渣、适量石膏	硅酸盐水泥熟料、多量（20%～50%）火山灰质混合材料、适量石膏	硅酸盐水泥熟料、多量（20%～40%）粉煤灰、适量石膏	硅酸盐水泥熟料、多量（15%～50%）混合材料、适量石膏
	共同点	硅酸盐水泥熟料、适量石膏					
	不同点	无或很少量的混合材料	少量混合材料	多量活性混合材料（化学组成或化学活性基本相同）			多量活性或非活性混合材料
				粒化高炉矿渣	火山灰质混合材料	粉煤灰	两种以上活性或非活性混合材料
性质		1. 早期、后期强度高 2. 耐腐蚀性差 3. 水化热大 4. 抗碳化性好 5. 抗冻性好 6. 耐磨性好 7. 耐热性差	1. 早期强度稍低，后期强度高 2. 耐腐蚀性稍好 3. 水化热略小 4. 抗碳化性好 5. 抗冻性较好 6. 耐磨性较好 7. 耐热性稍好 8. 抗渗性好	早期强度低，后期强度高			早期强度较高
				1. 对温度敏感，适合高温养护 2. 耐腐蚀性好 3. 水化热小 4. 抗冻性较差 5. 抗碳化性较差			
				1. 泌水性大、抗渗性差 2. 耐热性较好 3. 干缩较大	1. 保水性好、抗渗性好 2. 干缩大 3. 耐磨性差	1. 泌水性大（快）、易产生失水裂纹，抗渗性差 2. 干缩小、抗裂性好 3. 耐磨性差	干缩较大

续表

<table>
<tr><th colspan="2">项　　目</th><th>硅酸盐水泥</th><th>普通硅酸盐水泥</th><th>矿渣硅酸盐水泥</th><th>火山灰质硅酸盐水泥</th><th>粉煤灰硅酸盐水泥</th><th>复合硅酸盐水泥</th></tr>
<tr><td rowspan="8">应用</td><td rowspan="2">优先使用</td><td colspan="2">早期强度要求高的混凝土，有耐磨要求的混凝土，严寒地区反复遭受冻融作用的混凝土，抗碳化要求高的混凝土，掺混合材料的混凝土</td><td colspan="4">水下混凝土，海港混凝土，大体积混凝土，耐腐蚀性要求高的混凝土，高温下养护的混凝土</td></tr>
<tr><td>高强度混凝土</td><td>普通气候及干燥环境中的混凝土，有抗渗要求的混凝土，受干湿交替作用的混凝土</td><td>有耐热要求的混凝土</td><td>有抗渗要求的混凝土</td><td>受载较晚的混凝土</td><td>—</td></tr>
<tr><td rowspan="2">可以使用</td><td rowspan="2">一般工程</td><td rowspan="2">高强度混凝土，水下混凝土，高温养护混凝土，耐热混凝土</td><td colspan="4">普通气候环境中的混凝土</td></tr>
<tr><td>抗冻性要求较高的混凝土，有耐磨性要求的混凝土</td><td>—</td><td>—</td><td>早期强度要求较高的混凝土</td></tr>
<tr><td rowspan="4">不宜或不得使用</td><td colspan="2" rowspan="2">大体积混凝土，耐腐蚀性要求高的混凝土</td><td colspan="4">早期强度要求高的混凝土</td></tr>
<tr><td colspan="4">抗冻性要求高的混凝土，掺混合材料的混凝土，低温或冬季施工混凝土，抗碳化性要求高的混凝土</td></tr>
<tr><td rowspan="2">耐热混凝土、高温养护混凝土</td><td rowspan="2">—</td><td rowspan="2">抗渗性要求高的混凝土</td><td colspan="2">干燥环境中的混凝土，有耐磨要求的混凝土</td><td>—</td></tr>
<tr><td>—</td><td>有抗渗要求的混凝土</td><td>—</td></tr>
</table>

第3节　其他品种水泥

一、白色与彩色硅酸盐水泥

由白色硅酸盐水泥熟料、加入适量石膏，磨细制成的水硬性胶凝材料称为白色硅酸盐水泥（简称白水泥）。

在白色水泥粉磨时，加入适当颜料，即可制成彩色硅酸盐水泥（简称为彩色水泥）。

生产白水泥的关键是得到白度满足要求的熟料，其主要措施是限制原料中 Fe_2O_3 的含量，使用纯度较高的石灰石、白黏土；煅烧熟料时用灰分极少的重油、煤气或天然气；粉磨时用陶瓷或白色花岗石做磨机的衬板和研磨体。

白水泥的细度要求为 0.08mm 方孔筛筛余不得大于 10%；初凝时间不得早于 45min，终凝时间不得迟于 12h；体积安定性必须合格；按 3d、7d 和 28d 的强度值将白水泥划分为 325、425、525 和 625 四个标号；各标号、各龄期的强度值不得低于表 12-7 中的规定。

白水泥各标号、各龄期的强度值 GB 2015—1991　　**表 12-7**

标　　号	抗压强度（MPa）			抗折强度（MPa）		
	3d	7d	28d	3d	7d	28d
325	14.0	20.5	32.5	2.5	3.5	5.5

续表

标号	抗压强度（MPa）			抗折强度（MPa）		
	3d	7d	28d	3d	7d	28d
425	18.0	26.0	42.5	3.5	4.5	6.5
525	23.0	33.0	52.5	4.0	5.5	7.0
625	28.0	42.0	62.5	5.0	6.0	8.0

白水泥的白度等级有特级、一级、二级和三级，各等级的白度不得低于表 12-8 中的规定。

白水泥的白度等级 GB 2015—1999 **表 12-8**

白度等级	特　级	一　级	二　级	三　级
白度（%）	86	84	80	75

白水泥按照白度等级和强度等级分为优等品、一等品、合格品。具体要求见表 12-9。

白水泥等级 GB 2015—1999 **表 12-9**

白度等级	优　等　品		一　等　品	合　格　品
白度级别	一级	二级	二级	三级
水泥标号	625　525	525　425	325	425　325

彩色水泥中加入的颜料，必须具有良好的大气稳定性及耐久性，不溶于水，分散性好，抗碱性强，不参与水泥水化反应，对水泥的组成和特性无破坏等特点。常用的颜料有氧化铁红（或黑、褐、黄）、二氧化锰（黑褐色）、氧化铬（绿色）、钴蓝（蓝色）等。

二、快硬硅酸盐水泥

凡以硅酸盐水泥熟料和适量石膏磨细制成的，以 3d 抗压强度等级表示的水硬性胶凝材料，称为快硬硅酸盐水泥（简称为快硬水泥）。

与硅酸盐水泥相比，快硬水泥在熟料的矿物组成上适当提高了 C_3S 和 C_3A 的含量，达到了早强快硬的效果。

快硬水泥的细度要求为 80μm 方孔筛筛余不得超过 10%；初凝时间不得早于 45min，终凝时间不得迟于 10h；安定性必须合格。按照 1d 和 3d 的强度值将快硬水泥划分为 325、375、425 三个标号，各标号、各龄期的强度值不得低于表 12-10 规定。

快硬水泥各强度等级、各龄期强度值 GB 199—90 **表 12-10**

标号	抗压强度（MPa）			抗折强度（MPa）		
	1d	3d	28d*	1d	3d	28d
325	15.0	32.5	52.5	3.5	5.0	7.2
375	17.0	37.5	57.5	4.0	6.0	7.6
425	19.0	42.5	62.5	4.5	6.4	8.0

注：* 为供双方参考指标。

快硬水泥凝结硬化快，早期、后期强度均高，抗渗性及抗冻性好，水化热大，耐腐蚀性差。适用于早强、高强混凝土以及紧急抢修工程和冬期施工的混凝土工程。但不得用于大体积混凝土及经常与腐蚀介质接触的混凝土工程。快硬水泥有效储存期较其他水泥短。

复 习 思 考 题

1. 硅酸盐水泥与普通硅酸盐水泥有什么区别？它们的特点及使用上的区别？
2. 何谓水泥体积安定性？造成水泥安定性不良的原因是什么？为什么？
3. 掺混合材的水泥有哪些品种？它们的特点与硅酸盐水泥有什么不同？
4. 简述白水泥与彩色水泥的用途。

第13章　混凝土和砂浆

由胶凝材料、水和粗、细骨料按适当比例配合，拌制成混合物，经一定时间后硬化而形成的人造石材称为混凝土。由胶凝材料和细骨料拌制而成的称为砂浆。

在现代建筑工程中，无论是在工业与民用建筑、水利工程，还是道路桥梁、地下工程等，混凝土都有着非常广泛的应用。混凝土已是当代最重要的建筑材料之一，也是世界上用量最大的人工建筑材料。

砂浆在工程上也是一种用量大而且非常广泛的材料。在砌体结构中砂浆可以用来将砖、石块、砌块等块状材料胶结成为砌体；墙面、地面及钢筋混凝土梁、柱等结构表面也常需要用砂浆抹面，起到保护结构和装饰作用。此外，在建筑物的墙、柱、地面上镶贴大理石、水磨石、陶瓷面砖、陶瓷锦砖以及制作钢丝网水泥等都离不开砂浆。

第1节　混凝土基本知识

一、混凝土的特点及分类

(一) 混凝土的特点

混凝土在建筑工程中应用得非常广泛，是因为与其他材料相比有许多优点。如：原材料来源丰富、成本低，符合就地取材的原则；在凝结前具有良好的可塑性，可按工程结构的要求浇筑成各种形状和任意尺寸的整体结构或预制构件；硬化后有较高的力学强度（抗压强度可达120MPa）和良好的耐久性；与钢筋有牢固的粘结力，二者复合成钢筋混凝土后，能互相弥补缺陷，大大扩展了混凝土的应用范围；可根据不同要求，通过调整配合比配制出不同性能的混凝土；可充分利用工业废料作为骨料和掺合料，有利于环境保护。

混凝土也有一些缺点。如自重大，比强度小；抗拉强度低，一般只有抗压强度的1/10～1/20；硬化速度慢；生产周期长；强度波动因素多等。尽管如此，混凝土的突出优点仍使其在工程中用途非常广泛。

(二) 混凝土的分类

混凝土的分类方法较多。按其表观密度分类有：重混凝土（表观密度大于2500kg/m^3），普通混凝土（表观密度1950～2500kg/m^3），轻混凝土（表观密度小于1950kg/m^3）；按用途分类有：结构混凝土、防水混凝土、道路混凝土、防辐射混凝土、大体积混凝土、装饰混凝土等。

二、普通混凝土的组成材料

普通混凝土的基本组成材料是水泥、水、天然砂和石子，另外还常掺入适量的掺和料和外加剂。砂、石在混凝土中起骨架作用，所以也称为骨料。水泥和水形成水泥浆，又包裹在砂粒表面并填充砂粒间的空隙而形成水泥砂浆，水泥砂浆包裹石子并填充石子间的空隙而形成混凝土（图 13-1）。在混凝土硬化前水泥浆起润滑作用，赋予混凝土拌合物一定的流动性，便于施工。水泥浆硬化后，起胶结作用，把砂石骨料胶结在一起，成为坚硬的人造石材，并产生力学强度。

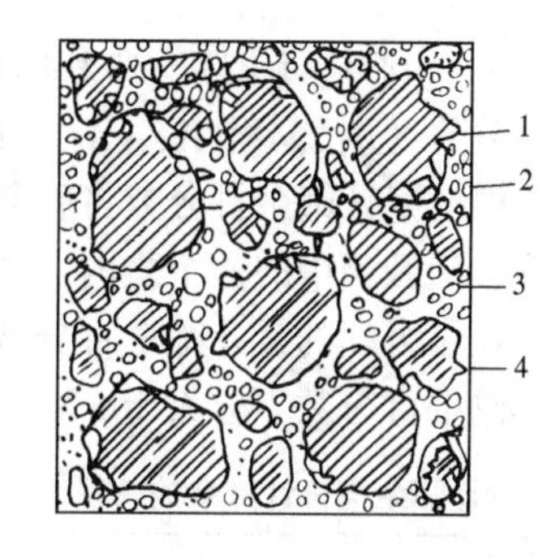

图 13-1 混凝土结构
1—石子；2—砂；3—水泥浆；4—气孔

在普通混凝土中水泥约占 10%～15%，水的用量约为水泥质量的 0.4～0.7 倍，其余为砂、石子，砂、石子比例大约为 1:2 左右。此外，混凝土中还或多或少的含有一些空气，其体积约为混凝土的 1%。

混凝土的性质在很大程度上是由原材料的性质及其相对含量决定的。因此必须了解其原材料的性质、作用和质量要求。合理选择原材料及相对含量，才能保证所配制混凝土的质量。

（一）水泥

水泥作为混凝土中的胶结材料，是混凝土强度的来源。在组成混凝土的四种主要材料中，只有水泥是人工材料，是价格最贵的原材料。在配制混凝土时，合理选择水泥品种和强度等级是决定混凝土强度、耐久性及经济性的重要因素。

水泥品种主要是根据混凝土工程的特点及所处的环境加以选择。水泥强度等级的选择应与混凝土设计强度等级相当，过高或过低均对混凝土的技术性能和经济性带来不利的影响，一般以水泥强度等级为混凝土 28d 强度的 1.5～2.0 倍为宜。

（二）骨料

粒径大于 5mm 的岩石颗粒称为粗骨料，粒径在 5mm 以下的称为细骨料。混凝土中常用的粗骨料有碎石和卵石两种，常用的细骨料是天然砂，包括河砂、海砂和山砂。对混凝土用骨料的基本技术要求有以下几个方面：

1. 含泥量、有害杂质

含泥量是指砂、石骨料中粒径小于 0.080mm 的颗粒含量。这些颗粒粘附于砂、石骨料表面，影响水泥浆与骨料的胶结，降低混凝土强度。有害杂质是指砂、石中含有的云母、轻物质（质量密度小于 2000kg/m^3）、硫化物、硫酸盐、氯盐和有机物等。这些有害杂质均会给混凝土的技术性能带来不利的影响。

砂、石中的有害杂质含量应符合《普通混凝土用砂标准及检验方法》JGJ 52—92 及《普通混凝土用碎石或卵石质量标准及检验方法》JGJ 53—92 的规定。

2. 颗粒级配和最大粒径

颗粒级配是指骨料颗粒大小搭配的情况。级配良好的骨料颗粒搭配合理，可以获得较小的空隙率和总表面积，这样可以节约水泥、使混凝土拌合物的和易性良好、提高混凝土的密实度，进而提高混凝土的强度和耐久性。

粗、细骨料的级配均采用筛分析法测定。

测定砂子的粗细程度和颗粒级配用一套孔径依次为 5.00、2.50、1.25、0.630、0.315、0.160mm 的 6 个标准筛，将 500g 干砂试样由粗到细依次过筛，然后称得各筛上筛余砂的质量。计算各筛余砂的质量占试样总量的百分数，称为分计筛余百分数（a_1、a_2、a_3、

a_4、a_5、a_6）；每个筛与所有比其孔径大的筛之分计筛余百分数的和，称为该筛的累计筛余百分数（A_1、A_2、A_3、A_4、A_5、A_6），见表 13-1。

根据累计筛余百分数将砂分为三个级配区，见表 13-2。级配合格的混凝土用砂应处于三个级配区当中的一个之内。根据《普通混凝土用砂质量标准及检验方法》JGJ 52—92 规定，颗粒级配的累计筛余百分数，除 5mm 和 0.63mm 筛孔尺寸外，允许稍有超出分界线，但其总量百分数不应大于 5%。

累计筛余与分计筛余的关系　　表 13-1

筛孔尺寸（mm）	分计筛余（%）	累计筛余（%）
5.00	a_1	$A_1 = a_1$
2.50	a_2	$A_2 = a_1 + a_2$
1.25	a_3	$A_3 = a_1 + a_2 + a_3$
0.630	a_4	$A_4 = a_1 + a_2 + a_3 + a_4$
0.315	a_5	$A_5 = a_1 + a_2 + a_3 + a_4 + a_5$
0.160	a_6	$A_6 = a_1 + a_2 + a_3 + a_4 + a_5 + a_6$

砂的颗粒级配区范围 JGJ 52—92　　表 13-2

筛孔尺寸（mm）	累计筛余（%）		
	Ⅰ区	Ⅱ区	Ⅲ区
10.0	0	0	0
5.00	10～0	10～0	10～0
2.50	35～5	25～0	15～0
1.25	65～35	50～10	25～0
0.630	83～71	70～41	40～16
0.315	95～85	92～70	85～55
0.610	100～90	100～90	100～90

根据砂子的累计筛余百分数，可以计算出砂子的细度模数（μ_f），用来表示砂子的总体粗细程度。细度模数计算公式如下：

$$\mu_f = \frac{A_2 + A_3 + A_4 + A_5 + A_6}{100 - A_1}$$

细度模数 μ_f 愈大，表示砂愈粗。普通混凝土用砂的细度模数范围一般为 3.7～0.7。其中，粗砂 $\mu_f = 3.7 \sim 3.1$，中砂 $\mu_f = 3.0 \sim 2.3$，细砂 $\mu_f = 2.2 \sim 1.6$，特细砂 $\mu_f = 1.5 \sim 0.7$。

当用筛分试验确定粗骨料（石子）的级配时，所用标准筛孔径有 2.5、5、10、16、20、25、31.5、40、50、63、80 及 100mm 等 12 个尺寸。普通混凝土用碎石和卵石的颗粒应符合《普通混凝土用石子质量标准》JGJ 53—92 的规定，见表 13-3。

粗骨料的级配有连续级配和间断级配两种。连续级配是石子由小到大各粒径均占有一定的比例，这种级配方式在工程中采用的较多。间断级配是指在连续级配的石子中，人为地剔除某些粒径的石子，用小粒径的石子直接和大粒径的相配。这种级配的骨料空隙小，节约水泥，但混凝土拌合物易产生离析现象，在工程中应用较少。

工程中选用粗骨料时，在满足级配范围的条件下，应尽量选择公称粒级大一些的，这样骨料的最大粒径（公称粒级的上限为该粒级的最大粒径），可以减小骨料的比表面积，从而减少水泥用量。但粗骨料的最大粒径也不宜过大。从结构上考虑，粗骨料最大粒径不得超过结构截面最小尺寸的 1/4，也不得大于钢筋最小净距的 3/4，对混凝土实心板，粗骨料的最大粒径不宜超过板厚的 1/2，且不得超过 50mm。

3. 骨粒的颗粒形状和表面特征

粗骨料中，凡颗粒长度大于该颗粒所属粒级平均粒径的 2.4 倍者，称为“针状颗粒”；厚度小于平均粒径 0.4 倍者，称为“片状颗粒”。这类形状的骨料不能太多，否则会严重降低拌合物的和易性和混凝土的强度。粗骨料中针片状颗粒含量对一般的混凝土不得大于 25%；C30 以上混凝土不得大于 15%。

碎石和卵石的颗粒级配范围 JGJ 53—92 **表 13-3**

级配情况	公称粒级 (mm)	累计筛余（按质量计%）											
		筛孔尺寸（圆孔筛，mm）											
		2.50	5.0	10.0	16.0	20.0	25.0	31.5	40.0	50.0	63.0	80.0	10.0
连续级配	5～10	95～100	90～100	0～15									
	5～16	95～100	90～100	30～60	0～10								
	5～20	95～100	90～100	40～70		0～10							
	5～25	95～100	90～100		30～70		0～5						
	5～31.5	95～100	90～100	70～90		15～45		0～5					
	5～40		90～100	75～90		30～65			0～5	0			
单粒级	10～20		95～100	85～100		0～15							
	16～31.5		95～100		85～100			0～10					
	20～40			95～100		80～100				0			
	31.5～63				95～100			75～100	45～75		0～10	0	
	40～80					95～100			70～100		30～60	0～10	0

骨料的表面特征对混凝土的性能有很大影响。碎石和山砂表面粗糙，棱角较多，与水泥粘结力强，能提高混凝土强度，但拌制的拌合物和易性较差。卵石和河砂、海砂表面光滑，近于圆形，拌制的混凝土拌合物和易性好，但与水泥的粘结力较弱。因此配制高强混凝土常采用碎石。

4. 粗骨料的强度

粗骨料在混凝土中起骨架作用。为了保证混凝土的强度，粗骨料必须具有足够的强度。石子的强度用岩石立方体抗压强度或压碎指标值表示。

岩石立方体抗压强度是将 5cm × 5cm × 5cm 的立方体试件，在水饱和状态下测得的极限抗压强度。压碎指标是用间接方法测得的粗骨料抗压强度，方法是取 10～20mm 级气干状态的石子试样，放入标准的圆桶内，按规定施加压力。卸荷后测粒径小于 2.5mm 的碎粒占试样总量的百分比。此百分比即为压碎指标。压碎指标越小，粗骨料的强度越高。

（三）拌合及养护用水

一般来说，凡可饮用的自来水或天然水均可用来拌制和养护混凝土。地表水、地下水必须按标准，经检验合格后方可使用。当对水质有疑问时，必须将该水与洁净水分别制成混凝土试件，进行强度对比试验。

（四）混凝土外加剂

混凝土外加剂是指在拌制混凝土过程中，掺入的用以改善混凝土性能的物质，其掺入量不多（一般不大于水泥质量的 5%），但对改善拌合物的和易性，调节凝结硬化时间，控制强度发展和提高耐久性等方面，起着显著的作用。现代混凝土工程几乎离不开外加剂的参与。常用的外加剂有减水剂、引气剂、早强剂、速凝剂、缓凝剂、防水剂等。

1. 减水剂

减水剂是指能保持混凝土拌合物和易性不变，而显著减少拌合用水量的外加剂。按减水效果可分为普通减水剂和高效减水剂两类。是目前国内外应用最广，用量最大的一种外加剂。

常用的品种有木质素系、萘系、树脂系、糖蜜系和腐殖酸系减水剂等几类。

2. 早强剂

能加速混凝土早期强度发展的外加剂称为早强剂。早强剂能促进水泥的水化与凝结硬化，缩短混凝土养护周期，加快施工进度，尤其是在低温、负温（不低于 -5℃）条件下，作用更为突出。

目前，广泛使用的混凝土早强剂有三类，即氯化物系、硫酸盐系和三乙醇胺系，但更多的是使用以它们为基材的复合早强剂。其中氯化物对钢筋有锈蚀作用，常与阻锈剂复合使用。

3. 引气剂

引气剂加入后能在混凝土中产生大量微小且均匀分布的气泡。这些气泡的直径在 0.05~1.25mm 之间，大量的细微气泡在混凝土拌合物内如同滚珠一般，使混凝土拌合物的流动性有所提高。同时，由于大量细微气泡堵塞或隔断了混凝土中毛细管渗水通道，且气泡有较大的弹性变形能力，对混凝土所含水分受冻膨胀起到有效的缓冲作用，故可显著提高混凝土的抗渗性和抗冻性。

引气剂主要有三类：松香树脂类、烷基苯磺酸盐类和脂肪磺酸盐类。目前，应用最多的是松香热聚物和松香皂等。引气剂的掺量极少，一般为水泥质量的 0.005%~0.01%。

4. 缓凝剂

缓凝剂是指能延长混凝土拌合物凝结时间，而不显著影响混凝土后期强度的外加剂。在混凝土施工中，为防止在气温较高、运距较长的情况下，混凝土拌合物过早发生凝结而影响浇筑质量，同时能减缓大体积混凝土的放热。

常用的缓凝剂有木质素磺酸盐类、糖类、有机酸类和无机盐类。目前应用的最多的是木质素磺酸钙和糖蜜。

5. 速凝剂

速凝剂是一种能使混凝土拌合物迅速凝结，并改善混凝土与基底粘结性和稳定性的外加剂。速凝剂主要用于矿山井巷、铁路隧道、地下厂房以及喷射混凝土或喷射砂浆等工程中。

三、混凝土的主要技术性质

混凝土的主要技术性质包括三个方面：硬化前的混凝土拌合物应具备与施工条件相适应的和易性；硬化后达到设计要求的强度等级；具有与使用环境相适应的耐久性。此外，在满足上述性能要求的前提下，还应尽量降低成本，以使其具有良好的经济性。

（一）混凝土拌合物的和易性

1. 和易性的概念

和易性是指混凝土拌合物在一定的施工条件下，易于施工操作（拌合、运输、浇筑、捣实），并能获得均匀密实的混凝土的性质。和易性是一项综合的技术性质，包括流动性、黏聚性和保水性三个方面的含义。

流动性是指混凝土拌合物在本身自重或外力振捣作用下，能产生流动，并均匀密实地填满模板的性质。流动性的大小反映了混凝土拌合物的稀稠，是混凝土成型密实的保证。

黏聚性是指混凝土拌合物的组成材料之间具有一定的黏聚力，在施工过程中不产生严重的分层和离析现象。黏聚性良好的拌合物能使混凝土保持整体性均匀；黏聚性不好的拌合物，砂浆与石子容易分离，降低混凝土的密实度和硬化后的强度。

保水性是指混凝土拌合物具有一定的保持水分的能力，在施工过程中不致产生严重的泌水现象。保水性差会产生泌水现象，使混凝土浇筑表层形成疏松层，同时由于一部分水分从内部析出，形成泌水通道，产生孔隙，影响混凝土的密实性，并降低混凝土的强度和耐久性。

混凝土拌合物的流动性、黏聚性和保水性从三个方面反映了其与施工有关的性能，这三个方面既相互联系又相互矛盾。如黏聚性好往往保水性也好，但流动性增大时，黏聚性和保水性往往变差。因此，混凝土拌合物的和易性良好，就是这三方面性能在某种条件下的统一，与施工条件相适应的状况。

2. 和易性的测定

由于混凝土拌合物的和易性是一项综合的技术性质，因此难以用一种简单的测定方法，准确全面地反映出和易性的各方面指标。从流动性、黏聚性和保水性三方面性质分析，流动性对混凝土拌合物性质影响最大，所以，一般描述和易性的方法是以测定流动性为主，辅以对黏聚性和保水性的经验观察。根据现行国家标准《普通混凝土拌合物性能试验方法》GB/T 50080—2002 的规定，采用坍落度试验或维勃稠度试验来测定混凝土拌合物的和易性。

坍落度试验：将混凝土拌合物按规定方法装入坍落度筒内，垂直提起坍落度筒后，拌合物因自重向下坍落，量出坍落的高度即为坍落度（mm），如图 13-2 所示。

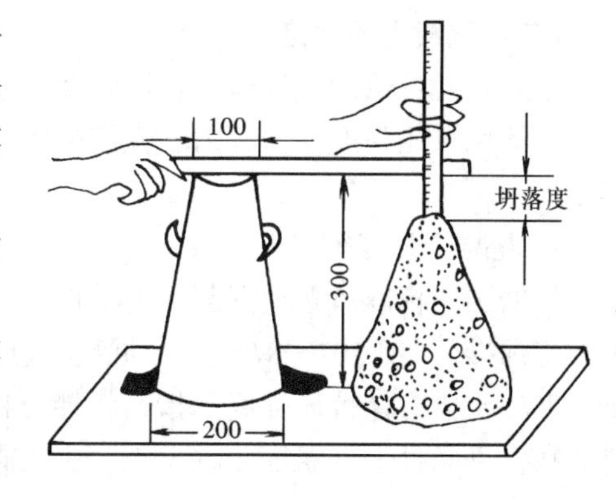

图 13-2　坍落度的测定

测定坍落度的同时，应观察混凝土拌合物的黏聚性和保水性。

此种方法适用于塑性混凝土拌合物（坍落度不小于 10mm）的和易性测定。

维勃稠度试验：对于干硬性混凝土拌合物（坍落度小于 10mm），采用维勃稠度仪（图 13-3）测定其和易性，其方法是在坍落度筒中装满混凝土拌合物后，提起坍落度筒，在拌合物试体顶面放一透明圆盘，开启振动台，同时用秒表计时，到透明圆盘底面全部被水泥浆布满为止，此时秒表的读数即为维勃稠度值。

3. 影响和易性的主要因素

影响混凝土拌合物和易性的主要因素有：水泥浆的数量、水泥浆的稠度、砂率、组成材料的性质和外加剂等。

（1）水泥浆的数量　水泥在骨料之间起润滑作用，是混凝土拌合物流动性的来源。水灰比一定时，单位体积混凝土拌和物内，水泥浆愈多，流动性愈大。但若水泥浆过多，会出现流浆及泌水现象，使拌合物黏聚性变差，同时对混凝土的强度和耐久性也带来不利的影响，且浪费水泥。如果水泥浆过少，以至不能填满骨料空隙或不能很好包裹骨料表面时，就会产生崩塌现象，流动性和黏聚性都差，严重影响强度。

（2）水泥浆稠度　水泥浆的稠度取决于水灰比的大小。水灰比较小时，水泥浆较稠，

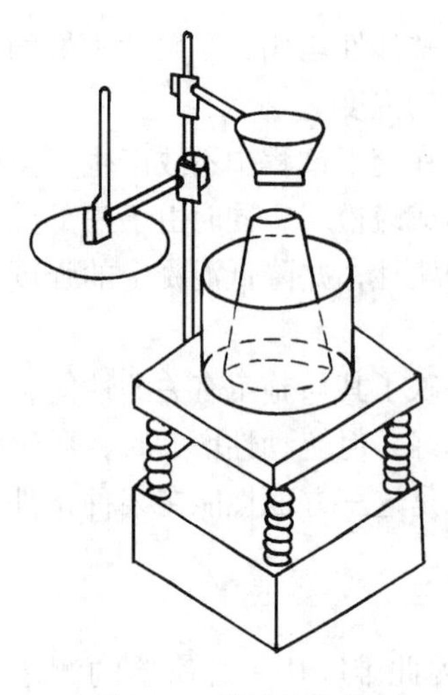
图 13-3 维勃稠度仪

混凝土拌合物流动性也较小。当水灰比过小时，水泥浆干稠，会造成施工困难。反之，水灰比过大，水泥浆很稀，会造成混凝土拌合物黏聚性、保水性不良，产生流浆、离析现象。所以，水灰比过大或过小都不适宜。

实际上对混凝土拌合物流动性起决定性作用的是用水量的多少，因为无论是提高水灰比或增加水泥浆用量，最终都表现为混凝土用水量的增加。实验表明，当使用确定的材料拌制混凝土时，水泥用量在一定的范围内，为达到一定的流动性所需加水量是一个常值。

（3）砂率　砂率是指混凝土中砂子质量占砂、石总量的百分比。因为砂子的粒径远远小于石子的粒径，同样质量时，表面积比石子大得多，吸附的水泥浆多。砂率过大，骨料的空隙及总表面积增加，水泥浆数量一定的条件下，混凝土拌合物会显得干稠，流动性减小。如砂率过小，砂浆数量不足，不能保证骨料周围形成足够的砂浆层，也会降低混凝土拌合物流动性，同时，黏聚性和保水性也变差。因此，配制混凝土时，应选择合理的砂率，既能保证和易性的要求，又能使水泥用量最小。

（二）混凝土的强度

混凝土硬化后的强度包括抗压强度、抗拉强度、抗弯强度等，其中抗压强度最高，所以，通常用抗压强度作为其力学性能的主要指标。混凝土的强度一般情况下指的即是抗压强度。

1. 混凝土强度等级

根据国家标准《普通混凝土力学性能试验方法》GB/T 50081—2002 和《混凝土强度检验评定标准》GBJ 107—87 规定，混凝土强度等级是根据其立方体抗压强度标准值来确定的。混凝土立方体抗压强度是指，将拌合物制成边长 150mm × 150mm × 150mm 的立方体试件，在标准条件下（温度 20 ± 3℃，相对湿度 90%以上）养护 28d，所测得的抗压强度值，以 f_{cu}表示。

具有 95%保证率的立方体抗压强度（即在立方体抗压强度总体分布中，低于该值的不超过 5%）称为立方抗压强度标准值，以 $f_{cu,k}$ 表示。根据立方体抗压强度标准值(MPa)，将混凝土划分为 12 个等级：C7.5、C10、C15、C20、C25、C30、C35、C40、C45、C50、C55 和 C60。例如，C40 表示混凝土立方体抗压强度标准值 $f_{cu,k} = 40MPa$。

混凝土的强度等级不同，意味着其所能承受的荷载不同。

2. 影响混凝土强度的主要因素

（1）水泥强度等级和水灰比　水泥强度等级和水灰比是影响混凝土强度最重要的因素。混凝土的强度主要取决于水泥石的强度及其与骨料之间的粘结力，而这两者又主要决定于水泥强度等级和水灰比。在水灰比相同的情况下，所用的水泥强度等级越高，制成的混凝土强度也越高。在水泥相同的条件下，水灰比增大，混凝土强度降低。混凝土强度与水灰比和水泥强度等级的关系可用如下公式表示：

$$f_{c28} = Af_{ce}\left(\frac{C}{W} - B\right)$$

式中 f_{c28}——混凝土28d立方体抗压强度（MPa）；

f_{ce}——水泥实际抗压强度（MPa）；

C/W——灰水比（水灰比的倒数）；

A、B——经验系数，与骨料及水泥品种等因素有关。采用碎石时可取 $A=0.48$，$B=0.52$；采用卵石时可取 $A=0.50$，$B=0.61$。

（2）养护温度和湿度　混凝土能硬化产生强度的最根本原因是水泥的凝结硬化，因此，混凝土浇筑成型后，应在一定的时间内保持适当的温度和湿度，使水泥充分水化，混凝土强度不断增长。

在保持一定湿度的条件下，养护温度较高，水泥反应速度加快，混凝土强度增长也快。反之则慢，当温度降至0℃时，混凝土强度停止发展，甚至因受冻而破坏。

一定的湿度能够保证水泥水化的充分进行，如果湿度较小混凝土会失水造成水化停止，结果使得内部结构疏松。表面干缩开裂，强度降低。为了保证混凝土成型后正常硬化，应按有关施工规程，对混凝土表面进行覆盖和浇水养护，以利于强度的增长。

（3）龄期　龄期是指混凝土在正常养护条件下所经历的时间。在正常养护条件下，混凝土的强度在最初3~7d内增长较快，随后逐渐变慢，28d达到设计强度，之后显著变慢，但强度仍会不断发展，这个过程可延续数十年之久。用普通水泥配制的混凝土，在标准养护条件下。混凝土强度与龄期的对数大致成正比：

$$f_{cu} = f_{28}\frac{\lg n}{\lg 28}$$

式中 f_{cu}——n天龄期混凝土抗压强度（$n \geqslant 3d$）；

f_{28}——28d混凝土抗压强度。

利用此公式可以根据混凝土早期强度推算28d或其他龄期的强度，供混凝土施工中参考。

采用高强度等级水泥、低水灰比、强制搅拌、加压振捣或其他综合措施可以提高混凝土的密实度和强度。采用蒸汽养护，也可以加速混凝土早期强度的发展。

（三）混凝土的耐久性

混凝土结构或构件除应具有设计要求的强度，保证安全承受荷载外，还应具有与所处环境相适应的耐久性，这样才能保证工程长期发挥效能。混凝土的耐久性包括抗渗性、抗冻性、抗腐蚀性、抗碳化性及碱-骨料反应等。

1. 抗渗性

抗渗性是指混凝土抵抗有压力的介质（水、油、溶液等）渗透的性能。它是混凝土耐久性中最重要的方面之一，对房屋的屋面、卫生间地面、基础和其他一些构筑物，如油罐、水池等的使用性能尤其重要，还直接影响混凝土的抗冻性和抗腐蚀性等。混凝土的抗渗性用抗渗等级表示。抗渗等级是以28d龄期的标准试件，在标准试验方法下所能承受的最大静水压力来确定的。抗渗等级有P4、P6、P8、P10、P12等5个等级，分别表示能抵抗0.4、0.6、0.8、1.0、1.2MPa的静水压力而不渗透。

混凝土渗透的主要原因是由于内部孔隙形成的连通的渗水通道，这些通道来源于水泥浆中多余水分的蒸发形成的气孔、水泥浆泌水形成的毛细孔及施工振捣不密实。

提高混凝土抗渗性的主要措施是提高混凝土的密实度和改善混凝土中的孔隙结构，减少连通孔隙。实际工程中可以通过降低水灰比、选择级配良好的骨料、充分振捣和养护、掺入引气剂等方法来实现。

2. 抗冻性

混凝土的抗冻性是指混凝土在吸水饱和状态下，能经受多次冻融循环而不破坏，同时强度也不明显降低的性能。它是在寒冷地区，特别是接触水又受冻的环境下使用的混凝土所必备的性能。

混凝土的抗冻性用抗冻等级来表示。抗冻等级是以28d龄期的混凝土标准试件，在吸水饱和后承受反复冻融循环，以抗压强度损失不超过25%、质量损失不超过5%时能承受的最大冻融循环次数来确定的。抗冻等级有F10、F15、F25、F50、F100、F150、F200、F250和F300等9个等级，分别表示混凝土能承受冻融循环的最大次数不小于10、15、25、50、100、150、200、250和300次。

混凝土的密实度、孔隙率和孔隙构造、孔隙的充水程度是影响混凝土抗冻性的主要因素。掺入引气剂、减水剂或防冻剂可有效地提高混凝土的抗冻性。

3. 抗腐蚀性

抗腐蚀性是混凝土抵抗环境介质侵蚀作用的能力。混凝土的腐蚀主要是水泥石在外界侵蚀性介质作用下受到破坏所引起的，因此，水泥品种是决定混凝土抗腐蚀性的主要因素。同时还与混凝土本身的密实度有关。密实的并且孔隙处于封闭状态的混凝土，侵蚀介质不易进入，抗腐蚀性强。

4. 抗碳化性

混凝土碳化作用是指空气中的二氧化碳和水与水泥石中的氢氧化钙反应，生成碳酸钙和水的过程。碳化作用使混凝土碱度降低，减弱了混凝土对钢筋的防锈作用，且显著增加混凝土的收缩，使表面碳化层产生细微裂缝，混凝土的抗拉、抗折强度降低。采用硅酸盐水泥或普通硅酸盐水泥，同时采用较小的水灰比，可提高混凝土的抗碳化性能。

5. 碱-骨料反应

碱-骨料反应主要是指水泥中的碱（Na_2O、K_2O）与骨料中的活性二氧化硅发生化学反应，在骨料表面生成复杂的碱-硅酸凝胶，吸水后体积膨胀（体积可增加3倍以上），从而导致混凝土开裂而破坏，这种现象称为碱-骨料反应。

在实际工程中，要采取相应的措施，抑制碱-骨料反应的危害，如控制水泥中的碱含量；选用非活性骨料；降低混凝土的单位水泥用量；在混凝土中掺入引气剂；防止水分侵入，保持混凝土干燥等。

第2节　装饰混凝土

混凝土作为一种结构材料在建筑上使用的非常广泛，这是因为它在强度、耐久性和施工性能等方面有着优异的特性，但普通混凝土由于使用材料的限制，在外观上色彩显得灰暗、线型单调、质感粗糙，装饰性较差。如果充分利用混凝土成型时良好的塑性，选择适当的组成材料，并充分发挥其材料的特点，使成型后的混凝土表面具有装饰性的线型、纹理、质感及色彩效果，则可以满足建筑物立面装饰的不同要求。这一类混凝土就称为装饰混凝土。它可以将结构与装饰融为一体，结构施工与装饰处理同时进行，既简化了施工工序，缩短了工期，又可以根据设计要求获得别具一格的装饰效果。

一、清水装饰混凝土

清水装饰混凝土是利用混凝土结构或构件的线条或几何外形的处理而获得装饰性的。它具有简单、明快大方的立面装饰效果。也可以在成型时利用模板等在构件表面上做出凹凸花纹，使立面质感更加丰富，从而获得艺术装饰效果。这类装饰混凝土构件基本上保持了混凝土原有的外观质地，因此称为清水装饰混凝土。其成型方法有三种：

（一）正打成型工艺

正打成型工艺多用在大板建筑的墙板预制，它是在混凝土墙板浇筑完毕水泥初凝前后，在混凝土表面进行压印，使之形成各种线条和花饰。根据其表面的加工工艺方法不同，可分为压印和挠刮两种方式。

压印工艺一般有凸纹和凹纹两种做法。凸纹是用刻有漏花图案的模具，在刚浇筑的壁板表面上印出的。模具用较柔软、具有一定弹性、能反复使用的材料，如橡胶板或软塑料板等，按设计刻出漏花制成，其下侧面最好为布纹麻面，可使壁板表面壁板凸出花纹之间的底子上形成质感均匀的纹理，并可防止揭模时粘坏板面。模具厚度可根据对花纹凸出程度的要求决定，一般以不超过 10mm 为宜。模具的大小可按壁板立面适宜的分块情况而定。

因混凝土粗骨料含量多，在新浇的壁板上拍打、抹压出花纹比较费力，所以一般都先在浇筑完的壁板表面铺上一层 1:2～1:3 的水泥砂浆后再印花，也可以将模具先铺放在已找平、无泌水的新浇混凝土壁板上，再用砂浆将漏花处填满抹平，形成凸出的图案。

凹纹是用钢筋焊接成设计图形，在新浇混凝土壁板表面压出的。钢筋直径一般以 5～10mm 为宜。当然也可以用硬质塑料、玻璃钢等材料制作。

挠刮工艺是在新浇的混凝土壁板上，用硬毛刷等工具挠刮形成一定毛面质感。

正打压印、挠刮工艺制作简单，施工方便，但壁面形成的凹凸程度小，层次少，质感不丰富。

（二）反打成型工艺

反打成型工艺即在浇筑混凝土的底面模板上做出凹槽，或在底模上加垫具有一定花纹、图案的衬模，拆模后使混凝土表面具有线型或立体装饰图案。

预制平模板反打工艺，通过在钢模底面上做出凹槽，就能够形成较大尺寸的线型，如窗套、翼肋等，方便可靠。但要保证制品的质量，采用性能良好的脱模剂和合理的线型、脱模锥度是问题的关键。锥度偏大会使线型不挺，偏小会使脱模困难，并易损坏线型。脱模锥度应视线型大小、疏密及脱模方式而定，一般以不大于线型深度 1/6 为宜。脱模剂则要求不能在制品上留下残迹。

预制反打成型采用衬模，不仅工艺比较简单，而且制成的饰面质量也较好。首先，其脱模吸附力小，边角不粘脱，故成型的线条挺拔、棱角整齐。其次，选择成型花纹比较自由。可为光面或木纹状，也可为浮雕花纹，立面效果丰富多彩。

衬模材料有硬质的、软质的两种。硬质的有钢材、玻璃钢或硬塑料，软质的有橡胶、软塑料等。

（三）立模工艺

正打、反打成型工艺均为预制条件下的成型工艺。立模工艺即在现浇混凝土墙面时做饰面处理，利用墙板升模工艺，在外模内侧安置衬模，脱模时使模板先平移，离开新浇筑混凝土墙面再提升。这样随着模板爬升形成具有直条形纹理的装饰混凝土，立面效果别具一格。

二、露骨料混凝土

露骨料混凝土是在混凝土硬化前或硬化后，通过一定工艺手段使混凝土骨料适当外露，以骨料的天然色泽和不规则的分布，达到一定的装饰效果。

露骨料混凝土的制作方法有：水洗法、缓凝剂法、酸洗法、水磨法、喷砂法、抛丸法、凿剁法、火焰喷射法和劈裂法等。

1. 水洗法

水洗法就是在水泥硬化前冲刷水泥浆以暴露骨料的做法。这种方法只适用于预制墙板正打工艺，即在混凝土浇筑成型后1～2h，水泥浆即将凝结前，将模板一端抬起，用具有一定压力的水流把面层水泥浆冲刷掉，使骨料暴露出来，养护后即为露骨料装饰混凝土。

2. 缓凝剂法

现场施工采用立模浇筑或预制反打工艺中，因工作面受模板遮挡不能及时冲刷水泥浆，就需要借助缓凝剂使表面的水泥不硬化，待脱模后再冲洗。缓凝剂在混凝土浇筑前涂刷于底模上。

缓凝剂法也适用于正打工艺，即在浇筑成型好的混凝土表面贴上涂布缓凝剂的纸，待混凝土硬化后，再揭纸冲洗。

3. 酸洗法

酸洗法是利用化学作用去掉混凝土表层水泥浆，使骨料外露。一般在混凝土浇筑24h后进行酸洗。酸洗液通常选用一定浓度的盐酸。但因其对混凝土有一定的破坏作用，故应用较少。

4. 水磨法

水磨法也即制作水磨石的方法，所不同的是水磨露骨料工艺一般不抹水泥石粒拌合料，而是将抹平的混凝土表面磨至露出骨料。水磨时间一般认为应在混凝土强度达到12～20MPa时进行为宜。

5. 抛丸法

抛丸法是将混凝土制品以1.5～2m/min的速度通过抛丸室，室内抛丸机以65～80m/s的线速度抛出铁丸，利用铁丸冲击力将混凝土表面的水泥浆皮剥离，露出骨料。因为此方法同时将骨料表皮凿毛，故其效果如花锤剁斧，自然逼真。

三、白色水泥和彩色水泥混凝土

以白色水泥或彩色水泥为胶凝材料制成的混凝土即为白色水泥混凝土或彩色水泥混凝土。它是一种整体着色的装饰混凝土。这类混凝土不仅要满足装饰效果的要求，还要满足结构要求的基本物理力学性能。

从对建筑物的装饰功能出发，白水泥混凝土和彩色水泥混凝土所用的骨料与普通水泥混凝土有所不同。彩色水泥混凝土用的骨料，除一般骨料外，还需使用价格较高的彩色骨料。因为这类彩色碎石和碎砂的形状、尺寸及粒度是多种多样的，所以要特别注意这些骨料对混凝土物理力学性能的影响。

白水泥混凝土和彩色水泥混凝土的配制原理及其技术性能的影响因素与普通水泥混凝土基本相同，但在其配合比设计及生产工艺控制过程中，必须充分考虑其装饰功能，并要采取相应的措施。

四、彩色混凝土

由于我国目前白水泥、彩色水泥产量较少，价格较高，整体着色的白水泥、彩色水泥混凝土应用较少，但在普通混凝土中掺入适当的着色颜料，可以制成着色的彩色混凝土。在混凝土中掺入适量的彩色外加剂、无机氧化物颜料和化学着色剂等着色料，或者干撒着色硬化剂等，均是使混凝土着色的常用方法。

水泥浆中掺入的着色剂的种类和数量决定了混凝土的最终颜色，但由于水泥水化产物凝胶体在一定程度上影响混凝土的颜色，所以混凝土的最终颜色只能大致估计，而不能十分肯定。

在普通混凝土基材表面加做饰面层，制成的面层着色的彩色混凝土路面砖已有相当广泛的应用。不同颜色的水泥混凝土花砖，按设计图案铺设，外型美观，色彩鲜艳，成本低廉，施工方便，用于园林、街心花园、庭院和人行便道，可获得十分理想的装饰效果。

第3节　砌筑砂浆和抹面砂浆

建筑砂浆按其主要用途可分为砌筑砂浆和抹面砂浆。用于砌筑砖、石、砌块等砌体的砂浆称为砌筑砂浆。它起着传递荷载的作用，是砌体的重要组成部分。抹面砂浆也称抹灰砂浆，用以涂抹在建筑物或建筑构件的表面，兼有保护基层、满足使用要求和增加美观的作用。

一、砂浆的组成材料

（一）胶凝材料

砂浆中常用的胶凝材料有水泥、石灰、石膏等。选用何种胶凝材料应根据砂浆的用途及使用环境决定，对于干燥环境中使用的砂浆，可选用气硬性胶凝材料，如石灰、石膏等；处于潮湿环境或水中的砂浆，则必须用水硬性胶凝材料，即水泥。

普通水泥、矿渣水泥、火山灰水泥、粉煤灰水泥、复合水泥以及砌筑水泥等都可以用来配制砌筑砂浆。通常对于砌筑砂浆的强度要求并不高，中等强度等级的水泥就可以满足要求。选择的水泥强度等级一般为砂浆强度等级的4~5倍，使用较多的是32.5强度等级水泥和42.5强度等级的水泥。

为了改善砂浆的和易性和节约水泥，可在配制砂浆时掺入适量的石灰、石膏或黏土，这样配制的砂浆称为混合砂浆。为了保证砂浆的质量，生石灰需熟化成石灰膏，然后再掺入砂浆中搅拌均匀。

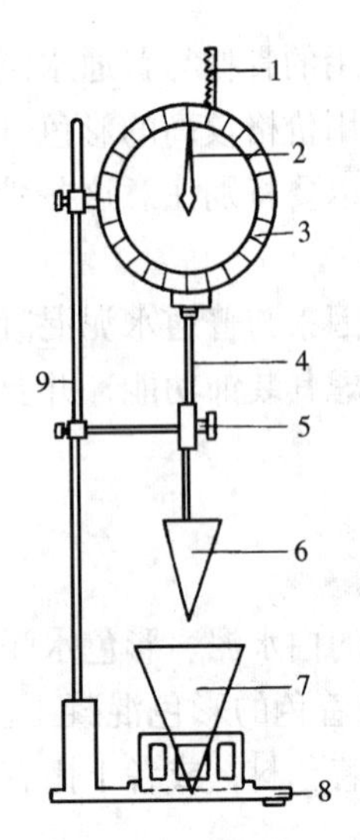

图 13-4 砂浆稠度测定仪
1—齿条测杆；2—指针；3—刻度盘；4—滑杆；5—固定螺钉；6—圆锥体；7—圆锥筒；8—底座；9—支架

（二）砂

砂浆用砂应符合普通混凝土用砂技术性质要求。但由于砂浆层较薄，对砂子的最大粒径应有所限制。砌筑毛石砌体所用的砂，最大粒径应小于砂浆层厚度的 1/4～1/5。对于砖砌体，以使用中砂为宜，粒径不得大于 2.5mm。面层抹灰及勾缝用砂应采用洁净的细砂。

砂中的含泥量对砂浆的强度、变形、稠度及耐久性影响较大。对强度等级大于等于 M5 的砂浆，砂含泥量应不大于 5%；对于强度等级小于 M5 的砂浆，砂中含泥量不得超过 10%。

（三）纤维增强材料

砂浆的纤维增强材料有麻刀、纸筋、玻璃纤维等。将其加入抹灰砂浆中，可以提高抹灰层的抗拉强度，使抹灰层不易开裂脱落。

二、砂浆的主要技术性质

（一）砂浆的和易性

新拌砂浆应具有良好的和易性。和易性良好的砂浆容易在粗糙的块状砌筑材料的基面上铺抹成均匀的薄层，而且能够和基面紧密粘结，既便于施工操作，提高生产效率，又能保证工程质量。砂浆的和易性包括流动性和保水性两个方面。

1. 流动性

砂浆的流动性也称稠度，是指在自重或外力作用下能流动的性能。砂浆的流动性可用砂浆稠度仪测定其稠度（即沉入度）来表示。如图 13-4 所示，图中标准圆锥体在砂浆内的沉入深度（cm）即为沉入度。

影响砂浆流动性的因素有很多，如胶凝材料的种类和用量、用水量、砂子粗细程度与级配、搅拌时间及塑化剂掺量等。

对于砌筑工程，砂浆流动性的选择与砌体材料种类及气候情况有关；对于抹灰工程，砂浆流动性的选择与抹灰层次及施工作业方法有关。一般可参考表 13-4 选择。

建筑砂浆流动性选择（沉入度：mm） **表 13-4**

砌体种类	干燥气候或多孔砌块	寒冷气候或密实砌块	抹灰工程	机械施工	手工操作
砖　砌　体	80～100	60～80	准备层	80～90	110～120
普通毛石砌体	60～70	40～50	底　层	70～80	70～80
振捣毛石砌体	20～30	10～20	面　层	70～80	90～100
炉渣混凝土砌块	70～90	50～70	石膏浆面层	—	90～120

2. 保水性

新拌砂浆能够保持水分的能力称为保水性。保水性不好的砂浆在运输和施工过程中容易产生泌水和离析，当铺抹于基面时，水分易被基面吸走，从而使砂浆干涩，不易铺抹均匀。同时也影响胶凝材料正常的水化硬化，使强度和粘结力降低。因此，为了保证砌筑和抹灰质量，砂浆应具有良好的保水性。

砂浆的保水性用分层度（mm）表示。用分层度筒（图 13-5）测定。将拌好的砂浆装入分层度筒内，测其稠度，然后静止 30min 后除去 2/3 高度的上层砂浆，再测所剩 1/3 砂浆的稠度，两次稠度的差值（mm）即为分层度。分层度过大的砂浆易产生分层离析，不利于施工。水泥砂浆分层度应不大于 30mm；水泥混合砂浆分层度应不大于 20mm；分层度接近于零的砂浆，容易产生干缩裂缝。

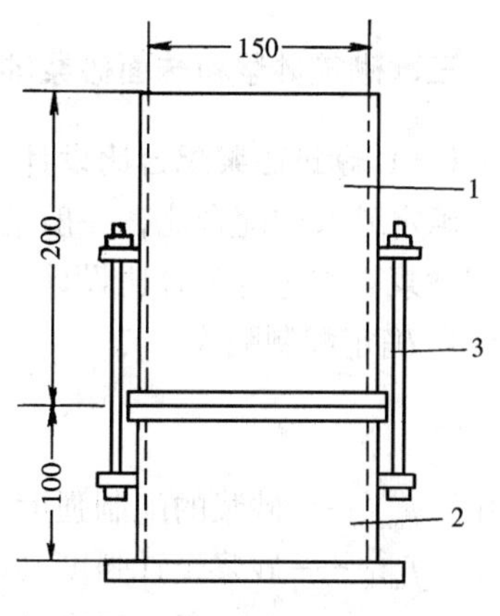

图 13-5 砂浆分层度筒
1—无底圆筒；2—连接螺栓；3—有底圆筒

（二）砂浆的强度

砂浆的强度主要是指抗压强度。将砂浆按规定方法成型为 70.7mm × 70.7mm × 70.7mm 的立方体试件 1 组 6 块，在标准条件下养护 28d，测定其抗压强度（MPa）。砂浆强度等级是根据其抗压强度平均值确定成的。砂浆的强度等级共分为 M2.5、M5、M7.5、M10、M15、M20 等 6 个等级。对有较高耐久性要求的工程，宜采用 M10 以上的砂浆。

实验证明，当原材料质量一定时，砂浆的强度主要取决于水泥强度等级与水泥用量，用水量对砂浆强度及其他性能的影响不大。砂浆的强度可用下式表示：

$$f_{m,o} = A \cdot f_{ce} \cdot Q_c / 1000 + B$$

式中 $f_{m,o}$——砂浆 28d 抗压强度（MPa）；

Q_c——每立方米砂浆的水泥用量（kg/m^3）；

A、B——经验系数，根据表 13-5 选用；

f_{ce}——水泥实测强度（MPa）。

***A*、*B* 系数选用表** **表 13-5**

砂 浆 品 种	*A*	*B*
水泥混合砂浆	1.50	-4.25
水泥砂浆	1.03	3.05

（三）粘结力

砌体结构是依靠砌筑砂浆将块状材料粘结为整体的。因此，要求砂浆对于块状材料必须有一定的粘结力，以保证整个砌体的强度、耐久性及抗震性等。抹面砂浆是呈薄层粘附在基底表面上，只有砂浆具有足够的粘结力，才能保证其不出现空鼓、脱落等。用作粘贴贴面材料的砂浆，更必须具有较强的粘结力，以保证贴面材料与基底间的牢固粘结。

砂浆的强度越高，其与基底的粘结力也越强。此外，砂浆的粘结力还与基层材料的表面状态、清洁程度、湿润情况以及施工养护条件等有关。

（四）砂浆的变形性

砂浆在承受荷载或温度条件变化时，容易产生变形，如果变形过大或不均匀，则会降低砌体或抹面层的质量，严重的会引起沉陷或开裂。为减少抹面砂浆因收缩引起的开裂，可在砂浆中加入麻刀、纸筋等纤维材料。

三、砌筑砂浆和抹面砂浆的应用

（一）砌筑砂浆配合比设计

确定砂浆的配合比，一般情况下可参考有关资料和手册选用，见表 13-6，对于重要工程用砂浆，须进行配合比设计，其步骤如下：

1．确定配制强度（$f_{m,o}$）

$$f_{m,o} = f_{m\cdot k} + 0.6 + 5\sigma$$

式中 $f_{m,o}$——砂浆的配制强度（MPa）；

$f_{m\cdot k}$——砂浆设计强度（即砂浆抗压强度平均值）（MPa）；

σ——砂浆强度标准差（MPa），可根据表 13-6 选取。

砂浆强度标准差 σ 选用值 **表 13-6**

施工水平 \ 沙浆强度等级	M2.5	M5	M7.5	M10	M15
优良	0.50	1.00	1.50	2.00	3.00
一般	0.62	1.25	1.83	2.50	3.75
较差	0.75	1.50	2.55	3.00	4.50

2．确定 1m^3 砂浆中的水泥用量（Q_c）

$$Q_c = 1000\ (f_{m,o} - B)\ /Af_{ce}$$

式中 Q_c——1m^3 砂浆的水泥用量（kg/m^3）；

$f_{m,o}$——砂浆的配制强度（MPa）；

A、B——砂浆的特征系数，依表 13-5 选取；

f_{ce}——水泥的实测强度（MPa）。

当计算出水泥砂浆中的水用量不足 200kg/m^3 时，应按 200kg/m^3 取用。

3．确定水泥混合砂浆的掺合料用量（Q_D）

$$Q_D = Q_A - Q_C$$

式中 Q_D——1m^3 砂浆的渗合料用量（kg/m^3）；

Q_c——1m^3 砂浆的水泥用量（kg/m^3）；

Q_A——1m^3 砂浆中胶结材料的总量（kg/m^3），一般应在 300～350kg/m^3 之间。

4．确定 1m^3 砂浆中的砂子用量（Q_s）

$$Q_s = \rho_{o干}\ (1 + \beta)$$

式中 Q_s——1m^3 砂浆的砂子用量（kg）；

$\rho_{o干}$——砂子干燥状态的堆积密度（kg/m^3）；

β——砂子的含水率（%）。

5．确定 1m^3 砂浆中的用水量（Q_W）

每 1m^3 砂浆中的用水量可根据砂浆所需的沉入度通过试验来确定，或根据表 13-7 的经验数据来选取。

每 $1m^3$ 砂浆中的用水量选用值　　表 13-7

砂浆用品	混合砂浆	水泥砂浆
用水量（kg/m^3）	260~300	270~330

无论是查表或计算所得的砂浆配合比，都必须经过试配，试配时进行必要的调整，直到满足和易性和强度的要求。最后将所确定的各种材料用量，换算成以水泥为 1 的质量配合比。

（二）砌筑砂浆的种类和选择

砌筑砂浆依据所用的胶凝材料的不同，可分为水泥砂浆、水泥石灰混合砂浆、石灰砂浆三种。工程使用应根据砌体种类选定，见表 13-8。

砂浆种类的选择　　表 13-8

砂浆种类	适用范围
水泥石灰混合砂浆	地面以上的承重和非承重砖石砌体
水泥砂浆	1. 片石基础、砖基础及一般地下构筑物 2. 砖平拱、钢筋砖过梁等，要求砂浆强度等级高的水塔、烟囱、筒拱
石灰砂浆	平房或临时性建筑

（三）抹面砂浆的配合比及选用

普通抹面砂浆对建筑物和墙体能够起到保护作用，它可以抵抗风，雨，雪等自然环境对建筑物的侵蚀，并提高建筑物的耐久性。与砌筑砂浆不同，抹面砂浆的主要技术要求不是强度，而是和易性及与基底材料的粘结力。

抹面砂浆通常分为两层或三层进行施工。各层抹灰要求不同，所以每层所选用的砂浆也不一样。

底层的抹灰作用是使砂浆与底层能牢固的粘结，因此，要求砂浆具有良好的和易性及较高的粘结力，其保水性要好，否则水分容易被底面材料吸掉而影响砂浆的粘结力。底面表面粗糙些有利于与砂浆的粘结。中层抹灰主要为了找平，有时可以省去不用。面层抹灰要达到平整美观的表面效果。

用于砖墙的底层抹灰，多用石灰砂浆或石灰炉灰砂浆；用于板条墙或板条顶棚的底层抹灰多用麻刀石灰砂浆；混凝土墙,梁,柱,顶板等底层抹灰多用混合砂浆;用于中层抹灰多用混合砂浆或石灰砂浆;用于面层抹灰多用混合砂浆,麻刀石灰砂浆或纸筋石灰砂浆。

在容易遭到碰撞或潮湿的地方，应采用水泥砂浆。如墙裙、踢脚板、地面、雨篷、窗台、水井等处，一般多用 1:2.5 水泥砂浆。

在硅酸盐砌块墙面上做抹面砂浆或粘贴饰面材料时，最好在砂浆内夹一层事先固定好的钢丝网，以免日久后发生剥落现象。

普通抹面砂浆的配合比可参见表 13-9。

普通抹面砂浆参考配合比　　表 13-9

材料	体积配合比	材料	体积配合比
水泥:砂	1:2~1:3	石灰:石膏:砂	1:0.4:2~1:2:4
石灰:砂	1:2~1:4	石灰:黏土:砂	1:1:4~1:1:8
水泥:石灰:砂	1:1:6~1:2:9	石灰膏:麻刀	100:1.3~100:2.5（质量比）

第4节　装　饰　砂　浆

涂抹在建筑物的内外墙表面，具有美观装饰效果的抹面砂浆称为装饰砂浆。装饰砂浆的底层和中层抹灰与普通抹面砂浆基本相同。主要是装饰的面层，要选用具有一定颜色的胶凝材料和骨料以及采用某些特殊的操作工艺，使表面呈现出不同的色彩、线条与花纹等装饰效果。

一、装饰砂浆的种类

装饰砂浆按其制作的方法不同可分为两类：

一类是通过水泥砂浆的着色或水泥砂浆表面形态的艺术加工，获得一定的色彩、线条、纹理质感而达到装饰的目的。这类装饰砂浆称为灰浆类饰面。它的主要特点是材料来源广泛，施工操作方便，造价比较低廉，而且可以通过不同的工艺方法，形成不同的装饰效果，如搓毛、拉毛、喷毛以及仿面砖、仿毛石等饰面。

另一类是在水泥中渗入各种彩色石粒，制得水泥石粒拌合料抹于墙体基层表面，然后用水洗、斧剁、水磨等手段除去表面水泥浆皮，露出石粒的颜色、质感。用这种方法做成的饰面称为石粒类饰面。石粒类饰面的特点是色泽比较明亮，质感相对的丰富，并且不易褪色，但石粒类饰面相对于砂浆而言工效较低，造价较高。

二、装饰砂浆的组成材料

(一) 胶凝材料

装饰砂浆所采用的胶凝材料有普通水泥、矿渣水泥、火山灰水泥和白水泥、彩色水泥，或是在水泥中掺加耐碱矿物颜料配制而成的彩色水泥以及石灰、石膏等。

(二) 骨料

装饰砂浆所采用的骨料除普通砂外，还常使用石英砂、彩釉砂和着色砂，以及石粒、石屑、砾石及彩色瓷粒和玻璃珠等。

1. 石英砂：分为天然石英砂和人工石英砂两种。人工石英砂是将石英岩或较纯净砂岩加以焙烧，经人工或机械破碎筛分而成。它们比天然石英砂纯净，质量好。除用于装饰工程外，石英砂可用于配制耐腐蚀砂浆。

2. 彩釉砂和着色砂：彩釉砂是由各种不同粒径的石英砂或白云石粒加颜料焙烧后，再经化学处理而制得的。特点是在 - 20 ~ 80℃温度范围内不变色，且具有防酸、耐碱性能。

彩釉砂产品有：深黄、浅黄、象牙黄、珍珠黄、橘黄、浅绿、草绿、玉绿、雅绿、碧绿、浅草青、赤红、西赤、咖啡、钴蓝等三十多种颜色。

着色砂：在石英砂或白云石细粒表面进行人工着色而制得。着色多采用矿物颜料。人工着色的砂粒色彩鲜艳，耐久性好。

3. 石碴：也称石米、石粒等，是由天然大理石、白云石、方解石、花岗石破碎而成。具有多种色泽（包括白色），是石粒类装饰砂浆的主要原料，也是预制人造大理石、水磨石的原料。其规格、品种及质量要求见表 13-10。

4. 石屑：它是比石粒更小的细骨料，主要用于配制外墙喷涂饰面用聚合物砂浆。常用的有松香石屑、白云石屑等。

其他具有色彩的陶瓷、玻璃碎粒也可以用于檐口、腰线、外墙面、门头线、窗套等的砂浆饰面。

彩色石粒规格、品种及质量要求　　表 13-10

规格与粒径的关系		常用品种	质量要求
规格	粒径（mm）	东北红、东北绿、丹东绿、盖平红、粉黄绿、玉泉灰、旺青、晚霞、白云石、云彩绿、红玉花、奶油白、竹根霞、苏州黑、黄花玉、南京红、雪浪、松香石、墨玉、汉白玉、曲阳红等	1. 颗粒坚韧有棱角、洁净，不得含有风化石粒 2. 使用时应冲洗干净
大二分	约 20		
一分半	15		
大八厘	8		
中八厘	6		
小八厘	4		
米粒石	0.3～1.2		

（三）颜料

在普通砂浆中掺入颜料可制成彩色砂浆，用于室外抹灰工程中，如仿大理石、仿面砖、喷涂、辊涂和彩色砂浆抹面。由于这些装饰面长期处于室外，易受到周围环境介质的侵蚀和污染，因此选择合适的颜料是保证饰面质量、避免褪色和变色、延长使用年限的关键。

选择颜料品种要考虑其价格、砂浆种类、建筑物所处环境和设计要求等因素。建筑物处于受酸侵蚀的环境中时，要选用耐酸性好的颜料；受日光暴晒的部位，要选用耐光性好的颜料；碱度高的砂浆，要选用耐碱性好的颜料；设计要求鲜艳颜色，可选用色彩鲜艳的有机颜料。

装饰砂浆中常用颜料的品种及性质见表 13-11，颜料掺量见表 13-12。

装饰砂浆常用颜料的品种及性质　　表 13-11

颜色	颜料名称	性质
红色	氧化铁红	有天然和人造两种。遮盖力较强，有优越的耐光、耐高温、耐污浊气体及耐碱性，是较好、较经济的红色颜料之一
	甲苯胺红	为鲜艳红色粉末，遮盖力、着色力较强，耐光、耐热、耐酸碱，在大气中无敏感性，一般用于高级装饰工程
黄色	氧化铁黄	遮盖力比其他黄色颜料都高，着色力几乎与铅铬黄相等，耐光性、耐打气影响、耐污浊气体以及耐碱性都比较强，是装饰工程中既好又经济的黄色颜料之一
	铬黄	铬黄系含有铬酸铅的黄色颜料，着色力高、遮盖力强，较氧化铁黄鲜艳，但不耐强碱
绿色	铬绿	铅铬黄和普鲁士蓝的混合物，配色变动较大，决定于两种成分含量的比例。遮盖力强，耐气候、耐光、耐风、耐热性均好，但不耐酸碱
蓝色	群青	为半透明鲜艳的蓝色颜料，耐光、耐风雨，但不耐酸，是既经济又好的蓝色颜料之一
	钴蓝与酞青蓝	为带绿光的蓝色颜料，耐光、耐热、耐酸碱性较好
棕色	氧化铁棕	是氧化铁红和氧化铁黑的机械混合物，有的产品还掺有少量氧化铁黄
紫色	氧化铁紫	可用氧化铁红和群青配制

续表

颜色	颜料名称	性质
黑色	氧化铁黑	遮盖力、着色力强，耐光，耐一切碱类，对大气作用也稳定，是一种既好又经济的黑色颜料之一
	炭黑	根据制造方法不同分为槽黑和炉黑两种。装饰工程常用炉黑，性能与氧化铁黑基本相同，密度仅比氧化铁黑较小，不易操作
	锰黑	遮盖力颇强
	松烟	采用松材、松根、松枝等在室内进行不完全燃烧而熏得的黑色烟碳，遮盖力及着色力均好

三、灰浆类砂浆饰面

（一）拉毛灰

拉毛灰先用水泥砂浆做底层，再用水泥石灰浆做面层，在砂浆尚未凝结之前，将表面拍拉成凹凸不平的形状。要求表面拉毛花纹、斑点均匀，颜色一致，同一平面上不显接槎。

彩色砂浆配色颜料参考用量　　表 13-12

色调		红色			黄色			青色			绿色			棕色			紫色			褐色		
		浅红	中红	暗红	浅黄	中黄	深黄	淡青	中青	暗青	浅绿	中绿	暗绿	浅棕	中棕	深棕	淡紫	中紫	暗紫	浅褐	咖啡	暗褐
用料名称	425号硅酸盐水泥	93	86	79	95	90	85	93	86	79	95	90	85	95	90	85	93	86	79	94	83	82
	红色系颜料	7	14	21																		
	黄色系颜料				5	10	15															
	蓝色系颜料							3	7	12												
	绿色系颜料										5	10	15									
	棕色系颜料													5	10	15						
	紫色系颜料																7	14	21			
	黑色系颜料																			2	5	9
	白色系颜料							4	7	9												

注：1. 各种系列颜料可单一用，也可用两种或数种颜料配制后用；

2. 如用混合砂浆、石灰浆或白水泥砂浆，表中所列颜料用量酌减 60%～70%，青色砂浆不需另加白色颜料；

3. 如用彩色水泥时，则不需加任何颜料，直接按体积比彩色水泥∶砂＝1∶2.5～1∶3 配制即可，但必须选用同一产地的砂子，否则粉刷结果颜色不均匀。

（二）甩毛灰

甩毛灰是先用水泥砂浆做底层，再用竹丝等工具将罩面灰浆甩洒在表面上，形成大小不一，但又很有规律的云朵状毛面。也有先在基层上刷水泥色浆，再甩上不同颜色的罩面灰浆，并用抹子轻轻压平，形成两种颜色的套色做法。

（三）搓毛灰

搓毛灰是在罩面灰浆初凝时，用硬木抹子由上而下搓出一条细而直的纹路，也可水平方向搓出一条L形细纹路，当纹路明显搓出后即停。这种装饰方法工艺简单、造价低、效果朴实大方。

（四）扫毛灰

扫毛灰是在罩面灰浆初凝时，用竹丝扫帚把按设计组合分格的面层砂浆，扫出不同方向的条纹，或做成仿岩石的装饰抹灰。扫毛灰做成假石以代替天然石材饰面，工序简单，施工方便，造价便宜。

（五）拉条

拉条抹灰是采用专用模具把面层做成竖向线条的装饰做法。拉条抹灰有细条形、粗条形、半圆形、波形、梯形、方形等多种形式，是一种较新的抹灰做法。一般细条形抹灰可采用同一种砂浆配比，多次加浆抹灰拉模而成；粗条形抹灰则采用底、面层两种不同配合比的砂浆，多次加浆抹灰拉模而成。砂浆不得过干，也不得过稀，以能拉动可塑为宜。它具有美观大方、不易积灰、成本低等优点，并有良好的音响效果。

（六）假面砖

仿面砖是采用掺氧化铁系颜料的水泥砂浆，通过手工操作达到模拟面砖装饰效果的饰面做法。适合于房屋建筑外墙抹灰饰面。

（七）假大理石

仿大理石是用掺适当颜料的石膏色浆和素石膏浆按比 1∶10 比例配合，用手工操作，做成具有大理石表面特征的装饰抹灰。这种装饰工艺，对操作技术要求较高，但如果做得好，无论在颜色、花纹和光洁度等方面，都接近天然大理石效果。适合于高级装饰工程中的室内抹灰。

四、石碴类砂浆饰面

（一）水刷石

水刷石是用水泥和细小的石粒（约 5mm）按比例配合并拌制成水泥石粒浆，在墙面上抹灰，在其水泥浆初凝时，用硬毛刷蘸水刷洗，或用喷水冲刷表面，使石粒半露而不脱落，达到装饰目的。多用于建筑物的外墙。

水刷石具有石料饰面的质感，自然朴实。结合不同的分格、分色、凹凸线条等艺术处理，可使饰面获得明快庄重、淡雅秀丽的艺术效果。水刷石的不足之处是操作技术要求较高，费工费料，湿作业量大，劳动强度大，逐渐被干粘石取代。

（二）干粘石

干粘石是在素水泥浆或聚合物水泥砂浆粘结层上，把石粒、彩色石子等备好的骨料粘在其上，再拍平压实即为干粘石。干粘石的操作方法有手工甩粘和机械甩喷两种。要求石子要粘牢，不掉粒，不露浆，石子应压入砂浆的 2/3。

（三）斩假石

斩假石又称为剁斧石，它是以水泥石粒拌合料或水泥石屑浆做抹灰面层，待其硬化具有一定强度时，用钝斧及各种凿子等工具，在面层上剁斩出类似石材的纹理，具有粗面花岗石的效果。

在石粒类饰面的各种做法中，斩假石的效果最好。它既具有真石的质感，又有精干细作的特点，给人以朴实、自然、素雅、庄重的感觉。斩假石的缺点是费工费力，劳动强度大，施工效果较低。

斩假石饰面所用的材料与水刷石基本相同。斩假石饰面一般多用于局部小面积装饰，如勒脚、台阶、柱面、扶手等。

（四）拉假石

拉假石是用废锯条或5~6mm厚的薄钢板加工成锯齿形，钉在木板上构成抓耙，用抓耙挠刮去除表层水泥浆皮露出石粒，并形成条纹效果。这种工艺实质上是斩假石工艺的演变，与斩假石相比，其施工速度快，劳动强度低，装饰效果类似斩假石，可大面积使用。

（五）水磨石

水磨石是用普通水泥，白色水泥或彩色水泥拌和各种色彩的大理石粒做面层，硬化后用机械磨平抛光表面。水磨石多用于地面装饰，可事先设计图案和色彩，抛光后更具艺术效果。除可用做地面外，还可预制做成楼梯踏步、窗台板、柱面、踢脚板和地面板等多种建筑构件。水磨石一般用于室内。

复习思考题

1. 普通混凝土的组成材料有哪几种？在混凝土凝固硬化前后各起什么作用？
2. 混凝土的主要技术性质有哪几个方面？它们对混凝土的施工和使用有什么意义？
3. 装饰混凝土有哪几种主要做法？它们各有何特点？
4. 与砌筑砂浆相比装饰砂浆有何特点？
5. 常用装饰砂浆有哪些做法？它们各自的特点、用途有什么不同？

第 14 章　建筑装饰材料试验

试验一　石材放射性元素的试验

一、本试验根据国家标准的要求和装修材料放射性水平大小划分为以下三类

（一）A 类装修材料

装修材料中天然放射性核素镭-226、钍-232、钾-40 的放射性比活度同时满足 $I_{Ra}\leqslant 1.0$ 和 $I_{\gamma}\leqslant 1.3$ 要求的为 A 类装修材料。A 类装修材料产销与使用范围不受限制。

（二）B 类装饰材料

不满足 A 类装修材料要求但同时满足 $I_{Ra}\leqslant 1.3$ 和 $I_{\gamma}\leqslant 1.9$ 要求的为 B 类装修材料。B 类装修材料不可用于 I 类民用建筑的内饰面，但可以用于 I 类民用建筑的外饰面及其他一切建筑物的内、外饰面。

（三）C 类装修材料

不满足 A、B 类装修材料要求但同时满足 $I_{\gamma}\leqslant 2.8$ 要求的为 C 类装修材料。C 类装修材料只可以用于建筑物的外饰面及室外其他用途。

（四）$I_{\gamma}>2.8$ 的花岗石只可用于碑石、海堤、桥墩等人类很少涉及到的地方。

二、试验方法

（一）仪器

低本底多道 γ 能谱仪。

（二）取样与制样

（1）取样　随机抽取样品两份，每份不少于 3kg。一份密封保存，另一份作为检验样品。

（2）制样　将检验样品破碎，磨细至粒径不大于 0.16mm。将其放入与标准样品几何形态一致的样品盒中，称重（精确至 1g）、密封、待测。

（3）测量　当检验样品中天然放射衰变链基本达到平衡后，在与标准样品测量条件相同情况下，采用低本底多道 γ 能谱仪对其进行镭-226、钍-232 和钾-40 比活度测量。

（4）测量不正确度的要求　当样品中镭-226、钍-232、钾-40 放射性比活度之和大于 $37Bq\cdot kg^{-1}$时，本标准规定的试验方法要求测量不正确度（扩展因子 $K=1$）不大于 20%。

三、检验规则

（1）本标准所列镭-226、钍-232、钾-40 的放射性比活度均为型式检验项目。

（2）在正常生产情况下，每年至少进行一次型式检验。

（3）有下列情况之一时随时进行型式检验：

——新产品定型时；
——生产工艺及原料有较大改变时；
——产品异地生产时。
(4) 检验结果的判定。
(5) 建筑主体材料检验结果满足3.1条时，判为合格。
(6) 装修材料检验结果按3.2条进行分类判定。

试验二　釉面内墙砖的耐急冷急热试验

耐急冷急热性质是指釉面砖承受温度急剧变化而不出现裂纹的能力。

一、仪器设备

电热干燥箱　温度可达到200℃；
温度计　能测200℃温度；
水槽；
红墨水；
试样架（见图14-1）

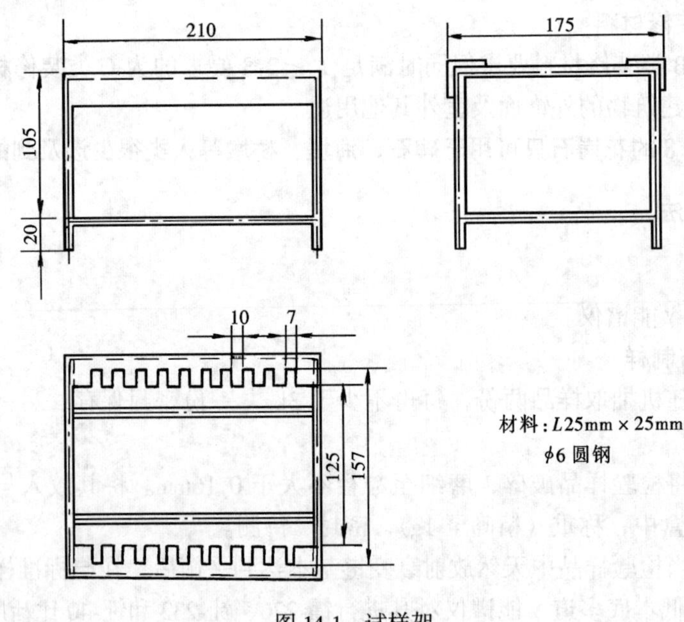

图14-1　试样架

二、试验步骤

(一) 试样

以同品种、同规格、同等级的100～200m² 为一批，从中随机抽取10块釉面砖。

(二) 测试

测量冷水温度，将试样擦拭干净，放在试样架上。然后把放有试样的架子放入预先加热到比冷水温度高130±2℃的烘箱中，关上烘箱门。在2min内，使烘箱重新达到此温度，并保持 15min。然后取出试样架，立即放入装有流动冷水的槽中，冷却 15min，取出试样，逐片在釉面上涂上红墨水，目测有无破裂、裂纹或釉面剥离现象。

三、试验结果

经目测检验釉面无破裂、裂纹或釉面剥离即为合格，否则不合格。

试验三　釉面陶瓷墙地砖的耐磨性试验

釉面墙地砖的耐磨性，是依据釉面在耐磨仪上出现磨损痕迹时的研磨转数将砖分出四类。

一、仪器与设备

磨球　直径 5、3、2、1mm 的钢球；

研磨材料　80 号白刚玉；

蒸馏水或去离子水；

研磨试验仪由钢壳、电机传动装置、水平支撑转盘和转数控制装置组成。转盘直径为 70mm，转速为 300 ± 15r/min，如图 14-2 所示。

标准筛及烧杯；

照度计　能测 300lx 照度；

观察箱　观察箱内装有 2 个 60W 的灯泡，照度为 300lx。如图 14-3 电热恒温干燥箱能够恒温在 110 ± 5℃。

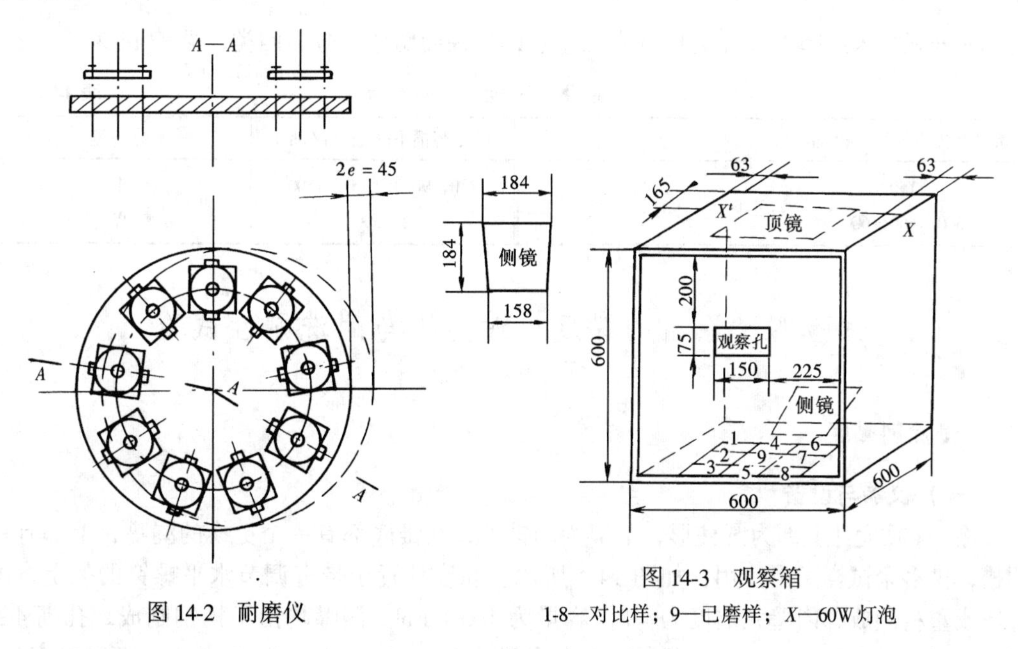

图 14-2　耐磨仪

图 14-3　观察箱

1-8—对比样；9—已磨样；X—60W 灯泡

二、试验步骤

（一）试样

50 ~ 500m^2 为一个检验批，不足 50m^2，按一个检验批处理。从中随机抽取试样 8 块和对比试样8块。如试样过大（一般试样为边长100~200mm的矩形砖）时，可进行切割，若小于100mm×100mm，可将其拼装并粘合在合适的支撑材料上，接缝处的边部效应，观察时可以忽略不计。

（二）研磨材料的配制

每块试样所需研磨材料按表14-1配制。

每块试样所需的研磨材料 **表14-1**

研磨材料	规格（mm）	质量（g）
钢球	ϕ5	70.00±0.50
	ϕ3	52.50±0.50
	ϕ2	43.75±0.10
	ϕ1	0.75±0.10
白刚玉	80号	3.0
蒸馏水或去离子水	200mL	

（三）测试

将试样擦净后逐一夹紧于夹具下；通过夹具上方的孔加入按上表配制的研磨材料，盖好盖子，开动试验机。在试验转数分别为150，300，450，600，750，900，1200和1500r/min时，各取出一块试样。取下的试样用10%的盐酸溶液擦洗表面后，用清水冲洗干净，放烘箱内在110±5℃下烘干1h。烘干后的试样按规则放入观察箱内，在300lx照度下眼睛通过观察孔观察未经磨损面和经不同转数研磨后釉面的差别。

三、试验结果

依据观察未经磨损和经磨损试样的差别，将釉面墙地砖分为四类，见表14-2。

耐磨性能分类 **表14-2**

可见磨损下转数（r/min）	分类	可见磨损下转数（r/min）	分类
150	Ⅰ	750，900，1200，1500	Ⅲ
300，450，600	Ⅱ	>1500	Ⅳ

试验四　涂料的黏度、遮盖力与耐洗刷性试验

一、涂料黏度

（一）仪器与设备

涂—4黏度计上部为圆柱形，下部为圆锥形，在锥底部有一个更换的漏嘴，上部有一凹槽，供多余试样溢出使用，如图14-4所示。黏度计置于带有调节水平螺钉的架上，由金属或塑料制成，内壁光洁度为△8，容量为100+1ml。漏嘴均由不锈钢制成，孔高4±0.02mm，孔内径4+0.02mm。锥体内部的角度为81°±15′，总高度72.5mm。两种黏度计，以金属的为准。

（二）试验步骤

(1) 试样和黏度计在23±1℃状态下放置4h以上。

（2）测试前，应用纱布蘸乙醇将黏度计内部擦干净，并干燥或吹干。调整水平螺钉，使黏度计处于水平，在黏度计漏嘴下面放置 150ml 的烧杯，黏度计流出孔离烧杯口 100mm。

（3）用手指堵住流出孔，将试样倒满黏度计，用玻璃板将气泡和多余的试样刮入凹槽，然后松开手指，使试样流出。同时立即按动秒表，靠近流出孔的流丝中断时，立即停止秒表，记录流出的时间，精确到 1s。

（三）试验结果

取两次测试的平均值作为试验结果，两次测试值之差不应大于平均值的 3%，平均值符合标准规定为合格。

另外，涂料的黏度还可以用 ISO2431 流量杯和斯托默黏度计测试，依不同的涂料标准而定。

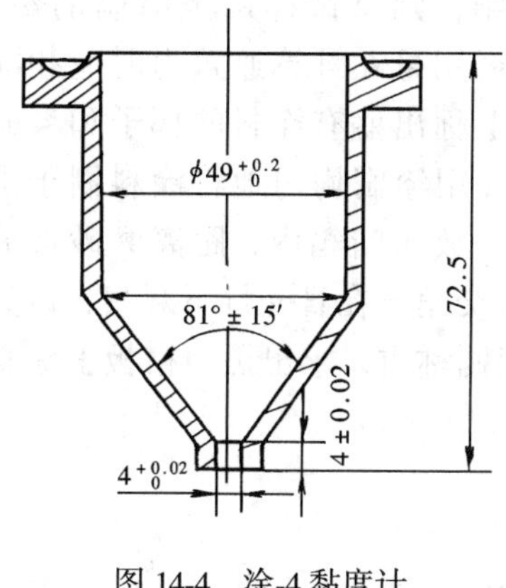

图 14-4　涂-4 黏度计

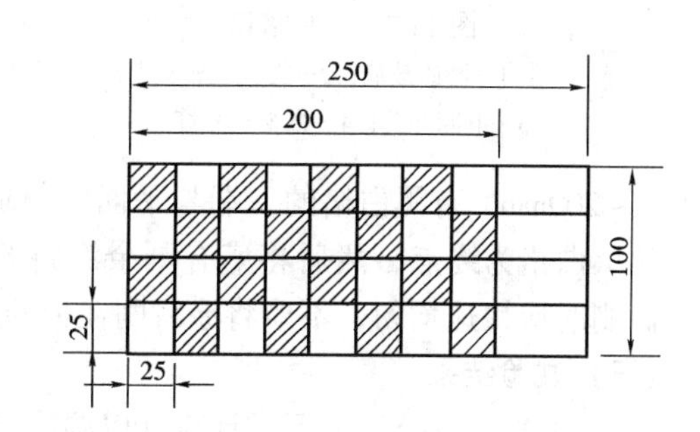

图 14-5　黑白格玻璃板

二、涂料的遮盖力

（一）仪器与设备

天平　感量为 0.1 克；

木板　尺寸为100mm × 100mm × (1.5 ~ 2.5)mm；

漆刷　宽 25 ~ 35mm；

玻璃板符合《普通平板玻璃》GB 4871—1995 要求，尺寸为 100mm × 100mm ×（1.2 ~ 2）mm，100mm × 250mm ×（1.2 ~ 2）mm。

黑白格玻璃板（见图 14-5）将 100mm × 250mm 的玻璃板的一端遮住 100mm × 50mm（留作试验时手执使用），然后在剩余的 100mm × 200mm 的面积上喷一层黑色硝基漆，干后用小刀间隔划去 25mm × 25mm 的正方形，再在此处喷上白色硝基漆，即成具有 32 个正方形的黑白间隔的玻璃板，然后贴上一张光滑的牛皮纸，刮涂一层环氧胶（防止溶剂渗入破坏黑白格漆膜），即制得牢固的黑白格板。

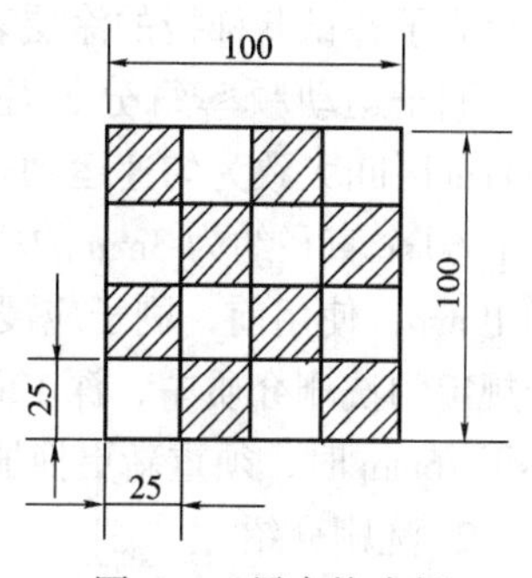

图 14-6　黑白格木板

黑白格木板（见图 14-6）在 100mm × 100mm 的木板上喷一层黑硝基漆，待干后漆面贴一张同面积大小的白色光滑纸，然后用小刀仔细地间隔划去25mm×25mm的正方形，再喷上一层白色硝基漆，干后仔细揭去存留的间隔的正方形纸，即得到具有16个正方形的黑白格间隔板。

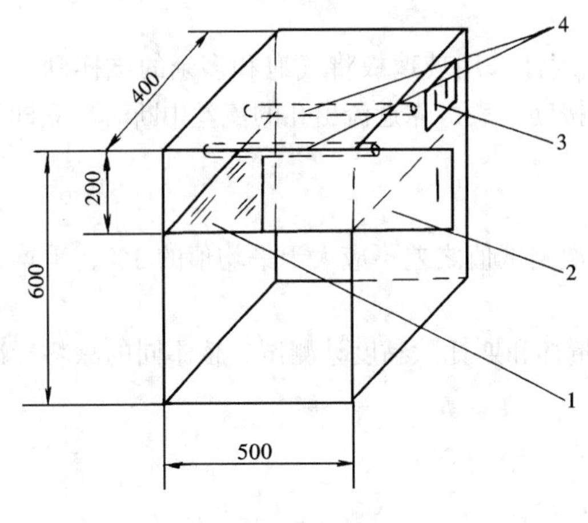

图14-7　木制暗箱

1—磨砂玻璃；2—挡光板；3—电源开关；4—15W日光灯

木制暗箱（见图14-7）尺寸为600mm×500mm×400mm，其内用3mm厚的磨砂玻璃将箱分成上下两部分，磨砂玻璃的磨面向下，使光源均匀，暗箱上部均匀的平行装置15W日光灯2支，前面安一挡光板，下部正面敞开用于检验，内壁涂上无光黑漆。

（二）试验步骤

根据产品标准规定的黏度（如黏度无法涂刷，则将试样调至涂刷的黏度，但稀释剂用量在计算遮盖力时应扣除），在天平上称出盛有涂料的杯子和漆刷的总质量，用漆刷均匀地将涂料刷于黑白板格上，放于暗箱内，距离磨砂玻璃片150mm～200mm，有黑白格的一端与平面倾斜成30°～45°交角，在日光灯下观察，以完全看不见黑白格为终点，然后将盛有剩余涂料的杯子和漆刷称重，求出黑白格板上涂料质量。涂刷时应快速均匀，不应将涂料刷在板的边缘上。

（三）试验结果

遮盖力 X（g/cm^2）按下式计算（以湿涂膜计）：

$$X = W_1 - W_2 / A \times 10^4 = 50(W_1 - W_2)$$

式中　W_1——未涂刷前盛涂料的杯子和漆刷总质量（g）；

W_2——涂刷后盛有剩余涂料的杯子和漆刷的总质量；

A——黑白格板涂漆的面积（cm^2）。

平行测定两次，结果差不大于平均值的5%，则取其平均值，否则重新试验。

三、涂料的耐洗刷性

（一）仪器与设备

1. 洗刷试验机（见图14-8）

刷子在试验样板的涂层表面作直线往复运动，对其进行洗刷。

刷子运动频率每分钟往复37次循环，每个冲程刷子运动距离为300mm，在中间100mm区间大致为匀速运动。刷子用90mm×38mm×25mm的硬木平板（或塑料板）均匀打上60个直径约为3mm的小孔，并在小孔内垂直地栽上黑猪棕，与毛成直角剪平，毛长约19mm，使用前，刷子应浸入20℃水中，深12mm，时间30min，再用力甩净水，浸入符合规定的洗刷介质中，深12mm，时间20min。刷子经此处理，方可使用。刷毛磨损后长度小于16mm时，须重新更换刷子。

2. 洗刷介绍

将洗衣粉溶于蒸馏水中，配成0.5%（按质量计）洗液，其pH值为9.5～10.0。

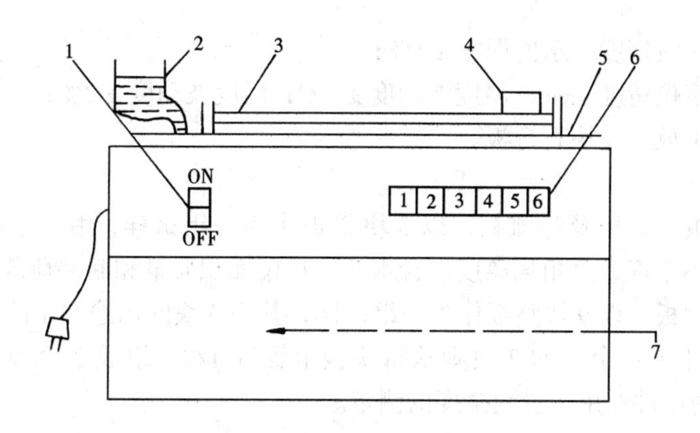

图 14-8 洗刷试验机构造示意图

1—电源开关；2—滴加洗刷介质的容器；3—滑动架；
4—刷子及夹具；5—试验台板；6—往复次数显示器；7—电动机

(二) 试样制备

底板采用 430mm × 150mm × 3mm 的石棉水泥板，在其上单面喷涂一道 C06-1 铁红醇酸底漆成 C04-83 白色醇酸无光磁漆，使其于 105 ± 2℃ 下烘烤 30min。干漆膜厚度为 30 ± 3μm。在涂有底漆的板上，湿涂待测的涂料。

水性涂料以 55%固含量的涂料刷涂两道。第一道涂布量为（150 ± 20）g/cm²；第二道涂布量为 110 ± 20g/cm²（若涂料的固含量不足 55%，可换算成等量的成膜物质进行涂布），施涂间隔为 4h，涂完末道涂层使样板涂漆面向上，在试验标准条件下干燥 7d。

(三) 试验步骤

试验应在 23 ± 2℃下进行，对同一试样。

将试验板涂漆面向上，水平固定于洗刷试验机的试验台板上，将预先处理过的刷子置于试验样板上，样板承受约 450g（刷子及夹具总重）的负荷，往复磨擦涂膜，同时滴加（速度为 0.04g/s）符合规定的洗刷介质，使洗刷面保持湿润。

按产品要求，洗刷至规定次数或洗刷至样板长度的中间 100mm 区域露出底漆颜色后，从试验机上取下样板，用自来水清洗。

(四) 试验结果

洗刷至规定次数，3 块试板中至少两块涂膜无破损，不露出底漆颜色，则认为其耐洗刷性合格。

试验五　装饰石膏板试验

(一) 试验设备及仪器

钢直尺最大量程 1000mm，精度 1mm；

板厚测定仪最大量程 30mm，精度 0.01mm；

塞尺精度 0.01mm；

台秤最大称量 5kg，感量 5g；

电热鼓风干燥箱控温器灵敏度 ± 1℃ ；

板材抗折机一级精度，示值误差±1%；

受潮挠度测定仪精度1mm，温度波动度±1℃，湿度波动度±2%；

水槽足以水平放下整块石膏板。

（二）试样

(1) 对于平板、孔板及浮雕板，以3块整板作为一组试样，用于检查和测定外观质量、尺寸偏差、不平度、直角偏离度、含水率、单位面积质量和断裂荷载。

(2) 对于防潮板，以9块整板作为一组试样，其中3块的用途与1的规定相同；另外三块用于测定吸水率；余下的3块则从每块板上锯取1/2，组成3个500mm×250mm或600mm×300mm的试件，用于受潮挠度的测定。

（三）试件的处理

用于单位面积质量、断裂荷载、受潮挠度和吸水率测定的试件，应预先在电热鼓风干燥箱中，在40±2℃条件下烘干至恒重（试件在24h内的重量变化小于5g时即为恒重），并在不吸湿的条件下冷却至室温，再进行试验。

（四）试验步骤

1. 外观质量的检查

在0.5m远处光照明亮的条件下，对3块试件的正面逐个进行目测检查。记录每块试件影响装饰效果的气孔、污痕、裂纹、缺角、色彩不均匀和图案不完整等缺陷。

2. 边长的测定

用钢直尺逐个测量3块试件，精确至1mm。一般在试件正面测定，如果棱边有倒角时，应以背面测得的边长尺寸为准。每块试件在互相垂直的方向上各测三个值，其中二个值在离棱边20mm处测定，一个值在对称轴上测定，测点位置如图14-9所示。

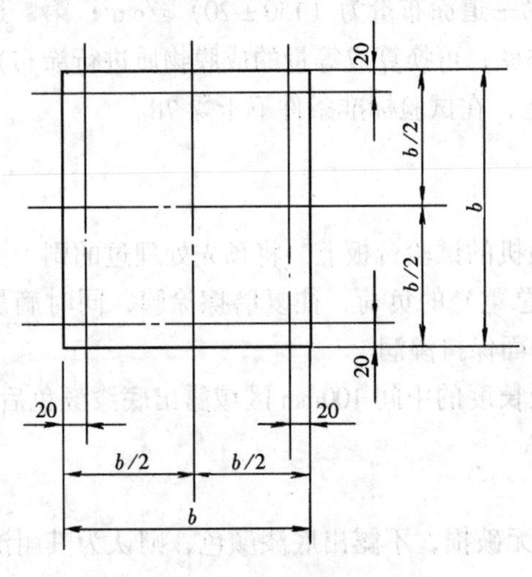

图14-9 测点位置图（一）

记录每块试件两个垂直方向上各三个值的平均值，精确至1mm。

3. 厚度的测定

用板厚测定仪逐个测量3块试件，精确至0.1mm，测定时，在每块试件棱边的中点布置四个测点，位置如图14-10所示。

记录每块试件四个值的平均值，精确至0.1mm。

4. 不平度的测定

将钢直尺立放在试件正面两对角线上，用塞尺测量板面与钢尺间隙的最大值，作为板材的不平度，精确至0.1mm。

5. 直角偏离度的测定

用钢直尺测量两对角线的长度，精确至1mm，计算两对角线长度的差值，作为板材的直角偏离度。

6. 含水率的测定

分别称量 3 块试件的质量（W_1），然后按（三）条处理试件，称量试件处理后的质量（W_2），精确至 5g。

试件的含水率按式（1）计算：

$$W_h = (W_1 - W_2)/W_2 \times 100 \quad (1)$$

式中 W_h——试件的含水率（%）；

W_1——试件烘干前的质量（g）；

W_2——试件烘干后的质量（g）。

计算 3 块试件含水率的平均值，并记录其中的最大值，精确至 0.5%。

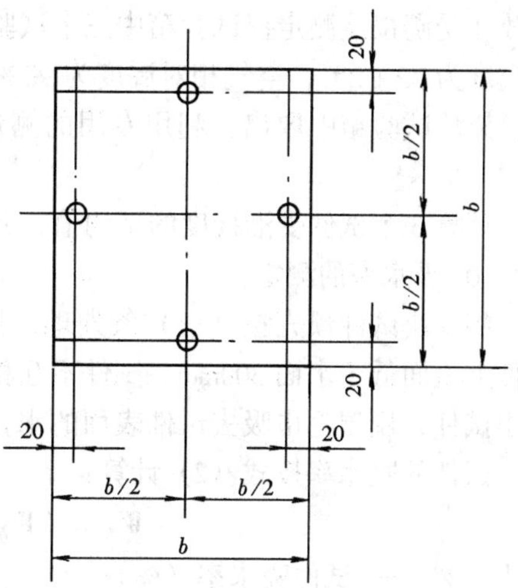

图 14-10 测点位置图（二）

7. 单位面积质量的测定

计算 6 中 W_2 的平均值，并记录其中的最大值（以 kg 计，精确至 0.1kg），分别乘以表 14-3 所列系数，即可求得板材平均的单位面积质量和最大的单位面积质量（kg/m^2）。

表 14-3

规格（mm）	折算系数
500×500	4.0
600×600	2.8

8. 断裂荷载的测定

利用按 7 测定后的 3 块试件，分别进行断裂荷载的测定。将试件安放在板材抗折试验机上、下压辊之间（见图 14-11），试件的正面向下放置，下压辊中心间距（B）为试件长度（L）减去 50mm。在跨距中央，通过上压辊施加荷载，加荷速度为 4.9 ± 1.0N/s（0.5 ± 0.1kgf/s），直至试件断裂。

计算 3 块试件断裂荷载的平均值，并记录其中的最小值，精确至 1N（0.1kgf）。

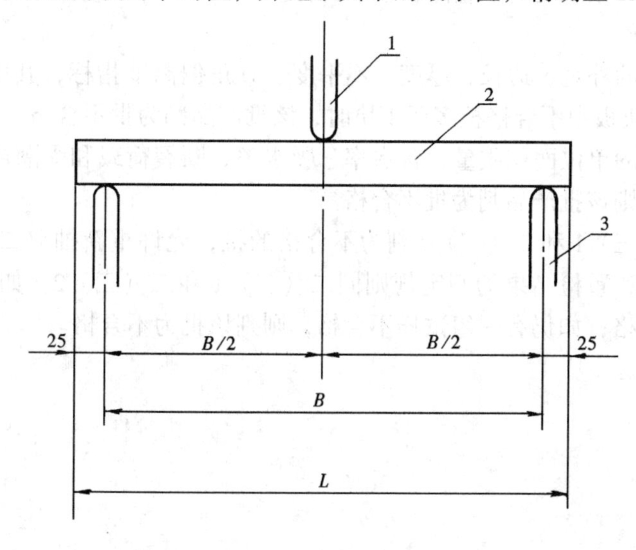

图 14-11 试件安放位置

9. 受潮挠度的测定

将（二）2 规定的 3 块试件按（三）条烘干至恒重，然后将每块试件正面向下，分别悬放在受潮挠度测定仪试验箱中三个试验架的支座上，支座中心距为试件长度减去20mm。在温度为32±2℃，空气相对湿度为90%±3%条件下，将试件放置48h。然后将试件连同试验架从试验箱中取出，利用专用的测量头，分别测定每个试验架上试件中部的下垂挠度。

计算3个试件受潮挠度的平均值，并记录其中的最大值，精确至1mm。

10. 吸水率的测定

将3块试件预先按（三）条处理，称重，然后一起浸入水槽。水温控制在20±3℃。试件上表面低于水面300mm。试件不互相紧贴，也不与水槽底部紧贴。在水中浸泡2h后，取出试件，用湿毛巾吸去试件表面的水，称重。精确至5g。

试件的吸水率按式（2）计算：

$$W_X = (W_{X1} - W_{X2})/W_{X2} \times 100 \tag{2}$$

式中 W_X——试件吸水率（%）；

W_{X1}——试件浸泡后的质量（g）；

W_{X2}——试件浸泡前的质量（g）。

计算3块试件吸水率的平均值，并记录其中的最大值，精确至0.5%。

检验规则

（一）检验内容

产品出厂必须进行出厂检验。对于普通板，试验项目包括外观、尺寸偏差、不平度、直角偏离度、单位面积质量、含水率和断裂荷载，其中有一项不合格判为不合格品。

（二）抽样

以500块同品种、同规格、同型号的板材为一批，不足500块板时也按一批计。从每批中按（一）、（二）条规定的数量随机抽取试样。

（三）判定规则

（1）对于板材的外观、边长、厚度、不平度、直角偏离度指标，其中有一项不合格，即为不合格板。3块板中不合格板多于1块时，该批产品判为批不合格。

（2）对于板材的单位面积质量、含水率、吸水率、断裂荷载和受潮挠度指标，3块板均需全部合格。否则该批产品判为批不合格。

（3）对于二（三）1和二（三）2判为不合格的批，允许重新抽取二组试样，对不合格的项目进行重检，重检结果的判定规则同二（三）1和二（三）2。如该二组试样均合格，则判该批为合格；如仍有一组试样不合格，则判该批为不合格。

主 要 参 考 文 献

1 葛勇主编．建筑装饰材料．北京：中国建材工业出版社，1998
2 付芳主编．建筑装饰材料．南京：东南大学出版社，1996
3 赵斌主编．建筑装饰材料．天津科学技术出版社，1997
4 刘勤，周建平，王伟民编著．实用材料500问．中国建材工业出版社，1998
5 郝书魁主编．建筑装饰材料基础．同济大学出版社，1995
6 王福川，俞英明编．现代建筑装饰材料及其施工（第二版）．北京：中国建筑工业出版社，1992
7 王福川主编．简明装饰材料手册．北京：中国建筑工业出版社，1998
8 陈保胜编．建筑装饰材料．北京：中国建筑工业出版社，1995
9 湖南大学等四校合编．建筑材料（第四版）．北京：中国建筑工业出版社，1997
10 陆享容编著．建筑涂料的生产与施工（第二版）．北京：中国建筑工业出版社，1997
11 苏洁编著．建筑涂料．上海：同济大学出版社，1997